UTB

UTB 2849

Eine Arbeitsgemeinschaft der Verlage

Beltz Verlag Weinheim · Basel
Böhlau Verlag Köln · Weimar · Wien
Wilhelm Fink Verlag München
A. Francke Verlag Tübingen und Basel
Haupt Verlag Bern · Stuttgart · Wien
Lucius & Lucius Verlagsgesellschaft Stuttgart
Mohr Siebeck Tübingen
C. F. Müller Verlag Heidelberg
Ernst Reinhardt Verlag München und Basel
Ferdinand Schöningh Verlag Paderborn · München · Wien · Zürich
Eugen Ulmer Verlag Stuttgart
UVK Verlagsgesellschaft Konstanz
Vandenhoeck & Ruprecht Göttingen
vdf Hochschulverlag AG an der ETH Zürich
Verlag Barbara Budrich Opladen · Farmington Hills
Verlag Recht und Wirtschaft Frankfurt am Main
WUV Facultas Wien

Betriebs
Berater
STUDIUM

www.betriebs-berater.de

IFRS-Bilanzanalyse
case by case

von

Dr. Michael Hommel

o. Professor an der Johann Wolfgang Goethe-Universität Frankfurt a. M.

Dr. Stefan Rammert

o. Professor an der Johannes Gutenberg-Universität Mainz

Unter Mitarbeit von

Dipl.-Kffr. Muriel Benkel
Dipl.-Kfm. Sascha Biontino
Dipl.-Kfm. Florian Franke
Dipl.-Kfm. Tobias Giloth
Dipl.-Vw. Timo Klees
Dipl.-Kfm. Holger Meurer
Dipl.-Kffr. Anja Morawietz
Dipl.-Kffr. Denise Pauly
Dipl.-Kffr. Stefanie Schmitz
Dipl.-Kfm. Stefan Wich
Dipl.-Kffr. Sandra Wolf
Thomas Weiland

mit 125 Tabellen und 10 Abbildungen

Verlag Recht und Wirtschaft GmbH · Frankfurt a. M.

Der Verlag des Betriebs-Berater
Ein Unternehmen der Verlagsgruppe Deutscher Fachverlag

Bibliografische Information der Deutschen Nationalbibliothek

Die Deutsche Nationalbibliothek verzeichnet diese Publikation in der Deutschen Nationalbibliografie; detaillierte bibliografische Daten sind im Internet über http://dnb.ddb.de abrufbar

ISBN-13: 978-3-8252-2849-1
ISBN-10: 3-8252-2849-5

Umschlaggestaltung: Atelier Reichert, Stuttgart

Druckvorstufe: Lichtsatz Michael Glaese GmbH, 69502 Hemsbach

Druck und Verarbeitung: Druckerei Lokay e. K., 64354 Reinheim

♾ Gedruckt auf säurefreiem, alterungsbeständigem Papier, hergestellt aus chlorfrei gebleichtem Zellstoff (TCF-Norm)

Printed in Germany

Vorwort

Die Suche nach einem als Investitionsobjekt geeigneten Unternehmen und die Suche nach einem als Lebensgefährten geeigneten Menschen haben viele Gemeinsamkeiten. Im zwischenmenschlichen Bereich sind Kontaktanzeigen ein gern genutztes Medium, um andere mehr oder weniger kreativ auf sich aufmerksam zu machen. Bestehende Konventionen und die Regeln des Verlags, bei dem die Kontaktanzeige erscheint, schränken die Darstellungsmöglichkeiten zwar etwas ein, doch die verbleibenden Freiräume sind immer noch so groß, dass der Kontaktsuchende seine inneren und äußeren Werte ins rechte Licht rücken kann. Der geübte Leser ahnt natürlich, dass einige Selbstdarstellungen nur schwer der Realität standhalten. Manche dieser Beschönigungen wird er auf den ersten Blick entlarven, viele werden jedoch unerkannt bleiben. Häufig verbergen die wenigen Zeilen mehr als sie verraten, machen aber – wenn sie originell geschrieben sind – zumindest neugierig auf ein erstes Treffen.

In diesem Sinn ist der Jahresabschluss die Kontaktanzeige eines Unternehmens. Mit ihr informiert der Manager über die (Vermögens-, Finanz- und Ertrags-) Lage des Unternehmens. Dabei standardisieren die Rechnungslegungsvorschriften Aufbau und Form der Kontaktanzeige und begrenzen eine überschäumende Phantasie des Managers, ohne die Freiräume der Selbstdarstellung vollständig einzuengen. Der Manager hat die Möglichkeit, das von ihm zu zeichnende Bild der Unternehmenslage individuell auszuschmücken. Was dabei herauskommt, muss nicht immer der rauen Realität entsprechen. Wie der Leser einer Kontaktanzeige, so wird auch der Leser des Jahresabschlusses umso weniger enttäuscht werden, je mehr er lernt, Dichtung von Wahrheit zu trennen und zwischen den Zeilen zu lesen.

Darstellung und Interpretation der Abschlussinformationen hängen von der Rechnungslegungssprache ab. Die Informationsvermittlung eines IFRS-Abschlusses unterscheidet sich deutlich von der eines HGB-Abschlusses. Beide Rechenwerke verfolgen alternative Ziele und kodieren die Informationen unterschiedlich. Der Leser muss für jeden dieser Abschlüsse eigenständige Deutungstechniken entwickeln, um den jeweiligen Code zu entschlüsseln. Nicht selten versagen gängige Schemata, die bei der Analyse eines HGB-Abschlusses mitunter wertvolle Dienste leisteten, in der IFRS-Welt völlig.

Das vorliegende Buch will den Leser dazu anleiten, diesen neuen Code zu entschlüsseln. Es zeigt, welche bilanzpolitischen Möglichkeiten den Managern bei der Erstellung eines IFRS-Abschlusses offen stehen und wie der Bilanzanalyst die bilanzpolitischen Maßnahmen erkennen und interpretieren kann. Zu diesem Zweck stellen wir dem Leser ein Unternehmen, die Skycar Group, vor und berichten dann – *case by case* – aus dessen Vita. Die einzelnen Fälle beziehen sich jeweils auf bestimmte Ausschnitte des Jahresabschlusses, die einen Einblick in die charakteristischen Chancen und Risken der Skycar Group und ihr Investitions- und Finanzierungsverhalten geben. Wir stellen dem Leser in einzelnen voneinander unabhängig zu bearbeitenden Lerneinheiten zentrale bilanzanalytische Kennzahlen und bilanzpolitische Möglichkeiten eines IFRS-Abschlusses vor. Die dabei gewonnenen Erkenntnisse sind Grundlage für das im letzten Kapitel gebildete Gesamturteil. Das Buch wendet sich primär (aber nicht nur) an fortgeschrittene Studierende des Master- und Diplomstudiengangs wirtschaftswissenschaftlicher Fakultäten. Es möchte auch denjenigen Hilfestellungen und Ratschläge geben, die IFRS-Abschlüsse in der Praxis analysieren.

Vor allzu großer Euphorie sei allerdings gewarnt: Der Bilanzanalyst wird am Ende dieses Buchs nicht dazu in der Lage sein, ein endgültiges Urteil über das zu analysierende Unternehmen abzugeben. Es gibt kein Patentrezept! Auch mit der neuen IFRS-Sprache verrät der Jahresabschluss viel zu wenig, um aus den wenigen Zeilen ein umfassendes Bild über die Persönlichkeit des Unternehmens zu gewinnen. Es verbleiben (mitunter dunkle) Geheimnisse, die der Analyst erst bei einem persönlichen Kennenlernen des Unternehmens, vielleicht auch erst nach Jahren des intensiven Zusammenlebens mit ihm entdecken wird. Auch hier unterscheiden sich private Kontaktanzeigen nicht von Jahresabschlüssen. In beiden Fällen sollte der versierte Leser aber dazu imstande sein, aus der Lektüre erste Eindrücke zu gewinnen und sich die richtigen Fragen für das Rendezvous bereitzulegen. Unser Buch leistet Hilfestellungen – für den Bereich des Jahresabschlusses.

Wie so viele Bücher wäre auch dieses nicht ohne die zahlreichen engagierten Helfer im Hintergrund entstanden. Unsere Wissenschaftlichen Mitarbeiterinnen und Mitarbeiter, Dipl.-Kffr. *Muriel Benkel*, Dipl.-Kfm. *Sascha Biontino*, Dipl.-Kfm. *Florian Franke*, Dipl.-Kfm. *Tobias Giloth*, Dipl.-Vw. *Timo Klees*, Dipl.-Kfm. *Holger Meurer*, Dipl.-Kffr. *Anja Morawietz*, Dipl.-Kffr. *Denise Pauly*, Dipl.-Kffr. *Stefanie Schmitz*, Dipl.-Kfm. *Stefan Wich* und Dipl.-Kffr. *Sandra Wolf*, beflügelten uns durch ihr Engagement und die äußerliche Mühelosigkeit, mit der sie diesen arbeits- und organisationsintensiven Paarlauf zweier Lehrstühle verschiedener Universitäten bewältigten. *Thomas Weiland* hat der Skycar Group durch unzählige Excel-Tabellen Leben eingehaucht und war als Bilanzingenieur in seiner Begeisterung bei der Konstruktion von plausiblen und konsistenten Rechnungslegungsfiktionen trotz vielfältiger Belastungen in der Schlussphase seines Studiums nicht zu stoppen. Herr Dipl.-Kfm. *Philip Burkert*, unsere Wissenschaftlichen Hilfskräfte, *Veronika Baars*, *Martina Kraft*, *Sebastian Orth*, *Karin Welter* und *Katharina Wollrab*, sowie unsere Sekretärinnen *Uta Halwas-Bruckner* und *Claudia Trottberger* unterstützten uns mit zahlreichen Anregungen, erstellten so manches widerspenstige Verzeichnis und lasen akribisch Korrektur. Ihnen allen gebührt unser besonderer Dank. Auf Seiten des Verlags danken wir Frau Dipl.-Ök. *Gabriele Bourgon*. Sie hat das Projekt nicht nur angestoßen, sondern es auch auf charmant nachdrückliche Weise bis zum Abschluss begleitet und uns unermüdlich mit Rat und Tat zur Seite gestanden.

Frankfurt a. M. und Mainz, im Oktober 2006

Michael Hommel
Stefan Rammert

Bearbeiterverzeichnis

Rahmen-fallstudie	*Thomas Weiland*/Prof. *Dr. Michael Hommel*, Johann Wolfgang Goethe-Universität Frankfurt a. M.
Fall 1	Dipl.-Kffr. *Muriel Benkel*, Wissenschaftliche Mitarbeiterin, Johann Wolfgang Goethe-Universität Frankfurt a. M./Prof. *Dr. Michael Hommel*, Johann Wolfgang Goethe-Universität Frankfurt a. M.
Fall 2	Dipl.-Vw. *Timo Klees*, Wissenschaftlicher Mitarbeiter, Johann Wolfgang Goethe-Universität Frankfurt a. M./Prof. *Dr. Michael Hommel*, Johann Wolfgang Goethe-Universität Frankfurt a. M.
Fall 3	Dipl.-Kffr. *Stefanie Schmitz*, Wissenschaftliche Mitarbeiterin, Johann Wolfgang Goethe-Universität Frankfurt a. M./Prof. *Dr. Michael Hommel*, Johann Wolfgang Goethe-Universität Frankfurt a. M.
Fall 4	Dipl.-Kfm. *Sascha Biontino*, Wissenschaftlicher Mitarbeiter, Johannes Gutenberg-Universität Mainz/Prof. *Dr. Stefan Rammert*, Johannes Gutenberg-Universität Mainz
Fall 5	Dipl.-Kfm. *Tobias Giloth*, Wissenschaftlicher Mitarbeiter, Johannes Gutenberg-Universität Mainz/Prof. *Dr. Stefan Rammert*, Johannes Gutenberg-Universität Mainz
Fall 6	Dipl.-Kffr. *Denise Pauly*, Wissenschaftliche Mitarbeiterin, Johann Wolfgang Goethe-Universität Frankfurt a. M./Prof. *Dr. Michael Hommel*, Johann Wolfgang Goethe-Universität Frankfurt a. M.
Fall 7	Dipl.-Kffr. *Denise Pauly*, Wissenschaftliche Mitarbeiterin, Johann Wolfgang Goethe-Universität Frankfurt a. M./Prof. *Dr. Michael Hommel*, Johann Wolfgang Goethe-Universität Frankfurt a. M.
Fall 8	Dipl.-Kfm. *Florian Franke*, Wissenschaftlicher Mitarbeiter, Johann Wolfgang Goethe-Universität Frankfurt a. M./Prof. *Dr. Michael Hommel*, Johann Wolfgang Goethe-Universität Frankfurt a. M.
Fall 9	Dipl.-Kffr. *Anja Morawietz*, Wissenschaftliche Mitarbeiterin, Johann Wolfgang Goethe-Universität Frankfurt a. M./Prof. *Dr. Michael Hommel*, Johann Wolfgang Goethe-Universität Frankfurt a. M.
Fall 10	Dipl.-Kffr. *Muriel Benkel*, Wissenschaftliche Mitarbeiterin, Johann Wolfgang Goethe-Universität Frankfurt a. M./Prof. *Dr. Michael Hommel*, Johann Wolfgang Goethe-Universität Frankfurt a. M.

Fall 11 Dipl.-Kfm. *Stefan Wich*, Wissenschaftlicher Mitarbeiter, Johann Wolfgang Goethe-Universität Frankfurt a. M./Prof. *Dr. Michael Hommel*, Johann Wolfgang Goethe-Universität Frankfurt a. M.

Fall 12 Dipl.-Kffr. *Sandra Wolf*, Wissenschaftliche Mitarbeiterin, Johann Wolfgang Goethe-Universität Frankfurt a. M./Prof. *Dr. Michael Hommel*, Johann Wolfgang Goethe-Universität Frankfurt a. M.

Fall 13 Dipl.-Kfm. *Sascha Biontino*, Wissenschaftlicher Mitarbeiter, Johannes Gutenberg-Universität Mainz/Dipl.-Kfm. *Holger Meurer*, Wissenschaftlicher Mitarbeiter, Johannes Gutenberg-Universität Mainz/Prof. *Dr. Stefan Rammert*, Johannes Gutenberg-Universität Mainz

Fall 14 Dipl.-Kfm. *Holger Meurer*, Wissenschaftlicher Mitarbeiter, Johannes Gutenberg-Universität Mainz/Prof. *Dr. Stefan Rammert*, Johannes Gutenberg-Universität Mainz

Fall 15 Prof. *Dr. Michael Hommel*, Johann Wolfgang Goethe-Universität Frankfurt a. M./Prof. *Dr. Stefan Rammert*, Johannes Gutenberg-Universität Mainz

Inhaltsverzeichnis

Abkürzungs- und Symbolverzeichnis

a	Annuität
a. A.	anderer Ansicht
AAG	Anlagenabnutzungsgrad
ABQ	Abschreibungsquote
ABS	Asset Backed Securities
Abschn.	Abschnitt
AfA	Absetzung für Abnutzung
AG	Aktiengesellschaft
AHK	Anschaffungs- oder Herstellungskosten
AHK^f	fortgeführte Anschaffungskosten
AktG	Aktiengesetz, zuletzt geändert am 8. 7. 2006
Aufl.	Auflage
AV	Anlagevermögen
B_0	Absolutes Glied
B_B	Bezugsgröße des Bewertungsobjekts
BB	Betriebs-Berater (Zeitschrift)
BC	Basis for Conclusions
B&C	Bilanzbuchhalter und Controller (Zeitschrift)
Bd.	Band
BFuP	Betriebswirtschaftliche Forschung und Praxis (Zeitschrift)
BGA	Betriebs- und Geschäftsausstattung
BiBu	Bilanz und Buchhaltung (Zeitschrift)
BMW	Bayerische Motorenwerke AG
BW	Barwert
bspw.	beispielsweise
bzw.	beziehungsweise
c. p.	ceteris paribus
ca.	circa
CAPM	Capital Asset Pricing Model
CF	Cash Flow
CGU	Cash Generating Unit
D	Diskriminanzwert
d. h.	das heißt
DAX	Deutscher Aktienindex
DB	Der Betrieb (Zeitschrift)
DCF	Discounted Cashflow
DK	Der Konzern (Zeitschrift)

DStR	Deutsches Steuerrecht (Zeitschrift)
DW	Deflationierter Wert
e. V.	eingetragener Verein
EADS	European Aeronautic Defence and Space Company
ebd.	ebenda
EBIT	Earnings Before Interest and Taxes
ED	Exposure Draft
einschl.	einschließlich
EK	Eigenkapital
EStG	Einkommensteuergesetz, zuletzt geändert am 20. 7. 2006
etc.	et cetera
EU	Europäische Union
evtl.	eventuell
F&E	Forschung und Entwicklung
f.	folgend(e)
F.	Framework
FASB	Financial Accounting Standards Board
FK	Fremdkapital
FLEV	Financial Leverage
FRS	Financial Reporting Standard(s)
G*	Gewinn
GAAP	Generally Accepted Accounting Principles
GE	Geldeinheit(en)
GEA	Global Engineering Alliance
ggf.	gegebenenfalls
ggü.	gegenüber
GK	Gesamtkapital
GmbH	Gesellschaft mit beschränkter Haftung
GoB	Grundsätze ordnungsmäßiger Bilanzierung
GuV	Gewinn- und Verlustrechnung
h. M.	herrschende Meinung
HFA	Hauptfachausschuss des Instituts der Wirtschaftsprüfer in Deutschland e.V.
HGB	Handelsgesetzbuch, zuletzt geändert am 12. 7. 2006
Hrsg.	Herausgeber
i	Zinssatz
i. Br.	im Breisgau
i. d. R.	in der Regel

i. H. v.	in Höhe von
i.V.m.	in Verbindung mit
IAS	International Accounting Standard(s)
IASB	International Accounting Standards Board
IASC	International Accounting Standards Committee
IDW	Institut der Wirtschaftsprüfer in Deutschland e. V.
IFRIC	International Financial Reporting Interpretations Committee
IFRS	International Financial Reporting Standard(s)
incl.	inclusive
insb.	insbesondere/s
IRZ	Zeitschrift für Internationale Rechnungslegung
Jg.	Jahrgang
JÜ	Jahresüberschuss
k. A.	keine Angaben
KGV	Kurs-Gewinn-Verhältnis
KoR	Zeitschrift für kapitalmarktorientierte Rechnungslegung
krp	Kostenrechnungspraxis (Zeitschrift)
KStG	Körperschaftsteuergesetz, zuletzt geändert am 19. 7. 2006
kum.	kumulierte
LQ	Liquidität
lt.	laut
$\overline{m}$	Multiplikator
m. w. N.	mit weiteren Nachweisen
Mio.	Million(en)
MLZ	Mindestleasingzahlung
Mrd.	Milliarden
n	Laufzeit
n. d.	nicht definiert
NBC	Net Borrowing Cost
NFO	Net Financial Obligation
No.	Number
NOA	Net Operating Assets
Nr.	Nummer
p	Index der Periode mit konstanten Zahlungen
p. a.	per annum
PER	Price Earnings Ratio
PiR	Praxis der internationalen Rechnungslegung (Zeitschrift)

PKW	Personenkraftwagen
PoC	Percentage of Completion
PoCM	Percentage-of-Completion-Methode
PSA	PSA Peugeot Citroën
q	Diskontierungsfaktor
r	Inflationsrate
R_{EK}	Eigenkapitalrentabilität
R_{GK}	Gesamtkapitalrentabilität
Rbf	Rentenbarwertfaktor
rev.	revised
RFH	Reichsfinanzhof
RL	Restlaufzeit/Index für die Restlaufzeit
Rn.	Randnummer
RNOA	Return on Net Operating Assets
ROCE	Return on Common Equity
ROI	Return on Investment
RS	Stellungnahmen zur Rechnungslegung (des Instituts der Wirtschaftsprüfer in Deutschland e. V.)
S.	Seite
SA	Société anonyme
SAI	Sachanlagenintensität
SARL	Société à responsabilité limitée
SAV	Sachanlagevermögen
SFAS	Statement of Financial Accounting Standard(s)
sog.	so genannt(e)
Sp.	Spalte
SPE	Special Purpose Entity
StuB	Steuern und Bilanzen (Zeitschrift)
t	Zeitindex
T	Gesamtlaufzeit
T_{T-m}	Tilgung der betrachteten Periode
u. a.	und andere, unter anderem
u. U.	unter Umständen
UmwStG	Umwandlungssteuergesetz, zuletzt geändert am 16. 5. 2003
US	United States
USA	United States of America
US-GAAP	United States Generally Accepted Accounting Principle(s)
usw.	und so weiter

v.	von/vom
V_B	Wert des Vergleichsobjekts
vgl.	vergleiche
VW	Volkswagen AG
w	Wachstumsrate des Gewinns
WAQ	Wachstumsquote
Wgf	Annuitäten- oder Wiedergewinnungsfaktor
WP	Wirtschaftsprüfer
WPg	Die Wirtschaftsprüfung (Zeitschrift)
x	Einzelfallkennzahl
X	Wert der GuV-Position
Z	Altman's Z-Score
Z_{T-m}	Zinsaufwand der betrachteten Periode
z. B.	zum Beispiel
ZfB	Zeitschrift für Betriebswirtschaft
zfbf	Zeitschrift für betriebswirtschaftliche Forschung
ZVersWiss	Zeitschrift für die gesamte Versicherungswirtschaft
ZVglRWiss	Zeitschrift für Vergleichende Rechtswissenschaft

Rahmenfallstudie: Vorstellung der Skycar Group

I. Konzern im Überblick

Die Skycar Group ist ein aufstrebendes Unternehmen der Automobilindustrie und schwerpunktmäßig auf die Herstellung innovativer und qualitativ hochwertiger Fahrzeuge spezialisiert. Die bis in das Jahr 1995 zurückgehende Tätigkeit zeichnet sich durch eine zunehmende Fokussierung auf margenstarke Nischenprodukte aus. Dadurch soll eine verstärkte Diversifikation des Produktmixes und somit eine Abkehr von der klassischen Massenherstellung erreicht werden.

Tabelle 1: Skycar Group – Konzern im Überblick

	2005	**2004**
Mengendaten		
Anzahl der Stammaktien	4 000 000,00	4 000 000,00
Anzahl der Mitarbeiter	18 450,00	17 050,00
Marktdaten (in €)		
Aktienkurs zum Ende der Berichtsperiode	584,50	652,10
Dividende je Stammaktie	64,03	14,89
Ergebnis je Aktie (unverwässert)	35,57	34,60
Ergebnis je Aktie (verwässert)	34,86	34,60
Finanzdaten nach IFRS (in Mio. €)		
Bilanzsumme	4 340,88	4 489,18
Eigenkapital	1 145,03	1 278,33
Umsatzerlöse	4 773,29	4 512,86
Operatives Ergebnis	248,58	268,53
Ergebnis nach Steuern (JÜ)	145,76	141,76
Cashflow aus laufender Geschäftstätigkeit	259,72	276,67
Cashflow aus der Investitionstätigkeit	– 292,73	– 289,15
Cashflow aus der Finanzierungstätigkeit	– 254,38	437,46
Kennzahlen (in %)		
Eigenkapitalrentabilität nach Steuern	12,73	11,09
Eigenkapitalquote	26,38	28,48

Der Hauptsitz der Skycar Group ist Frankfurt am Main. Dort befinden sich neben der Unternehmensleitung alle zentralen Verwaltungs- und Produktionsbereiche.

Zum Ende des Geschäftsjahrs 2005 waren weltweit 18 450 Mitarbeiter beschäftigt. Davon waren 12 200 am inländischen Standort und 6 250 im Ausland tätig.

Die im Februar 2000 zum amtlichen Handel zugelassene Aktiengesellschaft verfügt über einen Free Float i. H. v. 100 % (d. h. 4 Mio. Aktien). Unter Berücksichtigung des Schlusskurses zum 31. 12. 2005 von 584,50 Euro (Vorjahr: 652,10 Euro) betrug die Marktkapitalisierung 2 338 Mio. Euro (Vorjahr: 2 608,40 Mio. Euro). Die an die Aktionäre im Geschäftsjahr 2005 ausgezahlte Dividende betrug 64,03 Euro (Vorjahr: 14,89 Euro). In die Ausschüttung des Jahres 2005 floss eine Sonderdividende i. H. v. 188,62 Mio. Euro ein. Diese wurde anlässlich des 10-jährigen Firmenjubiläums gewährt.

Trotz des kompetitiven Marktumfelds gelang es der Skycar Group auch im Geschäftsjahr 2005, ihren Umsatz um 5,77 % leicht zu steigern. Die Unternehmensführung geht davon aus, dass das im Jahr 2005 erzielte Ergebnis nachhaltig realisierbar sein wird.

II. Konzernstruktur der Skycar Group

Die Skycar Group gliedert sich in die beiden Konzernbereiche Automobile und Space Car Construction. Der Konzernbereich Automobile umfasst die Entwicklung, die Produktion und den Verkauf von Fahrzeugen und Motoren. Das Angebot des Konzernbereichs Space Car Construction beinhaltet die Herstellung eines universell einsetzbaren Mondfahrzeugs.

Im Jahr 1998 gründete die Skycar Group die Skycar Components SA in Südamerika. Weiterhin hält die Skycar Group eine direkte Mehrheitsbeteiligung (100 %) an der französischen Car-A-Van SARL in Paris.

Vor dem Hintergrund der günstigen Produktionsbedingungen gründete die Skycar AG zu Beginn des Jahres 1998 die Skycar Components SA in Südamerika als wichtige Produktionsstätte für die Antriebstechnik. Die Geschäftstätigkeit der Skycar Components SA umfasst die Lieferung von Motoren für Kleinwagen, die seitens der Skycar Group in der preiswerten Einsteigerklasse verbaut und von anderen Automobilherstellern aufgrund ihrer plattformunabhängigen Verwendbarkeit ebenfalls bezogen werden.

Bei dem im Jahr 2005 erworbenen Tochterunternehmen Car-A-Van SARL in Paris handelt es sich um ein aufstrebendes, auf den Vertrieb und das Marketing von Fahrzeugen spezialisiertes Unternehmen mit einem hoch qualifizierten Mitarbeiterstamm.

III. Produkte der Skycar Group

Die Produktpalette der Skycar Group ist breit gefächert: Der Konzernbereich: Automobile umfasst Fahrzeugmodelle der Einstiegs-, Kompakt- und Mittelklasse sowie der Luxusklasse. Darüber hinaus werden mit Großraum- und Mehrzweckfahrzeugen zunehmend margenstarke Nischenprodukte angeboten. Lastkraftwagen und Busse runden das Angebot des Konzernbereichs Automobile ab. Im Konzernbereich Space Car Construction ist die Skycar Group seit dem Geschäftsjahr 2002 mit der Herstellung eines, von einem privaten Firmenkonsortium in Auftrag gegebenen, universell einsetzbaren Mondfahrzeugs betraut, wobei es sich um einen kundenspezifischen Fertigungsauftrag handelt. Von dem firmenintern als Projekt Victory bezeichneten Auftrag verspricht sich die Skycar Group eine erhebliche Stärkung des Markenimages sowie einen auf den konventionellen Fahrzeugbau übertragbaren Innovationsvorsprung.

Die Forschungs- und Entwicklungstätigkeit der Skycar Group fokussiert sich seit dem 1. 1. 2003 auf die Entwicklung effizienter Antriebsmotoren und Leichtbaukarosserien. Damit soll dem auf den kontinuierlichen Anstieg des Rohölpreises sowie auf verschärfte EU-Abgasrichtlinien zurückzuführenden Wunsch der Abnehmerschaft nach verbrauchsarmen Fahrzeugen Rechnung getragen werden. Bereits Marktreife erreicht hat die neue 2for100-Motorengeneration, die mit der Patenterteilung und der Zulassung der zuständigen Behörde zum 28. 12. 2005 ab 2006 in die serienmäßige Produktion übergehen soll.

IV. Auszug aus dem Geschäftsbericht 2005 der Skycar Group

Der Konzernabschluss der Skycar Group wurde für das Geschäftsjahr 2000 erstmals nach internationalen Rechnungslegungsvorschriften gemäß den International Financial Reporting Standards (IFRS) und den Auslegungen des International Financial Reporting Interpretations Committee (IFRIC) erstellt.

Tabelle 2: GuV der Skycar Group

(in Mio. €)	2005	2004
Umsatzerlöse	4 773,29	4 512,86
Erhöhung oder Verminderung des Bestands an eigenen Erzeugnissen	251,92	65,71
Sonstige betriebliche Erträge	163,14	41,64
Materialaufwendungen	– 3 351,77	– 2 892,81
Personalaufwendungen	– 920,99	– 720,48
Abschreibungen auf immaterielle Vermögenswerte des Anlagevermögens und Sachanlagen	– 166,43	– 177,50
Sonstige betriebliche Aufwendungen	– 500,58	– 560,89
Ergebnis vor Finanzergebnis	248,58	268,53
Finanzaufwendungen	– 69,13	– 84,28
Finanzerträge	56,52	60,87
Ergebnis aus at Equity bewerteten Anteilen	0,00	– 0,90
Finanzergebnis	– 12,61	– 24,31
Ergebnis der gewöhnlichen Geschäftstätigkeit	235,97	244,22
Steuern vom Einkommen und vom Ertrag	– 90,21	– 102,46
davon tatsächlich	– 79,75	– 95,65
davon latent	– 10,46	– 6,81
Ergebnis nach Steuern	**145,76**	**141,76**

Tabelle 3: Bilanz der Skycar Group

Aktiva		
(in Mio. €)	**2005**	**2004**
Langfristige Vermögenswerte		
Immaterielle Vermögenswerte	534,30	553,75
Sachanlagen	617,96	558,44
Als Finanzinvestition gehaltene Immobilien	103,91	99,62
Vermietete Vermögenswerte	52,80	97,20
At Equity bewertete Anteile	179,72	179,72
Forderungen aus Finanzdienstleistungen	381,86	496,41
Latente Steueransprüche	175,97	124,95
Summe Langfristige Vermögenswerte	2 046,52	2 110,09
Zur Veräußerung gehaltene langfristige Vermögenswerte	6,00	0,00
Kurzfristige Vermögenswerte		
Vorräte	952,27	694,98
Forderungen aus Lieferungen und Leistungen	265,36	193,99
Forderungen aus Finanzdienstleistungen	620,53	870,98
Sonstige Forderungen und Vermögenswerte	222,50	222,50
Wertpapiere	202,00	200,00
Zahlungsmittel	25,70	196,64
Summe Kurzfristige Vermögenswerte	2 288,36	2 379,09
Bilanzsumme	**4 340,88**	**4 489,18**

		Passiva
(in Mio. €)	**2005**	**2004**
Eigenkapital		
Gezeichnetes Kapital	40,00	40,00
Kapitalrücklage	668,26	640,00
Gewinnrücklagen	431,30	592,95
Anteile anderer Gesellschafter	5,47	5,38
Summe Eigenkapital	1 145,03	1 278,33
Langfristige Schulden		
Rückstellungen für Pensionen	375,21	475,68
Sonstige Rückstellungen	38,19	112,81
Finanzschulden	1 000,00	1 000,00
Sonstige Verbindlichkeiten	25,60	0,00
Latente Steuerschulden	377,09	347,49
Summe Langfristige Schulden	1 816,09	1 935,98
Kurzfristige Schulden		
Finanzschulden	719,42	602,97
Verbindlichkeiten aus Lieferungen und Leistungen	331,83	260,35
Steuerverbindlichkeiten	79,75	95,65
Sonstige Verbindlichkeiten	186,71	225,64
Sonstige Rückstellungen	62,05	90,26
Summe Kurzfristige Schulden	1 379,76	1 274,87
Bilanzsumme	**4 340,88**	**4 489,18**

Tabelle 4: Segmentbericht der Skycar Group

(in Mio. €)	Luxus-fahrzeuge	Nutzfahr-zeuge	PKW	Spezial-fahrzeuge	Sonstiges/ Konsoli-dierung	Konzern
2005						
Umsatzerlöse mit Dritten	1 193,32	1 431,99	1 909,32	115,93	122,73	4 773,29
Umsatzerlöse mit Konzernbereichen	179,00	214,80	286,40	0,00	– 680,20	0,00
Segmentumsätze	1 372,32	1 646,79	2 195,72	115,93	– 557,47	4 773,29
Bruttoergebnis vom Umsatz	293,61	352,33	469,77	34,68	24,04	1 174,43
Operatives Ergebnis	– 123,02	74,57	192,02	32,20	72,81	248,58
Ergebnis nach Steuern	– 156,95	43,73	152,94	19,32	86,72	145,76
Cashflow aus der laufenden Geschäftstätigkeit	85,71	77,92	98,70	– 76,47	73,86	259,72
Nettobetriebsvermögen (ohne Goodwill)	339,23	407,07	542,75	67,85	80,00	1 436,90
2004						
Umsatzerlöse mit Dritten	1 128,22	1 353,86	1 805,14	163,51	62,13	4 512,86
Umsatzerlöse mit Konzernbereichen	169,23	203,08	270,77	0,00	– 643,08	0,00
Segmentumsätze	1 297,45	1 556,94	2 075,91	163,51	– 580,95	4 512,86
Bruttoergebnis vom Umsatz	306,90	368,28	491,04	47,93	13,45	1 227,60
Operatives Ergebnis	– 124,68	80,56	203,32	45,42	63,91	268,53
Ergebnis nach Steuern	– 166,44	42,48	155,13	27,25	83,34	141,76
Cashflow aus der laufenden Geschäftstätigkeit	91,30	83,00	105,13	– 84,38	81,62	276,67
Netto-Betriebsvermögen (ohne Goodwill)	394,12	472,95	630,60	54,23	24,59	1 576,49

Tabelle 5: Kapitalflussrechnung der Skycar Group

		(in Mio. €)	**2005**	**2004**
1.		Periodenergebnis (einschließlich Ergebnisanteilen von Minderheitsgesellschaftern) vor außerordentlichen Posten	145,76	141,76
2.	+/–	Abschreibungen/Zuschreibungen auf Gegenstände des Anlagevermögens	286,79	273,68
3.	+/–	Zunahme/Abnahme der Rückstellungen	– 203,31	– 37,75
4.	+/–	Sonstige zahlungsunwirksame Aufwendungen/Erträge	– 5,44	12,04
5.	+/–	Verlust/Gewinn aus dem Abgang von Gegenständen des Anlagevermögens	0,00	0,00
6.	+/–	Abnahme/Zunahme der Vorräte, der Forderungen aus Lieferungen und Leistungen sowie anderer Aktiva, die nicht der Investitions- oder Finanzierungstätigkeit zuzuordnen sind	36,34	– 119,13
7.	+/–	Zunahme/Abnahme der Verbindlichkeiten aus Lieferungen und Leistungen sowie anderer Passiva, die nicht der Investitions- oder Finanzierungstätigkeit zuzuordnen sind	– 0,42	6,07
8.	=	Cashflow aus laufender Geschäftstätigkeit	259,72	276,67
9.		Einzahlungen aus Abgängen von Gegenständen des Sachanlagevermögens	20,00	0,00
10.	–	Auszahlungen für Investitionen in das Sachanlagevermögen	– 98,15	– 167,23
11.	+	Einzahlungen aus Abgängen von Gegenständen des immateriellen Anlagevermögens	0,00	0,00
12.	–	Auszahlungen für Investitionen in das immaterielle Anlagevermögen	– 204,58	– 121,92
13.	+	Einzahlungen aus Abgängen von Gegenständen des Finanzanlagevermögens	0,00	0,00
14.	–	Auszahlungen für Investitionen in das Finanzanlagevermögen	– 10,00	0,00
15.	+	Einzahlungen aufgrund von Finanzmittelanlagen im Rahmen der kurzfristigen Finanzmitteldisposition	0,00	0,00
16.	–	Auszahlungen aufgrund von Finanzmittelanlagen im Rahmen der kurzfristigen Finanzmitteldisposition	0,00	0,00
17.	=	Cashflow aus der Investitionstätigkeit	– 292,73	– 289,15
18.		Einzahlungen aus Eigenkapitalzuführungen	5,12	0,00
19.	–	Auszahlungen an Unternehmenseigner und Minderheitsgesellschafter	– 259,50	– 62,54
20.	+	Einzahlungen aus der Begebung von Anleihen und der Aufnahme von Krediten	0,00	500,00
21.	–	Auszahlungen aus der Tilgung von Anleihen und Krediten	0,00	0,00
22.	=	Cashflow aus der Finanzierungstätigkeit	– 254,38	437,46
23.		Zahlungswirksame Veränderung des Finanzmittelfonds	– 287,39	424,98
24.	+	Finanzmittelfonds am Anfang der Periode	– 406,33	– 831,31
25.	**=**	**Finanzmittelfonds am Ende der Periode**	**– 693,72**	**– 406,33**

Tabelle 6: Eigenkapitalveränderungsrechnung der Skycar Group

(in Mio. €)	Gezeichnetes Kapital	Kapitalrücklage	Gewinnrücklagen			Den Aktionären zustehendes Kapital	Anteile anderer Gesellschafter	Gesamt
			Angesammelte Gewinne	Rücklage für Cash Flow Hedges	Rücklage für Marktbewertung Wertpapiere			
Buchwert zum 1. 1. 2004	40,00	640,00	512,96	0,00	1,11	1 194,07	4,98	1 199,05
Dividendenzahlung	0,00	0,00	– 59,56	0,00	0,00	– 59,56	– 2,98	– 62,54
Finanzinstrumente	0,00	0,00	0,00	0,00	0,10	0,10	0,00	0,10
Sonstiges	0,00	0,00	0,00	0,00	0,00	0,00	0,00	0,00
Latente Steuern auf direkt im Eigenkapital erfasste Transaktionen	0,00	0,00	0,00	0,00	– 0,04	– 0,04	0,00	– 0,04
Ergebnis nach Steuern	0,00	0,00	138,38	0,00	0,00	138,38	3,38	141,76
Stand 31. 12. 2004	**40,00**	**640,00**	**591,78**	**0,00**	**1,17**	**1 272,95**	**5,38**	**1 278,33**
Buchwert zum 1. 1. 2005	40,00	640,00	591,78	0,00	1,17	1 272,95	5,38	1 278,33
Dividendenzahlung	0,00	0,00	– 256,12	0,00	0,00	– 256,12	– 3,38	– 259,50
Finanzinstrumente	0,00	0,00	0,00	– 80,00	0,30	– 79,70	0,00	– 79,70
Sonstiges	0,00	28,26	0,00	0,00	0,00	28,26	0,00	28,26
Latente Steuern auf direkt im Eigenkapital erfasste Transaktionen	0,00	0,00	0,00	32,00	– 0,12	31,88	0,00	31,88
Ergebnis nach Steuern	0,00	0,00	142,29	0,00	0,00	142,29	3,47	145,76
Stand 31. 12. 2005	**40,00**	**668,26**	**477,95**	**– 48,00**	**1,35**	**1 139,56**	**5,47**	**1 145,03**

Tabelle 7: Sachanlagespiegel der Skycar Group

(in Mio. €)	Grundstücke, grundstücksgleiche Rechte und Bauten einschließlich der Bauten auf fremden Grundstücken	Technische Anlagen und Maschinen	Andere Anlagen, Betriebs- und Geschäfts-ausstattung	Als Finanz-investition gehaltene Immobilien	Gesamt
AHK zum 1. 1. 2004	274,75	254,05	132,82	122,61	784,23
+ Zugänge	0,00	0,00	107,23	0,00	107,23
– Abgänge	0,00	0,00	0,00	0,00	0,00
+ Umbuchungen	0,00	0,00	0,00	0,00	0,00
AHK zum 31. 12. 2004	274,75	254,05	240,05	122,61	891,46
Kum. Abschreibungen zum 1. 1. 2004	15,84	86,53	68,36	20,44	191,17
+ Zugänge planmäßig	2,33	12,50	24,83	2,55	42,21
+ Zugänge außerplanmäßig	0,00	0,00	0,00	0,00	0,00
– Abgänge	0,00	0,00	0,00	0,00	0,00
Kum. Abschreibung zum 31. 12. 2004	18,17	99,03	93,19	22,99	233,38
Nettobuchwert zum 31. 12. 2004	**256,58**	**155,02**	**146,86**	**99,62**	**658,06**
AHK zum 1. 1. 2005	274,75	254,05	240,05	122,61	891,46
+ Zugänge	25,35	12,38	60,42	10,00	108,15
– Abgänge	– 2,25	– 18,62	– 28,65	0,00	– 49,52
+ Umbuchungen	– 3,00	0,00	0,00	– 3,00	– 6,00
AHK zum 31. 12. 2005	294,85	247,81	271,82	129,61	944,09
Kum. Abschreibungen zum 1. 1. 2005	18,17	99,03	93,19	22,99	233,38
+ Zugänge planmäßig	3,46	8,47	23,71	2,71	38,35
+ Zugänge außerplanmäßig	0,00	0,00	0,00	0,00	0,00
– Abgänge	– 2,25	– 18,62	– 28,65	0,00	– 49,52
Kum. Abschreibung zum 31. 12. 2005	19,38	88,88	88,25	25,70	222,21
Nettobuchwert zum 31. 12. 2005	**275,47**	**158,93**	**183,57**	**103,91**	**721,87**

Fall 1: Common-Size-Analyse und Trend-Analyse

Sachverhalt:

Als Bilanzanalyst liegen Ihnen die Bilanz sowie die GuV der Skycar Group und eines branchentypischen Konkurrenzunternehmens, der ABC-AG (Tabelle 9 und Tabelle 10), vor.

Aus dem Anhang der Skycar Group und der ABC-AG erfahren Sie darüber hinaus, dass sich die Mitarbeiterzahl der Unternehmen wie folgt entwickelte:

Tabelle 8: Anzahl der Mitarbeiter der Skycar Group und der ABC-AG

	Skycar Group			ABC-AG		
	2005	**2004**	**2003**	**2005**	**2004**	**2003**
Mitarbeiter	18 450	17 050	16 150	18 020	17 850	17 900

Des Weiteren entnehmen Sie aus dem Fachjournal „Auto-Fetisch-Freud“, dass sich die Autopreise in den letzten Jahren um 3 % jährlich erhöhten, die Materialaufwendungen in der Automobilbranche 4 % p. a. anstiegen und die Mitarbeiter dieser Unternehmen Tariflohnerhöhungen von 2 % jährlich realisieren konnten.

Tabelle 9: Bilanz der Skycar Group und der ABC-AG

(in Mio. €)	**Skycar Group**			**ABC-AG**		
	2005	**2004**	**2003**	**2005**	**2004**	**2003**
Aktiva						
Langfristige Vermögenswerte						
Immaterielle Vermögenswerte	534,30	553,75	630,94	225,84	251,71	220,14
Sachanlagen	617,96	558,44	490,88	877,76	852,67	654,93
Als Finanzinvestition gehaltene Immobilien	103,91	99,62	102,18	0,00	0,00	0,00
Vermietete Vermögenswerte	52,80	97,20	68,64	743,93	709,56	713,59
At Equity bewertete Anteile	179,72	179,72	180,63	20,44	16,89	16,54
Forderungen aus Finanzdienstleistungen	381,86	496,41	474,85	910,32	710,06	712,46
Latente Steueransprüche	175,97	124,95	123,49	142,13	43,59	41,09
Summe langfristige Vermögenswerte	2 046,52	2 110,09	2 071,61	2 920,42	2 584,48	2 358,75
Zur Veräußerung gehaltene langfristige Vermögenswerte	6,00	0,00	0,00	0,00	0,00	0,00
Kurzfristige Vermögenswerte						
Vorräte	952,27	694,98	696,45	439,82	481,19	468,23
Forderungen aus Lieferungen und Leistungen	265,36	193,99	93,11	236,67	239,03	241,87
Forderungen aus Finanzdienstleistungen	620,53	870,98	872,82	295,30	368,97	364,21
Sonstige Forderungen und Vermögenswerte	222,50	222,50	222,50	787,83	899,33	895,32
Wertpapiere	202,00	200,00	199,90	1 439,30	1 238,92	1 237,80
Zahlungsmittel	25,70	196,64	197,01	1 349,95	1 122,15	1 294,55
Summe kurzfristige Vermögenswerte	2 288,36	2 379,09	2 281,79	4 548,87	4 349,59	4 501,98
Bilanzsumme	**4 340,88**	**4 489,18**	**4 353,40**	**7 469,29**	**6 934,07**	**6 860,73**

Tabelle 9: (Forts.)

(in Mio. €)	Skycar Group			ABC-AG		
	2005	2004	2003	2005	2004	2003
Passiva						
Eigenkapital						
Gezeichnetes Kapital	40,00	40,00	40,00	35,00	35,00	35,00
Kapitalrücklage	668,26	640,00	640,00	93,82	93,82	93,82
Gewinnrücklage	431,30	592,95	514,07	2 495,90	2 112,98	2 075,86
Anteile anderer Gesellschafter	5,47	5,38	4,98	6,20	4,97	5,15
Summe Eigenkapital	1 145,03	1 278,33	1 199,05	2 630,92	2 246,77	2 209,83
Langfristige Schulden						
Rückstellungen für Pensionen	375,21	475,68	513,00	458,66	423,71	415,67
Sonstige Rückstellungen	38,19	112,81	113,05	526,92	426,17	401,37
Finanzschulden	1 000,00	1 000,00	500,00	1 526,96	1 785,30	1 857,64
Sonstige Verbindlichkeiten	25,60	0,00	0,00	1,67	11,83	15,89
Latente Steuerschulden	377,09	347,49	339,18	138,73	158,97	145,90
Summe langfristige Schulden	1 816,09	1 935,98	1 465,23	2 652,94	2 805,98	2 836,47
Kurzfristige Schulden						
Finanzschulden	719,42	602,97	1 028,32	851,43	481,44	475,88
Verbindlichkeiten aus Lieferungen und Leistungen	331,83	260,35	253,80	340,76	290,13	288,76
Steuerverbindlichkeiten	79,75	95,65	90,43	125,93	280,10	278,96
Sonstige Verbindlichkeiten	186,71	225,64	226,12	219,60	221,35	219,88
Sonstige Rückstellungen	62,05	90,26	90,45	647,71	608,30	550,95
Summe kurzfristige Schulden	1 379,76	1 274,87	1 689,12	2 185,43	1 881,32	1 814,43
Bilanzsumme	**4 340,88**	**4 489,18**	**4 353,40**	**7 469,29**	**6 934,07**	**6 860,73**

Tabelle 10: GuV der Skycar Group und der ABC-AG

(in Mio. €)	Skycar Group			ABC-AG		
	2005	2004	2003	2005	2004	2003
Umsatzerlöse	4 773,29	4 512,86	4 522,40	5 056,90	4 729,02	4 885,70
Erhöhung oder Verminderung des Bestands an eigenen Erzeugnissen	251,92	65,71	32,22	57,14	145,63	138,96
Sonstige betriebliche Erträge	163,14	41,64	111,80	159,14	162,37	149,33
Materialaufwendungen	–3 351,77	–2 892,81	–2 820,03	–2 269,29	–2 211,74	–2 208,62
Personalaufwendungen	– 920,99	– 720,48	– 647,91	– 742,17	– 730,54	– 728,32
Abschreibungen auf immaterielle Vermögenswerte des AV und Sachanlagen	– 166,43	– 177,50	– 150,29	– 392,68	– 293,50	– 322,85
Sonstige betriebliche Aufwendungen	– 500,58	– 560,89	– 798,84	– 931,19	– 938,94	– 905,62
Ergebnis vor Finanzergebnis	248,58	268,53	249,35	937,85	862,30	1 008,58
Finanzaufwendungen	– 69,13	– 84,28	– 73,54	– 121,89	– 85,17	– 90,36
Finanzerträge	56,52	60,87	63,48	132,58	100,75	98,71
Ergebnis aus at Equity bewerteten Anteilen	0,00	– 0,90	0,00	0,00	0,00	0,00
Finanzergebnis	– 12,61	– 24,31	– 10,06	10,69	15,58	8,35
Ergebnis der gewöhnlichen Geschäftstätigkeit	235,97	244,22	239,29	948,54	877,88	1 016,93
Steuern vom Einkommen und vom Ertrag	– 90,21	– 102,46	– 114,21	– 353,08	– 343,85	– 406,77
davon tatsächlich	– 79,75	– 95,65	– 90,44	– 362,40	– 331,07	– 386,43
davon latent	– 10,46	– 6,81	– 23,77	9,34	– 12,78	– 20,34
Ergebnis nach Steuern	**145,76**	**141,76**	**125,08**	**595,46**	**534,03**	**610,16**

Aufgabenstellung:

- Führen Sie die *Common-Size-Analyse* der Skycar Group durch, und vergleichen Sie die Skycar Group und die ABC-AG!
  - Analysieren Sie zunächst die Vermögenslage der Skycar Group mithilfe des *Common Size Balance Sheet*! Gehen Sie dabei insb. auf die Anlagen- und Umlaufintensität sowie auf die Eigenkapital- und Fremdkapitalquote ein!
  - Analysieren Sie anschließend die Ertragslage der Skycar Group mithilfe des *Common Size Income Statement*! Beschreiben Sie insb. die Material- und die Personalaufwandsquote!
- Beschreiben Sie darauf folgend das Instrument der *Trend-Analyse*, und vergleichen Sie die Skycar Group und die ABC-AG!
  - Erläutern Sie zunächst die *Kapitalstrukturentwicklung* der Skycar Group!
  - Analysieren Sie darauf folgend die *Aufwands- und Ertragsentwicklung* der Skycar Group! Gehen Sie dabei insb. auf die Bereinigung der Inflationseffekte ein!

I. Common-Size-Analyse

1. Erläuterung

Zur Beurteilung der *Finanz- und Ertragslage* eines Unternehmens im Rahmen der Bilanzanalyse bedarf es eines Vergleichsmaßstabs, einer sog. Benchmark. In Frage kommt hier eine vergleichende Betrachtung mehrerer Unternehmen oder eine Betrachtung ein und desselben Unternehmens im Zeitablauf. Wählt man als Benchmark ein anderes Unternehmen, so spricht man von einer sog. „cross-sectional analysis“[1]. Dabei ist jedoch zu beachten, dass die Jahresabschlussdaten der betrachteten Unternehmen aufgrund unterschiedlicher Größen nicht unmittelbar vergleichbar sind. Der Bilanzanalyst gewinnt deshalb zumeist bessere Einblicke in das Unternehmen, wenn er die zu analysierenden Daten nicht in ihrer absoluten Höhe betrachtet, sondern sie vielmehr zueinander in ein relatives Verhältnis setzt. Dabei kann der Vergleich durch eine Common-Size-Analyse oder durch eine Trend-Size-Analyse erfolgen.

Bei der *Common-Size-Analyse der Bilanz* setzt der Bilanzanalyst die einzelnen Positionen der Bilanz zu einer ebenfalls aus der Bilanz entnommenen Referenzgröße ins Verhältnis.[2] Dabei bietet es sich regelmäßig an, die Bilanzsumme als Referenzmaßstab zu wählen. Eine andere Möglichkeit besteht darin, Gruppen von Bilanzpositionen zu bilden und den Gesamtwert als Referenzmaßstab für die einzelnen

1 *Penman*, Financial Statement Analysis and Security Valuation (2007), S. 324.
2 Vgl. *Wild/Subramanyam/Halsey*, Financial Statement Analysis (2007), S. 27.

Positionen der Gruppe zu verwenden. So kann bspw. das Anlagevermögen oder das Umlaufvermögen ins Verhältnis zur Bilanzsumme gesetzt werden. Alternativ kann der Bilanzanalyst aber auch einzelne Positionen des Anlagevermögens, bspw. die immateriellen Vermögenswerte, ins Verhältnis zur Summe des Anlagevermögens (nicht zur Bilanzsumme) bringen, um mehr über die relative Zusammensetzung des langfristig investierten Kapitals zu erfahren. Eine ähnliche Vorgehensweise kann auf der Passivseite zur Analyse des Eigenkapitals und/oder der langfristigen und kurzfristigen Schulden gewählt werden.

Das *Common Size Balance Sheet* offenbart zum einen die Finanzierung des Unternehmens, d.h. die Verteilung der Mittel nach kurzfristigem und langfristigem Fremdkapital bzw. Eigenkapital, zum anderen die Zusammensetzung der Vermögenswerte eines Unternehmens nach deren Fristigkeiten bzw. deren Liquidität.[3] Wählt man als Bezugsgröße die Bilanzsumme, so kann der Bilanzanalyst dem Common Size Balance Sheet auf einen Blick zentrale Kennziffern entnehmen, die im Mittelpunkt der nachfolgenden Kapitel stehen und dort näher untersucht werden. So lässt sich aus dem Common Size Balance Sheet bspw. die *Eigenkapital- und Fremdkapitalquote* ablesen und die *Anlagenintensität* (Summe der langfristigen Vermögenswerte ÷ Bilanzsumme), *die Sachanlagenintensität* (Sachanlagen ÷ Bilanzsumme) sowie die *Umlaufintensität* (Umlaufvermögen ÷ Bilanzsumme) erkennen. Setzt man die einzelnen Positionen hingegen ins Verhältnis zum Wert der Gruppe, der sie angehören, so erkennt man bspw. den *Selbstfinanzierungsgrad* (Gewinnrücklagen ÷ Eigenkapital). Vergleicht man darüber hinaus die Vermögensstruktur und die Kapitalstruktur eines Unternehmens, so lässt sich eine Aussage darüber treffen, ob das Vermögen fristenkongruent, d.h. unter Einhaltung der „Goldenen Finanzierungsregel" (kurzfristig) finanziert wurde.[4]

Beim *Common Size Income Statement* setzt der Bilanzanalyst die einzelnen Positionen der GuV ins Verhältnis zu einer Referenzgröße, die er ebenfalls aus der GuV entnimmt. In der Praxis dienen dabei zumeist die Umsatzerlöse als Referenzmaßstab. Wird jede Position der GuV durch die Umsatzerlöse dividiert, gibt das Common Size Income Statement an, welchen Anteil diese Aufwands- oder Ertragsposition an den Umsatzerlösen darstellt. Damit lässt sich u.a. die *Umsatzrendite* als Verhältnis aus operativem Ergebnis (Ergebnis vor Finanzergebnis) und Umsatzerlösen direkt aus dem Common Size Income Statement ablesen.[5]

3 Vgl. *Wild/Subramanyam/Halsey*, Financial Statement Analysis (2007), S. 28. Die Zusammensetzung nach Fristigkeiten bzw. nach Liquidität ist von dem zu Grunde liegenden Bilanzgliederungsschema abhängig. Während das HGB eine Gliederung nach zunehmender Liquidität in Anlagevermögen und Umlaufvermögen favorisiert (§ 266 HGB), sieht IAS 1.51 eine Gliederung der Bilanz nach Restlaufzeiten von bis zu einem Jahr und mehr als einem Jahr vor.

4 Vgl. Fall 2 Abschn. II. 1.; vgl. *Baetge/Kirsch/Thiele*, Bilanzanalyse (2004), S. 255.

5 Vgl. *Penman*, Financial Statement Analysis and Security Valuation (2007), S. 325. Vgl. Fall 3, Abschn. I. 2.

Gliedert das Unternehmen seine GuV nach dem Umsatzkostenverfahren, so informiert das Common Size Income Statement unmittelbar über die Herstellungsaufwandsquote (Herstellungsaufwand ÷ Umsatzerlöse), die Vertriebsaufwandsquote (Vertriebsaufwand ÷ Umsatzerlöse), die Verwaltungsaufwandsquote (Verwaltungsaufwand ÷ Bilanzsumme) und die F&E-Aufwandsquote (F&E-Aufwand ÷ Bilanzsumme).

Stellt ein Unternehmen seine GuV hingegen nach dem *Gesamtkostenverfahren* auf, umfassen die nach Kostenarten gegliederten Aufwendungen sowohl die Kosten für die verkauften wie auch für die auf Lager produzierten Produkte. Deshalb liegt es hier nahe, als Referenzmaßstab statt der Umsatzerlöse die Umsatzerlöse zzgl. Bestandsveränderungen (Gesamtleistungen) zu wählen. Werden im Common Size Statement die Inputfaktoren (Material- und Personalaufwendungen) zu den Outputfaktoren in Beziehung gesetzt, so verfälscht die Einbeziehung der sonstigen betrieblichen Erträge die Aussagekraft der Kennziffern. Die sonstigen betrieblichen Erträge umfassen als Sammelposten typischerweise Erträge aus der Auflösung von Rückstellungen, Mieterträge, Lizenzerträge und sonstige regelmäßig anfallende, für das Unternehmen untypische Erträge.[6] Diese Ertragskomponenten haben dann keinen unmittelbaren Bezug zum Umsatz- bzw. Herstellungsprozess des Unternehmens. Das Common Size Income Statement zeigt auf, inwieweit Umsatzveränderungen durch Bestandsveränderungen kompensiert wurden und wie sich bspw. die *Materialaufwands- und Personalquote* der produzierten Güter verändert hat.

2. Anwendung auf den Fall: Common-Size-Analyse bei der Skycar Group

a) Common Size Balance Sheet

aa) Erstellung des Common Size Balance Sheet

Der Bilanzanalyst erstellt das Common Size Balance Sheet für die Skycar Group und das Vergleichsunternehmen, indem er die jeweilige Bilanzsumme als Referenzmaßstab wählt und sämtliche Aktiv- und Passivpositionen zu ihr ins Verhältnis setzt. So entfallen bei der Skycar Group bspw. 12,31 % der Bilanzsumme auf die immateriellen Vermögenswerte (= 534,30 ÷ 4 340,88 × 100) der gesamten Vermögenswerte des Unternehmens. Entsprechend lassen sich auch die Bilanzpositionen der ABC-AG ins Verhältnis setzen zu deren Bilanzsumme, so dass sich das in Tabelle 11 abgebildete Common Size Balance Sheet für die Skycar Group und die ABC-AG ergibt.

6 Vgl. *Baetge/Kirsch/Thiele*, Bilanzanalyse (2004), S. 113.

Tabelle 11: Common Size Balance Sheet der Skycar Group und der ABC-AG

(in %)	Skycar Group			ABC-AG		
	2005	**2004**	**2003**	**2005**	**2004**	**2003**
Aktiva						
Langfristige Vermögenswerte						
Immaterielle Vermögenswerte	12,31	12,34	14,49	3,02	3,63	3,21
Sachanlagen	14,24	12,44	11,28	11,75	12,30	9,55
Als Finanzinvestition gehaltene Immobilien	2,39	2,22	2,35	0,00	0,00	0,00
Vermietete Vermögenswerte	1,22	2,17	1,58	9,96	10,23	10,40
At Equity bewertete Anteile	4,14	4,00	4,15	0,27	0,24	0,24
Forderungen aus Finanzdienstleistungen	8,80	11,06	10,91	12,19	10,24	10,38
Latente Steueransprüche	4,05	2,78	2,84	1,90	0,63	0,60
Summe langfristige Vermögenswerte	47,15	47,00	47,59	39,10	37,27	34,38
Zur Veräußerung gehaltene langfristige Vermögenswerte	0,14	0,00	0,00	0,00	0,00	0,00
Kurzfristige Vermögenswerte						
Vorräte	21,94	15,48	16,00	5,89	6,94	6,82
Forderungen aus Lieferungen und Leistungen	6,11	4,32	2,14	3,17	3,45	3,53
Forderungen aus Finanzdienstleistungen	14,30	19,40	20,05	3,95	5,32	5,31
Sonstige Forderungen und Vermögenswerte	5,13	4,96	5,11	10,55	12,97	13,05
Wertpapiere	4,65	4,46	4,59	19,27	17,87	18,04
Zahlungsmittel	0,59	4,38	4,53	18,07	16,18	18,87
Summe kurzfristige Vermögenswerte	52,72	53,00	52,41	60,90	62,73	65,62
Bilanzsumme	**100,00**	**100,00**	**100,00**	**100,00**	**100,00**	**100,00**
Passiva						
Eigenkapital						
Gezeichnetes Kapital	0,92	0,89	0,92	0,47	0,50	0,51
Kapitalrücklage	15,39	14,26	14,70	1,26	1,35	1,37
Gewinnrücklagen	9,94	13,21	11,81	33,42	30,47	30,26
Anteile anderer Gesellschafter	0,13	0,12	0,11	0,08	0,07	0,08
Summe Eigenkapital	26,38	28,48	27,54	35,22	32,40	32,21
Langfristige Schulden						
Rückstellungen für Pensionen	8,64	10,60	11,78	6,14	6,11	6,06
Sonstige Rückstellungen	0,88	2,51	2,60	7,05	6,15	5,85
Finanzschulden	23,04	22,28	11,49	20,44	25,75	27,08
Sonstige Verbindlichkeiten	0,59	0,00	0,00	0,02	0,17	0,23
Latente Steuerschulden	8,69	7,74	7,79	1,86	2,29	2,13
Summe langfristige Schulden	41,84	43,13	33,66	35,52	40,47	41,34
Kurzfristige Schulden						
Finanzschulden	16,57	13,43	23,62	11,40	6,94	6,94
Verbindlichkeiten aus Lieferungen und Leistungen	7,64	5,80	5,83	4,56	4,18	4,21
Steuerverbindlichkeiten	1,84	2,13	2,08	1,69	4,04	4,07
Sonstige Verbindlichkeiten	4,30	5,03	5,19	2,94	3,19	3,20
Sonstige Rückstellungen	1,43	2,01	2,08	8,67	8,77	8,03
Summe kurzfristige Schulden	31,79	28,40	38,80	29,26	27,13	26,45
Bilanzsumme*	**100,00**	**100,00**	**100,00**	**100,00**	**100,00**	**100,00**

* Eventuell auftretende Abweichungen in den Summen ergeben sich durch Rundungsdifferenzen

bb) Analyse der Vermögens- und Kapitalstruktur

Die „vertical analysis"[7] der Bilanz verdeutlicht, dass die Skycar Group einen wesentlichen Teil des Gesamtkapitals in langfristige Vermögenswerte investiert hat: Die Anlagenintensität im Jahr 2005 beträgt 47,15 %, wobei die Investitionen im Wesentlichen auf Sachanlagen entfallen. Betrachtet man die Zahlenwerte im Zeitvergleich, so zeigt sich, dass die Anlagenintensität seit 2003 um 0,44 % gesunken ist. Eine sinkende Anlagenintensität wird bilanzanalytisch regelmäßig als positive Entwicklung interpretiert, da es dem Unternehmen gelungen ist, einen größeren Anteil des Kapitals aus einer langfristigen Bindung zu befreien. Es steht dann für kurzfristige Investitionsentscheidungen und kurzfristige Kapitalrückzahlungen zur Verfügung.

Ein Zeitreihenvergleich verdeutlicht zwar die Entwicklung der zentralen Kennzahlen im Unternehmen. Sie besagt aber noch nichts darüber, ob ihre Höhe auch sinnvoll oder zumindest marktüblich ist. Hier kann ein Blick auf die branchenüblichen Ausprägungen der Kennzahlen weitere Aufschlüsse geben. Wählt man die Bilanz der ABC-AG als Benchmark, so zeigt sich, dass bei der ABC-AG der Anteil des Kapitals, der in langfristigen Vermögenswerten (39,10 %) gebunden ist um 8,05 % geringer ist als bei der Skycar Group (47,15 %).

Das Common Size Balance Sheet informiert auch über die relative Zusammensetzung von Eigen- und Fremdkapital und deren Zusammensetzung im Zeitablauf. Dabei zeigt sich, dass die Eigenkapitalquote der Skycar Group am 31. 12. 2005 26,38 % betrug.[8] Sie hat sich im Zeitablauf verschlechtert; denn zwei Jahre zuvor, also am 31. 12. 2003, belief sie sich noch auf 27,54 %. Bilanzanalysten werten eine sinkende Eigenkapitalquote zumeist als negativ, da sich dadurch die finanzielle Stabilität des Unternehmens verschlechtert. Die Kapitalstruktur der Skycar Group weist im Vergleich mit der ABC-AG einen um 8,84 % geringeren Eigenkapitalanteil auf: Die Eigenkapitalquote der ABC-AG betrug zum 31. 12. 2005 35,22 % und ist seit dem 31. 12. 2003 um 3,01 % gestiegen. Dennoch scheint die Eigenkapitalquote der Skycar Group auf eine branchenübliche Finanzierung hinzuweisen.

Analysiert man die Zusammensetzung des Fremdkapitals bei der Skycar Group näher, so stellt man fest, dass der Anteil der kurzfristigen Schulden an der Bilanzsumme zwischen 2003 und 2005 um 7,01 % gesunken ist. Ein rückläufiger Anteil der kurzfristigen Verbindlichkeiten an der Gesamtfinanzierung ist grundsätzlich positiv zu beurteilen. Dadurch steht ein geringerer Anteil des Gesamtkapitals in der Gefahr, dem Unternehmen kurzfristig entzogen zu werden. Ein Vergleich mit der

---

7 So bezeichnet von *Wild/Subramanyam/Halsey* aufgrund der vorgenommenen „up-down" Aufspaltung der Bilanz (bzw. GuV), vgl. *Wild/Subramanyam/Halsey*, Financial Statement Analysis (2007), S. 27. Die Literatur bezeichnet diese Vorgehensweise bei der Analyse der Bilanz auch als Vermögens- und Kapitalstrukturanalyse, vgl. *Baetge/Kirsch/Thiele*, Bilanzanalyse (2004), S. 225.

8 Vgl. Fall 2 Abschn. I. 2.

kurzfristigen Fremdkapitalquote der ABC-AG weist auch hier auf eine branchenübliche Finanzierungsstruktur der Skycar Group hin. Während bei ihr die kurzfristige Fremdkapitalquote zum 31. 12. 2005 31,79 % betrug, belief sie sich beim Vergleichsunternehmen zu diesem Zeitpunkt auf 29,26 %.

b) Common Size Income Statement

aa) Erstellung des Common Size Income Statement

Die GuV der Skycar Group und der ABC-AG wurden nach dem Gesamtkostenverfahren erstellt. Deshalb liegt es nahe, beim Aufstellen des Common Size Income Statement die Summe der Umsatzerlöse und der Veränderungen des Bestands an eigenen Erzeugnissen (Gesamtleistungen) heranzuziehen. Das Common Size Income Statement aus Tabelle 12 ergibt sich, indem jede einzelne Position der GuV durch die Summe der Gesamtleistungen dividiert wird. So lässt sich für die Umsatzerlöse aus dem Common Size Income Statement eine Quote von

$$\frac{4\,773{,}29}{4\,773{,}29 + 251{,}92} = 94{,}99\,\%\ \text{entnehmen.}$$

Tabelle 12: Common Size Income Statement der Skycar Group und der ABC-AG

(in %)	Skycar Group			ABC-AG		
	2005	**2004**	**2003**	**2005**	**2004**	**2003**
Umsatzerlöse	94,99	98,56	99,29	98,88	97,01	97,23
Erhöhung oder Verminderung des Bestands an eigenen Erzeugnissen	5,01	1,44	0,71	1,12	2,99	2,77
Gesamterlöse	**100,00**	**100,00**	**100,00**	**100,00**	**100,00**	**100,00**
Sonstige betriebliche Erträge	3,25	0,91	2,45	3,11	3,33	2,97
Materialaufwand	– 66,70	– 63,18	– 61,92	– 44,37	– 45,37	– 43,96
Personalaufwand	– 18,33	– 15,74	– 14,23	– 14,51	– 14,99	– 14,49
Abschreibungen auf immaterielle Vermögenswerte des AV und Sachanlagen	– 3,31	– 3,88	– 3,30	– 7,68	– 6,02	– 6,43
Sonstige betriebliche Aufwendungen	– 9,96	– 12,25	– 17,54	– 18,21	– 19,26	– 18,02
Ergebnis vor Finanzergebnis	4,95	5,86	5,47	18,34	17,69	20,07
Finanzaufwendungen	– 1,38	– 1,84	– 1,61	– 2,38	– 1,75	– 1,80
Finanzerträge	1,12	1,33	1,39	2,59	2,07	1,96
Ergebnis aus at Equity bewerteten Anteilen	0,00	– 0,02	0,00	0,00	0,00	0,00
Finanzergebnis	– 0,25	– 0,53	– 0,22	0,21	0,32	0,17
Ergebnis der gewöhnlichen Geschäftstätigkeit	4,70	5,33	5,25	18,55	18,01	20,24
Ertragsteuern	– 1,80	– 2,24	– 2,51	– 6,90	– 7,05	– 8,10
Ergebnis nach Steuern	**2,90**	**3,10**	**2,75**	**11,64**	**10,96**	**12,14**

bb) Analyse der Ertrags- und Aufwandsstruktur

Die Umsatzerlöse betragen im Jahr 2005 94,99 % der Gesamtleistungen der Skycar Group, während die Erhöhung der Bestände an eigenen Erzeugnissen (5,01 %)

nur einen geringen Teil der Gesamtleistungen repräsentiert. Im Zeitablauf ist der Anteil der Umsatzerlöse an den Gesamtleistungen rückläufig: Er verringerte sich von 99,29 % in 2003 auf 94,99 % in 2005. An die Stelle der Umsatzerlöse treten verstärkt weniger liquiditätsnahe Erträge aus der Erhöhung des Bestands an eigenen Erzeugnissen. Dieser negative Trend fällt bei einem direkten Vergleich mit der ABC-AG noch stärker ins Auge. Bei ihr bewegt sich der Anteil der Umsatzerlöse an den Gesamtleistungen konstant auf sehr hohem Niveau. Die ABC-AG konnte ihn seit 31. 12. 2003 sogar noch geringfügig erhöhen. Er beträgt zum 31. 12. 2005 98,88 %.

Die Aufwendungen für die Herstellung der verkauften und auf Lager produzierten Güter entfallen zum größten Teil auf die Anschaffung von Material: Die Materialquote der Skycar Group beläuft sich auf 66,70 %. Zwischen 2003 und 2005 erhöhte sich die Materialaufwandsquote von 61,92 % auf 66,70 %. Die Steigerung ist auch insofern augenfällig, als das Vergleichsunternehmen, die ABC-AG, mit ca. 44,37 % eine deutlich niedrigere und im Zeitablauf relativ konstante Materialaufwandsquote aufweist. Die Steigerung des Materialaufwands kann zunächst darauf hinweisen, dass beim Einsatz des Produktionsfaktors Unwirtschaftlichkeiten vorliegen. Die Ursache für die Steigerung kann ebenfalls auf erhöhte Beschaffungspreise des Produktionsfaktors zurückzuführen sein.[9] Möglich ist aber auch, dass die Skycar Group einen Teil ihrer Produktion auf fremde Dritte ausgelagert hat. In diesem Fall würden die Lohnaufwendungen der eigenen Mitarbeiter durch Materialaufwendungen aufgrund fremdbezogener Leistungen substituiert.

Die Hypothese des Outsourcing wird durch einen Blick auf die Personalaufwandsquote nicht bestätigt. Sie beträgt zum 31. 12. 2003 14,23 % und ist sogar zum 31. 12. 2005 auf 18,33 % gestiegen. Eine steigende Personalaufwandsquote i.V. m. einer Zunahme der Materialaufwendungen kann dann auf eine verminderte Ertragskraft[10] der Skycar Group hinweisen.

Der Jahresüberschuss repräsentiert 2,90 % der Gesamtleistungen. Er besagt, dass die Skycar Group aus 1 Euro erbrachter Gesamtleistungen im Durchschnitt einen Gewinn nach Steuern von 0,03 Euro erzielte. Diese Quote ist im Dreijahresvergleich geringfügig gestiegen. Sie bleibt aber in allen Jahren des Vergleichszeitraums deutlich hinter der Kennzahl der ABC-AG zurück. Dieser ist es gelungen, in allen Jahren eine Gesamtleistungsrendite von um die 12 % zu erzielen. Aussagekräftiger wird diese Kennzahl, wenn der Jahresüberschuss ausschließlich auf die Umsatzerlöse bezogen wird. Dann informiert er über den Anteil des Gewinns, der im Durchschnitt mit einem Euro an Marktleistungen (Netto-Verkaufspreis) einhergeht. Diese Kennzahl wird dann als Umsatzrentabilität bezeichnet.[11]

9 Vgl. *Baetge/Kirsch/Thiele*, Bilanzanalyse (2004), S. 402–403.
10 Vgl. *Baetge/Kirsch/Thiele*, Bilanzanalyse (2004), S. 405 m. w. N.
11 Vgl. Fall 3, Abschn. I. 2.

II. Trend-Analyse

1. Erläuterung

Das Ziel der Trend-Analyse besteht darin, die Daten eines Unternehmens derart aufzubereiten, dass eine Analyse im Zeitablauf – eine sog. *„time-series analysis“*[12] – ermöglicht wird. Hierzu werden die Jahresabschlussdaten eines Unternehmens als Indizes eines Basisjahrs (Basis 100) ausgedrückt. Durch diese Vorgehensweise spiegeln die so berechneten Indizes die Entwicklung der Unternehmung wider.

Einem *Trend Balance Sheet* kann bspw. entnommen werden, inwieweit ein Unternehmen in Vermögenswerte des Sachanlagevermögens investiert hat. Sinkt der Wert der Sachanlagen im Zeitablauf kontinuierlich, so ist dies i. d. R. auf die Abschreibung der Anlagegegenstände und eine unzureichende Reinvestition zurückzuführen. Eine stärkere Abnahme des Anlagevermögens legt darüber hinaus die Vermutung nahe, dass desinvestiert wurde. Es empfiehlt sich, durch eine Analyse der außerordentlichen oder sonstigen betrieblichen Erträge (oder Aufwendungen) zu überprüfen, ob aus bilanzpolitischen Gründen durch Versilberung von Anlagevermögen stille Reserven gehoben wurden. Darüber hinaus lässt sich dem Trend Balance Sheet unmittelbar die Entwicklung der Liquidität und der Verschuldung eines Unternehmens entnehmen.[13]

Ebenso wie die Bilanz kann auch die GuV mit der Trend-Analyse so umgerechnet werden, dass sich ein Trend in der Entwicklung der *Aufwands- und Ertragspositionen* unmittelbar ablesen lässt.

Die positiven und negativen Entwicklungen der Bilanzpositionen und Positionen der GuV können aus *Mengen- oder Preisveränderungen* resultieren. Soll die mengenmäßige Erhöhung oder Senkung einer Position identifiziert werden, bedarf es grundsätzlich einer Bereinigung des Preiseffekts. Dabei ist jedoch zu bedenken, dass sich bei Bilanzpositionen dieser Effekt i. d. R. aufgrund der Komplexität der dort verbuchten Abgänge und Zugänge nicht ohne größeren Aufwand bereinigen lässt. Ebenso ist eine Bereinigung der Erfolgskonten typischerweise nicht ohne weiteres möglich, da auch hier den Werten Preisverhältnisse unterschiedlicher Stichtage zu Grunde liegen. Bspw. spiegeln die Abschreibungen die Preisverhältnisse der unterschiedlichen Anschaffungszeitpunkte wider. Ebenso kann der Materialaufwand die Preisverhältnisse des aktuellen Jahres abbilden (soweit das Material neu angeschafft wurde) oder die Preisverhältnisse vergangener Jahre (soweit das Material dem Bestand entnommen wurde).

Eine Bereinigung ist indessen bei der *Position der Umsatzerlöse* angemessen, da diese Position nur Transaktionen des aktuellen Jahres umfassen. Zu diesem Zweck wird vor Erstellung des *Trend Income Statement* der Wert der Position Umsatzer-

12 *Penman*, Financial Statement Analysis and Security Valuation (2007), S. 324.

13 Vgl. *Penman*, Financial Statement Analysis and Security Valuation (2007), S. 326.

löse um die Inflation bereinigt, indem er mit der Inflationsrate auf das Basisjahr diskontiert wird. Formal lässt sich dies wie folgt darstellen:

$$DW_t = \frac{X_t}{(1+r)^{t-1}}$$

mit DW_t = Deflationierter Wert der GuV-Position,
X_t = Wert der GuV-Position,
r = Inflationsrate,
t = Anzahl der Jahre.

Wird das Trend Balance Sheet oder Trend Income Statement auf Grundlage eines Common Size Balance Sheet oder Common Size Income Statement durchgeführt, so kann die Entwicklung mehrerer Unternehmen im Zeitablauf verglichen werden.[14] Diese Vorgehensweise ist indessen nur dann notwendig, wenn im direkten Vergleich zweier Unternehmen eine Aussage darüber getroffen werden soll, welches Unternehmen sich besser entwickelt hat. Soll hingegen nur analysiert werden, ob zwei Unternehmen sich positiv oder negativ entwickelt haben, so kann dies auch im Rahmen der Trend-Analyse auf Grundlage nicht normierter Jahresabschlussdaten erfolgen.

2. Anwendung auf den Fall: Trend-Analyse bei der Skycar Group

a) Analyse der Vermögens- und Kapitalstrukturentwicklung

Als Basisjahr wird bei der Skycar Group und der ABC-AG das Jahr 2003 herangezogen. Den Bilanzwerten dieses Jahres wird der Wert 100 beigemessen. Die Indizes für die Werte der Bilanzpositionen im Jahr 2004 ergeben sich, indem der jeweilige Wert der Bilanzposition in 2004 durch den Wert der Bilanzposition in 2003 dividiert und anschließend mit 100 multipliziert wird. Für die immateriellen Vermögenswerte der Skycar Group im Jahr 2004 und 2005 lässt sich dies bspw. wie folgt berechnen:

$$\frac{\text{Immaterielle Vermögenswerte}_{2004}}{\text{Immaterielle Vermögenswerte}_{2003}} \times 100 = \frac{553{,}75}{630{,}94} \times 100 = 87{,}77\ \% \quad \text{und}$$

$$\frac{\text{Immaterielle Vermögenswerte}_{2005}}{\text{Immaterielle Vermögenswerte}_{2003}} \times 100 = \frac{534{,}30}{630{,}94} \times 100 = 84{,}68\ \%$$

14 Vgl. *Penman*, Financial Statement Analysis and Security Valuation (2007), S. 327.

Das Trend Balance Sheet der Skycar Group und der ABC-AG ist nachfolgend in Tabelle 13 abgebildet:[15]

Tabelle 13: Trend Balance Sheet der Skycar Group und der ABC-AG

(in %)	Skycar Group			ABC-AG		
	2005	2004	2003	2005	2004	2003
Aktiva						
Langfristige Vermögenswerte						
Immaterielle Vermögenswerte	84,68	87,77	**100,00**	102,59	114,34	**100,00**
Sachanlagen	125,89	113,76	**100,00**	134,02	130,19	**100,00**
Als Finanzinvestition gehaltene Immobilien	101,69	97,49	**100,00**	n. d.	n. d.	**n. d.**
Vermietete Vermögenswerte	76,92	141,61	**100,00**	104,25	99,44	**100,00**
At Equity bewertete Anteile	99,50	99,50	**100,00**	123,58	102,12	**100,00**
Forderungen aus Finanzdienstleistungen	80,42	104,54	**100,00**	127,77	99,66	**100,00**
Latente Steueransprüche	142,50	101,18	**100,00**	345,90	106,08	**100,00**
Summe langfristige Vermögenswerte	98,79	101,86	**100,00**	123,81	109,57	**100,00**
Zur Veräußerung gehaltene langfristige Vermögenswerte	n. d.	n. d.	**n. d.**	n. d.	n. d.	**n. d.**
Kurzfristige Vermögenswerte						
Vorräte	136,73	99,79	**100,00**	93,93	102,77	**100,00**
Forderungen aus Lieferungen und Leistungen	285,00	208,34	**100,00**	97,85	98,83	**100,00**
Forderungen aus Finanzdienstleistungen	71,09	99,79	**100,00**	81,08	101,31	**100,00**
Sonstige Forderungen und Vermögenswerte	100,00	100,00	**100,00**	87,99	100,45	**100,00**
Wertpapiere	101,05	100,05	**100,00**	116,28	100,09	**100,00**
Zahlungsmittel	13,05	99,81	**100,00**	104,28	86,68	**100,00**
Summe kurzfristige Vermögenswerte	100,29	104,26	**100,00**	101,04	96,62	**100,00**
Bilanzsumme	**99,71**	**103,12**	**100,00**	**108,87**	**101,07**	**100,00**
Passiva						
Eigenkapital						
Gezeichnetes Kapital	100,00	100,00	**100,00**	100,00	100,00	**100,00**
Kapitalrücklage	104,42	100,00	**100,00**	100,00	100,00	**100,00**
Gewinnrücklagen	83,90	115,34	**100,00**	120,23	101,79	**100,00**
Anteile anderer Gesellschafter	109,84	108,03	**100,00**	120,39	96,50	**100,00**
Summe Eigenkapital	95,49	106,61	**100,00**	119,06	101,67	**100,00**
Langfristige Schulden						
Rückstellungen für Pensionen	73,14	92,73	**100,00**	110,34	101,93	**100,00**
Sonstige Rückstellungen	33,78	99,79	**100,00**	131,28	106,18	**100,00**
Finanzschulden	200,00	200,00	**100,00**	82,20	96,11	**100,00**
Sonstige Verbindlichkeiten	n. d.	n. d.	**n. d.**	10,51	74,45	**100,00**
Latente Steuerschulden	111,18	102,45	**100,00**	95,09	108,96	**100,00**
Summe langfristige Schulden	123,95	132,13	**100,00**	93,53	98,93	**100,00**
Kurzfristige Schulden						
Finanzschulden	69,96	58,64	**100,00**	178,92	101,17	**100,00**
Verbindlichkeiten aus Lieferungen und Leistungen	130,74	102,58	**100,00**	118,01	100,47	**100,00**
Steuerverbindlichkeiten	88,19	105,77	**100,00**	45,14	100,41	**100,00**
Sonstige Verbindlichkeiten	82,57	99,79	**100,00**	99,87	100,67	**100,00**
Sonstige Rückstellungen	68,60	99,79	**100,00**	117,56	110,41	**100,00**
Summe kurzfristige Schulden	81,69	75,48	**100,00**	120,45	103,69	**100,00**
Bilanzsumme	**99,71**	**103,12**	**100,00**	**108,87**	**101,07**	**100,00**

15 Beträgt der nominale Wert des Referenzjahrs 2003 null Euro, so sind die Indizes für die Jahre 2004 und 2005 nicht definiert. Entsprechende Positionen sind mit n. d. gekennzeichnet.

Die Analyse mithilfe des Trend Balance Sheet zeigt, dass die vermieteten Vermögenswerte zwischen 2003 und 2005 gemessen an den Richtwerten des Jahres 2003 deutlich gesunken sind. Von 100 Euro, die die Skycar Group zum 31. 12. 2003 in diese Vermögensobjekte investiert hatte, sind zum 31. 12. 2005 nur noch 76,92 Euro vorhanden. Die Gründe dafür können vielfältig sein: So ist es denkbar, dass sich das Unternehmen in den letzten zwei Jahren verstärkt aus dem Vermietungsgeschäft zurückgezogen hat. Möglich ist es aber auch, dass die vermieteten Gegenstände hinsichtlich ihres Umfangs gleich geblieben sind, in der Zwischenzeit aber durch eine planmäßige Abschreibung an (Buch-)Wert verloren haben. Ein Vergleich mit der ABC-AG zeigt, dass diese Entwicklung nicht repräsentativ für alle Branchenunternehmen ist; denn die ABC-AG hat das Vermietungsgeschäft (nominal) ausgeweitet. Aus 100 Euro, die es zum 31. 12. 2003 in diese Objekte investierte, wurden zwei Jahre später 104,25 Euro. Bevor der Bilanzanalyst aus dieser Erkenntnis (zutreffende) Schlüsse ziehen kann, sind weitere Untersuchungen erforderlich.

Ein ähnliches Bild zeigen die sonstigen kurzfristigen Rückstellungen. Sie sind bei der Skycar Group in den letzten Jahren deutlich zurückgegangen: Von 100 Euro, die zum 31. 12. 2003 in dieser Verbindlichkeitsposition gebunden waren, sind zum 31. 12. 2005 nur noch 68,60 Euro vorhanden. Ob dies daran liegt, dass es der Skycar Group in der Zwischenzeit gelungen ist, diese Schulden abzubauen oder ob der Rückgang auf bilanzpolitischen Entscheidungen beruht, die dazu führten, dass die Manager des Unternehmens bei gleich bleibender oder sogar angespannter Verpflichtungslage weniger Rückstellungen passivierten, kann pauschal nicht beantwortet werden. Hier sind weitere bilanzanalytische Untersuchungen fällig. Auffällig ist, dass sich im Dreijahresvergleich die sonstigen Rückstellungen bei der ABC-AG entgegengesetzt entwickelten: Aus 100 Euro sonstiger Rückstellungen wurden zwei Jahre später 117,56 Euro.

b) Analyse der Ertrags- und Aufwandsentwicklung

Die gleiche Vorgehensweise wie bei der Bilanz wird auch für die Erstellung des Trend Income Statement herangezogen. Auch hier wird der Wert jeder GuV-Position für 2003 als Basis verwendet. Das Trend Income Statement der Skycar Group und der ABC-AG ist in Tabelle 14 abgebildet:

Tabelle 14: Trend Income Statement der Skycar Group und der ABC-AG

(in %)	Skycar Group			ABC-AG		
	2005	**2004**	**2003**	**2005**	**2004**	**2003**
Umsatzerlöse	105,55	99,79	**100,00**	103,50	96,79	**100,00**
Erhöhung oder Verminderung des Bestands an eigenen Erzeugnissen	781,87	203,94	**100,00**	41,12	104,80	**100,00**
Sonstige betriebliche Erträge	145,92	37,25	**100,00**	106,57	108,73	**100,00**
Materialaufwendungen	118,86	102,58	**100,00**	102,75	100,14	**100,00**
Personalaufwendungen	142,15	111,20	**100,00**	101,90	100,30	**100,00**
Abschreibungen auf immaterielle Vermögenswerte des AV und Sachanlagen	110,74	118,10	**100,00**	121,63	90,91	**100,00**
Sonstige betriebliche Aufwendungen	62,66	70,21	**100,00**	102,82	103,68	**100,00**
Ergebnis vor Finanzergebnis	99,69	107,69	**100,00**	92,99	85,50	**100,00**
Finanzaufwendungen	94,00	114,60	**100,00**	134,89	94,26	**100,00**
Finanzerträge	89,04	95,89	**100,00**	134,31	102,07	**100,00**
Ergebnis aus at Equity bewerteten Anteilen	n. d.	n. d.	**n. d.**	n. d.	n. d.	**n. d.**
Finanzergebnis	125,35	241,65	**100,00**	128,02	186,59	**100,00**
Ergebnis der gewöhnlichen Geschäftstätigkeit	98,61	102,06	**100,00**	93,27	86,33	**100,00**
Steuern vom Einkommen und vom Ertrag	78,99	89,71	**100,00**	86,80	84,53	**100,00**
Ergebnis nach Steuern	**116,53**	**113,34**	**100,00**	**97,59**	**87,52**	**100,00**

Das Trend Income Statement verdeutlicht, dass es der Skycar Group gelungen ist, ihre Umsatzerlöse zwischen 2003 und 2005 um 5,55 % zu erhöhen. Der ABC-AG gelang die Umsatzsteigerung dagegen nur in geringerem Umfang. Sie belief sich hier gerade einmal auf 3,5 %.

Ob der Umsatzzuwachs auf eine Ausweitung der Absatzzahlen oder auf eine Preiserhöhung zurückzuführen ist, kann aus dem Trend Income Statement nicht entnommen werden. Hierzu bedarf es ergänzender Annahmen, die der Bilanzanalyst aus dem Jahresabschluss oder dem Marktumfeld gewinnen muss. Weiß er, dass die Kfz-Preise in den letzten beiden Jahren um jährlich 3 % gestiegen sind, so kann er, wie in Tabelle 15 zusammengefasst, das reale Wachstum errechnen:

Tabelle 15: Reales Wachstum der Skycar Group und der ABC-AG

(in %)	Skycar Group			ABC-AG		
	2005	**2004**	**2003**	**2005**	**2004**	**2003**
Umsatzerlöse	105,55	99,79	100,00	103,50	96,79	100,00
Diskontierungsfaktor	0,9426	0,9709	1,0000	0,9426	0,9709	1,0000
Inflationsbereinigte Umsatzerlöse	99,49	96,89	100,00	97,56	93,97	100,00

Der inflationsbereinigte Wert der Umsatzerlöse bei einer Inflationsrate von 3 % ergibt sich dann wie folgt:

$$\text{Umsatzerlöse}_{2005} = \frac{1}{1{,}03^2} \times 105{,}55\ \% = 0{,}9426 \times 105{,}55\ \% = 99{,}49\ \%.$$

Die vorstehende Tabelle 15 verdeutlicht, dass es der Skycar Group offensichtlich nicht gelungen ist, den Verkauf von Fahrzeugen auch mengenmäßig zu steigern, denn der reale (inflationsbereinigte) Umsatzzuwachs beträgt –0,51 %. Das Vergleichsunternehmen musste im Beobachtungszeitraum einen wesentlich höheren Umsatzrückgang hinnehmen. Von jeweils 100 Verkaufseinheiten des Jahres 2003 konnte es zwei Jahre später nur noch 97,56 Umsatzeinheiten realisieren.

Der Zeitreihenvergleich der Bestandsveränderungen informiert darüber, dass die Skycar Group ihre Produktion auf Lager deutlich ausgeweitet hat: Im Vergleich zu 2003 haben sich die Bestandsveränderungen der Periode in etwa verachtfacht. Bei der ABC-AG stellt sich das Bild anders dar: Von 100 Euro, die es im Jahr 2003 in die Ausweitung des Lagerbestands an eigenen Erzeugnissen investierte, verbleibt zwei Jahre später nicht einmal die Hälfte. Allerdings darf der Bilanzanalyst keine falschen Rückschlüsse aus der (immensen) Steigerungsrate ziehen. Zwar betragen die Bestandsveränderungen an eigenen Erzeugnissen in 2005 781,87 % des Werts des Basisjahrs 2003, während die Umsatzerlöse nur auf ca. 105,55 % stiegen, doch ist zu beachten, dass sich die dahinter stehenden absoluten Zahlen des Jahres 2003 signifikant unterscheiden: Während die Umsatzerlöse 4 522,40 Mio. Euro betrugen, beliefen sich die Bestandsveränderungen gerade einmal auf 32,22 Mio. Euro. Die absolute Erhöhung dieser beiden Werte fällt daher sogar zugunsten der Umsatzerlöse (= 4 773,29 – 4 522,40 = 250,89 Mio. Euro) aus.

Zeitgleich zur Erhöhung der Umsatzerlöse zwischen 2003 und 2005 stiegen die Materialaufwendungen auf 118,86 % und die Lohnaufwendungen auf 142,15 %. In beiden Fällen schneidet die ABC-AG deutlich vorteilhafter ab. Beide Kennzahlen erhöhten sich bei ihr im gleichen Zeitraum nur unwesentlich. Der Blick auf das Trend Income Statement verrät auch hier noch nicht die Gründe, die für diese Entwicklung verantwortlich sind. Es bietet sich an, die Materialaufwendungen und Lohnaufwendungen – ähnlich wie die Umsatzerlöse – zu deflationieren. Bei den Materialaufwendungen kann zu diesem Zweck auf dem Bilanzanalysten zugängliche Materialien oder auf Fachpublikationen zurückgegriffen werden, die Auskunft über die Preisentwicklungen geben. Da der Bilanzanalyst aus der Fachpresse weiß, dass die Materialkosten in den letzten beiden Jahren um durchschnittlich 4 % anstiegen, kann er die in Tabelle 16 dargestellten, inflationsbereinigten Kennzahlen ermitteln:

Tabelle 16: Inflationsbereinigte Materialaufwendungen der Skycar Group und der ABC-AG

(in %)	Skycar Group			ABC-AG		
	2005	2004	2003	2005	2004	2003
Materialaufwendungen	118,86	102,58	100,00	102,75	100,14	100,00
Diskontierungsfaktor	0,9246	0,9615	1,0000	0,9246	0,9615	1,0000
Inflationsbereinigte Materialaufwendungen	109,89	98,63	100,00	95,00	96,28	100,00

Die Tabelle informiert darüber, dass die Skycar Group in 2005 9,89 % mehr an Material verbraucht hat als im Jahr 2003. Aber auch bei der Interpretation dieser Kennzahl ist Vorsicht geboten: Zum einen kann die Höhe der Materialaufwendungen durch eine veränderte Zurechnungspolitik von Gemeinkosten beeinflusst sein. Zum anderen kann der Bilanzanalyst nicht darauf vertrauen, dass die Materialaufwendungen auch tatsächlich in dem Jahr ausgabenwirksam wurden, in dem sie in der GuV als Aufwand erfasst wurden. Da die Skycar Group (in immer stärkerem Maße) auf Lager produziert, fließen die Materialausgaben zeitverzögert in die GuV ein. Durch diese zeitverschobene Erfassung gehen in die Materialaufwendungen Ausgaben aus Jahren ein, die unterschiedlich mit Inflation belastet sind. Eine einfache Deflationierung – wie oben vorgenommen – führt dann insb. in inflationsstarken Jahren zu verzerrten Ergebnissen.

Hinsichtlich der Lohnaufwendungen weiß der Bilanzanalyst aus der Presse, dass die Beschäftigten der Automobilindustrie in den letzten beiden Jahren Tariflohnerhöhungen von 2 % realisieren konnten. Deflationiert er wie in Tabelle 17 daraufhin die Lohnaufwendungen der GuV für die Jahre 2003 bis 2005, so erhält er die inflationsbereinigten Lohnaufwendungen:

Tabelle 17: Inflationsbereinigte Personalaufwendungen der Skycar Group und der ABC-AG

(in %)	Skycar Group			ABC-AG		
	2005	**2004**	**2003**	**2005**	**2004**	**2003**
Personalaufwendungen	142,15	111,20	100,00	101,90	100,30	100,00
Diskontierungsfaktor	0,9612	0,9804	1,0000	0,9612	0,9804	1,0000
Inflationsbereinigte Lohnaufwendungen	136,63	109,02	100,00	97,95	98,33	100,00

Diese Berechnung übersieht jedoch, dass nicht alle Mitarbeiter der Skycar Group tarifvertraglich gebunden sind. Insb. für ihre Manager gilt dies nicht. Auch ist es denkbar, dass die Skycar Group gewisse Mitarbeiter über Tarif entlohnte oder dass die Lohnnebenkosten deutlich gestiegen sind. Deshalb sagen die vorstehenden Kennzahlen noch nichts darüber aus, ob die realen Steigerungen der Lohnaufwendungen durch eine höhere Vergütung pro Mitarbeiter oder durch eine Ausweitung der Mitarbeiterzahl (bei gleich bleibendem Durchschnittslohn) hervorgerufen wurden. Der Bilanzanalyst erfährt aus dem Anhang die Anzahl der im Unternehmen beschäftigten Mitarbeiter. Setzt er diese ins Verhältnis zu den Lohnaufwendungen, so ergeben sich die in Tabelle 18 (auf S. 42) abgebildeten Relationen.

Tabelle 18: Personalaufwendungen je Mitarbeiter bei der Skycar Group und der ABC-AG

(in Mio. €)	Skycar Group			ABC-AG		
	2005	**2004**	**2003**	**2005**	**2004**	**2003**
Personalaufwendungen (nominal)	920,99	720,48	647,91	742,17	730,54	728,32
Mitarbeiter	18 450	17 050	16 150	18 020	17 850	17 900
Personalaufwendungen je Mitarbeiter	0,05	0,04	0,04	0,04	0,04	0,04

Die Tabelle verdeutlicht, dass die Skycar Group in den letzten Jahren ihren Mitarbeiterstamm tatsächlich sukzessive von 16 150 auf 18 450 gesteigert hat und dass sich der pro Mitarbeiter gezahlte Jahresdurchschnittslohn in 2005 auf ca. 0,05 Mio. Euro belief und im Zeitablauf relativ konstant geblieben ist. Diese Erkenntnis schließt aber nicht aus, dass einzelne Mitarbeitergruppen eine deutliche Lohnerhöhung erzielen konnten und die Lohnerhöhungen dadurch kompensiert wurden, dass in anderen Bereichen des Unternehmens grundsätzlich weniger gut bezahlte Mitarbeiter durch eine Vielzahl von noch geringer verdienenden Arbeitnehmern ersetzt wurden.

Das Betriebsergebnis nach Steuern hat sich bei der Skycar Group im Dreijahresvergleich erhöht. Aus 100 Euro Gewinn des Jahres 2003 wurden zwei Jahre später annähernd 116,53 Euro. Im gleichen Zeitraum ist der Jahresüberschuss der ABC-AG auf ca. 97,59 % des Niveaus von 2003 gefallen. Ob diese positive Entwicklung der Skycar Group auf einer realen Entwicklung beruht oder durch bilanzpolitische Maßnahmen verursacht wurden, untersuchen die nachfolgenden Fälle.

Weiterführende Literatur

Penman, Stephan H. Financial Statement Analysis and Security Valuation, 3. Aufl., Boston u. a. 2007, S. 324–327

Wild, John J./ Subramanyam, K. R./ Halsey, Robert F. Financial Statement Analysis, 9. Aufl., Boston u. a. 2007, S. 24–30

Fall 2: Analyse der Vermögens- und Finanzlage

Sachverhalt:

Der Vorstand der Skycar Group hat für die nächsten Jahre eine Expansions- und Wachstumsstrategie festgelegt. Nun ist es Aufgabe des Finanzvorstands, die Finanzierung der erforderlichen Investitionen zu gewährleisten. Noch schwankt er zwischen einer Eigenkapitalerhöhung durch Ausgabe neuer Aktien und der Aufnahme zusätzlicher Kredite.

Da der Finanzvorstand um die Wichtigkeit von finanzwirtschaftlichen Kennzahlen, insb. zur Liquiditätssituation, für Fremdkapitalgeber weiß, soll zur Vorbereitung eines anstehenden Kreditgesprächs die finanzielle Gesamtsituation der Skycar Group analysiert werden.

Die Skycar Group weist in ihren Bilanzen für die Geschäftsjahre 2002 bis 2005 die folgenden, für eine Analyse der Kapitalstruktur erforderlichen und in den Tabellen 19, 20 und 21 dargestellten Positionen der Aktiv- und Passivseite aus:

Tabelle 19: Kurzfristiges Vermögen der Skycar Group

(in Mio. €)	**2005**	**2004**	**2003**	**2002**
Vorräte	952,27	694,98	696,45	793,58
Forderungen aus Lieferungen und Leistungen	265,36	193,99	93,11	55,38
Forderungen aus Finanzdienstleistungen	620,53	870,98	872,82	994,56
Sonstige Forderungen und Vermögenswerte	222,50	222,50	222,50	222,50
Wertpapiere	202,00	200,00	199,90	199,05
Zahlungsmittel	25,70	196,64	197,01	224,05
Umlaufvermögen	2 288,36	2 379,09	2 281,79	2 489,12

Tabelle 20: Kurzfristige Schulden der Skycar Group

(in Mio. €)	**2005**	**2004**	**2003**	**2002**
Finanzschulden	719,42	602,97	1 028,32	1 237,45
Verbindlichkeiten aus Lieferungen und Leistungen	331,83	260,35	253,80	170,59
Steuerverbindlichkeiten	79,75	95,65	90,43	74,04
Sonstige Verbindlichkeiten	186,71	225,64	226,12	257,66
Sonstige Rückstellungen	62,05	90,26	90,45	103,06
Kurzfristige Schulden	1 379,76	1 274,87	1 689,12	1 842,80

Tabelle 21: Passivposten und Bilanzsumme der Skycar Group

(in Mio. €)	2005	2004	2003	2002
Eigenkapital	1 145,03	1 278,33	1 199,05	1 136,03
Rückstellungen	475,45	678,75	716,50	887,42
Verbindlichkeiten	2 720,40	2 532,10	2 437,85	2 569,54
Fremdkapital	3 195,85	3 210,85	3 154,35	3 456,96
Bilanzsumme	**4 340,88**	**4 489,18**	**4 353,40**	**4 592,99**

Weiterhin entnehmen Sie dem Anhang der Skycar Group, dass die Roh-, Hilfs- und Betriebsstoffe (Vorräte) mittels des First-in-First-out-Verfahrens bewertet werden.

Bei der sonntäglichen Lektüre einer Wirtschaftszeitung stoßen Sie auf eine Gegenüberstellung der Eigenkapitalquoten von Unternehmen aus der Automobilbranche. Für BMW und VW werden folgende Eigenkapitalquoten angegeben (Tabelle 22):

Tabelle 22: Eigenkapitalquoten von BMW und VW[16]

(in %)	2005	2004	2003	2002
BMW	22,76	25,98	26,27	24,99
VW	17,77	18,87	20,59	22,67

Aufgabenstellung:

- Führen Sie eine *vertikale Analyse der Kapitalstruktur* der Skycar Group durch!
- Welche Rückschlüsse erlaubt eine *horizontale Analyse der Bilanzstruktur* der Skycar Group?
- Stellen Sie abschließend die *Aussagegrenzen* der Kapital- und Bilanzstrukturkennzahlen dar!

I. Vertikale Kapitalstrukturanalyse

1. Erläuterung

a) Zielsetzung der vertikalen Kapitalstrukturanalyse

Mittels einer Analyse der Kapital- und der Bilanzstruktur sollen Erkenntnisse einerseits über die Art der Kapitalbeschaffung (Finanzierung) und andererseits über

16 Vgl. BMW, Konzernabschluss 2005, S. 65; dies., Konzernabschluss 2004, S. 53; dies. Konzernabschluss 2003, S. 57; dies., Konzernabschluss 2002, S. 55; VW, Konzernabschluss 2005, S. 115; dies., Konzernabschluss 2004, S. 41; dies., Konzernabschluss 2003, S. 5; dies., Konzernabschluss 2002, S. 85.

den Zusammenhang zwischen Kapitalbeschaffung und -verwendung (Investitionen) gewonnen werden, um die finanzielle Solidität eines Unternehmens beurteilen zu können. Ziel einer vertikalen Analyse der Kapitalstruktur, die auch als *Finanzierungsanalyse* bezeichnet wird, ist die Erlangung von Informationen über Herkunft, Art, Zusammensetzung und Fristigkeit des dem Unternehmen überlassenen Kapitals.

Die Finanzierung eines Unternehmens setzt sich (vereinfacht) aus Eigen- und Fremdkapital zusammen. Auf Grundlage der Struktur der bilanziellen Kapitalbuchwerte[17] wird eine Beurteilung der für das Unternehmen resultierenden *Finanzierungsrisiken* und seiner Abhängigkeiten bei der Kapitalbeschaffung ermöglicht. Darüber hinaus signalisiert die (relative) Höhe des Eigenkapitals, über welche *Verlustabsorptionsfähigkeit* das entsprechende Unternehmen verfügt. Es erlaubt zudem Rückschlüsse auf dessen finanzielle Elastizität (bzw. *Kreditwürdigkeit*) für evtl. erforderliche Kapitalanpassungen bei (Fremd-)Kapitalgebern.[18] Letztlich stellt sich die Frage nach einer möglichst vorteilhaften Strukturierung des eingesetzten Kapitals, insb. nach dem vermeintlich optimalen Eigenkapitalanteil. Die Angemessenheit der Kapitalstruktur wird bei externer Analyse hauptsächlich anhand der Entwicklung im Zeitablauf (dynamische Betrachtung)[19] sowie durch eine Gegenüberstellung mit Branchendurchschnittswerten oder Vergleichsunternehmen beurteilt.

b) Kapitalquoten

aa) Eigenkapital- und Fremdkapitalquote

Die Analyse der Kapitalstruktur basiert in erster Linie auf der Eigenkapital- und Fremdkapitalquote. Diese *Kennzahlen* verdeutlichen die Ausstattung des Unternehmens mit Eigen- bzw. Fremdkapital.[20] Die Eigenkapitalquote (Fremdkapitalquote) ergibt sich aus dem Verhältnis von Eigenkapital (Fremdkapital) zu Gesamtkapital:

$$\text{Eigenkapitalquote} = \frac{\text{Eigenkapital}}{\text{Gesamtkapital}} \ ,$$

$$\text{Fremdkapitalquote} = \frac{\text{Fremdkapital}}{\text{Gesamtkapital}} \ .$$

17 Gemäß den IFRS orientiert sich die Gliederung der einzelnen Bilanzpositionen grundsätzlich an ihrer Fristigkeit. Vgl. IAS 1.51 f.

18 Vgl. *Küting/Weber*, Die Bilanzanalyse (2006), S. 133.

19 Vgl. *Küting/Weber*, Die Bilanzanalyse (2006), S. 136.

20 Bei unternehmensübergreifenden Vergleichen von Kapitalquoten ist auf eine konsistente Abgrenzung des Eigen- und Fremdkapitals zu achten.

Die nachfolgende Tabelle 23 enthält die Eigen- und Fremdkapitalquoten ausgewählter Unternehmen der Automobilindustrie:

Tabelle 23: Eigenkapital- und Fremdkapitalquoten ausgewählter Unternehmen der Automobilindustrie[21]

(in Mio. € bzw. SEK)	BMW	Fiat	Porsche	Volvo (in Mio. SEK)	VW	Median
Eigenkapital	16 973,00	9 413,00	3 420,00	78 768,00	23 647,00	
Fremdkapital	57 593,00	53 041,00	6 290,00	178 367,00	109 434,00	
Gesamtkapital	74 566,00	62 454,00	9 710,00	257 135,00	133 081,00	
Eigenkapitalquote	22,76 %	15,07 %	35,22 %	30,63 %	17,77 %	**22,76 %**
Fremdkapitalquote	77,24 %	84,93 %	64,78 %	69,37 %	82,23 %	**77,24 %**

Eigenkapitalgeber haben im Gegensatz zu Fremdkapitalgebern keinen Anspruch auf eine feste Verzinsung und auf eine gesicherte Rückzahlung ihrer investierten Mittel zu einem vereinbarten Zeitpunkt (IAS 32.17). Ihnen steht aus dem laufenden Geschäftsbetrieb das Residuum aus erwirtschafteten Erträgen abzüglich angefallener Aufwendungen zu. Sie tragen daher einen Großteil des Geschäftsrisikos. Die *Eigenkapitalquote* dient daher als „Indikator für das Sicherungspotential eines Unternehmens“[22]. Die *Fremdkapitalquote* liefert keine über die Eigenkapitalquote hinausgehenden Informationen. Grundsätzlich steigt die Solidität der Finanzierung (bzw. sinkt die Insolvenzgefahr) eines Unternehmens mit einem zunehmenden Anteil des Eigenkapitals und einem abnehmenden Anteil des Fremdkapitals an der Bilanzsumme.[23]

Folgende funktionale Hypothesen sprechen für eine hohe *Eigenfinanzierung*:[24]

- Eine hohe Eigenkapitalquote erhöht die Bestandsfestigkeit des Unternehmens, indem eventuelle Verluste aufgefangen werden können. Je höher der Eigenkapitalanteil, desto geringer ist die Gefahr einer insolvenzrechtlichen Überschuldung (*Verlustausgleichsfunktion* und *Haftungsfunktion*).
- Eigenkapital steht einem Unternehmen i. d. R. auf unbegrenzte Zeit zur Verfügung, sofern es nicht durch entstandene Verluste aufgezehrt wird oder jederzeit entnommen werden kann. Damit erhalten die Manager eine höhere Dispositionsfreiheit sowie eine relative Unabhängigkeit von Fremdkapitalgebern (*Unabhängigkeitsfunktion*).

21 Vgl. BMW, Konzernabschluss 2005, S. 65; Fiat, Konzernabschluss 2005, S. 77; Porsche, Konzernabschluss 2005, S. 104; Volvo, Konzernabschluss 2005, S. 82; VW, Konzernabschluss 2005, S. 115.

22 *Baetge/Kirsch/Thiele*, Bilanzanalyse (2004), S. 229.

23 Vgl. *Küting/Weber*, Die Bilanzanalyse (2006), S. 134; *Baetge/Kirsch/Thiele*, Bilanzanalyse (2004), S. 230.

24 Vgl. zu den Vorteilen einer hohen Eigenkapitalquote *Küting/Weber*, Die Bilanzanalyse (2006), S. 134 f.

- Eigenkapital zieht keine festen Zins- und Tilgungsverpflichtungen nach sich. Bei reiner Eigenfinanzierung besteht somit nicht die Gefahr eines Mittelabflusses über den tatsächlich erwirtschafteten Vermögenszuwachs hinaus, was sich insb. in Krisenzeiten stabilisierend auswirkt (*Stabilisierungsfunktion*).
- Eigenkapital besitzt eine unmittelbar bestandssichernde Funktion. Eine hohe Eigenkapitalquote schränkt das Risiko von Vermögensverlusten für potenzielle Gläubiger ein und erweist sich daher für eine zukünftig evtl. erforderliche Beschaffung von Fremdkapital als vorteilhaft. Durch diese akquisitorische Wirkung reduziert ein hohes Eigenkapital mittelbar auch die Gefahr einer durch Illiquidität entstandenen Insolvenz (*Akquisitionsfunktion*).

Jedoch ist eine *hohe Eigenkapitalquote* nicht uneingeschränkt positiv zu bewerten: Unternehmen mit Zukunftsperspektiven werden dazu neigen zu expandieren. Sie werden Projekte in Angriff nehmen, bei denen die interne Rendite über den Kapitalkosten liegt und dazu regelmäßig auf Fremdkapital zurückgreifen; denn seine Aufnahme gelingt zumeist schneller und flexibler als die Beschaffung von Eigenkapital, die regelmäßig eine vorherige Beschlussfassung in der Hauptversammlung und die Ausgabe neuer Aktien erfordert. Verzichtet das Management daher auf die Finanzierung durch Fremdkapital, so kann dies u. a. ein erstes Indiz für fehlende zukunftsträchtige Investitionen oder ein wenig innovationsfreudiges Management sein. Auch führt eine wachsende Eigenkapitalquote bei konstantem Jahresüberschuss zu einer *sinkenden Eigenkapitalrentabilität*. Aus Sicht der Eigenkapitalgeber wird dann die Verbesserung der finanziellen Stabilität und Unabhängigkeit durch eine Renditeeinbuße erkauft. Daher sollte eine Interpretation der Eigenkapitalquote stets in direkter Verbindung mit der Eigenkapitalrentabilität[25] erfolgen.

Gegen eine hohe Eigenkapitalquote spricht ebenfalls die für Kapitalgesellschaften geltende *steuerliche Bevorzugung von Fremdkapital*: Anders als die Vergütung der Eigenkapitalgeber sind Zinszahlungen an Fremdkapitalgeber bei der Bestimmung der körperschaftsteuerlichen bzw. gewerbesteuerlichen Bemessungsgrundlage vollständig bzw. teilweise absetzbar. Darüber hinaus kann die Substitution von Eigen- durch Fremdkapital sinnvoll sein, weil „die Renditeansprüche von Eigenkapitalgebern am Kapitalmarkt aufgrund des vergleichsweise höheren Risikos des Kapitals höher sind als die Zinsansprüche von Fremdkapitalgebern.“[26]

Im Ergebnis existiert *keine „optimale“ Höhe der Eigenkapitalquote* als Normwert: Vielmehr weisen nicht nur einzelne Unternehmen, sondern auch Unternehmen unterschiedlicher Branchen signifikant differierende Werte aus.[27]

Aus *bilanzanalytischer Sicht* ist die Abgrenzung zwischen Eigen- und Fremdkapital bei der Bestimmung der Kapitalquoten von zentraler Bedeutung. Besondere

---

25 Vgl. Fall 3, Abschn. I. 2.

26 *Wagenhofer*, Bilanzierung und Bilanzanalyse (2005), S. 250.

27 Für eine Entwicklung der Eigenkapitalquoten verschiedener Branchen im Zeitablauf vgl. *Baetge/Kirsch/Thiele*, Bilanzanalyse (2004), S. 234.

Schwierigkeiten bereitet hierbei insb. die bilanzielle Zuordnung der Rückstellungen. Sie werden zwar als Fremdkapital ausgewiesen, beinhalten aber zum Teil auch Eigenkapital. Dies resultiert daraus, dass das Unternehmen die Rückstellungen häufig vorsichtig schätzt und damit einen Wertansatz wählt, der über dem Erfüllungswert liegt. Der über diesen Wert hinaus gehende Betrag stellt Eigenkapital dar. Die IFRS können aber auch dazu führen, dass das bilanzielle Eigenkapital in Wahrheit bereits zum großen Teil Fremdkapital ist. So bindet IAS 37 die Rückstellungsbilanzierung daran, dass „für das Bestehen einer gegenwärtigen Verpflichtung zum Bilanzstichtag mehr dafür als dagegen spricht" (IAS 37.15). Dies führt dazu, dass z. B. Schadenersatzprozesse, in denen das Unternehmen verklagt wird, erst dann eine bilanzielle Berücksichtigung finden, wenn (auch) das Unternehmen davon ausgeht, dass es den Prozess verlieren wird. Bis zu diesem Zeitpunkt werden die mit dem Risiko eines negativen Prozessausgangs verbundenen Belastungen ohne besondere Kennzeichnung im Eigenkapital ausgewiesen und die Eigenkapitalquote überhöht dargestellt. Generell besteht das Problem, dass der Ansatz und die Bewertung von Rückstellungen häufig mit erheblichen Schätzspielräumen einhergeht, die von den Managern bilanzpolitisch genutzt werden können, so dass auch hier die Grenze zwischen Eigen- und Fremdkapital verschwimmt.

bb) Verschuldungsgrad

Der (statische) Verschuldungsgrad liegt im besonderen Interesse der (potenziellen) Kreditgeber. Er informiert darüber, wieviel Euro Fremdkapital zum Bilanzstichtag durch einen Euro Eigenkapital unterlegt werden:

$$\text{(Statischer) Verschuldungsgrad} = \frac{\text{Fremdkapital}}{\text{Eigenkapital}} \ .$$

Der Verschuldungsgrad gibt Anhaltspunkte über die *finanzielle Stabilität* eines Unternehmens. Mit steigendem Verschuldungsgrad steigt dabei das finanzielle Risiko eines (potenziellen) Gläubigers. Dieses erhöhte Risiko lassen sich die Fremdkapitalgeber durch eine höhere Verzinsung des überlassenen Kapitals vergüten. Sofern aber einzelne Kreditgeber ihre Forderungen gegenüber dem Unternehmen abgesichert haben (z. B. durch Grundpfandrechte, Sicherungsübereignung etc.), verliert die Kennzahl für die Gläubiger ungesicherter Forderungen signifikant an Bedeutung.

Anstelle des Buchwerts des Eigenkapitals wird dem Fremdkapital häufig der *Marktwert* bzw. *Börsenkurs des Eigenkapitals* gegenüber gestellt. Dadurch soll die Fähigkeit des Unternehmens, durch Kapitalerhöhungen die Eigenkapitalbasis zu erweitern[28], besser abgeschätzt und einer potenziellen Verfälschung der Kennzahl durch stille Reserven entgegengewirkt werden.

28 Vgl. *Coenenberg*, Jahresabschluss und Jahresabschlussanalyse (2005), S. 995.

c) Auswirkungen des Leverage-Effekts auf die Kapitalquoten

Der Leverage-Effekt ist ein Maß für den formalen Zusammenhang zwischen der Kapitalstruktur, der (Eigenkapital-)Rentabilität sowie dem Risiko eines Unternehmens und verdeutlicht die *Hebelwirkung des Fremdkapitals*:

$$R_{EK} = R_{GK} + (R_{GK} - i) \times \frac{FK}{EK} \ .$$

Orientiert sich ein Unternehmen an dem Ziel der Maximierung der Eigenkapitalrentabilität (R_{EK}), so ist es zielführend, einen möglichst hohen Verschuldungsgrad ($FK \div EK$) anzustreben, solange die Rendite des investierten Gesamtkapitals (R_{GK}) über dem für das Fremdkapital zu entrichtenden Zinssatz (i) liegt (*Chance des Leverage-Effekts*).

Der Leverage-Effekt schafft aber auch neue Unternehmensrisiken (*Risiko des Leverage-Effekts*): So besteht die Gefahr, dass die Fremdkapitalgeber den steigenden Verschuldungsgrad mit höheren Renditeforderungen bestrafen, weil mit ihm zugleich das Eigenkapital und damit das Haftungspotenzial des Unternehmens zumindest relativ gesehen abnimmt. Hohe Fremdkapitalzinssätze belasten aber das Ergebnis des Unternehmens. Sie führen damit nicht nur zu einem Rückgang der Eigenkapitalrentabilität, sondern schmälern auch die Innenfinanzierungskraft des Unternehmens. Diese kann die Fremdkapitalgeber zu weiteren Zinserhöhungen veranlassen.[29] Auch erhöht sich durch den höheren Fremdkapitalanteil regelmäßig die Volatilität der Gewinne. Dadurch verstärkt ein hoher Verschuldungsgrad das auf die Eigenkapitalgeber entfallende Ertragsrisiko. Diese werden bei rationalem Verhalten eine höhere Risikoprämie fordern und damit (ungewollt) die Manager dazu zwingen, risikoreichere Investitionen zu tätigen, damit sie den Ertragsvorstellungen der Eigenkapitalgeber gerecht werden können.[30] Liegt die interne Verzinsung einzelner Projekte unter dem Fremdkapitalzins ($R_{GK} - i < 0$), sind die Eigenkapitalgeber gezwungen, einen Teil ihrer Rendite an die Fremdkapitalgeber weiterzureichen. Ist über alle Investitionsprojekte des Unternehmens hinweg gesehen die interne Verzinsung zwar positiv, aber geringer als die Fremdkapitalzinsen, so führt dies zu einer Aufzehrung des Eigenkapitals und ggf. zur Insolvenz des Unternehmens.

Es bleibt festzuhalten, dass mit einem steigenden Fremdkapitalanteil sowohl die Chancen als auch die Risiken für die Eigenkapitalgeber zunehmen und sich die Rentabilitäts- und Sicherheitsaspekte einer Eigen- bzw. Fremdfinanzierung teilweise konterkarieren (*Dilemma der Optimierung des Verschuldungsgrads*).[31] Die Angemessenheit der Kapitalstruktur eines Unternehmens kann damit nicht mehr allgemein anhand von Normvorstellungen oder losgelöst von der Vermögensseite

29 Vgl. *Lachnit*, Bilanzanalyse (2004), S. 281 f.

30 Vgl. *Werner/Padberg/Kriete*, IFRS-Bilanzanalyse (2005), S. 82.

31 Vgl. *Lachnit*, Bilanzanalyse (2004), S. 280 f.

beurteilt werden (*Grundsatz der Risikoentsprechung*).[32] Finanzstrukturrisiko (financial leverage) und Geschäftsrisiko (operating leverage) bedürfen einer gegenseitigen Abstimmung.[33] Für Zwecke der Bilanzanalyse ist insb. bedeutsam, ob die realisierte Eigenkapitalrentabilität auf einer erfolgreichen Geschäftstätigkeit oder auf dem finanziellen Leverage-Effekt basiert. Schließlich kann bei konstanter Gesamtkapitalrentabilität i. V. m. einem positiven Leverage-Effekt die Eigenkapitalrentabilität schon durch eine Absenkung der Eigenkapitalquote gesteigert werden. Diese Verbesserung der Eigenkapitalrentabilität ist dann jedoch nicht auf eine effiziente Mittelverwendung, sondern eine Verlagerung des Risikos auf die Fremdkapitalgeber zurückzuführen.[34]

2. Anwendung auf den Fall: vertikale Kapitalstrukturanalyse bei der Skycar Group

Die Summe der in Tabelle 21 aufgezeigten Bilanzpositionen „Rückstellungen“ und „Verbindlichkeiten“ bildet das Fremdkapital, so dass sich für die Eigen- und Fremdkapitalquote sowie den Verschuldungsgrad im Analysezeitraum folgende Werte ergeben (Tabelle 24):

Tabelle 24: Eigen- und Fremdkapitalquoten sowie Verschuldungsgrad der Skycar Group

(in Mio. €)	2005	2004	2003	2002
Eigenkapital	1 145,03	1 278,33	1 199,05	1 136,03
Fremdkapital	3 195,85	3 210,85	3 154,35	3 456,96
Gesamtkapital	4 340,88	4 489,18	4 353,40	4 592,99
Eigenkapitalquote	26,38 %	28,48 %	27,54 %	24,73 %
Fremdkapitalquote	73,62 %	71,52 %	72,46 %	75,27 %
Verschuldungsgrad	2,79	2,51	2,63	3,04

Die Eigenkapitalquote verbessert sich im Zeitraum von 2002 bis 2004 kontinuierlich. Lediglich im Jahr 2005 ist ein leichter Rückgang gegenüber 2004 erkennbar. Dieser insgesamt positive Trend lässt sich hauptsächlich auf den Nenner der Kennzahl zurückführen. Bei nahezu konstantem Eigenkapital im Zeitablauf (+9,01 Mio. Euro) bewirkte eine Reduktion des aufgenommenen Fremdkapitals von 3 456,96 Mio. Euro (2002) auf 3 195,85 Mio. Euro (2005) eine Verbesserung der Eigenkapitalquote.

32 Vgl. *Küting/Weber*, Die Bilanzanalyse (2006), S. 136; *Wagenhofer*, Bilanzierung und Bilanzanalyse (2005), S. 251.

33 Vgl. *Coenenberg*, Jahresabschluss und Jahresabschlussanalyse (2005), S. 996.

34 Vgl. *Werner/Padberg/Kriete*, IFRS-Bilanzanalyse (2005), S. 84 f.

Bei eingehender Betrachtung zeigt sich, dass die Veränderung des Fremdkapitals insb. auf den Rückgang der sonstigen Rückstellungen (–61,01 Mio. Euro), der Pensionsrückstellungen (–228,79 Mio. Euro) bzw. der sonstigen Verbindlichkeiten (–70,95 Mio. Euro) zurückzuführen ist. Gegenläufig entwickelten sich die Verbindlichkeiten aus Lieferungen und Leistungen, die innerhalb der Jahre um 161,24 Mio. Euro zunahmen. Da sich insb. Rückstellungen als bedeutendes Element aktiver Bilanzpolitik darstellen, erlaubt der Trend der Eigenkapitalquote noch keine stabile Aussage über die tatsächliche Unternehmensentwicklung. Der Bilanzanalyst muss daher versuchen herauszufinden, ob der Zuwachs des Fremdkapitals einen realen Hintergrund hat oder lediglich bilanzpolitischen Motiven geschuldet ist.[35]

Durch die im Zeitablauf tendenziell sinkende Außenfinanzierung entwickelte sich der Verschuldungsgrad parallel zur Fremdkapitalquote und entgegengesetzt zur Eigenkapitalquote; zwischen 2002 und 2004 sank der Verschuldungsgrad stetig. Im Geschäftsjahr 2005 hat die Skycar Group ca. das 2,8-fache an Fremdkapital im Vergleich zum Eigenkapital investiert.

Um weitere Aufschlüsse über die finanzielle Gesamtsituation der Skycar Group zu erhalten, empfiehlt sich eine Gegenüberstellung mit den Eigenkapitalquoten von Unternehmen aus der gleichen Branche. Exemplarisch sind die Eigenkapitalquoten von BMW und VW in Tabelle 22 (auf S. 44) aufgeführt; in Abbildung 1 werden diese Eigenkapitalquoten im Verhältnis zur Skycar Group grafisch illustriert.

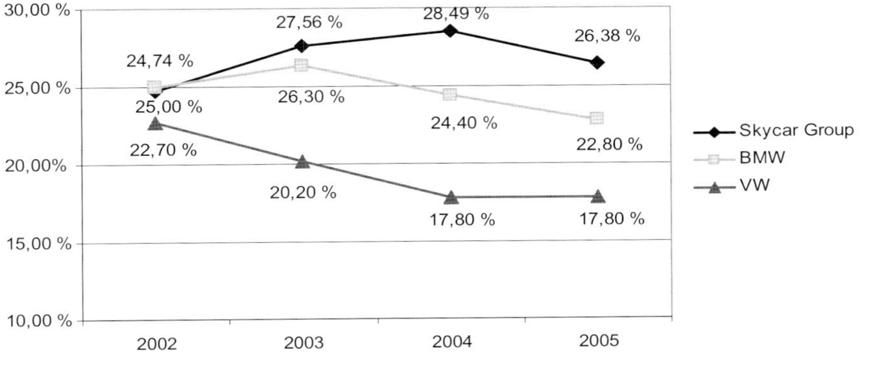

Abbildung 1: Eigenkapitalquote der Skycar Group im Vergleich zu BMW und VW

Es wird ersichtlich, dass die Eigenkapitalquote der Skycar Group nicht nur regelmäßig die Eigenkapitalquoten der Konkurrenzunternehmen überstieg, sondern

35 Siehe Fall 11 bzw. Fall 12.

sich im Zeitablauf auch deutlich besser entwickelte. Lediglich im Jahr 2002 fiel die Eigenkapitalquote von BMW marginal höher aus. Die vertikale Analyse der Kapitalquoten vermittelt für die Skycar Group somit (zunächst) das Bild eines finanziell stabilen Unternehmens.

II. Horizontale Bilanzstrukturanalyse

1. Erläuterung

a) Zielsetzung der horizontalen Bilanzstrukturanalyse

Während die vertikale Analyse der Kapitalstruktur ausschließlich die stichtagsbezogene Zusammensetzung der Passivseite der Bilanz untersucht, zielt die horizontale Bilanzstrukturanalyse darauf ab, durch Gegenüberstellung bestimmter Posten der Aktiv- und Passivseite Aufschluss über die Beziehung zwischen Mittelverwendung und -herkunft (bzw. zwischen *Investitionen* und *Finanzierung*) zu erlangen und Prognosen über die zukünftige Liquidität des Unternehmens zu ermöglichen.[36] Liquidität ist ein Merkmal für die Bestandsfestigkeit eines Unternehmens. Sie definiert sich durch die Fähigkeit, jederzeit den Zahlungsverpflichtungen fristgemäß nachzukommen und wird durch den Grad der Abstimmung zwischen zukünftigen Einzahlungspotenzialen und Auszahlungsverpflichtungen determiniert.

b) Grundsatz der Fristenkongruenz

Grundsätzlich steht den Aktiva eines Unternehmens die Erwartung künftiger Einnahmen und den Passiva die Erwartung künftiger Ausgaben gegenüber. Je langfristiger die Bindungsdauer der Aktiva (bzw. die Überlassungsdauer der Passiva), desto später erfolgt die entsprechende Einzahlung (bzw. Auszahlung). Deshalb fordert der Grundsatz der Fristenkongruenz, dass *die (potenzielle) Liquidierung der Vermögenswerte mit den Fälligkeitsterminen der Verpflichtungen korrespondiert*: die Kapitalbindungsdauer sollte den Zeitraum der Kapitalüberlassung nicht überschreiten.[37] Je nach Fälligkeit sollten die Zahlungsverpflichtungen eines Unternehmens also durch einen entsprechend hohen Bestand an liquiden Mitteln und (kurzfristig) liquidierbaren Vermögenswerten abgedeckt sein.

---

36 Vgl. *Baetge/Kirsch/Thiele*, Bilanzanalyse (2004), S. 254.

37 Vgl. *Coenenberg,* Jahresabschluss und Jahresabschlussanalyse (2005), S. 1003; *Baetge/Kirsch/Thiele*, Bilanzanalyse (2004), S. 255.

c) Liquiditätsgrade

aa) Grundüberlegung

Unter Berücksichtigung des Grundsatzes der Fristenkongruenz wird die Liquiditätssituation eines Unternehmens anhand *verschiedener Liquiditätsgrade* analysiert. Bei der Berechnung dieser Liquiditätsgrade befinden sich im Nenner regelmäßig kurzfristige Verbindlichkeiten mit einer Restlaufzeit von bis zu einem Jahr. Dazu gehören die kurzfristigen Finanzschulden (kurzfristige Verbindlichkeiten gegenüber Kreditinstituten), die Verbindlichkeiten aus Lieferungen und Leistungen (wegen der fehlenden Laufzeitdifferenzierung werden sie pauschal einbezogen), die Steuerverbindlichkeiten sowie die sonstigen Verbindlichkeiten (z. B. negative Marktwerte von Derivaten). Einbezogen werden auch die kurzfristig fälligen sonstigen Rückstellungen. Sie sind zwar zum Bilanzstichtag regelmäßig noch dem Grunde und/oder der Höhe nach ungewiss, führen aber dennoch, wenn sich ihr Risiko verwirklicht, innerhalb eines kurzen Zeitraums zu Auszahlungen.

Die *zeitliche Restriktion* (<1 Jahr) gilt grundsätzlich auch für den Zähler. Allerdings stellt sich hier die Frage, welche kurzfristigen Vermögenswerte in den Liquiditätsvergleich mit einbezogen werden sollen. So mag man insb. daran zweifeln, dass es dem Unternehmen gelingt, sämtliche Vorräte und Forderungen bis zur Fälligkeit der Verbindlichkeiten in liquide Bank- und Kassenbestände zu transferieren, so dass sie für die Tilgung fällig werdender Schulden bereit stehen. Deshalb erscheint es für eine Sensitivitätsanalyse sinnvoll, mit verschiedenen Liquiditätsgraden zu arbeiten. Als Arbeitshypothese gilt aber generell, dass die Liquiditätssituation tendenziell umso positiver eingestuft wird, je größer der Prozentwert der Liquiditätsgrade ausfällt.

bb) Liquidität 1. Grades

Die Liquidität 1. Grades (auch als *Cash Ratio* oder *Barliquidität* bezeichnet) verdeutlicht, welcher Anteil der kurzfristigen Verbindlichkeiten durch liquide Mittel gedeckt ist. Zu den liquiden Mitteln gehören u. a. jederzeit liquidierbare Wertpapiere, Kassenbestände sowie Guthaben bei Kreditinstituten:

$$\text{Liquidität 1. Grades} = \frac{\text{liquide Mittel}}{\text{kurzfristige Verbindlichkeiten}}.$$

cc) Liquidität 2. Grades

Neben den liquiden Mitteln bezieht die Liquidität 2. Grades (*Acid Test Ratio*) die kurzfristigen Forderungen in die Bildung der Kennzahl mit ein. Die Zahlungsfähigkeit wird somit auf eine breitere Basis gestellt. Die Liquidität 2. Grades beruht auf der Überlegung, dass das Unternehmen die kurzfristigen Forderungen bis zur Fälligkeit der kurzfristigen Verbindlichkeiten liquidieren kann und diese damit neben den bereits vorhandenen liquiden Mitteln zur Begleichung der kurzfristigen Zahlungsverpflichtungen zur Verfügung stehen:

$$\text{Liquidität 2. Grades} = \frac{\text{liquide Mittel} + \text{kurzfristige Forderungen}}{\text{kurzfristige Verbindlichkeiten}} \, .$$

dd) Liquidität 3. Grades

Erweitert man den Zähler im Vergleich zur Liquidität 2. Grades zusätzlich um die Vorräte, so erhält man die Liquidität 3. Grades (auch *Current Ratio* oder wegen ihrer Beliebtheit bei Kreditinstituten als *Banker's Rule* bezeichnet). Die Mitberücksichtigung der Vorräte ist von der Überlegung geleitet, dass auch die Vorräte bis zur Fälligkeit der kurzfristigen Verbindlichkeiten in Geld umgesetzt werden können. Vor diesem Hintergrund empfiehlt es sich, für die Liquidität 3. Grades einen umso größeren Sollwert anzusetzen, je langsamer sich in einem Unternehmen die einzelnen Teile des Umlaufvermögens umschlagen, d. h. je größer der Anteil der Vorräte am Umlaufvermögen ist und je geringer die Umschlagshäufigkeit der Forderungen und Vorräte ausfällt:[38]

$$\text{Liquidität 3. Grades} = \frac{\text{liquide Mittel} + \text{kurzfristige Forderungen} + \text{Vorräte}}{\text{kurzfristige Verbindlichkeiten}} \, .$$

Zur Wahrung kontinuierlicher Zahlungsfähigkeit und als Indiz eines soliden finanziellen Wirtschaftens wird von Banken und Ratingagenturen oftmals für die Liquidität 2. wie auch 3. Grades die Einhaltung eines Mindestwerts von 100 % gefordert, während solche Normwerte für die Liquidität 1. Grades unüblich sind.

Diese *Mindestkennziffer* ist nicht unproblematisch: Sie vernachlässigt, dass Unternehmen regelmäßig eine bestimmte Menge an Vorräten („eiserner Bestand") für einen reibungslosen Produktionsprozess (going concern) bereithalten müssen und überschätzt damit tendenziell deren Liquiditätssituation.

Ebenso wie bei den Kapitalquoten kann die Einordnung der ermittelten Liquiditätsgrade des zu evaluierenden Unternehmens im Vergleich zu ausgewählten Unternehmen der gleichen Branche weitere Erkenntnisse bringen oder zu kritischen Fragen Anlass geben (Tabelle 25):

38 Zur Umschlagshäufigkeit der Vorräte und Forderungen vgl. Fall 4, Abschn. IV. 1.

Tabelle 25: Liquidität 3. Grades ausgewählter Unternehmen der Automobilbranche[39]

(in Mio. € bzw. SEK)	BMW	Porsche	Volvo (in Mio. SEK)	VW	Median
Kurzfristige Vermögenswerte	27 010,00	7 078,00	140 485,00	57 846,00	
Kurzfristige Verbindlichkeiten	28 084,00	2 625,04	108 290,00	53 309,00	
Liquidität 3. Grades	96,18 %	269,63 %	129,73 %	108,51 %	119,12 %

d) Goldene Finanzierungsregel

Die Goldene Finanzierungsregel ist eine vereinfachte *Liquiditätskennziffer*. In ihrer Grundaussage fordert sie, „dass nicht mehr finanzielle Mittel langfristig in Vermögenswerten gebunden werden sollen, als dem Unternehmen langfristig zur Verfügung stehen“[40].

$$\text{Goldene Finanzierungsregel} = \frac{\text{langfristiges Vermögen}}{\text{langfristiges Kapital}} \leq 1\,.$$

Die Liquiditätssituation wird tendenziell umso schlechter eingeschätzt, je höher der Wert der Kennzahl ausfällt: Ein hoher Wert der Goldenen Finanzierungsregel geht regelmäßig mit einem Verkauf von Anlagevermögen zur Befriedigung der Ansprüche der Fremdkapitalgeber einher. Die Goldene Finanzierungsregel ist mit den zuvor dargestellten Liquiditätskennzahlen eng verwandt, denn sie lässt sich umformulieren in die Aussage:

$$\text{Goldene Finanzierungsregel} = \frac{\text{kurzfristiges Vermögen}}{\text{kurzfristiges Kapital}} \geq 1\,.$$

2. Anwendung auf den Fall: horizontale Bilanzstrukturanalyse bei der Skycar Group

Zur Ermittlung der einzelnen Liquiditätsgrade sind in einem ersten Schritt die in Tabelle 26 (auf S. 56) aufgezeigten Vermögenswerte der Skycar Group nach ihrer Fristigkeit zu staffeln und den einzelnen Liquiditätsgraden zuzuordnen.

39 Vgl. BMW, Konzernabschluss 2005, S. 64 f.; Porsche, Konzernabschluss 2005, S. 104 und S. 139–142; Volvo, Konzernabschluss 2005, S. 82; VW, Konzernabschluss 2005, S. 115.

40 *Baetge/Kirsch/Thiele*, Bilanzanalyse (2004), S. 256.

Tabelle 26: Gliederung der Aktivseite der Skycar Group nach Liquiditätsgraden

(in Mio. €)	2005	2004	2003	2002
Zahlungsmittel	25,70	196,64	197,01	224,05
Wertpapiere	202,00	200,00	199,90	199,05
Liquide Mittel	**227,70**	**396,64**	**396,91**	**423,10**
Forderungen aus Lieferungen und Leistungen	265,36	193,99	93,11	55,38
Forderungen aus Finanzdienstleistungen	620,53	870,98	872,82	994,56
Liquide Mittel und Forderungen	**1 113,59**	**1 461,61**	**1 362,84**	**1 473,04**
Vorräte	952,27	694,98	696,45	793,58
Liquide Mittel, Forderungen und Vorräte	**2 065,86**	**2 156,59**	**2 059,29**	**2 266,62**

Da börsengängige und festverzinsliche Wertpapiere jederzeit veräußerbar sind und von der Skycar Group ausschließlich als Liquiditätsreserve gehalten werden, sind sie ebenso den liquiden Mitteln zuzuordnen wie die Zahlungsmittel (Kassenbestand, Guthaben bei Kreditinstituten). Generell sind aus dem Umlaufvermögen solche Vermögenswerte zu entfernen, die sich nicht (kurzfristig) veräußern lassen. Im Fall der Skycar Group ist fraglich, ob die sonstigen Forderungen und Vermögenswerte bei der Bestimmung der Liquiditätsgrade einbezogen werden sollen oder nicht. Diese Bilanzposition setzt sich insb. aus sonstigen Steuern und aktiven Rechnungsabgrenzungen zusammen, die grundsätzlich nicht veräußerbar sind. Andererseits richten sich die Steuerforderungen gegen einen zahlungsfähigen Dritten (den Staat) und werden i. d. R. innerhalb kürzester Zeit liquidiert oder mit fällig werdenden Steuerschulden aufgerechnet. Sie sind damit liquide. Das gleiche gilt für die aktiven Rechnungsabgrenzungsposten. Das Unternehmen erbrachte sie als Vorauszahlung auf Leistungen aus einem Dauerschuldverhältnis (z. B. Vorauszahlung der Januarmiete). Sie ersparen dem Unternehmen eine Auszahlung kurz nach dem Bilanzstichtag, die ansonsten fällig wäre, und tragen daher insoweit zur Verbesserung der Stichtagsliquidität bei. Häufig kann das Unternehmen auch (in Grenzen) steuern, ob es diese Vorauszahlungen vor dem Bilanzstichtag erbringt, so dass sie sich als Erhöhung des Rechnungsabgrenzungspostens darstellen, oder erst kurz danach tätigt, mit der Folge, dass der Bankbestand insoweit noch höher ausfällt. Sie sollten deshalb in die Liquiditätsbetrachtung einbezogen werden.

In einem zweiten Schritt bestimmt der Bilanzanalyst die Verbindlichkeiten (und Rückstellungen) mit einer (Rest-)Laufzeit von weniger als einem Jahr. Der Wert der kurzfristigen Schulden der Skycar Group lässt sich Tabelle 20 (auf S. 43) entnehmen. Daraus leitet sich für das Kalenderjahr 2005 eine Liquidität (LQ) 1. Grades i. H. v. 16,50 % ab:

$$\text{LQ 1. Grades} = \frac{25{,}70 + 202{,}00}{1\,379{,}76} = \frac{227{,}70}{1\,379{,}76} = 16{,}50\ \% .$$

Neben den liquiden Mitteln umfasst die Liquidität 2. Grades im Zähler auch die kurzfristigen Forderungen, welche bei der Skycar Group aus den Forderungen aus Finanzdienstleistungen sowie den Forderungen aus Lieferungen und Leistungen bestehen. Sie ermittelt sich für das Geschäftsjahr 2005 wie folgt:

$$\text{LQ 2. Grades} = \frac{227{,}70 + 265{,}36 + 620{,}53}{1\,379{,}76} = \frac{1\,113{,}59}{1379{,}76} = 80{,}71\ \%\ .$$

Die zusätzlich in den Zähler der Liquidität 3. Grades einzubeziehenden Vorräte umfassen bei der Skycar Group Roh-, Hilfs- und Betriebsstoffe, fertige und unfertige Erzeugnisse sowie geleistete Anzahlungen. Für 2005 ergibt sich folgende Liquidität 3. Grades:

$$\text{LQ 3. Grades} = \frac{1\,113{,}59 + 952{,}27}{1\,379{,}76} = \frac{2\,065{,}86}{1\,379{,}76} = 149{,}73\ \%\ .$$

Wie aus dem Anhang der Skycar Group ersichtlich ist, werden die Roh-, Hilfs- und Betriebsstoffe mittels des First-in-First-out-Verfahrens bewertet. Dies hat eine marktnahe Bewertung zur Folge, d. h. die Vorräte beinhalten tendenziell wenig stille Reserven hinsichtlich des Beschaffungsmarkts. Die zeitnahe Bewertung der Vorräte vernachlässigt aber ihren potenziellen Verkaufspreis, der bei Handelswaren regelmäßig höher ist. Unterstellt man – wie bei der Liquidität 3. Grades –, dass die Vorräte rechtzeitig vor Fälligwerden der Verbindlichkeiten in Geld transformiert werden können, so erfolgt die Geldwerdung grundsätzlich am Absatzmarkt, denn es wäre untypisch, dass das Unternehmen die Vorräte an den Hersteller veräußert und dafür exakt den Einkaufspreis erhält. Naheliegender ist es daher, die Vorräte mit den potenziellen Veräußerungspreisen zu bewerten und die daraus resultierenden stillen Reserven aufzudecken. Dies hätte einen Anstieg der Liquidität 3. Grades zur Folge. Anhaltspunkte für die Gewinnmarge kann der Bilanzanalyst aus ihm öffentlich zugänglichen Preislisten gewinnen. Bei reinen Handelsunternehmen kann die aus der GuV zu gewinnende Kennzahl des Rohgewinnaufschlags weitere Aufschlüsse geben. Für die Analyse der Skycar Group bleibt dieser Weg verschlossen, denn es liegen keine hinreichenden Informationen darüber vor, aus welchen Beständen sich der Vorratsbestand im einzelnen zusammensetzt und mit welchem Gewinnaufschlag sie am Markt angeboten werden, so dass die Liquidität 3. Grades die tatsächliche Liquiditätssituation mutmaßlich unterschätzt.

Im Ergebnis ergibt sich für die Skycar Group eine Liquidität 3. Grades i. H. v. 149,73 %. Dieser Wert erscheint im Vergleich zu den anderen Unternehmen der Automobilbranche (Tabelle 25, S. 55) relativ hoch und ist ein Indikator für eine (auch künftig) stabile Liquiditätssituation der Skycar Group.

III. Aussagegrenzen der Kapital- und Bilanzstrukturkennzahlen

1. Kapitalquoten

Bei der Bestimmung der Kapitalquoten kommt dem Eigenkapital eine zentrale Funktion zu, da es sich in den Kennzahlen entweder direkt oder indirekt (als Bestandteil des Gesamtkapitals) wieder findet. Der verwendete Buchwert des Eigenkapitals ist dabei (lediglich) die Differenz zwischen den Vermögenswerten und Schulden, die nach strengen, objektivierenden Bilanzierungs- und Periodisierungsprinzipien angesetzt und bewertet werden. Ähnlichkeiten mit dem für die Bilanzanalyse eigentlich interessierenden Marktwert des Eigenkapitals sind – wenn überhaupt – eher zufällig. Der Marktwert des Eigenkapitals spiegelt sich am ehesten in der Börsenkapitalisierung der Unternehmen wider. Dabei haben empirische Untersuchungen gezeigt, dass sich die Börsenwerte von Unternehmen teilweise erheblich vom Buchwert des Eigenkapitals unterscheiden.[41] In der nachfolgenden Tabelle 27 ist das Auseinanderfallen von Börsenkapitalisierung und Eigenkapitalbuchwert für ausgewählte DAX-30-Unternehmen illustriert:[42]

Tabelle 27: Börsenkapitalisierung und Buchwerteigenkapital ausgewählter DAX-30-Unternehmen für das Jahr 2005

(in Mio. €)	Marktwert des Eigenkapitals (Börsenwert)	Buchwert des Eigenkapitals	Börsenwert zu Buchwert des Eigenkapitals
RWE	34 900,00	13 117,00	266,07 %
Deutsche Post	24 425,00	12 540,00	194,78 %
Metro	13 370,00	5 313,00	251,65 %
Deutsche Börse	9 200,00	2 201,00	417,99 %
BMW	25 000,00	16 973,00	147,29 %
VW	15 900,00	23 647,00	67,24 %

Das Auseinanderfallen von Markt- und Buchwert wird zumeist durch im Anlagevermögen und/oder den Rückstellungen vorhandene stille Reserven oder stille

41 Vgl. *Pellens/Epstein/Barth/Ruhwedel/Sellhorn*, Goodwill Impairment Test – ein empirischer Vergleich der IFRS- und US-GAAP-Bilanzierer im deutschen Prime Standard, BB-Special 10/2005, S. 10 (S. 11); *Pellens/Sellhorn*, Goodwill-Bilanzierung nach SFAS 141 und 142 für deutsche Unternehmen, DB 2001, S. 1681 (S. 1681 f.); *Protzek*, Der Impairment Only-Ansatz – Wider der Vernunft, KoR 2003, S. 495 (S. 499 f.).

42 Vgl. RWE, Konzernabschluss 2005, S. 10, 95 und 128; Deutsche Post, Konzernabschluss 2005, S. 21, 87 und 106; Metro, Konzernabschluss 2005, S. 18 und 84 f.; Deutsche Börse, Konzernabschluss 2005, S. 8 und 110 f.; BMW, Konzernabschluss 2005, S. 38, 65 und 94; VW, Konzernabschluss 2005, S. 27, 115 und 143.

Lasten ausgelöst. Bei börsennotierten Unternehmen ist es daher fahrlässig, die Kennzahlen mit dem Buchwert des Eigenkapitals zu berechnen, da hier mit der Börsenkapitalisierung bessere (wenn auch nicht unbedingt richtige) Werte zur Verfügung stehen. Die überwiegende Zahl der Unternehmen ist dagegen nicht börsennotiert. Hier weiß der Analyst dann nur, dass der „wahre" Wert des Eigenkapitals (und Gesamtkapitals) mehr oder weniger deutlich um den Buchwert des Eigenkapitals schwanken wird, ohne aber verlässliche Angaben über die Abweichung oder auch nur über dessen Vorzeichen machen zu können. Jede Bilanzanalyse trägt dann aber das Manko des Unzulänglichen.

2. Liquiditätsgrade

Die *Fristenkongruenz* lässt sich nur dann sinnvoll ermitteln, wenn der Bilanzanalyst die Beträge und die Fälligkeiten der zukünftigen Einnahmen und Ausgaben kennt. Diese Voraussetzung wird jedoch durch zahlreiche Inkonsistenzen unterlaufen:[43]

Die in der IFRS-Bilanz gegebene *Gliederung in kurzfristige und langfristige Bilanzobjekte* erlaubt nur eine äußerst grobe Einschätzung der Liquiditätssituation. Danach gelten grundsätzlich Aktiva und Passiva, die innerhalb eines Jahres fällig werden, als kurzfristig. Hinsichtlich der kurzfristig fällig werdenden Bilanzpositionen ist indes zu bedenken, dass bis zur Veröffentlichung des Jahresabschlusses zumeist schon ein gewisser Zeitraum verstrichen und das Zahlenwerk insoweit erheblich veraltet ist. Die Information, welche Bilanzobjekte nach dem Zwölf-Monatszeitraum abgehen, ist darüber hinaus zu grob, um eine sinnvolle Detailplanung zu ermöglichen.

Eine aus *bilanzanalytischer Sicht* gewünschte Fair-Value-Bewertung der Aktiva und Passiva ist auch innerhalb der IFRS nicht gewährleistet. Zahlreiche (faktische und explizite) Wahlrechte ermöglichen Bilanzansätze zu (fortgeführten) Anschaffungs- und Herstellungskosten – stille Reserven sind die Folge. Darüber hinaus besteht – wie im HGB – ein übergeordnetes Imparitätsprinzip, das Zahlungsreihen tendenziell zu pessimistisch darstellt. So hat das Unternehmen nach IAS 37.66 drohende Verluste aus schwebenden Geschäften in Form einer ggf. kurzfristigen (Drohverlust-)Rückstellung zu erfassen, während erwartete Gewinne aus Absatzgeschäften vor dem Umsatzzeitpunkt keine Berücksichtigung finden (IAS 18.14). Damit wird die Liquiditätssituation einseitig verzerrt wiedergegeben. Da das Unternehmen nicht dazu verpflichtet ist, über erwartete Gewinne zu berichten, wird der Bilanzanalyst überlegen, ob er bei der Liquiditätsprüfung Risiken und Chancen dadurch formal äquivalent behandelt, indem er die Drohverlustrückstellungen eliminiert, sofern ihm die Anhangangaben entsprechende Informationen gewähren.

43 Vgl. *Coenenberg*, Jahresabschluss und Jahresabschlussanalyse (2005), S. 1003–1006; *Baetge/Kirsch/Thiele*, Bilanzanalyse (2004), S. 265–267; *Gräfer*, Bilanzanalyse (2005), S. 107 f.

Der Bilanzanalyst muss sich dann aber darüber bewusst sein, dass er möglicherweise real existierende Drohverluste willkürlich mit rein fiktiven Gewinnen saldiert.

Eine Liquiditätsanalyse setzt die Einbeziehung des *potenziell verfügbaren Kapitals*, wie z. B. offene Kreditlinien, und seine Veränderung im Zeitablauf voraus.[44] Die dazu erforderlichen Angaben erhält der Bilanzanalyst im Jahresabschluss nicht.

In die Bilanzanalyse können darüber hinaus nur bereits bilanzwirksam gewordene Aktiva und Passiva einbezogen werden. Die meisten *zukünftigen Zahlungsströme*, die aus schwebenden Geschäften resultieren (z. B. Miete, Pacht, Leasing, Arbeitsverträge sowie Kaufpreisverpflichtungen und -ansprüche aus abgeschlossenen aber bis zum Bilanzstichtag noch nicht erfüllten Verträgen), bleiben aufgrund des Grundsatzes der Nichtbilanzierung schwebender Geschäfte unbilanziert. Häufig wird nur ein Bruchteil von ihnen durch verpflichtende Anhangangaben offen gelegt (z. B. Zahlungsverpflichtungen aus Operating-Lease-Verträgen).[45] Damit gibt der Jahresabschluss nur einen eingeschränkten Einblick in die zukünftig fällig werdenden Ein- und Auszahlungen. Für die nicht berichtspflichtigen Zahlungserwartungen muss der Bilanzanalyst für die Beurteilung der Liquidität wagemutig unterstellen, dass sie sich exakt ausgleichen.

Darüber hinaus fingieren die Kennzahlen zur Fristenkongruenz einen Status quo hinsichtlich der Investitions- und Finanzierungstätigkeit. Notwendige oder geplante Ersatz- oder Erweiterungsinvestitionen werden dabei ebenso wenig berücksichtigt wie Anschlussfinanzierungen.

Auch können die entsprechenden Kennzahlen relativ leicht durch das Management beeinflusst werden. Eine klassische Methode ist das sog. *Window Dressing*. Hier verbessert das Unternehmen die Liquiditätskennzahlen, indem es vor dem Bilanzstichtag einen kurzfristigen Kredit aufnimmt. Durch die Verschuldung erhöhen sich sowohl der Bestand liquider Mittel als auch der Bestand kurzfristiger Verbindlichkeiten zum Bilanzstichtag. Die Bilanzverlängerung wirkt sich aber positiv auf die Liquiditätsgrade aus. Das lässt sich an einem einfachen *Beispiel* verdeutlichen:

A verfügt kurz vor dem Bilanzstichtag über Eigenkapital von 50 Mio. Euro und Fremdkapital in gleicher Höhe. Die Aktivseite der Bilanz besteht aus Sachanlagen i. H. v. 80 Mio. Euro und liquiden Mittel i. H. v. 20 Mio. Euro. Von den Verbindlichkeiten sind 40 Mio. Euro kurzfristiger Natur. Die Liquidität scheint angespannt, denn A ist nur dazu in der Lage, 50 % der Verbindlichkeiten kurzfristig zu erfüllen (= 20 Mio. Euro ÷ 40 Mio. Euro). Nimmt nun A einen weiteren Kredit i. H. v. 100 Mio. Euro auf, so erhöhen sich die liquiden Mittel auf 120 Mio. Euro und die kurzfristigen Verbindlichkeiten

44 Vgl. *Wagenhofer*, Bilanzierung und Bilanzanalyse (2005), S. 267.

45 So finden z. B. laufende Zahlungsverpflichtungen aus Löhnen, Gehältern, Mieten und nichtbilanzierten Leasinggeschäften keinen Niederschlag in den Liquiditätsgraden. Zu den Auswirkungen von Leasing vgl. Fall 10.

auf 140 Mio. Euro. Die Liquidität verbessert sich rechnerisch von 50 % auf 85,71 % (= 120 Mio. Euro ÷ 140 Mio. Euro). Allerdings erkauft A diese Verbesserung durch eine Verschlechterung der Eigenkapitalquote. Sie sinkt im Beispiel von 50 % (= 50 Mio. Euro ÷ 100 Mio. Euro) auf 25 % (= 50 Mio. Euro ÷ 200 Mio. Euro).

Weiterführende Literatur

Baetge, Jörg/ Kirsch, Hans-Jürgen/ Thiele, Stefan — Bilanzanalyse, 2. Aufl., Düsseldorf 2004, S. 164–171, 262–272

Coenenberg, Adolf G. — Jahresabschluss und Jahresabschlussanalyse. Betriebswirtschaftliche, handelsrechtliche, steuerrechtliche und internationale Grundsätze – HGB, IFRS und US-GAAP, 20. Aufl., Stuttgart 2005, S. 993–1010

Penman, Stephen — Financial Statement Analysis and Security Valuation, 3. Aufl., Boston u. a. 2007, S. 475–485

Wagenhofer, Alfred — Bilanzierung und Bilanzanalyse. Eine Einführung für Manager, 8. Aufl., Wien 2005, S. 248–251

Fall 3: Analyse der Ertragslage

Sachverhalt:

Auf der Suche nach einer geeigneten Methode zur Messung der Performance der Skycar Group entdecken Sie als Bilanzanalyst das DuPont-Kennzahlensystem. Sie sind überzeugt, mithilfe dieses Schemas die Rentabilität des Unternehmens messen und deren Ursachen erforschen zu können.

Dem Geschäftsbericht der Skycar Group entnehmen Sie folgende in Tabelle 28 zusammengefassten Daten für die Jahre 2002 bis 2005:

Tabelle 28: Unternehmensdaten der Skycar Group

(in Mio. €)	2005	2004	2003	2002
Eigenkapital zum 31. 12.	1 145,03	1 278,33	1 199,05	1 136,03
Gesamtkapital zum 31. 12.	4 340,88	4 489,18	4 353,40	4 592,99
Jahresüberschuss	145,76	141,76	125,08	125,13
Fremdkapitalzinsen	65,74	81,73	70,98	35,50

Dem Anhang entnehmen Sie, dass die Skycar Group den Aufwand für Pensionsrückstellungen vollständig dem operativen Ergebnis zugewiesen hat. Darüber hinaus erfahren Sie, dass sich die Steuerlast des Jahres 2005 auf 90,21 Mio. Euro beläuft, wobei die auf das operative Ergebnis entfallenden Ertragsteuern 95,03 Mio. Euro betragen. Im Jahr 2004 fielen Steuern i. H. v. 102,46 Mio. Euro an, wovon 112,66 Mio. Euro dem operativen Ergebnis zuzurechnen waren.

Aufgabenstellung:

- Geben Sie eine Übersicht über die wesentlichen *Rentabilitätskennziffern*!
  - Erläutern Sie, was der Bilanzanalyst unter *absoluten* und *relativen Rentabilitätskennziffern* versteht. Worauf muss er achten, wenn er sinnvolle Werte erhalten möchte?
  - Berechnen Sie die *Eigenkapitalrentabilität*, die *Gesamtkapitalrentabilität* und die *Umsatzrentabilität* der Skycar Group für die letzten drei Geschäftsjahre und erläutern Sie deren Aussagewert!
- Errechnen Sie den *Return on Common Equity* und seine Werttreiber für die Skycar Group!
- Wo liegen die *Aussagegrenzen* von Rentabilitätskennziffern, und welche *bilanzpolitischen Möglichkeiten* hat das Management der Skycar Group?

I. Rentabilität und Rentabilitätskennzahlen

1. Erläuterung

a) Absolute und relative Rentabilitätskennzahlen

Den Bilanzanalysten interessiert, ob das Unternehmen dazu in der Lage ist, „Geld zu verdienen“[46]. Ein Blick auf den *Jahresüberschuss* informiert ihn hierüber. Diese Größe besagt, ob das eingesetzte Kapital erhalten und ggf. in welcher Höhe es vermehrt wurde. Will der Analyst aber den Erfolg des Unternehmens im Zeitablauf oder mit dem anderer Unternehmen vergleichen, ist die *absolute Höhe* des Jahresüberschusses kein geeigneter Indikator. Sie vernachlässigt das eingesetzte Kapital. So wird sich z. B. ein Aktionär darüber freuen, wenn er aus seiner Aktienanlage, die er für 1 000 Euro erwarb, eine Dividende von 400 Euro erzielt. Seine Begeisterung hält sich aber in Grenzen, wenn er für die Aktien 100 000 Euro bezahlte. Deshalb verwendet der Bilanzanalyst zumeist *relative Kennzahlen* zur Bestimmung der Rentabilität.[47]

Bei der *(relativen) Rentabilitätsmessung* setzt der Analyst eine Ergebnisgröße, die er zumeist der GuV entnimmt (z. B. Jahresüberschuss), in Bezug zu einer Größe, die sie maßgebend beeinflusst. Als Einflussgröße kommen dabei insb. Faktoreinsatzgrößen aus der Bilanz in Betracht, wie z. B. das investierte Eigen- oder Gesamtkapital oder das investierte Kapital auf der Aktivseite.[48]

Es besteht ein enger *Zusammenhang* zwischen der *Rendite* und dem *Risiko* einer Kapitalanlage: Eine hohe Rentabilität lässt sich zumeist nur dadurch erreichen, dass der Investor auch ein hohes Risiko in Kauf nimmt. So kann der Aktionär regelmäßig auf eine höhere Rendite hoffen als der Anleger, der sein Geld in Obligationen investiert. Dagegen ist das Investitionsrisiko genau umgekehrt verteilt. Hohe Ertragskennzahlen signalisieren deshalb dem Bilanzanalysten regelmäßig beides: ein hohes Ertragspotenzial und ein hohes Risikopotenzial. Der Umkehrschluss gilt indes nicht: Eine geringe Rendite muss nicht mit einem geringen Risiko einhergehen, sie kann auch auf eine deutliche Unternehmensgefährdung oder Missmanagement zurückzuführen sein.

Bei den (relativen) Rentabilitätskennziffern müssen *Zähler* und *Nenner* in zeitlicher, sachlicher und wertmäßiger Hinsicht *konsistent* sein. Wird z. B. der Jahresüberschuss als Verzinsung des eingesetzten Eigenkapitals interpretiert, so muss auch das Eigenkapital im Jahresdurchschnitt ermittelt werden.[49] Regelmäßig kennt der Bilanzanalyst aber nur das Eigenkapital zu Beginn und zum Ende der Periode.

---

46 *Baetge/Kirsch/Thiele*, Bilanzanalyse (2004), S. 2.

47 Vgl. *Baetge/Kirsch/Thiele*, Bilanzanalyse (2004), S. 348 f.; *Coenenberg*, Jahresabschluss und Jahresabschlussanalyse (2005), S. 1080.

48 Vgl. *Baetge/Kirsch/Thiele*, Bilanzanalyse (2004), S. 349 f.

49 Vgl. *Wild/Subramanyam/Halsey*, Financial Statement Analysis (2007), S. 421.

In der Praxis werden daher lediglich diese beiden Tageswerte addiert und anschließend durch zwei geteilt, um zu einer Jahresdurchschnittsgröße zu gelangen. In den nachfolgenden Fällen wird aus didaktischen Gründen auf eine solche Mittelung verzichtet und die Erfolgsgrößen auf die investierten Mittel zum Jahresende bezogen. In der Analysepraxis sollte die Durchschnittsbildung aber die Regel sein.

Ob die *Berücksichtigung der Ertragsteuern* (z.B. Definitivkörperschaftsteuer) sinnvoll ist oder nicht, hängt vom Analyseziel ab. Interessiert sich der Analyst für den Betrag, den der Unternehmer für freie Konsumzwecke entnehmen kann, so ist er an einer Erfolgsgröße nach Unternehmenssteuern interessiert. Für dieses Analyseziel sollten Einkommen- und Ertragsteuern also berücksichtigt werden. Allerdings wird durch ihre Einbeziehung die Bilanzanalyse komplizierter. Wenn der Analyst für seine Berechnungen bestimmte Korrekturen im Jahresabschluss vornimmt, muss er die mitunter komplexen ertragsteuerlichen Konsequenzen sorgfältig antizipieren. Der Analyst wird daher abwägen müssen, ob die erforderlichen Mehrberechnungen in einem sinnvollen Verhältnis zu dem dadurch erzielbaren genaueren Ergebnis stehen.

b) Zentrale Rentabilitätskennzahlen

aa) Eigenkapitalrentabilität

In der Literatur und in der Praxis existiert eine große Zahl von branchenüblichen und unternehmensindividuellen Ertragskennzahlen. Beschränkt man sich auf die gängigsten Kennzahlen, so stellt die Eigenkapitalrentabilität (return on common equity, ROCE[50]), die auch als Unternehmerrendite bezeichnet wird,[51] die wohl bekannteste und gebräuchlichste Renditekennziffer dar. Sie setzt den Periodenerfolg mit dem Eigenkapital des Unternehmens in Beziehung:

$$\text{Return on Common Equity} = \text{Eigenkapitalrentabilität} = \frac{\text{Periodenerfolg}}{\varnothing\ \text{Eigenkapital}}.$$

bb) Gesamtkapitalrentabilität

Wird der Zähler um die erfolgswirksam gebuchten *Zuweisungen an die Fremdkapitalgeber* (i.d.R. Fremdkapitalzinsen) und der Nenner um das *Fremdkapital* ergänzt, so erhält man die Gesamtkapitalrentabilität (oder Unternehmensrendite[52]). Sie gibt die Rendite an, die sämtliche Kapitalgeber (Eigenkapitalgeber und Fremdkapitalgeber) durch ihren Kapitaleinsatz erzielen:

---

50 Vgl. *Coenenberg*, Jahresabschluss und Jahresabschlussanalyse (2005), S. 1096 f. Weitere Varianten finden sich bei *Lachnit*, Bilanzanalyse (2004), S. 227 f.

51 Vgl. *Baetge/Kirsch/Thiele*, Bilanzanalyse (2004), S. 356.

52 Vgl. *Gräfer*, Bilanzanalyse (2005), S. 93.

$$\text{Gesamtrentabilität} = \frac{\text{Periodenerfolg} + \text{Fremdkapitalzinsen}}{\varnothing\ \text{Gesamtkapital}}.$$

Unverzinsliches Fremdkapital trägt nicht zur Erhöhung der erfolgswirksamen Zahlungen an die Kapitalgeber bei. Es wird deshalb vorgeschlagen, dieses auch im Nenner nicht zu berücksichtigen.[53] Allerdings ist es dem externen Bilanzanalysten häufig unmöglich, zwischen verzinslichem und zinslosem Fremdkapital zu unterscheiden. Das Problem stellt sich z. B. bei Darlehen und Verbindlichkeiten aus Lieferungen und Leistungen. Diese Positionen enthalten nicht selten zinshaltige und zinslose Bestandteile, ohne dass der Jahresabschluss darüber informiert.

Dem Bilanzanalysten steht es frei, den Erfolg im Zähler und das Vermögen im Nenner näher zu präzisieren. So verwendet die Praxis bei der Bemessung der Effizienz eines Unternehmens statt des Jahresüberschusses und der Fremdkapitalzinsen oft das operative Ergebnis (ggf. unter Ausschluss der außerordentlichen Aufwendungen und Erträge) vor Berücksichtigung des Finanzergebnisses (insb. Zinserträge sowie Beteiligungserträge und -aufwendungen) sowie der Ertragsteuern als Zählergröße. Diese modifizierte Kennzahl wird dann als Betriebsrentabilität oder *Return on Capital Employed* bezeichnet:[54]

$$\text{Return on Capital Employed} = \frac{\text{Ordentlicher Betriebserfolg}}{\varnothing\ \text{Betriebsnotwendiges Vermögen}}.$$

cc) Umsatzrentabilität

Die Umsatzrentabilität besteht aus zwei Stromgrößen, die der GuV entnommen werden. Sie errechnet sich als

$$\text{Umsatzrentabilität} = \frac{\text{Periodenerfolg}}{\text{Umsatzerlöse}}$$

und gibt an, wieviel Prozent einer Umsatzeinheit dem Unternehmen nach Abzug sämtlicher Kosten verbleiben. Eine Umsatzrentabilität von 10 % besagt, dass das Unternehmen pro Euro Umsatz einen Jahresüberschuss von 0,10 Euro erwirtschaftet. Die Umsatzrentabilität ist eine Momentaufnahme. Sie informiert nicht verlässlich darüber, wie sich der Jahresüberschuss verändert, wenn der Umsatz um eine Einheit steigt oder fällt, denn die Aufwendungen entwickeln sich nicht nur umsatzproportional. Sie reagieren auf eine Umsatzveränderung im Einzelfall auch über-

---

53 Vgl. *Ewert/Wagenhofer*, Interne Unternehmensrechnung (2005), S. 533.

54 Vgl. *Baetge/Kirsch/Thiele*, Bilanzanalyse (2004), S. 349 m.w.N. Die Literatur kürzt diese Kennzahl häufig ebenfalls mit ROCE ab. Um Missverständnisse zu vermeiden, sollte der Bilanzanalyst stets darauf achten, den Kennzahleninhalt klar zu definieren. Zur Definition des betriebsnotwendigen Vermögens vgl. *Coenenberg*, Jahresabschluss und Jahresabschlussanalyse (2005), S. 959 f.

oder unterproportional oder – wie bei den Fixkosten – gar nicht. Ohne eine fundierte Kenntnis der Kostenstruktur lässt sich keine Sensitivitätsanalyse durchführen.

2. Anwendung auf den Fall: Eigenkapitalrentabilität, Gesamtkapitalrentabilität und Umsatzrentabilität bei der Skycar Group

Für die Berechnung der Kennzahlen der Skycar Group wurden Jahresdurchschnittswerte zu Grunde gelegt.[55] So errechnet sich die Eigenkapitalrentabilität der Skycar Group für das Jahr 2005 mit:

$$\text{Eigenkapitalrentabilität} = \frac{145{,}76}{0{,}5 \times (1\,278{,}33 + 1\,145{,}03)} = 12{,}03\ \%.$$

Die Eigenkapitalrentabilität der Jahre 2003 bis 2005 lässt sich Tabelle 29 entnehmen:

Tabelle 29: Eigenkapitalrentabilität der Skycar Group

(in Mio. €)	2005	2004	2003
Jahresüberschuss	145,76	141,76	125,08
Ø Eigenkapital	1 211,68	1 238,69	1 167,54
Eigenkapitalrentabilität	12,03 %	11,44 %	10,71 %

Die Eigenkapitalrentabilität weist eine positive Tendenz auf. Der Skycar Group ist es gelungen, sie innerhalb der letzten beiden Jahre um 12,33 % zu steigern. Die nachfolgenden Kapitel werden der Ursache dieser Entwicklung nachgehen und untersuchen, ob und wieweit dieser Trend ökonomisch fundiert ist oder ob er lediglich durch bilanzpolitische Maßnahmen hervorgerufen wurde.

Für die Berechnung der Gesamtkapitalrentabilität muss zunächst die Summe aus Jahresüberschuss und Fremdkapitalzinsen gebildet werden. Die Gesamtkapitalrentabilität für die Jahre 2003 bis 2005 berechnet sich dann wie folgt:

55 In den nachfolgenden Fällen wird den Berechnungen zur Vereinfachung das Eigenkapital zum 31. 12. 2005 zu Grunde gelegt.

Tabelle 30: Gesamtkapitalrentabilität der Skycar Group

(in Mio. €)	2005	2004	2003
Jahresüberschuss	145,76	141,76	125,08
Fremdkapitalzinsen	65,74	81,73	70,98
Summe	211,50	223,49	196,06
Ø Gesamtkapital	4 415,03	4 421,29	4 473,20
Gesamtkapitalrentabilität	**4,79 %**	**5,05 %**	**4,38 %**

Während die Eigenkapitalrentabilität im Dreijahresvergleich eine Steigerung aufweist, verharrt die Gesamtkapitalrentabilität auf relativ stabilem und niedrigem Niveau. Danach verzinste sich das investierte Kapital gerade einmal mit ca. 5 %. Für eine risikofreie Kapitalanlage mag diese Verzinsung vorteilhaft sein – für die Hingabe von Risikokapital ist sie aber unbefriedigend. Wenn es den Eigenkapitalgebern aber dennoch gelungen ist, ihre Rendite zu steigern, so muss dies zu Lasten der Fremdkapitalgeber erfolgt sein.

Für die Ermittlung der Umsatzrentabilität können die entsprechenden Werte direkt aus der GuV abgelesen werden, so dass sich nachfolgende Umsatzrentabilitäten ergeben:

Tabelle 31: Umsatzrentabilität der Skycar Group

(in Mio. €)	2005	2004	2003
Jahresüberschuss	145,76	141,76	125,08
Umsatzerlöse	4 773,29	4 512,86	4 522,40
Umsatzrentabilität	3,05 %	3,14 %	2,77 %

Die Umsatzrentabilität erweist sich im Zeitablauf ähnlich stabil wie die Gesamtkapitalrentabilität. Die Skycar Group verdiente im Vergleichszeitraum durchschnittlich 3 Cent pro Euro Umsatz. Wiederum kann erst eine tiefer gehende Analyse der Werttreiber (der maßgeblichen Ertrags- und Aufwandskomponenten) Aufschluss darüber geben, wie diese Kennzahl zu bewerten ist.

II. DuPont-Kennzahlensystem

1. Erläuterung

a) Kennzahlensystem

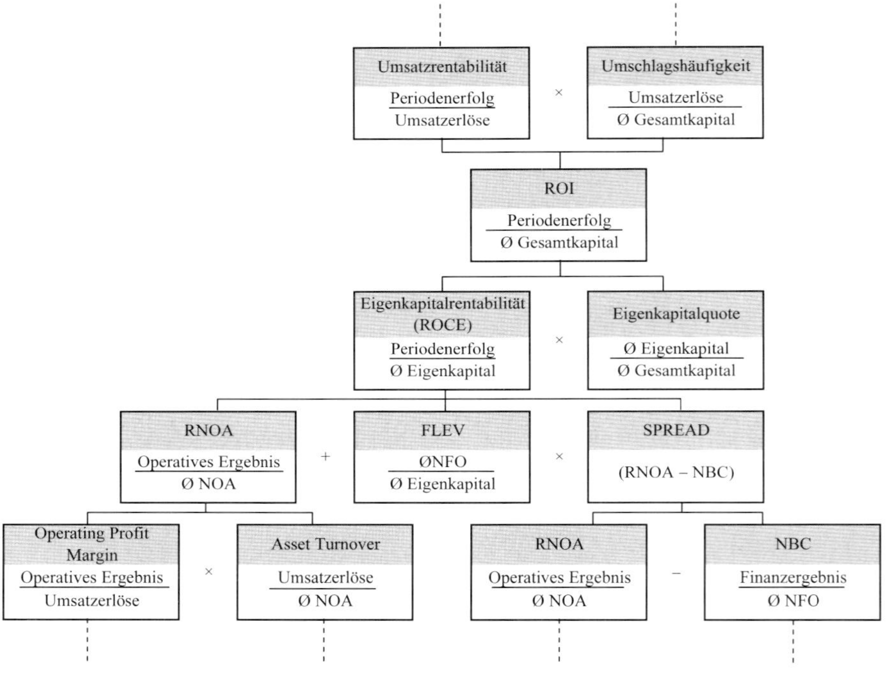

Abbildung 2: DuPont-Kennzahlensystem

In der Bilanzanalyse ist es üblich, die Rentabilitätskennzahlen nicht isoliert zu betrachten, sondern in ein komplexes Kennzahlensystem zu integrieren, in dem sich eine Kennzahl logisch aus einer anderen entwickelt. Im Idealfall erlaubt jede dabei neu entstehende Kennzahl zusätzliche Einsichten in den Unternehmensprozess und die maßgeblichen Werttreiber für den Periodenerfolg. Eines der bekanntesten Kennzahlensysteme ist das auf den Chemiekonzern E. I. DuPont de Nemours and Co. aus Wilmington, Delaware, zurückgehende und bereits aus dem Jahre 1919[56]

56 Vgl. *Küting/Weber*, Die Bilanzanalyse (2006), S. 58; *Gladen*, Kennzahlen- und Berichtssysteme (2003), S. 93.

stammende *Return on Investment*-System (ROI-System).[57] Abbildung 2 stellt das Kennzahlensystem auszugsweise dar.[58]

b) Return on Investment

Im Mittelpunkt des DuPont-Systems steht die Kennzahl des Return on Investment (ROI). Sie ist wie folgt definiert:

$$\text{Return on Investment} = \frac{\text{Periodenerfolg}}{\varnothing\ \text{Gesamtkapital}}.$$

Der *Aussagewert* der ROI-Kennzahl ist isoliert betrachtet begrenzt: Anders als die Gesamtkapitalrentabilität vergleicht sie den Periodenerfolg, der den Eigenkapitalgebern zusteht, mit dem zu seiner Erzielung eingesetzten Eigen- und Fremdkapital. Dadurch sind Zähler und Nenner nicht mehr in sich konsistent und die dabei gewonnenen Ergebnisse fragwürdig. Allerdings lässt sich der ROI durch eine Erweiterung der Ausgangsformel in seine Werttreiber aufspalten. Durch diese Ausdifferenzierung erhält der Bilanzanalyst neue Kennzahlen, die ökonomisch sinnvoller interpretierbar sind als der ROI selbst.

c) Zusammenhang zwischen Return on Investment, Umsatzrentabilität und Umschlagshäufigkeit

Erweitert man die ROI-Kennzahl in Zähler und Nenner mit den Umsätzen der Periode, so erhält man zwei neue Kennzahlen:

$$\begin{aligned}\text{Return on Investment} &= \frac{\text{Periodenerfolg}}{\varnothing\ \text{Gesamtkapital}} \times \frac{\text{Umsatzerlöse}}{\text{Umsatzerlöse}}\\ &= \frac{\text{Periodenerfolg}}{\text{Umsatzerlöse}} \times \frac{\text{Umsatzerlöse}}{\varnothing\ \text{Gesamtkapital}}.\end{aligned}$$

Der linke Bruch der neuen Gleichung ist die zuvor besprochene *Umsatzrentabilität*. Der rechte Bruch der Gleichung stellt die *Umschlagshäufigkeit* dar und gibt an, wie profitabel das investierte Kapital eingesetzt wurde. Sie berücksichtigt, dass die Umsatzrentabilität branchenabhängig ist und verdeutlicht, dass eine niedrige Umsatzrentabilität nicht zwingend auch zu einem niedrigen ROI führen muss. Der ROI (und letztlich auch die Eigenkapitalrentabilität) wird durch zwei Wertfaktoren

57 Vgl. *Vollmuth*, Bilanzen richtig lesen, besser verstehen, optimal gestalten (2004), S. 41.

58 Für einen größeren Ausschnitt in Richtung Umsatzrentabilität und Umschlagshäufigkeit vgl. *Gräfer*, Bilanzanalyse (2005), S. 162; *Vollmuth*, Bilanzen richtig lesen, besser verstehen, optimal gestalten (2004), S. 43; *Küting/Weber*, Die Bilanzanalyse (2006), S. 60; *Coenenberg*, Jahresabschluss und Jahresabschlussanalyse (2005), S. 1104.

getrieben: den Gewinn pro Umsatzeinheit und die Umsatzintensität.[59] So weisen bestimmte Branchen wie der Lebensmitteleinzelhandel eine relativ geringe Umsatzrentabilität, aber einen hohen Umsatz auf. Anders verhält es sich z. B. in der Chemiebranche. Hier ist die Umsatzrentabilität relativ hoch, der absolute Umsatz aber relativ gering.[60]

d) Zusammenhang zwischen Return on Investment, Eigenkapitalrentabilität und Eigenkapitalquote

Der ROI kann aber auch in Zähler und Nenner mit dem Eigenkapital erweitert werden:

$$\text{ROI} = \frac{\text{Periodenerfolg}}{\varnothing\ \text{Gesamtkapital}} \times \frac{\varnothing\ \text{Eigenkapital}}{\varnothing\ \text{Eigenkapital}} = \frac{\text{Periodenerfolg}}{\varnothing\ \text{Eigenkapital}} \times \frac{\varnothing\ \text{Eigenkapital}}{\varnothing\ \text{Gesamtkapital}}.$$

Wiederum erhält der Bilanzanalyst zwei neue Kennzahlen, die von herausragender Bedeutung bei der Analyse sind und darüber informieren, „in welcher Relation die monetären Zielgrößen *„Geld verdienen"* und *„Geldquelle sichern"* zueinander stehen."[61] Es handelt sich um die Eigenkapitalrentabilität und die Eigenkapitalquote. Beide Größen wurden bereits näher betrachtet.

e) Zusammenhang zwischen Eigenkapitalrentabilität, Return on Net Operating Assets, Net Borrowing Cost und SPREAD

Die *Eigenkapitalrentabilität (ROCE)* eines Unternehmens lässt sich weiter untergliedern. Sie wird durch die Ertragskraft der Investitionsobjekte und durch die (geschickte) Finanzierungsstruktur des Unternehmens bestimmt. Die Zusammenhänge lassen sich an einem einfachen *Beispiel* verdeutlichen:

A investiert 100 000 Euro in den Erwerb eines Grundstücks. Er erzielt daraus einen Reingewinn von 10 000 Euro. Da A die Investition ohne Fremdkapital finanzierte, entspricht die Eigenkapitalrentabilität exakt dem *Return on Net Operating Assets (RNOA)*.

Er wird als Quotient aus dem operativen Ergebnis und den Net Operating Assets berechnet und beschreibt ausschließlich die Rendite aus dem operativen Bereich des Unternehmens:

$$\text{Return on Net Operating Assets} = \frac{\text{Operatives Ergebnis}}{\varnothing\ \text{Net Operating Assets}}.$$

59 Vgl. *Coenenberg*, Jahresabschluss und Jahresabschlussanalyse (2005), S. 1093–1095, sowie die Ausführungen zu Operating Profit Margin und Asset Turnover.

60 Vgl. *Gladen*, Kennzahlen- und Berichtssysteme (2003), S. 95.

61 *Baetge/Kirsch/Thiele*, Bilanzanalyse (2004), S. 505.

Aufgrund der guten Rendite entschließt sich A zum Erwerb eines zweiten Grundstücks (mit gleicher Renditeerwartung). Da er diesen Kauf nicht aus Eigenmitteln finanzieren kann oder will, nimmt er Fremdkapital zu 6 % (*net borrowing cost; NBC*) auf. Treten die Erwartungen des A ein, so erzielt er am Jahresende einen Jahresüberschuss von 14 000 Euro (= Reingewinn der Grundstücke (2 × 10 000 Euro) abzüglich Fremdkapitalzinsen (6 % × 100 000 Euro)). Dies entspricht 14 % des von ihm eingesetzten Kapitals. Die Eigenkapitalrentabilität ist von 10 % auf 14 % gestiegen.

Formal lässt sich der Zusammenhang wie folgt beschreiben:

$$\text{ROCE} = \text{RNOA} + (\text{RNOA} - \text{NBC}) \times \frac{\varnothing \text{ Net Financial Obligations}}{\varnothing \text{ Eigenkapital}},$$

$$\text{ROCE} = 10\,\% + (10\,\% - 6\,\%) \times \frac{100\,000}{100\,000} = 14\,\%\,.$$

Aus der Zerlegung der Renditekennziffer erkennt der Unternehmer im Beispiel, dass die Rendite des operativen Vermögens (RNOA) über den Kosten für Fremdkapital liegt. Diese Marge, die zwischen dem RNOA und dem Fremdkapitalzins besteht, wird auch *SPREAD* genannt. Ist die Marge positiv, so kann sie – wie im Ausgangsbeispiel – als Werttreiber für den ROCE eingesetzt werden. Das Unternehmen kann durch zusätzliche Aufnahme von Fremdkapital seinen Gewinn und auch die Eigenkapitalrentabilität steigern (leverage effect).[62] Durch diese Maßnahme erhöht sich aber auch das Risiko für den Unternehmer. Fordern die Fremdkapitalgeber in der Zukunft Zinsen, die über der Rendite des operativen Vermögens liegen, etwa weil die Zinsen steigen oder der RNOA fällt, so kehrt sich der positive Effekt um. Der Unternehmer muss dann einen Teil der operativen Rendite und seines potenziellen Gewinns dazu verwenden, die Ansprüche der Fremdkapitalgeber zu befriedigen, so dass die Eigenkapitalrentabilität sinkt.[63]

Da der Bilanzanalyst in der Realität den effektiv zu entrichtenden *Fremdkapitalkostensatz* nicht kennt, muss er ihn indirekt aus den Angaben des Jahresabschlusses ableiten. Es bietet sich dazu an, das Finanzergebnis aus der GuV ins Verhältnis zu der Summe derjenigen Aktiva und Passiva (Finanzaktiva und Finanzpassiva) zu setzen, die für seine Entstehung verantwortlich sind. Da in einem Unternehmen die Finanzverbindlichkeiten häufig die Finanzaktiva übersteigen, spricht man auch von Net Financial Obligations. Formal berechnet sich der SPREAD daher wie folgt:

$$\text{SPREAD} = \text{RNOA} - \text{NBC} = \text{RNOA} - \frac{\text{Finanzergebnis}}{\varnothing \text{ Net Financial Obligations}}.$$

---

62 Vgl. *Gräfer*, Bilanzanalyse (2005), S. 94.

63 Vgl. *White/Sondhi/Fried*, The analysis and use of financial statements (2003), S. 137 und S. 139.

Das Ausmaß, in dem der SPREAD die Höhe der Eigenkapitalrentabilität beeinflusst, hängt von dem Einsatz der Nettofinanzverbindlichkeiten in Relation zum Eigenkapital ab. Das Verhältnis wird durch den finanziellen Nettoverschuldungsgrad gemessen und in der Literatur als *Financial Leverage (FLEV)* bezeichnet. Die Formel lautet:

$$\text{FLEV} = \frac{\varnothing \text{ Net Financial Obligations}}{\varnothing \text{ Eigenkapital}}.$$

Der *finanzielle Nettoverschuldungsgrad* unterscheidet sich von dem in Fall 2 vorgestellten Verschuldungsrad in der Zählergröße. Während beim finanziellen Nettoverschuldungsgrad nur die finanziellen Verpflichtungen erfasst und um die Finanzaktiva vermindert werden, stellt die Zählergröße beim „klassischen" Verschuldungsgrad auf das gesamte, ungekürzte Fremdkapital ab.

Die ROCE-Gleichung verdeutlicht, dass der Unternehmer seine Rendite (bei konstantem Refinanzierungszins) steigern kann, indem er entweder in Investitionsobjekte mit höherer Rentabilität investiert oder den Verschuldungsgrad erhöht. Die Alternativen unterliegen unterschiedlichen Chancen und Risiken. Für den Bilanzanalysten ist es daher wichtig, die Eigenkapitalrentabilität in die einzelnen Werttreiber zu zerlegen.

f) Zusammenhang zwischen Return on Net Operating Assets, Operating Profit Margin und Asset Turnover

Der *RNOA* lässt sich weiter aufspalten: Erweitert man die Berechnungsformel mit dem Umsatz und formuliert die Brüche anschließend um, ergibt sich der RNOA als Produkt aus operativer Umsatzrentabilität (Operating Profit Margin) und Umschlagshäufigkeit des operativen Vermögens (Asset Turnover).

$$\text{RNOA} = \frac{\text{Operatives Ergebnis}}{\varnothing \text{ Net Operating Assets}} \times \frac{\text{Umsatzerlöse}}{\text{Umsatzerlöse}}$$

$$= \frac{\text{Operatives Ergebnis}}{\text{Umsatzerlöse}} \times \frac{\text{Umsatzerlöse}}{\varnothing \text{ Net Operating Assets}}.$$

Der erste Teil der neu gewonnenen Gleichung gibt an, wieviel das Unternehmen im Kerngeschäft an einem Euro Umsatz verdient (*Operating Profit Margin*).[64] Dabei bezieht sich die Kennziffer – anders als die Umsatzrentabilität – nicht auf den gesamten Jahresüberschuss, sondern nur auf den Teil des Jahresüberschusses, der im operativen Geschäft erwirtschaftet wird. Das Finanzergebnis bleibt unberück-

64 Vgl. die Ausführungen zur Umsatzrentabilität in Abschn. I. 2.

sichtigt. Da auch die Umsatzerlöse nur aus dem Kerngeschäft des Unternehmens stammen, werden Zähler und Nenner konsistent gegenübergestellt.[65]

Der zweite Teil der Gleichung informiert über die Umschlagshäufigkeit des operativen Vermögens (*Asset Turnover*). Sie besagt, wie effizient das operative Vermögen eingesetzt wurde. Dieser Bezug wird ersichtlich, wenn man den Kehrwert bildet:

$$\frac{1}{\text{Asset Turnover}} = \frac{\varnothing \text{ Net Operating Assets}}{\text{Umsatzerlöse}}.$$

Je kapitalintensiver ein Unternehmen ist, desto mehr betriebsnotwendiges Vermögen muss es einsetzen, um einen Euro Umsatz zu erzielen. Kapitalintensive Unternehmen tragen das Risiko, dass sich das eingesetzte Kapital nicht amortisiert. Sie lassen sich dieses Risiko deshalb zumeist durch eine höhere *Umsatzrentabilität* vergüten. Deshalb stehen die Umsatzrentabilität und der Asset Turnover häufig in einem Austauschverhältnis zueinander. Kapitalintensive Branchen erreichen operative Rentabilität normalerweise über hohe Gewinnmargen, die Umschlagshäufigkeiten sind dagegen gering. Umgekehrt verhält es sich bei wettbewerbsintensiven Branchen. Hier wird die Rentabilität über hohe Umschlagszahlen bei einer sehr geringen Gewinnmarge erreicht.[66]

g) Reformulated Income Statement und Reformulated Balance Sheet

Damit die Eigenkapitalrentabilität in der zuvor aufgezeigten Art und Weise aufgespaltet werden kann, muss der Bilanzanalyst die Positionen der GuV sowie der Bilanz neu ordnen. Sie sind danach zu unterscheiden, ob sie der *operativen* oder der *finanziellen Geschäftstätigkeit* des Unternehmens zugehören.

Die Aufteilung der Positionen der GuV fällt leicht, soweit das Finanzergebnis separat ausgewiesen wird. Eine Korrektur ist aber hinsichtlich der Steuern vom Einkommen und vom Ertrag notwendig, wenn diese Aufwandsposition erst am Ende der GuV-Gliederung in einem Betrag ausgewiesen wird. Für Analysezwecke sind diese Steuern verursachungsgerecht dem operativen Ergebnis und dem Finanzergebnis zuzuordnen. Da der finanzielle Bereich zumeist einen Nettoaufwand aus der Nettoverschuldung (Net Financial Obligations) aufweist, führt dies rechnerisch zu einer Steuergutschrift. Die Steuerbelastung des operativen Ergebnisses ist dementsprechend höher im Vergleich zu dem im Jahresabschluss ausgewiesenen Gesamtbetrag.[67] Die erforderliche Aufspaltung des Steueraufwands wird in der Reali-

---

65 Vgl. *Gräfer*, Bilanzanalyse (2005), S. 95; *Baetge/Kirsch/Thiele*, Bilanzanalyse (2004), S. 353 f.

66 Vgl. *Penman*, Financial Statement Analysis and Security Valuation (2007), S. 381–384; *Wild/Subramanyam/Halsey*, Financial Statement Analysis (2007), S. 432–434.

67 Vgl. *Penman*, Financial Statement Analysis and Security Valuation (2007), S. 313–316; *Gräfer*, Bilanzanalyse (2005), S. 64.

tät nur zu Näherungslösungen führen; denn aufgrund der Steuergesetze unterliegen Zinsen und Dividenden häufig einem anderen Steuersatz als die übrigen Gewinne. So werden sie im deutschen Steuersystem zum Teil nur mit dem halben Steuersatz belegt (Halbeinkünfteverfahren) oder sogar annähernd vollständig von der Besteuerung freigestellt. Nach Abschluss der notwendigen Umstellungen erhält man das *Reformulated Income Statement*.

Bei der Entwicklung des *Reformulated Balance Sheet* entstehen erhebliche Zuordnungsprobleme: Der Bilanzanalyst muss hier trennscharf zwischen operativen Bilanzobjekten, die das Kerngeschäft des Unternehmens betreffen, und solchen Vermögenswerten und Schulden unterscheiden, die der Finanzierung des Unternehmens dienen, ohne für das operative Kerngeschäft erforderlich zu sein.[68] Allein anhand der Bezeichnung der Bilanzposition lässt sich die Einordnung nicht festmachen. So können Beteiligungen sowohl dem eigentlichen Betriebszweck dienen (etwa dann, wenn der Unternehmer sie aus strategischen Gründen z. B. an dem Unternehmen seines Hauptlieferanten hält) als auch den Finanzaktiva zugerechnet werden, weil kein oder nur ein loser Zusammenhang zum Betriebszweck besteht. Bei manchen Bilanzpositionen kann der Bilanzanalyst überhaupt nicht erkennen, ob oder in welchem Umfang sie dem operativen Vermögen bzw. dem Finanzvermögen angehören. So können die kurzfristigen Finanzaktiva (z. B. Bankbestand) sowohl betriebsnotwendiges Working Capital darstellen als auch überschüssige Finanzmittel verkörpern. Bei den „Sonstigen Forderungen und Vermögenswerten" bzw. „Sonstigen Verbindlichkeiten" fehlen dem externen Bilanzanalysten zumeist Angaben, die eine korrekte Zuordnung ermöglichen.

Als Faustregel kann man davon ausgehen, dass der überwiegende Teil des *Anlagevermögens* (mit Ausnahme bestimmter Finanzaktiva) und das *Working Capital* (einschließlich der Verbindlichkeiten aus Lieferungen und Leistungen mit negativem Vorzeichen) zu den *Net Operating Assets* zählen, während die übrigen Aktiva und Passiva Finanzierungscharakter haben. Aus Praktikabilitätsgründen erscheint es sinnvoll, die kurzfristigen Finanzaktiva und -passiva ebenso dem Working Capital zuzuschlagen wie die sonstigen Vermögenswerte und Schulden. Die Beteiligungen sollten dem finanziellen Bereich zugeordnet werden.

Die Unterscheidung zwischen *operativem Vermögen* und *Finanzvermögen* kann arbeitstechnisch erfolgen, indem die Bilanzpositionen entsprechend umgegliedert werden. Aktiva, die das Finanzergebnis verbessern, ohne für den eigentlichen Betriebszweck notwendig zu sein (z. B. langfristige Geldanlagen und Beteiligungen sowie Reservegrundstücke und andere Objekte, die das Unternehmen aus spekulativen Gründen hält), werden mit negativem Vorzeichen auf die Passivseite umgebucht. Im Gegenzug sind Verbindlichkeiten, die dem eigentlichen Betriebszweck (und nicht primär der Finanzierung) des Unternehmens dienen (z. B. Verbindlich-

68 Vgl. *Penman*, Financial Statement Analysis and Security Valuation (2007), S. 301 f.

keiten aus Lieferungen und Leistungen und Lohnverbindlichkeiten) mit negativem Vorzeichen der Aktivseite und damit dem operativen Vermögen anzulasten. In einem solchen Reformulated Balance Sheet weist die Aktivseite der Bilanz das operative Nettovermögen (net operating assets) und die Passivseite neben dem Eigenkapital das Finanzvermögen aus, das zumeist negativ ist (net financial obligations).

2. Anwendung auf den Fall: DuPont-Kennzahlensystem bei der Skycar Group

In einem ersten Schritt wird das Reformulated Income Statement aus der GuV ermittelt. Hierzu müssen die anteiligen Ertragsteuern auf das operative sowie das Finanzergebnis berechnet werden. Die Skycar Group unterliegt grundsätzlich einem Steuersatz i. H. v. 40 %. Da aber bestimmte Erträge und Aufwendungen auch einem anderen Steuersatz unterliegen können, ermittelt der Bilanzanalyst den für die Erstellung des Reformulated Income Statement anzuwendenden effektiven Durchschnittssteuersatz, indem er die in der GuV ausgewiesenen Ertragsteuern ins Verhältnis zum Jahresüberschuss vor Steuern setzt. Danach beträgt der durchschnittliche Steuersatz der Skycar Group für das Jahr 2005 ca. 38,23 % (= 90,21 ÷ 235,97) und für 2004 ca. 41,95 % (= 102,46 ÷ 244,22).

Diesen Steuersatz wendet der Bilanzanalyst auf das operative Ergebnis und das Finanzergebnis vor Steuern an. Für das Jahr 2005 ergeben sich dadurch die anteiligen Ertragsteuern auf das operative Ergebnis wie folgt:

$248{,}58 \times 0{,}3823 = 95{,}03$ Mio. Euro.

Die übrigen anteiligen Ertragsteuern errechnen sich analog, wobei sich für die Finanzergebnisse Steuergutschriften ergeben. Addiert man alle Teilbesteuerungen, erhält man den in der GuV ausgewiesenen Steuergesamtbetrag. Das Reformulated Income Statement der Skycar Group stellt sich dann wie in Tabelle 32 (auf S. 76) zusammengefasst dar.

In einem zweiten Arbeitsgang erfolgt die Überleitung der Bilanz in das Reformulated Balance Sheet. Hierzu müssen zunächst die Finanzaktiva auf die Passivseite umgebucht werden. Bei der Skycar Group betrifft dies die Positionen „Als Finanzinvestitionen gehaltene Immobilien“, „At Equity bewertete Anteile“, „Sonstige Forderungen und Vermögenswerte“ und „Wertpapiere“. Der Bilanzanalyst hat keine genaueren Informationen über einen evtl. strategischen Hintergrund dieser Vermögenswerte. Deshalb setzt er die Annahme, dass hinter diesen Bilanzpositionen rein finanzielle Interessen stecken. Darüber hinaus kann eine Umgliederung der „Vermieteten Vermögenswerte“ und der „Forderungen aus Finanzdienstleistungen“ diskutiert werden. Die Erträge aus „Vermieteten Vermögenswerten“ wurden in der GuV der Position „Sonstige betriebliche Erträge“ zugewiesen. Hier ist es daher konsistent, auch die „Vermieteten Vermögenswerte“ unter den operativen Vermögenswerten auszuweisen.

Tabelle 32: GuV und Reformulated Income Statement der Skycar Group

	Gewinn- und Verlustrechnung der Skycar Group			**Reformulated Income Statement der Skycar Group**		
	(in Mio. €)	**2005**	**2004**	**(in Mio. €)**	**2005**	**2004**
1.	Umsatzerlöse	4 773,29	4 512,86	Umsatzerlöse	4 773,29	4 512,86
2.	Erhöhung oder Verminderung des Bestands an eigenen Erzeugnissen	251,92	65,71	Erhöhung oder Verminderung des Bestands an eigenen Erzeugnissen	251,92	65,71
3.	Sonstige betriebliche Erträge	163,14	41,64	Sonstige betriebliche Erträge	163,14	41,64
4.	Materialaufwendungen	– 3 351,77	– 2 892,81	Materialaufwendungen	– 3 351,77	– 2 892,81
5.	Personalaufwendungen	– 920,99	– 720,48	Personalaufwendungen	– 920,99	– 720,48
6.	Abschreibungen auf immaterielle Vermögenswerte des Anlagevermögens und Sachanlagen	– 166,43	– 177,50	Abschreibungen auf immaterielle Vermögenswerte des Anlagevermögens und Sachanlagen	– 166,43	– 177,50
7.	Sonstige betriebliche Aufwendungen	– 500,58	– 560,89	Sonstige betriebliche Aufwendungen	– 500,58	– 560,89
8.	**Operatives Ergebnis vor Steuern**	**248,58**	**268,53**	Operatives Ergebnis vor Steuern	248,58	268,53
9.				Erwarteter Ertragsteueranteil auf das operative Ergebnis	– 95,03	– 112,66
10.				**Operatives Ergebnis nach Steuern**	**153,55**	**155,87**
11.	Finanzaufwendungen	– 69,13	– 84,28	Finanzaufwendungen	– 69,13	– 84,28
12.	Finanzerträge	56,52	60,87	Finanzerträge	56,52	60,87
13.	Ergebnis aus at Equity bewerteten Anteilen	0,00	– 0,90	Ergebnis aus at Equity bewerteten Anteilen	0,00	– 0,90
14.	**Finanzergebnis vor Steuern**	**– 12,61**	**– 24,31**	Finanzergebnis vor Steuern	– 12,61	– 24,31
15.	Ergebnis der gewöhnlichen Geschäftstätigkeit	235,97	244,22	Erwartete Ertragsteuergutschrift auf das Finanzergebnis	4,82	10,20
16.	Steuern vom Einkommen und vom Ertrag	– 90,21	– 102,46	**Finanzergebnis nach Steuern**	**– 7,79**	**– 14,11**
17.	**Jahresüberschuss**	**145,76**	**141,76**	**Jahresüberschuss**	**145,76**	**141,76**

Die „Forderungen aus Finanzdienstleistungen“ umfassen im Wesentlichen Forderungen aus Finanzierungsverträgen mit Endkunden, die ihr Fahrzeug entweder direkt von der Skycar Group oder über einen Händler bezogen haben sowie Forderungen gegen Händler, die daraus resultieren, dass ihnen die Skycar Group die von ihr bezogenen und zum Weiterverkauf bestimmten Fahrzeuge vorfinanziert. Die Zuordnung dieser Forderungen zum operativen oder zum finanziellen Bereich ist schwierig. Da sie aus Lieferungs- und Leistungsgeschäften resultieren, gehören sie zunächst dem operativen Bereich an. Überschreitet aber die Forderungslaufzeit eine für Forderungen aus Lieferungen und Leistungen übliche Laufzeit, so wechseln sie ihren Charakter und werden – ähnlich einem Aktivdarlehen – zu Finanzaktiva, denen sich das Unternehmen jederzeit durch Factoring, Forfaitierung oder Asset-Backed-Securities-Transaktionen entledigen könnte, ohne eine zukünftige Beeinträchtigung des operativen Ergebnisses zu erleiden. Diese Umklassifizierung wäre insb. dann erforderlich, wenn die Forderungen verzinslich ausgestaltet sind und der Zinsertrag im Finanzergebnis erfasst wird. Andererseits kann eine großzügige (zinslose) Finanzierung gerade dazu notwendig sein, um Endkunden und Händler zum Kauf von Fahrzeugen der Skycar Group zu bewegen. In diesem Fall wäre der Bestand an langfristigen Forderungen operativ notwendig und keine reine Finanzierungsentscheidung. Mangels besserer Erkenntnisse werden die Forderungen im Beispielsachverhalt den operativen Vermögenswerten zugeordnet.

Anschließend sind die operativen Verbindlichkeiten auf die Aktivseite umzugliedern. Hierzu zählen die „Verbindlichkeiten aus Lieferungen und Leistungen“, die klassische Bestandteile des Working Capital sind, und im Zweifel die sonstigen Verbindlichkeiten. Bei den Rückstellungen bereitet die Einordnung Schwierigkeiten. Steuerrückstellungen wären danach zu unterscheiden, wie sie (prozentual) durch das operative Ergebnis und das Finanzergebnis verursacht sind. Hier müsste streng genommen eine Aufteilung ähnlich der der Steueraufwendungen in der GuV erfolgen. Bei den Pensionsrückstellungen stellt sich die grundsätzliche Frage, ob sie wie die Lohnverbindlichkeiten dem operativen Geschäft zuzuordnen oder als (verzinsliche) Arbeitnehmerdarlehen zu klassifizieren sind und damit dem Finanzbereich angehören. Die hierbei bestehende Problematik entspricht in etwa der im Rahmen der „Forderungen aus Finanzdienstleistungen“ diskutierten Fragestellung. Dabei ist auch zu berücksichtigen, dass die Verzinsung der Pensionsverpflichtungen sowohl als Lohnaufwand im operativen Ergebnis als auch als Zinsaufwand im Finanzergebnis gebucht werden kann. Der Bilanzanalyst muss bei seiner Entscheidung daher auch darauf achten, dass sich die Pensionsrückstellungen und ihre Zinsaufwendungen in der gleichen Kategorie wiederfinden.

Tabelle 33: Bilanz und Reformulated Balance Sheet der Skycar Group

Bilanz der Skycar Group		
(in Mio. €)	**2005**	**2004**
Aktiva		
Langfristige Vermögenswerte		
Immaterielle Vermögenswerte	534,30	553,75
Sachanlagen	617,96	558,44
Als Finanzinvestitionen gehaltene Immobilien	103,91	99,62
Vermietete Vermögenswerte	52,80	97,20
At Equity bewertete Anteile	179,72	179,72
Forderungen aus Finanzdienstleistungen	381,86	496,41
Latente Steueransprüche	175,97	124,95
Summe langfristige Vermögenswerte	2 046,52	2 110,09
Zur Veräußerung gehaltene langfristige Vermögenswerte	6,00	0,00
Kurzfristige Vermögenswerte		
Vorräte	952,27	694,98
Forderungen aus Lieferungen und Leistungen	265,36	193,99
Forderungen aus Finanzdienstleistungen	620,53	870,98
Sonstige Forderungen und Vermögenswerte	222,50	222,50
Wertpapiere	202,00	200,00
Zahlungsmittel	25,70	196,64
Summe kurzfristige Vermögenswerte	2 288,36	2 379,09
Bilanzsumme	**4 340,88**	**4 489,18**

Reformulated Balance Sheet der Skycar Group		
(in Mio. €)	**2005**	**2004**
Operatives Vermögen		
Immaterielle Vermögenswerte	534,30	553,75
Sachanlagen	617,96	558,44
Vermietete Vermögenswerte	52,80	97,20
Forderungen aus Finanzdienstleistungen (kurz- u. langfristig)	1 002,39	1 367,39
Latente Steueransprüche	175,97	124,95
Zur Veräußerung gehaltene langfristige Vermögenswerte	6,00	0,00
Vorräte	952,27	694,98
Forderungen aus Lieferungen und Leistungen	265,36	193,99
Zahlungsmittel	25,70	196,64
Summe operatives Vermögen	3 632,75	3 787,34
Operative Schulden		
Rückstellungen für Pensionen	– 375,21	– 475,68
Sonstige Verbindlichkeiten (kurz- u. langfristig)	– 212,31	– 225,64
Kurzfristige Finanzschulden	– 719,42	– 602,97
Sonstige Rückstellungen (kurz- u. langfristig)	– 100,24	– 203,07
Verbindlichkeiten aus Lieferungen und Leistungen	– 331,83	– 260,35
Steuerverbindlichkeiten	– 79,75	– 95,65
Latente Steuerschulden	– 377,09	– 347,49
Summe operative Schulden	– 2 195,85	– 2 210,85
Nettobetriebsvermögen	**1 436,90**	**1 576,49**
Gesamt	**1 436,90**	**1 576,49**

Tabelle 33 (Forts.)

Bilanz der Skycar Group		
(in Mio. €)	**2005**	**2004**
Passiva		
Eigenkapital		
Gezeichnetes Kapital	40,00	40,00
Kapitalrücklage	668,26	640,00
Gewinnrücklagen	431,30	592,95
Anteile anderer Gesellschafter	5,47	5,38
Summe Eigenkapital	1 145,03	1 278,33
Langfristige Schulden		
Rückstellungen für Pensionen	375,21	475,68
Sonstige Rückstellungen	38,19	112,81
Finanzschulden	1 000,00	1 000,00
Sonstige Verbindlichkeiten	25,60	0,00
Latente Steuerschulden	377,09	347,49
Summe langfristige Schulden	1 816,09	1 935,98
Kurzfristige Schulden		
Finanzschulden	719,42	602,97
Verbindlichkeiten aus Lieferungen und Leistungen	331,83	260,35
Steuerverbindlichkeiten	79,75	95,65
Sonstige Verbindlichkeiten	186,71	225,64
Sonstige Rückstellungen	62,05	90,26
Summe kurzfristige Schulden	1 379,76	1 274,87
Bilanzsumme	**4 340,88**	**4 489,18**

Reformulated Balance Sheet der Skycar Group		
(in Mio. €)	**2005**	**2004**
Eigenkapital		
Gezeichnetes Kapital	40,00	40,00
Kapitalrücklage	668,26	640,00
Gewinnrücklagen	431,30	592,95
Anteile anderer Gesellschafter	5,47	5,38
Summe Eigenkapital	1 145,03	1 278,33
Finanzschulden		
Langfristige Finanzschulden	1 000,00	1 000,00
Summe Finanzschulden	1 000,00	1 000,00
Finanzvermögen		
Als Finanzinvestitionen gehaltene Immobilien	– 103,91	– 99,62
At Equity bewertete Anteile	– 179,72	– 179,72
Sonstige Forderungen und Vermögenswerte	– 222,50	– 222,50
Wertpapiere	– 202,00	– 200,00
Summe	– 708,13	– 701,84
Nettofinanzschulden	**291,87**	**298,16**
Gesamt	**1 436,90**	**1 576,49**

Die Skycar Group hat den Pensionsaufwand (einschließlich Zinsaufwand) vollständig dem operativen Ergebnis zugewiesen. Entsprechend sind auch die Pensionsrückstellungen den operativen Schulden zuzuordnen. Die sonstigen Rückstellungen weisen ebenfalls einen Mischcharakter auf. Auch hier ist zu entscheiden, inwieweit sie dem operativen Bereich und dem Finanzierungsbereich zugehören. Da es für die Rückstellungen an aussagekräftigen Informationen fehlt, die eine fundierte Zuordnung ermöglichen, werden sie nachfolgend vollständig dem operativen Bereich zugeordnet.

Das Eigenkapital bleibt unberührt. Die Net Operating Assets und Net Financial Obligations sind als Differenz aus den entsprechenden Vermögenswerten und Schulden zu errechnen und in Tabelle 33 (auf S. 78 u. 79) zusammengefasst.

Anhand der umformulierten Größen der GuV und der Bilanz ermittelt sich der Return on Net Operating Assets für das Jahr 2005 wie folgt:

$$\text{RNOA} = \frac{\text{Operatives Ergebnis nach Steuern}}{\varnothing\ \text{Net Operating Assets}} = \frac{153{,}55}{0{,}5 \times (1\,436{,}90 + 1576{,}49)} = 10{,}19\ \%\ .$$

Die Net Borrowing Costs sind deutlich niedriger:

$$\text{NBC} = \frac{\text{Finanzergebnis nach Steuern}}{\varnothing\ \text{Net Financial Obligation}} = \frac{7{,}79}{0{,}5 \times (291{,}87 + 298{,}16)} = 2{,}64\ \%\ .$$

Somit ergibt sich ein SPREAD von 10,19 % – 2,64 % = 7,55 %. Aufgrund dieser positiven Differenz ist es für die Skycar Group anscheinend vorteilhaft mit (noch mehr) Fremdkapital zu arbeiten. Mithilfe des Financial Leverage i. H. v.

$$\text{FLEV} = \frac{\varnothing\ \text{Net Financial Obligations}}{\varnothing\ \text{Eigenkapital}} = \frac{0{,}5 \times (291{,}87 + 298{,}16)}{0{,}5 \times (1\,145{,}03 + 1\,278{,}33)} = 0{,}2435$$

kann die Skycar Group den ROCE über den RNOA hinaus steigern. Die formalen Zusammenhänge macht noch einmal die ROCE-Formel deutlich:

$$\text{ROCE} = \text{RNOA} + \text{FLEV} \times \text{SPREAD} = 10{,}19\ \% + 0{,}2435 \times 7{,}55\ \% = 12{,}03\ \%.$$

Anhand dieser Formel kann der Bilanzanalyst nun sensitiv untersuchen, wie sich die Eigenkapitalrentabilität verändert, wenn z. B. die Fremdkapitalzinsen um 1 % steigen bzw. fallen oder welche Auswirkungen ein Austausch von Eigenkapital gegen Fremdkapital hätte.

III. Aussagegrenzen und bilanzpolitische Möglichkeiten der Rentabilitätskennzahlen

Der Analyst steht bei der Interpretation von Rentabilitätskennzahlen grundsätzlichen Problemen gegenüber, die einen Renditevergleich erschweren oder sogar unmöglich machen. So hängen die Kennzahlen stets vom Rechnungslegungssystem ab, nach dem das Unternehmen bilanziert. Genauso wie sich ein handelsrechtlicher Jahresabschluss nicht mit einem IFRS-Abschluss vergleichen lässt, entziehen sich auch die daraus abgeleiteten Kennzahlen einem Vergleich. Die Verzerrungen zeigt exemplarisch die folgende Tabelle 34, in der die Eigenkapitalrentabilität für drei Unternehmen nach den Zahlen des HGB sowie den Zahlen des internationalen Jahresabschlusses (für dasselbe Wirtschaftsjahr) errechnet wurden:[69]

Tabelle 34: Eigenkapitalrentabilität von BMW, VW und Porsche

(in Mio. €)	BMW 31. 12. 2000		VW 31. 12. 2000		Porsche 1. 7. 2004	
	HGB	IAS	HGB	IAS	HGB	IAS
Jahresüberschuss	1 026,00	1 209,00	2 061,53	3 017,64	612,00	690,00
Eigenkapital	4 896,00	9 432,00	11 521,45	22 278,52	2 323,00	2 921,00
Eigenkapitalrentabilität	20,96 %	12,82 %	17,89 %	13,55 %	26,35 %	23,62 %

Unabhängig von dem verwendeten Rechnungslegungssystem werden die Kennzahlen durch die Bilanzierungsregeln objektivierungsbedingt verzerrt. Ein großes Problem stellen dabei die Investitionen in das immaterielle Vermögen (z. B. Mitarbeiterqualität, guter Standort, guter Ruf) dar. Über ihre Entwicklung informiert der IFRS-Abschluss (ebenso wie der HGB-Abschluss) nur sehr unvollständig. Der Grund liegt darin, dass ein Dritter kaum justiziabel nachprüfen kann, ob durch die Investition tatsächlich ein (Mehr-)Wert geschaffen wurde oder nicht. Sie wird daher regelmäßig im Zeitpunkt ihrer Verausgabung als Aufwand erfasst und mindert damit den Jahresüberschuss in der jeweiligen Periode und den Buchwert des Eigenkapitals dauerhaft. Diese pauschale Aufwandsverrechnung führt aber insb. dann zu einer Fehlinformation des Bilanzanalysten, wenn sich das Unternehmen berechtigte Hoffnungen macht, dass die durchgeführte Investition in das immaterielle Vermögen zu einer Unternehmenswertsteigerung führt.

Die Kennzahlen bereiten die Vergangenheit des Unternehmens auf. Den Bilanzanalysten interessieren aber die zukünftigen Gewinne; denn für Vergangenes gibt der Kaufmann nichts. Es besteht die Gefahr einer Fehlinterpretation.[70]

Regelmäßig basieren die Kennzahlen auf Buchwerten. Buchwerte haben den Vorteil, dass sie betragsmäßig den in das Unternehmen investierten Mitteln entspre-

69 Vgl. BMW, Konzernabschluss 2001 , S. 58 und S. 63; VW, Konzernabschluss 2000, S. 14; Porsche, Konzernabschluss 2004/05, S. 108 und S. 111.

70 Vgl. *Coenenberg*, Jahresabschluss und Jahresabschlussanalyse (2005), S. 1027; *Gräfer*, Bilanzanalyse (2005), S. 40; *Baetge/Kirsch/Thiele*, Bilanzanalyse (2004), S. 343.

chen. Sie sind leicht nachprüfbar. Andererseits ist der Kapitalgeber an der Rendite des aktuellen Kapitals interessiert und nicht an der Rendite eines historischen Investitionsbetrags. Das Problem lässt sich an einem einfachen *Beispiel* verdeutlichen:

Ein Aktionär erwarb am 1. 1. 1950 eine Aktie für (umgerechnet) 10 Euro. Die Aktie hat zum 1. 1. 2006 einen Börsenkurs von 1 000 Euro. Der Aktionär könnte in 2006 sein Kapital für 5 % anlegen. Im Jahre 2006 erzielt er eine Dividende von 5 Euro. Bezogen auf das ursprünglich eingesetzte Kapital entspricht dies einer enorm guten Verzinsung von 50 %, bezogen auf das zum 1. 1. 2006 stehen gelassene Kapital beträgt die Verzinsung dagegen nur 0,50 %, was negativ zu beurteilen wäre.

Tatsächlich erscheint es sinnvoll, Rentabilitätskennziffern an dem Zeitwert (statt an dem Buchwert) des Eigenkapitals auszurichten. Nur dann kann der Investor sinnvolle Investitions- und Verkaufsentscheidungen treffen. Die Praxis der Bilanzanalyse verwendet dennoch aus praktischen Gründen zumeist Buchwerte, denn häufig kennt der Bilanzanalyst bei nicht börsennotierten Unternehmen den Marktwert des Eigenkapitals nicht einmal der Größenordnung nach. Bei börsennotierten Unternehmen existiert zwar ein Kurs pro Aktie. Aufgrund der Existenz von Paketzuschlägen etc. kann aber der wirkliche Marktwert des Eigenkapitals mehr oder weniger deutlich vom Börsenwert abweichen. Die Tatsache, dass der Marktwert des Eigenkapitals dem Bilanzanalysten nicht bekannt ist, darf jedoch nicht darüber hinwegtäuschen, dass sich auch bei Verwendung des Buchwerts des Eigenkapitals keine aussagekräftigen Rentabilitätskennziffern ermitteln lassen.

Weiterführende Literatur

Baetge, Jörg/ Kirsch, Hans-Jürgen/ Thiele, Stefan — Bilanzanalyse, 2. Aufl., Düsseldorf 2004, S. 347–381

Coenenberg, Adolf G. — Jahresabschluss und Jahresabschlussanalyse. Betriebswirtschaftliche, handelsrechtliche, steuerrechtliche und internationale Grundsätze – HGB, IFRS und US-GAAP, 20. Aufl., Stuttgart 2005, S. 1080–1105

Lachnit, Laurenz — Bilanzanalyse. Grundlagen – Einzel- und Konzernabschlüsse – Internationale Abschlüsse – Unternehmensbeispiele, Wiesbaden 2004, S. 215–232

Penman, Stephan H. — Financial Statement Analysis and Security Valuation, 3. Aufl., Boston u. a. 2007, S. 300–345 und 370–406

Wild, John J./ Subramanyam, K. R./ Halsey, Robert F. — Financial Statement Analysis, 9. Aufl., Boston u. a. 2007, S. 416–461

Fall 4: Operativer Zyklus

Sachverhalt:

Zur Beurteilung des operativen Zyklus liegt Ihnen folgendes Zahlenmaterial aus den Geschäftsberichten der Skycar Group für 2002 bis 2005 vor:

Tabelle 35: Auszug aus den Geschäftsberichten der Skycar Group

(in Mio. €)	2005	2004	2003	2002
Vorräte	952,27	694,98	696,45	793,58
Forderungen aus Lieferungen und Leistungen	265,36	193,99	93,11	55,38
Forderungen aus Finanzdienstleistungen				
aus dem langfristigen Vermögen	381,86	496,41	474,85	520,47
aus dem kurzfristigen Vermögen	620,53	870,98	872,82	994,56
gesamt	1 002,39	1 367,39	1 347,67	1 515,03
Verbindlichkeiten aus Lieferungen und Leistungen	331,83	260,35	253,80	170,59
Umsatzerlöse	4 773,29	4 512,86	4 522,40	5 153,15

Zu den „Forderungen aus Finanzdienstleistungen" finden Sie folgende ergänzende Informationen im Anhang für 2005:

„Die ‚Forderungen aus Finanzdienstleistungen' setzen sich aus Forderungen aus Kunden- und Händlerfinanzierungen i. H. v. 1 002,39 Mio. Euro (Vorjahr 1 367,39 Mio. Euro) zusammen (…). I. H. v. 381,86 Mio. Euro (Vorjahr 496,41 Mio. Euro) haben die ‚Forderungen aus Finanzdienstleistungen' eine Restlaufzeit von mehr als einem Jahr."

Weiterhin lesen Sie im Lagebericht 2005 folgende Ausführungen:

„Die Ziele zur Optimierung der Wertschöpfungskette sind im abgelaufenen Geschäftsjahr verstärkt vorangetrieben worden. Im Zuge differenzierter Supply-Chain-Management-Maßnahmen ist es gelungen, weitere Rationalisierungserfolge in der Vorratshaltung zu erzielen."

„Ziel der Skycar Group ist es, mit der Konzentration auf den nordamerikanischen Automobilmarkt ein profitables Wachstum zu erzielen und eine überdurchschnittliche Rendite zu erwirtschaften. Dazu hat das Unternehmen im Jahr 2005 mit der Umsetzung einer breit angelegten Produkt- und Marktoffensive begonnen, um die Marktpräsenz zu verstärken. Diese Entwicklung wird das Unternehmen auch in den folgenden Jahren fortführen."

„Im Rahmen der Refinanzierung des Finanzdienstleistungsgeschäfts wurden im abgelaufenen Geschäftsjahr Forderungen aus der Kunden- und Händlerfinanzierung in wesentlichem Umfang veräußert. Hierbei handelt es sich um Asset-Backed-Finanzierungen, in deren Rahmen ein Portfolio von Forderungen an eine Zweckgesellschaft veräußert wird, die wiederum Wertpapiere zur Refinanzierung des Kaufpreises begibt. Die Skycar Group betreibt weiterhin die Verwaltung der Verträge (servicing) und erhält hierfür eine angemessene Gebühr. Die rechtswirksam verkauften Vermögenswerte werden nicht mehr im Konzernabschluss ausgewiesen."

Aufgabenstellung:

- Was versteht man unter dem operativen Zyklus, und welche *Erkenntnisse* versucht man bei seiner Analyse zu gewinnen?
- Welche *Posten* sollten bei der Skycar Group in die Analyse des operativen Zyklus einbezogen werden?
- Berechnen Sie bei der Skycar Group die *Vorratsintensität* für 2003 bis 2005! Welche Rückschlüsse können aus der Veränderung der Kennzahlen im Zeitablauf auf die wirtschaftliche Entwicklung der Skycar Group gezogen werden?
- *Umschlagskoeffizienten* spielen eine zentrale Rolle in der Analyse des operativen Zyklus.
  - Berechnen Sie bei der Skycar Group die *Umschlagshäufigkeit* und *Umschlagsdauer* der Vorräte für 2003 bis 2005! Leiten Sie anhand der beiden Kennzahlen eine Prognose über die Umsatzerlöse in 2006 ab! Wie ist die Verlässlichkeit dieser Prognose einzuschätzen?
  - Berechnen Sie bei der Skycar Group die *Umschlagshäufigkeit der Kundenforderungen* und das Kundenziel für 2003 bis 2005 und interpretieren Sie die Ergebnisse!
  - Berechnen Sie bei der Skycar Group die *Umschlagshäufigkeit der Lieferantenverbindlichkeiten* und das Lieferantenziel für 2003 bis 2005 und interpretieren Sie die Ergebnisse!
- Berechnen Sie bei der Skycar Group die Geschäftszykluskennzahlen *Operating Cycle* und *Cash Conversion Cycle* für 2003 bis 2005! Beurteilen Sie, ob sich die Lage der Skycar Group im operativen Bereich mit der Zeit verbessert oder verschlechtert hat!

I. Definition des operativen Zyklus und Erkenntnismöglichkeiten bei seiner Analyse

Der operative Zyklus eines Unternehmens ist der Zeitraum, der zwischen dem Erwerb von Vorräten, deren Realisation durch einen Umsatzakt in Zahlungsmittel oder leicht liquidierbare Ansprüche und dem Ausgleich der Lieferantenverbindlichkeiten vergeht.[71] Die Länge dieses Zeitraums hat beträchtliche Auswirkungen auf die finanzwirtschaftliche Stabilität und Rentabilität eines Unternehmens. Hierzu folgendes einfaches *Beispiel*:

Unternehmer A kauft am 1. 1. Waren für 100 Euro in bar und veräußert sie am 15. 1. für 120 Euro auf Ziel. Der Kunde überweist den Kaufpreis am 29. 1. auf das betriebliche Bankkonto. Der Konkurrenzunternehmer B kauft ebenfalls am 1. 1. Waren für 100

71 Vgl. *Revsine/Collins/Johnson*, Financial Reporting and Analysis (2005), S. 160; *McLaney/Atrill*, Accounting (2005), S. 581.

Euro in bar, veräußert sie am 5. 1. und erhält das Geld am 6. 1. vom Kunden. Während A 29 Tage warten muss, bis er sein investiertes Kapital wieder zurückerhält, gelingt B die Rückgewinnung bereits nach sechs Tagen. Mithin ist B in wirtschaftlicher Sicht besser gestellt als A.

Dies mag verdeutlichen: Je länger sich der Prozess von Investition und Desinvestition im operativen Bereich hinzieht, desto größer sind Dauer und Umfang der Kapitalbindung. Ist ein Unternehmen dazu in der Lage, seinen Beschaffungs-, Fertigungs- und Absatzprozess zeitlich zu straffen, so vermindert sich sein Kapitalbedarf und gleichzeitig erhöht sich seine Flexibilität. Bei schnellerer Kapitalfreisetzung kann das Unternehmen rascher auf veränderte Marktbedingungen, insb. auf Beschäftigungs- und Strukturveränderungen reagieren. Überdies sinkt mit einer Verkürzung der Kapitalbindungsdauer der Fixkostenanteil des Unternehmens, was sich u. a. positiv auf das leistungswirtschaftliche Risiko auswirkt.[72]

In der *Analyse* wird der *operative Zyklus in seine Teilbereiche* zerlegt, für die jeweils getrennt Kennzahlen ermittelt und beurteilt werden. Hierbei sollen vor allem Erkenntnisse über die Kapitalbindungs- bzw. Kapitalüberlassungsdauer in den Bereichen Beschaffung, Fertigung sowie Debitoren und Kreditoren als wesentliche Teile des Umsatzprozesses gewonnen werden. Zur Erfassung der Länge der einzelnen Zyklen werden insb. Umschlagskoeffizienten in Form von Umschlagshäufigkeiten und Umschlagsdauern herangezogen. Durch Zusammenfassung der Analyseergebnisse für die einzelnen Teilbereiche versucht man, Erkenntnisse über den operativen Zyklus als Ganzes zu gewinnen.

II. In die Analyse des operativen Zyklus einbezogene Posten

1. Erläuterung

Die Analyse des operativen Zyklus setzt an den zentralen, mit dem Umsatzprozess verbundenen Jahresabschlussposten an. Von den Posten der Bilanz stehen im Blickpunkt die

- Vorräte,
- Forderungen aus Lieferungen und Leistungen und
- Verbindlichkeiten aus Lieferungen und Leistungen,

die hinsichtlich ihrer Art, Zusammensetzung und Verweildauer im Unternehmen untersucht werden.[73] Aus der *GuV* sind die Umsatzerlöse für die Analyse heranzuziehen. Für Vorräte und Umsatzerlöse gelten gemäß den Mindestgliederungsvor-

72 Vgl. *Coenenberg*, Jahresabschluss und Jahresabschlussanalyse (2005), S. 987.

73 Vgl. *Baetge/Kirsch/Thiele*, Bilanzanalyse (2004), S. 191 f.

schriften in IAS 1.68 bzw. IAS 1.81 getrennte Ausweispflichten. Problematisch kann sein, dass nach IAS 1.68 Forderungen aus Lieferungen und Leistungen zusammen mit den sonstigen Forderungen sowie Verbindlichkeiten aus Lieferungen und Leistungen zusammen mit den sonstigen Verbindlichkeiten ausgewiesen werden dürfen, wobei die sonstigen Forderungen bzw. Verbindlichkeiten jeweils Bestandteile ohne Bezug zum Umsatzprozess enthalten können. Als Beispiele sind Steuererstattungs- oder Schadenersatzansprüche sowie GmbH- oder Genossenschaftsanteile zu nennen. Bei einem *zusammengefassten Ausweis* ist es unvermeidbar, dass in die Analyse des operativen Zyklus solche umsatzfremden Elemente Eingang finden.

2. Anwendung auf den Fall: in die Analyse einbezogene Posten bei der Skycar Group

Bei der Skycar Group werden in die Analyse des operativen Zyklus die Vorräte, Forderungen und Verbindlichkeiten aus Lieferungen und Leistungen sowie die Umsatzerlöse einbezogen. Zur Genauigkeit der Analyse trägt bei, dass die sonstigen Forderungen und Verbindlichkeiten gesondert ausgewiesen werden.

Problematisch gestaltet sich bei der Skycar Group die Abgrenzung der Forderungen aus dem operativen Geschäft. Dies liegt in den besonderen Usancen der Absatzfinanzierung in der Automobilbranche begründet. Hier spielen Verkäufe mit kurzen Zahlungszielen, die zu Forderungen aus Lieferungen und Leistungen führen, eine nachrangige Rolle. Vielmehr stehen längerfristige Kunden- und Händlerfinanzierungen im Vordergrund, die darlehensähnlichen Charakter haben und im Allgemeinen als Forderungen aus Finanzdienstleistungen erfasst werden. Diese branchenspezifischen Gegebenheiten spiegeln sich auch im Abschluss der Skycar Group wider. Hier stehen in 2005 Forderungen aus Lieferungen und Leistungen von 265,36 Mio. Euro Forderungen aus Finanzdienstleistungen von 1 002,39 Mio. Euro gegenüber.

Um den Besonderheiten der Absatzfinanzierung in der Automobilbranche bei der Skycar Group Rechnung zu tragen, werden im Folgenden in die Analyse der Forderungen aus dem operativen Geschäft neben den Forderungen aus Lieferungen und Leistungen auch die Forderungen aus Finanzdienstleistungen einbezogen. Hierbei werden beide Posten zu einer Größe zusammengefasst, die als „Forderungen“ in die einschlägigen Kennzahlen einbezogen wird.

III. Vorratsintensität

1. Erläuterung

Um sich ein Bild von der Wirtschaftlichkeit der Lagerhaltung zu machen, kann u. a. die Vorratsintensität herangezogen werden.[74] Diese beschreibt den wertmäßigen Anteil der Vorräte am Gesamtvermögen des Unternehmens. Bei der *Ermittlung* ist zweckmäßigerweise im Zähler und Nenner auf Jahresdurchschnittswerte abzustellen, die vereinfacht jeweils als Mittel aus Jahres- und Vorjahresendwert gebildet werden können:[75]

$$\text{Vorratsintensität} = \frac{\varnothing\text{Vorratsbestand}}{\varnothing\ \text{Gesamtvermögen}}.$$

Zur differenzierten Interpretation der Kennzahl ist eine *Berechnung getrennt nach Vorratsarten* zu empfehlen. So kann z. B. eine steigende Vorratsintensität bei den Roh-, Hilfs- und Betriebsstoffen bei gleichzeitigem Absinken bei den Fertigerzeugnissen auf eine günstige Auftragslage hindeuten.

Eine *niedrige* und mit der Zeit sinkende *Vorratsintensität* wird tendenziell als positives Zeichen interpretiert. Hier wird argumentiert, dass mit einem niedrigen Vorratsbestand gemessen am Gesamtvermögen zwangsläufig niedrige Lagerhaltungs- und Kapitalkosten für ein Unternehmen verbunden sind.[76]

Gleichwohl lässt eine *Veränderung der Kennzahl* im Zeitablauf *keine eindeutigen Rückschlüsse* auf die wirtschaftliche Entwicklung eines Unternehmens zu. Dies liegt in der hohen Anfälligkeit der Kennzahl für Bilanzpolitik und in deren Abhängigkeit von zahlreichen nicht direkt beobachtbaren Einflussfaktoren begründet. Eine Erhöhung der Vorratsintensität kann z. B. sowohl auf eine Verschlechterung als auch auf eine Verbesserung der wirtschaftlichen Lage hindeuten.[77] Für eine Verschlechterung der Lage spricht, dass bei rückläufigem Geschäft allgemein mehr auf Lager produziert wird. Nicht weniger plausibel ist eine Verbesserung der Lage, weil in Erwartung eines Aufschwungs oder aufgrund günstiger Beschaffungspreise oft vorsorglich Vorräte aufgebaut werden. Zur genaueren Beurteilung sollte in jedem Fall ergänzend die Umsatzentwicklung betrachtet werden.[78]

Ebenso kann die Vorratsintensität allein deshalb steigen, weil sich das Anlagevermögen und mit ihm das Gesamtvermögen verringert, z. B. durch planmäßige oder außerplanmäßige Abschreibungen, die über den Anlagezugängen liegen, oder durch eine verstärkte Off-Balance-Finanzierung in Form von Leasing. Hier besteht

---

74 Vgl. *Küting/Weber*, Die Bilanzanalyse (2006), S. 130 f.

75 Dies gilt analog für alle im Folgenden verwendeten Bestandsgrößen.

76 Vgl. *Baetge/Kirsch/Thiele*, Bilanzanalyse (2004), S. 217.

77 Vgl. *Küting/Weber*, Die Bilanzanalyse (2006), S. 131 f.

78 Vgl. *Gräfer*, Bilanzanalyse (2005), S. 85.

die Gefahr, dass bei einem Anstieg der Vorratsintensität auf eine Verschlechterung der Wirtschaftlichkeit der Lagerhaltung geschlossen wird, obwohl sich diese u. U. sogar verbessert hat.

2. Anwendung auf den Fall: Vorratsintensität bei der Skycar Group

Wie Tabelle 36 zeigt, ist die Vorratsintensität bei der Skycar Group in 2004 um 0,92 %-Punkte auf 15,74 % leicht gesunken und in 2005 um 2,92 %-Punkte auf 18,66 % deutlich gestiegen. Die Veränderungen wurden weitgehend durch eine Verminderung bzw. Erhöhung der Vorratsbestände ausgelöst, weil das Gesamtvermögen über die Zeit relativ konstant geblieben ist.

Tabelle 36: Vorratsintensität bei der Skycar Group

(in Mio. €)	2005	2004	2003
Vorräte zum 31. 12.	952,27	694,98	696,45
Ø Vorräte	823,63	695,72	745,02
Gesamtvermögen zum 31. 12.	4 340,88	4 489,18	4 353,40
Ø Gesamtvermögen	4 415,03	4 421,29	4 473,20
Vorratsintensität (in %)	18,66	15,74	16,66

Der Rückgang der Vorratsintensität in 2004 dürfte auf die im Lagebericht erwähnten Rationalisierungserfolge im Rahmen der Supply-Chain-Management-Maßnahmen zurückzuführen sein. Da diese Maßnahmen in 2005 erfolgreich fortgeführt wurden, hätte isoliert betrachtet die Kennzahl sich weiter verbessern müssen. Umso mehr überrascht die wesentliche Verschlechterung. Diese lässt vermuten, dass die Rationalisierungserfolge durch absatzbedingte Effekte auf die Vorratshaltung konterkariert wurden.

Auf solche Effekte deutet die Erhöhung der durchschnittlichen Vorratsbestände in 2005 gegenüber 2004 um 18,39 % hin. Deren Ursache kann sowohl in einer Absatzflaute als auch in erwarteten Absatzsteigerungen liegen. Bei der Skycar Group könnte letzteres zutreffen. So wird im Lagebericht auf eine breit angelegte Produkt- und Marktoffensive zur Verstärkung der Marktpräsenz in Nordamerika hingewiesen. Entsprechend wäre der Anstieg der Vorratsintensität in 2005 bei gleichzeitiger Berücksichtigung der Rationalisierungserfolge als positiv zu beurteilen.

IV. Umschlagskoeffizienten

1. Umschlagshäufigkeit und Umschlagsdauer der Vorräte

a) Erläuterung

Die *Umschlagshäufigkeit* der Vorräte zeigt an,

- wie oft der Vorratsbestand in einem Geschäftsjahr im Durchschnitt über den Markt geht bzw.
- wie viel Umsatzerlöse in einem Geschäftsjahr im Durchschnitt mit einem in Vorräte investierten Euro erzielt werden: [79]

$$\text{Umschlagshäufigkeit der Vorräte} = \frac{\text{Umsatzerlöse}}{\varnothing\ \text{Vorratsbestand}}.$$

Soweit die Daten zur Verfügung stehen, ist es zur genaueren Untersuchung externer Einflüsse vorteilhaft, die Umschlagshäufigkeit für jede Vorratsgattung separat zu berechnen.[80]

Eine hohe bzw. mit der Zeit steigende Umschlagshäufigkeit der Vorräte wird tendenziell als positives Zeichen interpretiert. Verdoppelt sich die Umschlagshäufigkeit z. B. von einem Geschäftsjahr auf das andere von 4 auf 8, kann dies dahingehend interpretiert werden, dass auf einen in Vorräte eingesetzten Euro anstelle von bislang 4 jetzt 8 Euro Umsatzerlöse entfallen. Hieraus ergibt sich bei einer angenommenen Umsatzrendite von 12 % der Vorteil, dass mit einem in Vorräte eingesetzten Euro anstelle von bislang 0,48 jetzt 0,96 Euro Gewinn erzielt werden. Dies macht deutlich, dass die Umschlagshäufigkeit der Vorräte neben der Umsatzrentabilität ein zentraler Einflussfaktor für die Rentabilität des in Vorräten eingesetzten Kapitals ist.

Informationen über die zeitliche Bindung des Vorratsbestands lassen sich durch die Umschlagsdauer der Vorräte gewinnen. Diese entspricht dem Kehrwert der Umschlagshäufigkeit der Vorräte multipliziert mit 365 Tagen:

$$\text{Umschlagsdauer der Vorräte} = \frac{\varnothing\ \text{Vorratsbestand}}{\text{Umsatzerlöse}} \times 365\ \text{Tage}.$$

Die *Umschlagsdauer* der Vorräte zeigt an,

- wie viele Tage im Durchschnitt das in Vorräten investierte Kapital gebunden ist bzw.

---

79 Vgl. *Revsine/Collins/Johnson*, Financial Reporting and Analysis (2005), S. 235.

80 Vgl. *Baetge/Kirsch/Thiele*, Bilanzanalyse (2004), S. 215.

– wie viele Tage im Durchschnitt ein Euro in Vorräte investiert werden muss, um einen Euro Umsatzerlöse zu erzielen.[81] Hierbei wird eine Refinanzierung rein über die Umsatzerlöse unterstellt.[82]

Für die Umschlagsdauer der Vorräte gilt das Umgekehrte wie für die Umschlagshäufigkeit der Vorräte. Eine niedrige und mit der Zeit sinkende Umschlagsdauer wird tendenziell als positives Zeichen interpretiert. Halbiert sich die Umschlagsdauer z.B. von einem Geschäftsjahr auf das andere von 60 Tagen auf 30 Tage, kann dies dahingehend interpretiert werden, dass ein Euro bislang 60 und jetzt lediglich 30 Tage in Vorräte zu investieren ist, um einen Euro Umsatzerlöse zu erzielen. Hieraus ergibt sich bei einem angenommenen Kapitalkostensatz von 8 % der Vorteil, dass ein Euro Umsatzerlöse anstelle von bislang 0,013 jetzt nur noch 0,007 Euro Kapitalkosten verursacht. Über diesen Rentabilitätsvorteil hinaus verbessert sich wegen der kürzeren Kapitalbindungsdauer die Liquiditätslage des Unternehmens.

Die Beispiele zeigen, dass Umschlagshäufigkeit und Umschlagsdauer der Vorräte sich der Frage der *Effizienz der Lagerhaltung* von zwei Seiten annähern und unterschiedliche Interpretationen nahe legen. Während die Umschlagshäufigkeit eher als Treiber für die Umsatzerlöse bzw. die mit ihnen erzielbaren Überschüsse gesehen wird, stehen bei der Umschlagsdauer die Kapitalkosten und das finanzielle Gleichgewicht des Unternehmens im Vordergrund.

Die Umschlagskoeffizienten der Vorräte können zur *Prognose der Höhe und des zeitlichen Anfalls von künftigen Umsatzerlösen* herangezogen werden. Eine Prognose für die Höhe der Umsatzerlöse des folgenden Geschäftsjahrs lässt sich ableiten, indem die Vorräte am Ende des abgelaufenen Geschäftsjahrs mit der Umschlagshäufigkeit der Vorräte im abgelaufenen Geschäftsjahr multipliziert werden. Hierbei wird unterstellt, dass die Umschlagshäufigkeit im Zeitablauf konstant ist. Betragen z. B. die Vorräte am Ende von 2005 100 Euro, und haben sich die Vorräte in 2005 im Durchschnitt viermal umgeschlagen, so ist unter der Annahme der Stabilität der Umschlagshäufigkeit in 2006 mit Umsatzerlösen von 400 Euro zu rechnen. Eine Prognose für den zeitlichen Anfall der Umsatzerlöse im folgenden Geschäftsjahr lässt sich aus den Vorräten am Ende des abgelaufenen Geschäftsjahrs und der Umschlagsdauer der Vorräte im abgelaufenen Geschäftsjahr ableiten. Hiernach ist im folgenden Geschäftsjahr jeweils innerhalb eines Zeitraums, der der durchschnittlichen Umschlagsdauer im abgelaufenen Geschäftsjahr entspricht, mit Umsatzerlösen in Höhe der Vorräte am Ende des abgelaufenen Geschäftsjahrs zu rechnen. Dies setzt wiederum die Konstanz der Umschlagsdauer im Zeitablauf voraus. Betragen z. B. die Vorräte am Ende von 2005 100 Euro und die Umschlagsdauer in 2005 90 Tage, so ist unter der Annahme der Stabilität der Umschlagsdauer in den ersten 90 Tagen von 2006 mit Umsatzerlösen von 100 Euro zu rechnen.

---

81 Vgl. *Baetge/Kirsch/Thiele*, Bilanzanalyse (2004), S. 216.
82 Vgl. *Peemöller*, Bilanzanalyse und Bilanzpolitik (2003), S. 341.

Analog zur Vorratsintensität besteht eine zentrale Schwäche der Umschlagskoeffizienten der Vorräte darin, dass aus *Veränderungen der Kennzahlen im Zeitablauf keine eindeutigen Rückschlüsse auf die wirtschaftliche Entwicklung* des Unternehmens gezogen werden können. Ursache hierfür ist wiederum, dass die Kennzahlen stark anfällig für Bilanzpolitik sind und einer Vielzahl von sonstigen nicht direkt beobachtbaren Einflüssen unterliegen. Dies sei am Beispiel einer mit der Zeit sinkenden Umschlagshäufigkeit der Vorräte erläutert. Eine solche Entwicklung wird allgemein als negatives Signal gedeutet. Als Gründe für die Verschlechterung der Kennzahl kommen eine Verringerung der Wirtschaftlichkeit der Lagerhaltung, eine Höherbewertung der Vorräte durch eine progressive Bilanzpolitik oder steigende Lagerbestände infolge einer Absatzflaute in Betracht. Hiervon abweichend ist es ebenso denkbar, dass das Unternehmen zusätzliche Lagerbestände aufgebaut hat, weil eine verbesserte Absatzlage erwartet wird oder günstige Preise auf den Beschaffungsmärkten genutzt wurden.

Folglich ist es bei diesen Kennzahlen ebenfalls nicht möglich, aus der Beobachtung von Veränderungen im Zeitablauf ein endgültiges Urteil abzuleiten. Vielmehr sollten solche Beobachtungen Anlass zu weiteren Nachforschungen geben.

b) Anwendung auf den Fall: Umschlagshäufigkeit und Umschlagsdauer der Vorräte bei der Skycar Group

Bei der Skycar Group ist die Umschlagshäufigkeit der Vorräte in 2005 gegenüber dem Vorjahr deutlich um 0,69 auf 5,80 gesunken, nachdem in 2004 ein wesentlicher Anstieg um 0,42 auf 6,49 zu verzeichnen war (siehe Tabelle 37). Spiegelbildlich dazu hat sich die Umschlagsdauer der Vorräte entwickelt.

Tabelle 37: Umschlagshäufigkeit und Umschlagsdauer der Vorräte bei der Skycar Group

(in Mio. €)	2005	2004	2003
Vorräte zum 31. 12.	952,27	694,98	696,45
Ø Vorräte	823,63	695,72	745,02
Umsatzerlöse	4 773,29	4 512,86	4 522,40
Umschlagshäufigkeit (absolut)	**5,80**	**6,49**	**6,07**
Umschlagsdauer (in Tagen)	**62,98**	**56,27**	**60,13**

Für den wechselhaften Verlauf der Umschlagshäufigkeit der Vorräte kommen dieselben Ursachen wie bei der Vorratsintensität in Betracht. Während die Erhöhung der Umschlagshäufigkeit in 2004 auf die Rationalisierungserfolge der Supply-Chain-Management-Maßnahmen zurückzuführen sein dürfte, lässt die Verminderung in 2005 vermuten, dass die positiven Effekte aus der Rationalisierung durch den Vorratsaufbau für die Produkt- und Marktoffensive in Nordamerika überkompensiert wurden.

Unterstellt man, dass die Umschlagshäufigkeit der Vorräte in 2006 voraussichtlich der in 2005 entsprechen wird, so lässt sich ein Schätzwert für die Umsatzerlöse in 2006 berechnen. Hierzu sind die Vorräte am Ende 2005 von 952,27 Mio. Euro mit der Umschlagshäufigkeit der Vorräte in 2005 von 5,80 zu multiplizieren. Dies ergibt geschätzte Umsatzerlöse für 2006 von 5 523,17 Mio. Euro, was einer erwarteten Umsatzsteigerung von 15,71 % entspricht. Ebenso lässt sich unter der Annahme der Konstanz der Umschlagsdauer der Vorräte im Zeitablauf vorhersagen, dass in 2006 innerhalb der ersten 63 Tage Umsatzerlöse von 952,27 Mio. Euro erzielt werden.

Selbst wenn die gemachten Prognosen nur annähernd zuträfen, wäre mit einem erheblichen Umsatzwachstum bei der Skycar Group zu rechnen. Freilich müssen diese Schätzwerte für die Umsatzentwicklung vorsichtig beurteilt werden. Deren Verlässlichkeit hängt entscheidend davon ab, ob die Vorratserhöhung Ende 2005 tatsächlich verbesserte Absatzchancen in 2006 widerspiegelt oder auf einer Absatzflaute in 2005 beruht.

2. Umschlagshäufigkeit der Kundenforderungen und Kundenziel

a) Erläuterung

Bestand und Erfolg eines Unternehmens sind entscheidend von der Höhe, Struktur und Qualität der Kundenforderungen sowie deren Veränderung im Zeitablauf abhängig.[83] Gerade der verzögerte Ausgleich oder Ausfall von Kundenforderungen kann die wirtschaftliche Entwicklung eines Unternehmens erheblich beeinträchtigen und nicht selten zu Schieflagen bis hin zu Insolvenzen führen. Um etwa Zahlungsprobleme bei Kunden, insb. bei Großabnehmern, rechtzeitig zu erkennen, kann eine Untersuchung des Forderungsbestands im Verhältnis zu den Umsatzerlösen nützlich sein.[84] Hierzu stehen die Umschlagshäufigkeit und Umschlagsdauer der Forderungen als alternative Kennzahlen zur Verfügung.

An der Umschlagshäufigkeit der Forderungen lässt sich ablesen, wie oft sich die Außenstände innerhalb eines Jahres verflüssigen:

$$\text{Umschlagshäufigkeit der Forderungen} = \frac{\text{Umsatzerlöse}}{\varnothing\ \text{Forderungsbestand}}.$$

83 Vgl. *Küting/Weber*, Die Bilanzanalyse (2006), S. 128; *Peemöller*, Bilanzanalyse und Bilanzpolitik (2003), S. 342.

84 Vgl. *Baetge/Kirsch/Thiele*, Bilanzanalyse (2004), S. 218.

Durch den Kehrwert der Umschlagshäufigkeit der Forderungen multipliziert mit 365 Tagen ergibt sich das Kundenziel (auch Debitorenlaufzeit):

$$\text{Kundenziel} = \frac{\varnothing \text{ Forderungsbestand}}{\text{Umsatzerlöse}} \times 365 \text{ Tage.}$$

Die Kennzahl gibt an, wie viele Tage es dauert, bis die Forderungen beglichen bzw. die Umsatzerlöse für das Unternehmen liquiditätswirksam werden.[85]

Ein niedriges und mit der Zeit sinkendes Kundenziel wird tendenziell als positives Zeichen interpretiert. Hierin sieht man ein Indiz für eine geringe Kapitalbindung und niedrige Kapitalkosten für Außenstände. Überdies werden geringe Ausfallrisiken und in der Folge ein niedriger Wertberichtungsbedarf für den Forderungsbestand angenommen.

Auch beim Kundenziel ist allerdings vor schematischen Schlussfolgerungen zu warnen. Dies sei am Beispiel eines mit der Zeit sinkenden Kundenziels erläutert. Hier liegt es nahe, den schnelleren Zahlungseingang zunächst als positives Signal zu deuten, für das sich eine Vielzahl von Erklärungen finden lässt. Denkbar ist es z. B., dass sich die Liquidität bzw. Zahlungsmoral der Kunden verbessert hat, die Effektivität des Mahn- und Inkassowesens des Unternehmens gestiegen ist oder den Kunden restriktivere Zahlungsbedingungen vorgegeben werden, weil sich die Position des Unternehmens auf den Absatzmärkten verbessert hat.[86]

Umgekehrt kann ein mit der Zeit sinkendes Kundenziel auch ein Kontraindikator sein, in dem sich negative Entwicklungen des Unternehmens widerspiegeln. So führen z. B. Wertberichtigungen auf Forderungen zu einer Verkürzung des Kundenziels, wenn die Umsatzerlöse nicht entsprechend den Wertberichtigungen sinken. Ein ähnlicher Effekt ergibt sich, wenn das Unternehmen versucht, Liquiditätsengpässe zu Lasten der Rentabilität durch eine großzügigere Gewährung von Skonti zu überwinden. Schließlich kommt in Betracht, dass das Unternehmen bilanzpolitische Maßnahmen wie Factoring, Forderungszession oder Securitization durchgeführt hat, die zu einer Verminderung des Forderungsbestands bei unveränderten Umsatzerlösen führen.[87]

b) Anwendung auf den Fall: Umschlagshäufigkeit der Kundenforderungen und Kundenziel bei der Skycar Group

Bei der Skycar Group ergibt sich in 2003–2005 mit jeweils mehr als hundert Tagen ein auffallend langes Kundenziel (siehe Tabelle 38 auf S. 94). Die hohen Werte, die auf die lange Umschlagsdauer der Forderungen aus Finanzdienstleistungen zurückzuführen sind, spiegeln die zentrale Bedeutung der darlehensähnlichen Kun-

85 Vgl. *Peemöller*, Bilanzanalyse und Bilanzpolitik (2003), S. 331.

86 Vgl. *Küting/Weber*, Die Bilanzanalyse (2006), S. 128; *Gräfer*, Bilanzanalyse (2005), S. 112.

87 Vgl. *Baetge/Kirsch/Thiele*, Bilanzanalyse (2004), S. 218.

den- und Händlerfinanzierungen in der Automobilbranche wider. Mit solchen Finanzierungsarrangements erhöhen sich Kapitalbindungsdauer und Kapitalbedarf des Unternehmens erheblich.

Tabelle 38: Umschlagshäufigkeit der Kundenforderungen und Kundenziel bei der Skycar Group

(in Mio. €)	2005	2004	2003
Forderungen aus Lieferungen und Leistungen zum 31. 12.	265,36	193,99	93,11
Forderungen aus Finanzdienstleistungen zum 31. 12.	1 002,39	1 367,39	1 347,67
Forderungen gesamt zum 31. 12.	1 267,75	1 561,38	1 440,78
Ø Forderungen gesamt	1 414,57	1 501,08	1 505,60
Umsatzerlöse	4 773,29	4 512,86	4 522,40
Umschlagshäufigkeit (absolut)	**3,37**	**3,01**	**3,00**
Umschlagsdauer (in Tagen)	**108,17**	**121,41**	**121,52**

Positiv fällt auf, dass das Kundenziel der Skycar Group in 2005 mit 108,17 Tagen gegenüber 2004 mit 121,41 Tagen um 13,24 Tage deutlich gesunken ist. Rein rechnerisch beruht der Rückgang darauf, dass trotz eines Umsatzanstiegs von 5,77 % die Forderungen aus Finanzdienstleistungen um 26,69 % abgenommen haben. Hinweise auf die Ursache für den Abbau des Forderungsbestands finden sich im Lagebericht. Hiernach wurde zur Verbesserung der Liquiditätslage ein größerer Teil der Forderungen aus Finanzdienstleistungen im Wege einer Asset-Backed-Securities-Transaktion (ABS) an eine Zweckgesellschaft (special purpose entity; SPE) veräußert. Laut Angabe werden die veräußerten Forderungen nicht mehr im Konzernabschluss ausgewiesen, d. h. die Transaktion wurde derart konzipiert, dass einerseits das wirtschaftliche Eigentum an den Forderungen auf die Zweckgesellschaft übergegangen ist und andererseits die Zweckgesellschaft nicht als Tochterunternehmen konsolidiert werden muss. Hierdurch wird das mit einer ABS-Transaktion verfolgte bilanzpolitische Ziel erreicht, den Ausweis der Vermögens- und Finanzlage zu verbessern, indem die Bilanz um die verkauften Forderungen entlastet wird und die zugeflossenen Mittel zum Liquiditätsaufbau oder zum Schuldenabbau verwendet werden.[88]

Über den bilanzpolitischen Effekt hinaus ist es schwierig, den wirtschaftlichen Nutzen der ABS-Transaktion für die Skycar Group zu beurteilen. Dem Vorteil der Ersparnis von Kapitalkosten durch die zufließenden Mittel und der Auslagerung von Ausfallrisiken stehen als Nachteil die tendenziell hohen Kosten für eine solche Transaktion gegenüber.[89]

88 Vgl. *Engel-Ciric*, Factoring und Asset-Backed-Securities-Transaktionen nach IFRS, StuB 2005, PiR, StuB-Beilage zur IFRS-Bilanzierung Nr. 2, S. 19 (S. 19).
89 Vgl. *Ohl*, Asset-Backed-Securities (1994), S. 265 f.

3. Umschlagshäufigkeit der Lieferantenverbindlichkeiten und Lieferantenziel

a) Erläuterung

Ziel der *Analyse der Verbindlichkeiten aus Lieferungen und Leistungen* ist es, aus der Inanspruchnahme von Lieferantenkrediten Rückschlüsse auf die Zahlungs- und Finanzierungsgewohnheiten eines Unternehmens zu ziehen.[90] Überdies soll komplementär zur Untersuchung des Kapitalbedarfs für Vorräte und Außenstände ermittelt werden, in welchem Umfang Lieferantenverbindlichkeiten zur Finanzierung des operativen Geschäfts beitragen. Hierbei ist es wiederum zweckmäßig, die Lieferantenverbindlichkeiten in Relation zu den Umsatzerlösen zu setzen.

Die *Umschlagshäufigkeit der Lieferantenverbindlichkeiten* gibt an, wie oft diese innerhalb eines Jahres umgewälzt werden:

$$\text{Umschlagshäufigkeit} = \frac{\text{Umsatzerlöse}}{\varnothing\ \text{Bestand an Lieferantenverbindlichkeiten}}.$$

Die mit der Umschlagshäufigkeit korrespondierende Umschlagsdauer der Lieferantenverbindlichkeiten entspricht dem Lieferantenziel (auch Kreditorenlaufzeit):[91]

$$\text{Lieferantenziel} = \frac{\varnothing\ \text{Bestand an Lieferantenverbindlichkeiten}}{\text{Umsatzerlöse}} \times 365\ \text{Tage}.$$

Aus der Kennzahl ergibt sich, wie viele Tage im Mittel das Unternehmen Umsatzerlöse erzielen muss, bis der durchschnittliche Bestand an Lieferantenverbindlichkeiten beglichen ist.[92]

Ein *niedriges und mit der Zeit sinkendes Lieferantenziel* wird tendenziell als positives Zeichen interpretiert. Hieraus wird geschlossen, dass das Unternehmen über ausreichend finanzielle Mittel verfügt, um seine Lieferantenverbindlichkeiten schnell zurückzuführen. Eine Tilgung innerhalb der Skontofrist bzw. eine geringe Inanspruchnahme von Lieferantenverbindlichkeiten trägt im Allgemeinen zu einer Verminderung von Finanzierungskosten bei. So liegen die Kosten für Lieferantenkredite in Form von nicht genutzten Skonti um ein Vielfaches über denen von banküblichen Kontokorrentkrediten.[93]

90 Vgl. *Baetge/Kirsch/Thiele*, Bilanzanalyse (2004), S. 245 f.

91 Vgl. *Gräfer*, Bilanzanalyse (2005), S. 112.

92 Vgl. *Küting/Weber*, Die Bilanzanalyse (2006), S. 139; *Coenenberg*, Jahresabschluss und Jahresabschlussanalyse (2005), S. 965.

93 Vgl. *Baetge/Kirsch/Thiele*, Bilanzanalyse (2004), S. 246.

Wenngleich die Umschlagskoeffizienten für Lieferantenverbindlichkeiten im Vergleich zu denen für Vorräte und Kundenforderungen weniger anfällig für Bilanzpolitik sind, besteht ebenfalls die *Gefahr von Fehlinterpretationen*. Steigt z. B. das Lieferantenziel, wird dies allgemein als negatives Signal dafür gesehen, dass das Unternehmen sich in stärkerem Umfang über Lieferantenkredite finanziert und seine Fähigkeit abgenommen hat, anderweitig Kapital zu günstigeren Konditionen zu beschaffen. Umgekehrt kann ein steigendes Lieferantenziel ebenso darauf zurückzuführen sein, dass das Unternehmen innerhalb der Skontofristen seine Spielräume besser ausnutzt (z. B. bei einer Skontofrist von zehn Tagen nicht mehr wie bisher nach fünf, sondern erst nach zehn Tagen bezahlt) und insofern Kapitalkosten spart. Überdies ist es denkbar, dass in Erwartung einer günstigen Absatzlage oder zur Nutzung niedriger Preise an den Beschaffungsmärkten Vorratsbestände aufgebaut werden und in der Folge auch die Lieferantenverbindlichkeiten steigen.

b) Anwendung auf den Fall: Umschlagshäufigkeit der Lieferantenverbindlichkeiten und Lieferantenziel bei der Skycar Group

Wie Tabelle 39 zeigt, ist bei der Skycar Group das Lieferantenziel über die Jahre stetig gestiegen und beträgt in 2005 22,64 Tage.

Tabelle 39: Umschlagshäufigkeit der Lieferantenverbindlichkeiten und Lieferantenziel bei der Skycar Group

(in Mio. €)	2005	2004	2003
Verbindlichkeiten aus Lieferungen und Leistungen zum 31. 12.	331,83	260,35	253,80
Ø Verbindlichkeiten aus Lieferungen und Leistungen	296,09	257,08	212,20
Umsatzerlöse	4 773,29	4 512,86	4 522,40
Umschlagshäufigkeit (absolut)	**16,12**	**17,55**	**21,31**
Umschlagsdauer (in Tagen)	**22,64**	**20,79**	**17,13**

Für diese Entwicklung kommen diverse Erklärungen in Betracht. Denkbar wäre z.B. eine stärkere Inanspruchnahme von Lieferantenkrediten durch die Skycar Group. Dies wäre insofern als negativ anzusehen, als eine umfassendere Finanzierung über Lieferanten auf das Fehlen von günstigeren alternativen Kapitalbeschaffungsmöglichkeiten und eine geringere Bonität der Skycar Group hindeuten würde. Alternativ dazu kommt in Betracht, dass die Skycar Group die Spielräume innerhalb der Skontofristen besser ausnutzt, was sowohl unter Liquiditäts- als auch Rentabilitätsgesichtspunkten als vorteilhaft anzusehen wäre. Schließlich ist es möglich, dass die Lieferantenverbindlichkeiten wegen des Vorratsaufbaus gestiegen sind, der vermutlich mit der Produkt- und Marktoffensive in Nordamerika zusammenhängt.

V. Geschäftszykluskennzahlen

1. Erläuterung

Zur umfassenden Analyse der kurzfristigen Liquiditätslage eines Unternehmens lassen sich die Umschlagsdauern der Vorräte, Kundenforderungen und Lieferantenverbindlichkeiten zu Geschäftszykluskennzahlen zusammenfassen.[94] Hierbei wird zwischen Operating Cycle und Cash Conversion Cycle unterschieden.[95]

Der *Operating Cycle* ergibt sich aus der Addition der Umschlagsdauer der Vorräte und dem Kundenziel:[96]

  Umschlagsdauer der Vorräte

\+ Umschlagsdauer der Forderungen (Kundenziel)

= Operating Cycle

Die Kennzahl beschreibt, welcher Zeitraum im Durchschnitt zwischen dem Mittelabfluss aus dem Einkauf von Materialien und dem Mittelrückfluss aus dem Zahlungseingang der Kunden liegt.[97]

Der *Cash Conversion Cycle* schließt zusätzlich zu den Bestandteilen des Operating Cycle das Lieferantenziel in die Betrachtung ein:

  Umschlagsdauer der Vorräte

\+ Umschlagsdauer der Forderungen (Kundenziel)

– Umschlagsdauer der Lieferantenverbindlichkeiten (Lieferantenziel)

= Cash Conversion Cycle

Mit der Kennzahl wird gemessen, um wieviele Tage im Durchschnitt der Zeitraum der Kapitalbindung in Vorräten und Kundenforderungen den Zeitraum der Kapitalüberlassung der Lieferanten übersteigt. Liegt der Wert des Cash Conversion Cycle bei Null, werden sämtliche eingekauften Materialien und Kundenforderungen über den gesamten Umsatzprozess hinweg durch Lieferanten finanziert.[98] Unter dieser Voraussetzung bedarf es zur Finanzierung des operativen Geschäfts keiner zusätzlichen Mittelaufnahme, z.B. in Form von Kontokorrentkrediten. Sinkt der

94 Vgl. *Küting/Weber*, Die Bilanzanalyse (2006), S. 132.
95 Vgl. *Revsine/Collins/Johnson*, Financial Reporting and Analysis (2005), S. 236.
96 Vgl. *Revsine/Collins/Johnson*, Financial Reporting and Analysis (2005), S. 160; *White/Sondhi/Fried*, The Analysis and Use of Financial Statements (2003), S. 124.
97 Vgl. *McLaney/Atrill*, Accounting (2005), S. 581.
98 Vgl. *Revsine/Collins/Johnson*, Financial Reporting and Analysis (2005), S. 236.

Wert unter Null, werden durch Lieferanten über das operative Geschäft hinaus weitere Investitionen finanziert.[99]

Ein *niedriger und mit der Zeit sinkender Operating Cycle* wird tendenziell als positives Zeichen interpretiert, da dem Unternehmen das in Vorräten und Außenständen gebundene Kapital schnell wieder für weitere Investitionen zur Verfügung steht. Bei der Interpretation der Kennzahl sind allerdings die gleichen Aussagegrenzen zu beachten, die für die Umschlagsdauer der Vorräte und das Kundenziel gelten.

Der *Cash Conversion Cycle* wird analog zum Operating Cycle interpretiert, d. h. ein *niedriger und mit der Zeit sinkender Wert* wird tendenziell als positives Zeichen gesehen. Hierbei sind allerdings solche Fälle kritisch zu beurteilen, in denen die Kennzahl einen niedrigen Wert annimmt, weil das Lieferantenziel hoch ausfällt bzw. zunimmt. Dies mag zwar unter dem Gesichtspunkt einer geringen Kapitalbindungsdauer im operativen Bereich als vorteilhaft anzusehen sein, ist aber wegen der ungünstigen Konditionen einer Finanzierung über Lieferantenkredite als problematisch zu beurteilen. Hier muss zwischen Liquiditäts- und Rentabilitätsgesichtspunkten abgewogen werden.

2. Anwendung auf den Fall: Geschäftszykluskennzahlen bei der Skycar Group

Bei der Skycar Group ist der Operating Cycle über die Jahre stetig gesunken und beträgt in 2005 171,15 Tage (siehe Tabelle 40). Dies bedeutet, dass im Durchschnitt nahezu ein halbes Jahr vergeht, bis der operative Zyklus einmal durchlaufen ist und das eingesetzte Kapital wieder zurückfließt. Hierbei liegt es an dem verhältnismäßig langen Kundenziel, dass die Kennzahl so hoch ausfällt.

Tabelle 40: Geschäftszykluskennzahlen bei der Skycar Group

(in Tagen)	2005	2004	2003
Umschlagsdauer der Vorräte	62,98	56,27	60,13
Umschlagsdauer der Forderungen	108,17	121,41	121,52
Operating Cycle	**171,15**	**177,68**	**181,65**
Umschlagsdauer der Lieferantenverbindlichkeiten	22,64	20,79	17,13
Cash Conversion Cycle	**148,51**	**156,89**	**164,52**

Der Rückgang des Operating Cycle in 2005 ist im Wesentlichen auf die Verbesserung der Wirtschaftlichkeit der Vorratshaltung durch die Supply-Chain-Manage-

99 Vgl. *Küting/Weber*, Die Bilanzanalyse (2006), S. 132.

ment-Maßnahmen und die Reduzierung des Forderungsbestands durch die ABS-Transaktion zurückzuführen, wobei die wesentliche Erhöhung der Vorratsbestände bremsend gewirkt hat.

Parallel zum Operating Cycle ist der Cash Conversion Cycle im Zeitablauf stetig gesunken und beläuft sich in 2005 auf 148,51 Tage. Hiernach ist jeder im operativen Geschäft investierte Euro unter Berücksichtigung der Kapitalüberlassung durch Lieferanten im Durchschnitt nahezu 150 Tage gebunden. Da das Lieferantenziel im Zeitablauf stetig zugenommen hat, ist der Cash Conversion Cycle über die Jahre stärker gefallen als der Operating Cycle. Dies mag zwar unter Liquiditätsgesichtspunkten als positiv erscheinen, ist aber unter Rentabilitätsgesichtspunkten kritisch zu hinterfragen. Falls die Erhöhung des Lieferantenziels und die entsprechende Verkürzung des Cash Conversion Cycle auf einer stärkeren Inanspruchnahme von Lieferantenkrediten beruht, stellt sich die Frage, warum die Skycar Group diese teure Form der Kapitalbeschaffung immer stärker in Anspruch nimmt und nicht durch günstigere Finanzierungsquellen ersetzt.

Weiterführende Literatur

Engel-Ciric, Dejan/ Schuler, Christoph — Factoring und Asset-Backed-Securities-Transaktionen nach IFRS, StuB, 7. Jg. (2005), PiR, StuB-Beilage zur IFRS-Bilanzierung Nr. 2, S. 19–24

Küting, Karlheinz/ Weber, Claus-Peter — Die Bilanzanalyse, 8. Aufl., Stuttgart 2006, S. 128–132, 139–141

McLaney, Eddie/ Atrill, Peter — Accouting, Harlow 2005, S. 559–598

Pfleger, Günter — Vorräte und Bilanzpolitik, BiBu, 50. Jg. (2004), S. 29–36

Revsine, Lawrence/ Collins, Daniel W./ Johnson, W. Bruce — Financial Reporting and Analysis, Upper Saddle River/New Jersey 2005, S. 45, 160, 234–237, 507

White, Gerald I./ Sondhi, Ashwinpaul C./ Fried, Dov — The Analysis and Use of Financial Statements, Hoboken/New Jersey 2003, S. 119–130

Fall 5: Marktkennzahlen

Sachverhalt:

Als Bilanzanalyst möchten Sie sich in der Analyse der Skycar Group nicht nur auf Bilanzdaten stützen, sondern auch die Einschätzung des Unternehmens durch die Börse in Ihr Urteil einbeziehen. Schließlich bündeln sich im Börsenkurs die Erwartungen der überwiegend gut informierten Kapitalmarktteilnehmer. Zur Ermittlung und Interpretation der Sie interessierenden Kennzahlen steht Ihnen eine Vielzahl von Informationen aus dem Geschäftsbericht und anderen Quellen zur Verfügung:

- Der Jahresüberschuss der Skycar Group beträgt in 2004 141,76 Mio. Euro (Minderheitsanteil 3,38 Mio. Euro) und in 2005 145,76 Mio. Euro (Minderheitsanteil 3,47 Mio. Euro). Die Zahl der sich im Umlauf befindlichen Stammaktien beläuft sich sowohl in 2004 als auch in 2005 auf 4 Mio. Stück.
- Das unverwässerte Ergebnis je Aktie der Skycar Group wird für 2004 mit 34,60 Euro und für 2005 mit 35,57 Euro angegeben. Das verwässerte Ergebnis je Aktie der Skycar Group wird für 2004 mit 34,60 Euro und für 2005 mit 34,86 Euro angegeben.
- Die Skycar Group hat zum 1. 1. 2005 51 200 Wandelanleihen mit einem Emissionsvolumen i. H. v. 30,72 Mio. Euro, einem Nennwert i. H. v. 25,60 Mio. Euro und einer Laufzeit von 10 Jahren begeben. Der Zins der Anleihen beträgt 4 %. Eine Umwandlung der Anleihen ist am Ende ihrer Laufzeit in einem Verhältnis von zehn Anleihen für neun Aktien möglich. Der durchschnittliche Ertragsteuersatz der Skycar Group beträgt 40 %.
- Zum 1. 1. 2005 wurden insgesamt 566 850 Aktienoptionen an Manager der Skycar Group ausgegeben. Das Bezugsverhältnis der Aktienoptionen beträgt 1:1. Der Ausübungspreis liegt bei 560 Euro für eine Aktie. Die Ausübung ist jederzeit möglich. Im Jahr 2005 wurden keine Aktienoptionen ausgeübt.
- Der Börsenkurs der Aktie der Skycar Group lag am 1. 1. 2004 bei 562,84 Euro, stand am 1. 1. 2005 bei 652,10 Euro und schloss am 31. 12. 2005 bei 584,50 Euro. Der Durchschnittskurs für 2005 betrug 618,30 Euro.
- Der Tagespresse entnehmen Sie, dass die Aktie der Skycar Group zu einem der besten Dividendentitel am deutschen Markt gewählt wurde. Ausschlaggebend für die Nominierung war die Erhöhung der Dividende von 59,56 Mio. Euro in 2004 auf 256,12 Mio. Euro in 2005. In die Dividende in 2005 floss eine Sonderausschüttung i. H. v. 188,62 Mio. Euro ein. Diese wurde aufgrund des zehnjährigen Bestehens der Automarke Skycar gewährt.
- Bei der Analyse des Lageberichts für 2005 werden Sie auf folgende Passage aufmerksam:

  „Die Automobilbranche befindet sich allgemein in einer konjunkturell schwierigen Lage. Überdies verschärft sich der Wettbewerb durch den zunehmenden Markteintritt von asiatischen Anbietern im Klein- und Mittelwagensegment. Dennoch gehen wir davon aus, dass die Ergebnisse der Vorjahre auch langfristig erzielbar sind. (…) Neue Wachstumsimpulse erwarten wir uns vom Einstieg in den Bereich Spezialfahrzeuge für die Raumfahrt. Hier wird mit dem Bau des Mondfahrzeugs Victory gerade ein viel versprechender Anfang gemacht."

- Der Buchwert des Eigenkapitals der Skycar Group beträgt in 2004 1 278,33 Mio. Euro (Minderheitsanteil 5,38 Mio. Euro) und in 2005 1 145,03 Mio. Euro (Minderheitsanteil 5,47 Mio. Euro).
- Neben den Daten der Skycar Group stehen Ihnen auch folgende Vergleichsdaten von Konkurrenzunternehmen zur Verfügung:[100]

Tabelle 41: Vergleichsdaten anderer Automobilhersteller

(in €)	BMW		Porsche		Renault		Volkswagen	
	2005	2004	2005	2004	2005	2004	2005	2004
Unverwässertes Ergebnis je Aktie	3,33	3,30	44,68	38,80	13,19	11,16	2,90	1,79
Verwässertes Ergebnis je Aktie	3,33	3,30	44,68	38,80	13,08	11,10	2,90	1,79
Börsenkurs zum 31.12.	37,05	33,20	610,00	470,00	68,90	61,55	45,00	33,00
Dividende je Aktie	0,64	0,62	4,94	3,94	2,40	1,80	1,15	1,05
Buchwert je Aktie	25,16	25,97	392,00	335,00	77,05	62,42	66,92	63,46

Aufgabenstellung:

- Erläutern Sie, warum die Verwendung *marktdatengestützter Kennzahlen* im Rahmen der Bilanzanalyse von Vorteil sein kann! Welche Annahmen sind zu unterstellen?
- Leiten Sie bei der Skycar Group für 2005 das *unverwässerte auf das verwässerte Ergebnis je Aktie* über! Beurteilen Sie das verwässerte Ergebnis je Aktie der Skycar Group im Vergleich zu dem der anderen Automobilhersteller!
- Berechnen Sie die *Dividendenrentabilität* der Aktie der Skycar Group für 2004 und 2005! Vergleichen Sie das Ergebnis für 2005 mit der Dividendenrentabilität der Aktien der anderen Automobilhersteller! Analysieren Sie die Dividendenrentabilität der Aktie der Skycar Group unter Einbeziehung der Kapitalfluss- und der Eigenkapitalveränderungsrechnung! Wie hoch war der *prozentuale Kursgewinn* der Aktie der Skycar Group in 2005? Welche *Gesamtrentabilität* erzielte ein Investor, der die Aktie der Skycar Group Ende 2004 erwarb und seitdem nicht veräußerte?
- Berechnen Sie das *Kurs-Gewinn-Verhältnis* (KGV) der Aktie der Skycar Group für 2004 und 2005! Welche Aussage lässt sich über die Preiswürdigkeit der Aktie treffen? Ist die Aktie Ihrer Meinung nach über- oder unterbewertet? Berücksichtigen Sie in Ihrer Argumentation die Konzeption des fairen KGV!
- Berechnen Sie das *Kurs-Buchwert-Verhältnis* der Aktie der Skycar Group für 2004 und 2005! Welche Aussage lässt sich über die Preiswürdigkeit der Aktie treffen?

100 Vgl. BMW, Konzernabschluss 2005, S. 8, 65, 81 und 100; Porsche, Konzernabschluss 2004/2005, S. 25, 27, 28 und 104; Renault, Konzernabschluss 2005, S. 4, 83 und 85; VW, Konzernabschluss 2005, S. 2, 25, 114 und 115.

I. Gründe für die Verwendung marktdatengestützter Kennzahlen in der Bilanzanalyse

Ziel der Bilanzanalyse ist es, „entscheidungsrelevante Informationen über die gegenwärtige wirtschaftliche Lage und die künftige wirtschaftliche Entwicklung eines Unternehmens zu gewinnen“[101]. Hierbei erscheint es sinnvoll, neben den Daten des Jahresabschlusses solche Informationen in die Untersuchung einfließen zu lassen, die im Jahresabschluss nicht enthalten sind, für die Beurteilung des Unternehmens aber relevant sein können.

Als ein ergänzender *Informationsträger* bietet sich der Börsenkurs des Unternehmens an. An der Börse werden Unternehmensanteile fortwährend durch Kapitalanleger und Analysten beurteilt und bewertet. Diesen werden hohe Sachkenntnis und Informationsvorteile zugesprochen. Als Ergebnis des Bewertungsprozesses ergibt sich ein Börsenkurs, der die Erwartungen der Marktteilnehmer bezüglich der künftigen Ertragspotenziale des Unternehmens widerspiegelt. So werden im Börsenkurs stille Reserven und nicht quantifizierbare Größen wie Qualität des Managements, Image des Unternehmens, Produktportfolio etc. berücksichtigt. In den Jahresabschluss fließen diese wesentlichen Einflussfaktoren für künftige Ertragsströme aus Objektivierungsgründen indessen nicht ein.[102]

Marktdatengestützte Kennzahlen stellen eine Beziehung zwischen dem Börsenkurs der Aktie des Unternehmens und bestimmten Jahresabschlussgrößen her und werden überwiegend als Rentabilitätskennziffern verstanden.[103] Über die Ermittlung der in der Vergangenheit erzielten Rentabilität hinaus versucht man, zusätzliche Informationen über *künftige Ertragspotenziale* des zu analysierenden Unternehmens zu gewinnen.

Der Einsatz zu Prognosezwecken unterliegt starken *Einschränkungen*.[104] Zum einen muss gewährleistet sein, dass der Börsenkurs ausschließlich auf Basis von Ertragserwartungen zustande kommt. Von spekulativen Einflüssen, die zu kurz- bis mittelfristigen Kursschwankungen führen können, ist zu abstrahieren.[105] Zum anderen existiert die Gefahr eines Zirkelschlusses. Dieser besteht darin, dass die anderen Marktteilnehmer auch auf Informationen des Jahresabschlusses zurückgreifen und somit unklar ist, ob sie tatsächlich über bessere Informationen verfügen oder ebenfalls von verzerrten Informationen des Jahresabschlusses beeinflusst werden.[106]

---

101 *Baetge/Kirsch/Thiele*, Bilanzanalyse (2004), S. 1.

102 Vgl. *Gräfer*, Bilanzanalyse (2005), S. 203; *Burger*, Jahresabschlussanalyse (1995), S. 54.

103 Vgl. *Küting/Weber*, Die Bilanzanalyse (2006), S. 312 f.

104 Vgl. *Gräfer*, Bilanzanalyse (2005), S. 203.

105 Die Realitätsnähe dieser Annahme ist zu bezweifeln. Weitere Einflussfaktoren neben den Gewinnerwartungen der Kapitalmarktteilnehmer können bspw. politische Entwicklungen, konjunkturelle Aussichten oder allgemein Angebot und Nachfrage am Kapitalmarkt sein.

106 Vgl. *Gräfer*, Bilanzanalyse (2005), S. 203.

II. Ergebnis je Aktie

1. Erläuterung

a) Definitionen

aa) Unverwässertes Ergebnis je Aktie

Beim Ergebnis je Aktie wird zur Erleichterung einer vergleichenden Analyse der Ertragskraft das Gesamtergebnis eines Unternehmens auf die einzelnen Aktien herunter gebrochen. In der internationalen Rechnungslegung steht für die Ermittlung mit IAS 33 ein eigener Standard zur Verfügung. Dieser unterscheidet wie allgemein üblich zwischen unverwässertem und verwässertem Ergebnis je Aktie.

Nach IAS 33.10 ist das unverwässerte Ergebnis je Aktie definiert als:

$$\text{Ergebnis je Aktie} = \frac{\text{Periodenergebnis}}{\text{Zahl der im Umlauf befindlichen Stammaktien}}.$$

Im *Zähler* ist als Periodenergebnis das Konzernergebnis nach IFRS einschließlich Steueraufwand und ohne Minderheitsanteile heranzuziehen (IAS 33.12). Um die Äquivalenz mit dem Nenner herzustellen, ist das Periodenergebnis um sämtliche Ansprüche der Inhaber von Finanzinstrumenten zu vermindern, die vorrangig gegenüber den Ansprüchen der Stammaktionäre bedient werden.[107] Hierunter fallen vor allem Vorzugsdividenden.

Im *Nenner* ist die Zahl der während der Periode ausstehenden Stammaktien anzusetzen (IAS 33.19). Zentrales Abgrenzungsmerkmal von Stammaktien nach IAS 33.6 ist, dass sie einen Residualanspruch auf Gewinn und Vermögen der Gesellschaft gewähren und allen anderen Formen von Finanzinstrumenten nachgeordnet sind.[108] Hat sich in der Periode die Zahl der Stammaktien durch Kapitalmaßnahmen verändert, ist auf den zeitlich gewogenen Durchschnitt abzustellen. Überdies werden potenzielle Stammaktien, unter denen Finanzinstrumente oder sonstige Verträge verstanden werden, die dem Inhaber ein Anrecht auf eine Stammaktie verbriefen und dessen Ausübung noch nicht erfolgt ist, nicht einbezogen (IAS 33.24). Aus diesem Grund wird von einer *einfachen Kapitalstruktur* gesprochen.[109] Als potenzielle Stammaktien kommen z. B. Wandelschuldverschreibun-

---

107 Im Unterschied zu dem im deutschen Raum gebräuchlichen Ergebnis je Aktie nach DVFA/SG ist eine Bereinigung um Sondereinflüsse nicht vorgesehen. Vgl. Arbeitskreis DVFA/Schmalenbach-Gesellschaft e. V., Empfehlungen zur Ermittlung prognosefähiger Ergebnisse, DB 2003, S. 1913 (S. 1914–1917).

108 Vgl. *Pellens/Gassen*, in: Baetge u. a. (Hrsg.), Rechnungslegung nach International Accounting Standards (2002), IAS 33, Rn. 7. Vorzugsaktien i. S. v. § 12 AktG fallen ebenfalls unter den Begriff der Stammaktien.

109 Vgl. *Beine/Prokop*, in: Ballwieser u. a. (Hrsg.), Wiley-Kommentar zur internationalen Rechnungslegung nach IFRS 2006 (2006), Abschn. 18 – Ergebnis je Aktie, Rn. 8.

gen in Frage.[110] Diese gewähren dem Gläubiger unter bestimmten Bedingungen das Recht, die Obligationen in Aktien umzutauschen.[111]

bb) Verwässertes Ergebnis je Aktie

Im verwässerten Ergebnis je Aktie werden alle verwässernden potenziellen Stammaktien berücksichtigt. Hierbei besteht der *Verwässerungseffekt* in der Verringerung des Ergebnisses je Aktie, die sich bei Umwandlung der potenziellen Stammaktien ergeben würde. Aktienoptionen haben z. B. einen verwässernden Effekt, wenn ihr Ausübungskurs niedriger war als der durchschnittliche Aktienkurs im abgelaufenen Geschäftsjahr (IAS 33.47). Um den Verwässerungseffekt sichtbar zu machen, wird bei der Berechnung des Ergebnisses je Aktie angenommen, dass alle verwässernden potenziellen Stammaktien umgewandelt werden. Ist die Umwandlung von der Erfüllung bestimmter Bedingungen abhängig, werden die betreffenden potenziellen Stammaktien nur dann berücksichtigt, wenn die Bedingungen zum Abschlussstichtag erfüllt sind.[112]

Zur Überleitung des unverwässerten auf das verwässerte Ergebnis je Aktie sind Anpassungen sowohl im Zähler als auch im Nenner erforderlich:

Im *Zähler* ist das Periodenergebnis um solche Komponenten zu bereinigen, die vor der Umwandlung auf verwässernde potenzielle Stammaktien entfallen und nach der Umwandlung zu dem den Stammaktionären zurechenbaren Periodenergebnis gehören (IAS 33.33). Hierzu zählen insb. Dividenden auf potenzielle Stammaktien oder im Geschäftsjahr erfasste Zinsen für potenzielle Stammaktien, wie z. B. Zinsen für Wandelschuldverschreibungen.[113]

Im *Nenner* ist die Zahl der Stammaktien um den zeitlich gewichteten Durchschnitt der verwässernden potenziellen Stammaktien zu erhöhen. Hierbei ist zu unterstellen, dass die Umwandlung zu Beginn der Periode oder ab dem Zeitpunkt der Emission der potenziellen Stammaktien erfolgt (IAS 33.36).

b) Bedeutung der Kennzahl

Das Ergebnis je Aktie findet in der Bilanzanalyse als Rentabilitätsgröße und in der Fundamentalanalyse als Maßstab zur Beurteilung der Anlagegüte bzw. Preis-

---

110 Vgl. *Pellens/Gassen*, in: Baetge u. a. (Hrsg.), Rechnungslegung nach International Accounting Standards (2002), IAS 33, Rn. 24.

111 Als Kriterien gelten: innerhalb einer vorgegebenen Frist, zu vorab festgelegtem Umtauschverhältnis, bei eventueller Zuzahlung. Vgl. *Süchting*, Finanzmanagement (1995), S. 129 f.

112 Vgl. *Leibfried*, § 35 Ergebnis je Aktie (Earnings per Share), in: Lüdenbach/Hoffmann (Hrsg.), Haufe IFRS-Kommentar (2006), Rn. 24.

113 Vgl. *Beine/Prokop*, in: Ballwieser u. a. (Hrsg.), Wiley-Kommentar zur internationalen Rechnungslegung nach IFRS 2006 (2006), Abschn. 18 – Ergebnis je Aktie, Rn. 21.

würdigkeit von Aktien Verwendung.[114] In beiden Fällen ist die Aussagekraft gering.[115]

Schwachpunkt der Kennzahl als Rentabilitätsgröße ist der Verstoß gegen das sog. *Entsprechungsprinzip*. Dieses besagt, dass die Erfolgsgröße im Zähler auf Basis der Kapitalgröße im Nenner entstanden sein muss.[116] Da in das Ergebnis je Aktie nicht das Gesamtkapital, sondern lediglich das Grundkapital einbezogen wird, kann die Kennzahl bei Unternehmen mit gleich hoher Eigenkapitalrentabilität, aber unterschiedlicher *Eigenkapitalstruktur* zu abweichenden Ergebnissen führen. Zur Veranschaulichung diene das Beispiel in Tabelle 42.[117] Im angenommenen Fall zeigt sich, dass das Ergebnis je Aktie bei gleich hohem Jahresüberschuss und Eigenkapital umso kleiner ausfällt, je größer der Anteil des Grundkapitals am Eigenkapital ist. Da ein identischer Nennbetrag je Aktie unterstellt wird, hat die B-AG doppelt so viele Aktien wie die A-AG ausgegeben. Hieraus resultiert bei gleich hohem Jahresüberschuss der beiden Gesellschaften zwangsläufig für die B-AG ein niedrigeres Ergebnis je Aktie.

Tabelle 42: Auswirkung der Kapitalstruktur auf das Ergebnis je Aktie

	A-AG	**B-AG**
Grundkapital (in Mio. €)	100,00	200,00
Rücklagen (in Mio. €)	200,00	100,00
Eigenkapital (in Mio. €)	300,00	300,00
Jahresüberschuss (in Mio. €)	20,00	20,00
Nennbetrag je Aktie (in €)	10,00	10,00
Jahresüberschuss je Aktie (in €)	2,00	1,00

Ebenfalls als ungeeignet erweist sich die Kennzahl zur vergleichenden Beurteilung der Preiswürdigkeit von Aktien. Zum einen ist wiederum die *Vergleichbarkeit* im Hinblick auf die Eigenkapitalstruktur bzw. Stückelung des Aktienkapitals nicht gewährleistet. Zum anderen wird kein Bezug zu dem eigentlich interessierenden Börsenkurs hergestellt. Zur Beseitigung dieser Mängel wird das Kurs-Gewinn-Verhältnis als Quotient aus Börsenkurs und Ergebnis je Aktie gebildet.

114 Vgl. *Küting/Weber*, Die Bilanzanalyse (2006), S. 290.

115 Vgl. *Coenenberg*, Jahresabschluss und Jahresabschlussanalyse (2005), S. 1040; *Baetge/Kirsch/Thiele*, Bilanzanalyse (2004), S. 455.

116 Vgl. *Küting/Weber*, Die Bilanzanalyse (2006), S. 291.

117 In Anlehnung an *Baetge/Kirsch/Thiele*, Bilanzanalyse (2004), S. 455.

2. Anwendung auf den Fall: unverwässertes und verwässertes Ergebnis je Aktie bei der Skycar Group

Nach IAS 33.66 sind börsennotierte Unternehmen dazu verpflichtet, das Ergebnis je Aktie zu veröffentlichen. Entsprechend muss auch die Skycar Group diese Kennziffer angeben.

Laut Geschäftsbericht betragen in 2005 das unverwässerte Ergebnis je Aktie 35,57 Euro und das verwässerte Ergebnis je Aktie 34,86 Euro. Diese Beträge lassen sich für 2005 wie folgt rechnerisch rekonstruieren:

Um das unverwässerte Ergebnis je Aktie zu ermitteln, ist der Jahresüberschuss abzüglich des Minderheitsanteils (145,76 Mio. Euro – 3,47 Mio. Euro = 142,29 Mio. Euro) durch die gewichtete Zahl der Stammaktien (4 Mio.) zu dividieren. Eine Gewichtung ist im vorliegenden Fall nicht erforderlich, da die Zahl der Stammaktien im abgelaufenen Geschäftsjahr unverändert blieb.

Als komplizierter erweist sich die Berechnung des verwässerten Ergebnisses je Aktie (siehe Tabelle 43):

Hierbei sind sowohl die *Wandelanleihen* als auch die *Aktienoptionen* als potenzielle Stammaktien zu berücksichtigen. Beide Finanzinstrumente sind als verwässernd einzustufen, weil die Wandelrechte ebenso wie die Aktienoptionen in 2005 gemessen am durchschnittlichen Börsenkurs von 618,30 Euro im Geld waren. So hätte man bei Ausübung der Wandelrechte für zehn Wandelanleihen im Wert von 5 000 Euro neun Aktien im Wert von 5 564,70 Euro erhalten. Ebenso hätte man bei Ausübung einer Aktienoption für 560,00 Euro eine Aktie im Wert von 618,30 Euro erhalten.

Bei der Berechnung des verwässerten Ergebnisses je Aktie ist im Zähler das Periodenergebnis (142,29 Mio. Euro) zunächst um die auf die Wandelanleihen entfallenden Zinsen (1,02 Mio. Euro) zu erhöhen. Diese wären als Aufwendungen weggefallen, wenn die Wandelrechte ausgeübt worden wären. Das Periodenergebnis steigt jedoch nicht um den vollen Betrag, da mit dem Wegfall der Zinsen auch der positive Effekt aus deren steuerlicher Abzugsfähigkeit verloren gegangen wäre. Dieses *Tax Shield* in Höhe des Produkts aus Zinsen und Steuersatz (1,02 Mio. Euro × 40 % = 0,41 Mio. Euro) ist vom Periodenergebnis abzuziehen. Zusammen genommen wird das Periodenergebnis um 0,61 Mio. Euro erhöht. Im Nenner ist die Zahl der ausstehenden Stammaktien um diejenigen zu erhöhen, die bei Ausübung der Wandelrechte neu ausgegeben worden wären. Bei 51 200 Wandelanleihen und dem Umtauschverhältnis von zehn zu neun sind dies 46 080 zusätzliche Stammaktien.

Zur Berücksichtigung der *Aktienoptionen* wird fingiert, dass bei ihrer Ausübung anstelle von 566 850 Aktien zu 560 Euro 513 401 Aktien zum durchschnittlichen Börsenkurs von 618,30 Euro und 53 449 Aktien ohne Entgelt ausgegeben worden wären.[118] Da die 53 449 Gratisaktien im Unterschied zu den 513 401 gegen Entgelt ausgegebenen Aktien eine verwässernde Wirkung hätten, sind die Gratisaktien im Nenner den Stammaktien hinzuzurechnen.

Tabelle 43: Überleitung des verwässerten auf das unverwässerte Ergebnis je Aktie der Skycar Group

2005	Ergebnis (in Mio. €)	Stammaktien (in Stück)	Ergebnis je Aktie (in €)
Jahresüberschuss	142,29		
Gewichteter Durchschnitt ausstehender Stammaktien in 2005		4 000 000,00	
Unverwässertes Ergebnis je Aktie			**35,57**
Zinszahlung aus Wandelanleihe	1,02		
Steuereffekt	– 0,41		
Gewichteter Durchschnitt von Stammaktien aus Wandelanleihen		46 080,00	
Gewichteter Durchschnitt von Stammaktien aus Aktienoptionen		566 850,00	
Gewichteter Durchschnitt von Stammaktien, die zum durchschnittlichen Börsenkurs ausgegeben würden (566 850 × 560) ÷ 618,30		– 513 401,00	
Verwässertes Ergebnis je Aktie			**34,86**

Das verwässerte Ergebnis je Aktie der Skycar Group in 2005 weist mit 34,86 Euro im Vergleich zu anderen Automobilherstellern – mit Ausnahme von Porsche – einen auffallend hohen Wert auf (siehe Tabelle 44 auf S. 108). Hieraus könnte man auf den ersten Blick auf eine weit überdurchschnittliche Rentabilität schließen. Ein solcher Rückschluss erfordert es allerdings, ergänzend die Eigenkapitalstruktur bzw. das auf eine Aktie entfallende Eigenkapital zu berücksichtigen. Hierbei zeigt sich, dass der hohe Wert der Kennzahl auf die Schwere der Aktie und nicht deren vermeintlich hohe Rentabilität zurückzuführen ist.

118 Zu diesem als Treasury Stock Method bezeichneten Vorgehen vgl. IAS 33.45 und *Pellens/Fülbier/Gassen*, Internationale Rechnungslegung (2006), S. 807 f.

Tabelle 44: Ergebnis je Aktie der Skycar Group und anderer Automobilhersteller

(in €)	Ergebnis je Aktie	Skycar Group	BMW	Porsche	Renault	Volkswagen
2004	unverwässert	34,60	3,30	38,80	11,16	1,79
	verwässert	34,60	3,30	38,80	11,10	1,79
2005	unverwässert	**35,57**	3,33	44,68	13,19	2,90
	verwässert	**34,86**	3,33	**44,68**	13,08	2,90

Dass die Skycar Group eher eine weit unterdurchschnittliche Rentabilität aufweist, wird deutlich, wenn man das verwässerte Ergebnis je Aktie jeweils auf den Börsenkurs als Maßstab für das eingesetzte Eigenkapital bezieht (siehe Tabelle 45). Hierbei ergibt sich für die Skycar Group mit 5,96 % die niedrigste Rentabilität von allen betrachteten Automobilherstellern.

Tabelle 45: Verhältnis von verwässertem Ergebnis je Aktie zu Börsenkurs der Skycar Group und anderer Automobilhersteller

(in %)	Skycar Group	BMW	Porsche	Renault	Volkswagen
2004	5,31	9,94	8,26	18,03	5,42
2005	**5,96**	8,99	7,32	18,98	6,44

III. Dividendenrentabilität, prozentualer Kursgewinn und Gesamtrentabilität

1. Erläuterung

a) Definitionen

Die Dividendenrentabilität ist definiert als Verhältnis aus der Dividendenzahlung je Aktie und dem Börsenkurs.[119] Für die Analyse bietet es sich an, den Kurs am Anfang eines Geschäftsjahrs zu verwenden:

$$\text{Dividendenrentabilität} = \frac{\text{Dividendenzahlung je Aktie}}{\text{Börsenkurs}}.$$

119 Vgl. *Küting/Weber*, Die Bilanzanalyse (2006), S. 313; *Steiner/Bruns*, Wertpapiermanagement (2002), S. 270.

Die Dividendenrentabilität spiegelt die *realisierte* Istverzinsung des in einer Aktie eingesetzten Kapitals wider.[120]

Als Kursgewinnrentabilität wird die Differenz von zwei Kursfeststellungen dividiert durch den zeitlich früheren Kurs bezeichnet. Für die Analyse bietet es sich an, die erste und die letzte Kursfeststellung eines Geschäftsjahrs zu verwenden:

$$\text{prozentualer Kursgewinn} = \frac{\text{Börsenkurs}_{31.12.} - \text{Börsenkurs}_{1.1.}}{\text{Börsenkurs}_{1.1.}}.$$

Die Kursgewinnrentabilität spiegelt die *unrealisierte* Istverzinsung des in einer Aktie eingesetzten Kapitals wider.

Schließlich ergibt sich die Gesamtrentabilität als Summe aus Dividenden- und Kursgewinnrentabilität:

$$\text{Gesamtrentabilität} = \text{Dividendenrentabilität} + \text{prozentualer Kursgewinn}.$$

Die Gesamtrentabilität beschreibt somit die realisierte und unrealisierte Istverzinsung des in einer Aktie eingesetzten Kapitals.

b) Bedeutung der Kennzahlen

aa) Beurteilung der Rentabilität in der Vergangenheit

Im Unterschied zu buchmäßigen Rentabilitätsmaßen besitzen Dividenden-, Kursgewinn- und Gesamtrentabilität den entscheidenden *Vorteil der Marktwertorientierung*. Das Hauptaugenmerk des Aktionärs liegt auf der *Gesamtrentabilität*. Allein diese gibt die wirkliche Verzinsung seines eingesetzten Kapitals wieder. Hierbei darf eine positive Gesamtrentabilität als solche nicht bereits als vorteilhaft angesehen werden. Als Maßstab für die Beurteilung sind die *Kapitalkosten* heranzuziehen, die die Opportunitätskosten des Aktionärs widerspiegeln. Erst wenn die Gesamtrentabilität über den Kapitalkosten liegt, kann von einer vorteilhaften Anlage gesprochen werden. Hierzu ein einfaches *Beispiel*:

Ein Investor erzielt durch den Erwerb einer Aktie eine Dividendenrentabilität von 4 %. Da sich der Börsenkurs der Aktie im Verlauf des Jahres kaum verändert hat, beträgt die Gesamtrentabilität am Ende des Jahres 4 %. Im Nachhinein kann sich der Investor über die positive Rentabilität wenig freuen, da er erfährt, dass eine risikolose Anlage zu 5 % möglich gewesen wäre.

Wie sich die Gesamtrentabilität auf die Dividenden- und Kursgewinnrentabilität aufteilt, hängt von der *Ausschüttungspolitik* des Unternehmens ab. Während bei Wachstumsunternehmen, die keine oder niedrige Dividenden bezahlen und freie

---

120 Vgl. *Baetge/Kirsch/Thiele*, Bilanzanalyse (2004), S. 458; *Küting/Weber*, Die Bilanzanalyse (2006), S. 313.

Mittel regelmäßig im Unternehmen reinvestieren, die Dividenden- im Verhältnis zur Kursgewinnrentabilität eine untergeordnete Rolle spielt, verhält es sich bei Unternehmen „im eingeschwungenen Zustand" mit hohen Dividenden genau umgekehrt.

Hierin kommt das *konkurrierende Verhältnis zwischen Dividenden- und Kursgewinnrentabilität* zum Ausdruck. Da Dividenden eine Verlagerung von Unternehmens- in Privatvermögen darstellen, steht dem Mittelzufluss beim Aktionär eine Verminderung des Unternehmens- und Anteilswerts gegenüber. Dieser Umschichtungseffekt findet am Zahlungstag im Dividendenabschlag vom Börsenkurs seinen Ausdruck. So gesehen stiften Dividenden dem Aktionär keinen Nutzen. Gleichwohl ergibt sich ein Vermögensvorteil aus Dividenden immer dann, wenn bei Reinvestition der ausgeschütteten Mittel im Unternehmen eine Verzinsung erzielt worden wäre, die unter der einer Anlage außerhalb des Unternehmens gelegen hätte.[121]

Für die Abwägung der Vorteilhaftigkeit einer hohen Dividenden- oder Kursgewinnrentabilität spielen *steuerliche Überlegungen* eine zentrale Rolle. In Deutschland sind bei Privatanlegern Dividenden nach dem Halbeinkünfteverfahren zu versteuern (§ 20 EStG). Aktienkursgewinne unterliegen nur dann einer Besteuerung nach dem Halbeinkünfteverfahren, wenn An- und Verkauf der Wertpapiere innerhalb der Spekulationsfrist von zwölf Monaten erfolgen. Nach Ablauf der Spekulationsfrist (§ 23 EStG) sind die Kurssteigerungen steuerfrei. Unter Berücksichtigung dessen ist es für einen Aktionär i. d. R. steuerlich umso günstiger, je größer der Anteil der Kursgewinnrentabilität an der Gesamtrentabilität einer Aktie ist. Hierzu ebenfalls ein einfaches *Beispiel*:

Ein Investor mit einem Grenzsteuersatz von 40 % hat vor Jahren zwei verschiedene Aktien erworben, die beide in 2005 eine Gesamtrentabilität von 8 % vor Steuern erzielen. Diese teilt sich bei Aktie A auf eine Dividendenrentabilität von 0 % und eine Kursgewinnrentabilität von 8 % auf. Bei Aktie B verhält es sich genau umgekehrt. Während vor Steuern beide Aktien gleich rentabel sind, ergibt sich in der Nachsteuerbetrachtung ein Rentabilitätsunterschied von 1,6 %-Punkten. Während Aktie A 8 % nach Steuern abwirft, sind es bei Aktie B lediglich 6,4 %.[122]

bb) Einschätzung der künftigen Unternehmenslage

Ein potenzieller Investor interessiert sich nicht für in der Vergangenheit erzielte, sondern für in der Zukunft erzielbare Renditen. Hiernach besitzen historische Ren-

---

121 Vgl. *Steiner/Bruns* (2002), Wertpapiermanagement, S. 270 f. Als Alternative zur Ausschüttung der Gewinne werden Aktienrückkäufe diskutiert. Diese erweisen sich für die Aktionäre aus steuerlichen Gründen als vorteilhaft, sind aber nach § 71 Abs. 1 und 2 AktG nur in Ausnahmefällen zulässig.

122 Hierbei wird unterstellt, dass der Kursgewinn der Aktie A steuerfrei ist. Nach dem Halbeinkünfteverfahren ergibt sich für die Dividende der Aktie B eine Steuerlast von 8 % × 0,5 × 0,4 = 1,6 %.

diten keinen unmittelbaren *Informationswert*. Dies gilt umso mehr, als sich die Vergangenheit nicht einfach in die Zukunft fortschreiben lässt. Ebenso wie die Dividenden in der Vergangenheit kein Garant für gleich hohe Dividenden in der Zukunft sind, kann aus der vergangenen nicht auf die künftige Kursentwicklung einer Aktie geschlossen werden.

Unabhängig davon wird historischen Renditen eine Indikatorfunktion zugesprochen, wobei die Möglichkeiten von Rückschlüssen eng begrenzt sind. Dies zeigt sich u. a. an der Dividendenrentabilität, die widersprüchliche Signale setzt:

Einerseits geben *hohe Dividenden* das positive Signal, dass das Unternehmen in Zukunft voraussichtlich über ausreichende Liquiditätsreserven und Cashflows verfügen wird, um das hohe Dividendenniveau halten zu können.[123] Das Signal ist insofern glaubwürdig, als es mit Kosten verbunden ist. Diese entstehen in Form von Kursverlusten, falls später die Erwartungen nicht eintreten und eine Dividendensenkung erforderlich ist.[124] Umgekehrt lassen hohe Dividenden befürchten, dass dem betrachteten Unternehmen wenige oder keine rentable Investitionsprojekte zur Verfügung stehen. Das Unternehmen wird sich eher in einem fortgeschrittenen Stadium seines Lebenszyklus befinden und somit ein geringes Wachstum aufweisen, wodurch das Potenzial für künftige Kurssteigerungen begrenzt erscheint.[125]

Ähnliches gilt für *niedrige Dividenden*: Einerseits sprechen diese bei gleichzeitig hohen einbehaltenen Gewinnen dafür, dass dem Unternehmen rentable Investitionsprojekte vorliegen, deren Verzinsung über den Opportunitätskosten der Aktionäre liegt. In diesem Fall werden die niedrigen Dividenden durch entsprechend hohe Kursgewinne kompensiert. Andererseits ist es denkbar, dass das Unternehmen sich durch eine restriktive Dividendenpolitik ein Polster für in der Zukunft erwartete Verluste schafft. Hier sind niedrige Dividenden ein Hinweis auf ein hohes Unternehmensrisiko.

Auch die *Kursgewinnrentabilität* ist kein verlässlicher Maßstab für die künftige Unternehmenslage. Hohe Kursgewinne können zwar ein Zeichen dafür sein, dass sich die Erwartungen der Kapitalanleger über die künftige Ertragskraft des Unternehmens verbessert haben, et vice versa. Solche Hypothesen sind aber schon deshalb fragwürdig, weil andere Kurs beeinflussende Faktoren wie Zinsniveau, spekulative Blasen etc. nicht bzw. nur schwer isolierbar sind.[126]

---

123 Zur Signaltheorie allg. vgl. *Wagenhofer/Ewert*, Externe Unternehmensrechnung (2003), S. 246 f.

124 Vgl. *Wagenhofer/Ewert*, Externe Unternehmensrechnung (2003), S. 247.

125 Vgl. *Damodaran*, Corporate Finance (2001), S. 661 f.

126 Vgl. *Gräfer*, Bilanzanalyse (2005), S. 203.

2. Anwendung auf den Fall: Dividendenrentabilität, prozentualer Kursgewinn und Gesamtrentabilität der Aktie bei der Skycar Group

Die Aktie der Skycar Group weist für 2005 mit 9,82 %[127] im Vergleich zu Aktien anderer Automobilhersteller eine weit überdurchschnittliche Dividendenrentabilität auf (siehe Tabelle 46), wobei sich diese gegenüber dem Vorjahr (2,65 %) mehr als verdreifacht hat. Entsprechend wurden die Aktien der Skycar Group in der Wirtschaftspresse in die Gruppe der attraktivsten Dividendentitel am deutschen Markt eingereiht.

Tabelle 46: Dividendenrentabilität der Aktie der Skycar Group und der Aktien anderer Automobilhersteller

(in %)	Skycar Group	BMW	Porsche	Renault	Volkswagen
2005	**9,82**	1,93	1,05	3,90	3,48

Bei genauerem Hinsehen erscheint die Euphorie indessen ungerechtfertigt. Dem Geschäftsbericht ist zu entnehmen, dass es sich bei der Dividendenerhöhung um eine Sonderausschüttung anlässlich des 10-jährigen Jubiläums der Automarke „Skycar" handelt. Bezieht man die Kursentwicklung der Aktie mit – 10,37 % in die Beurteilung ein, ergibt sich trotz der hohen Dividendenrentabilität eine negative Gesamtrentabilität von – 0,55 %. (siehe Tabellen 47 und 48). Hieran gemessen wäre eine Investition in Aktien anderer Automobilhersteller in 2005 wesentlich vorteilhafter gewesen.

Der negative Eindruck verschärft sich weiter, wenn man in die Betrachtung steuerliche Überlegungen einfließen lässt. Hier ergibt sich aus Sicht eines Privatanlegers der zusätzliche Nachteil, dass die hohe Dividende nach dem Halbeinkünfteverfahren versteuert werden muss und die Kursverluste allenfalls in Ausnahmefällen steuerlich geltend gemacht werden können.

Tabelle 47: Prozentualer Kursgewinn der Aktie der Skycar Group und der Aktien anderer Automobilhersteller

(in %)	Skycar Group	BMW	Porsche	Renault	Volkswagen
2005	**– 10,37**	11,60	29,79	11,94	36,36

127 Zur Berechnung ist zunächst die Dividende je Aktie als Quotient aus der Dividendensumme und der Zahl der ausstehenden Aktien zu ermitteln. Der sich ergebende Wert ist anschließend durch den Aktienkurs am Jahresanfang zu dividieren: (256,12 Mio. Euro ÷ 4 Mio.) ÷ 652,10 Euro = 9,82 %.

Tabelle 48: Gesamtrentabilität der Aktie der Skycar Group und der Aktien anderer Automobilhersteller

(in %)	Skycar Group	BMW	Porsche	Renault	Volkswagen
2005	**– 0,55**	13,53	30,84	15,84	39,84

Auch ein Blick in die Kapitalflussrechnung und die Eigenkapitalveränderungsrechnung zeigt, dass die Sonderausschüttung weder durch die Finanz- noch durch die Ertragslage gerechtfertigt war. Laut *Kapitalflussrechnung* ergab sich in 2005 ein negativer Free Cashflow von – 33,01 Mio. Euro (Cashflow aus laufender Geschäftstätigkeit von 259,72 Mio. Euro plus Cashflow aus Investitionstätigkeit von – 292,73 Mio. Euro), d. h. für Dividenden standen keine selbst erwirtschafteten Einzahlungsüberschüsse zur Verfügung. Vielmehr mussten die Dividenden einschließlich der Sonderausschüttung in voller Höhe durch einen massiven Liquiditätsabbau finanziert werden.

Wie sich aus der *Eigenkapitalveränderungsrechnung* ergibt, ist die gesamte Sonderausschüttung zu Lasten der Substanz des Konzerns geleistet worden. Da der Jahresüberschuss zwar für die gewöhnliche Dividende, nicht aber für die Sonderausschüttung ausreichte, mussten die Gewinnrücklagen um nahezu 19 % aufgelöst werden.

Entsprechend handelt es sich bei der hohen Dividendenrentabilität um einen bloßen Einmaleffekt, der nicht als Signal für eine dauerhafte Verbesserung der Zukunftsaussichten missverstanden werden darf. Vielmehr deutet der Rückgang des Börsenkurses über den Dividendenabschlag hinaus auf eine Verschlechterung der Erwartungen der Marktteilnehmer über die Ertragspotenziale des Konzerns hin, zumal die Aktien der Konkurrenten im selben Zeitraum Kursgewinne verzeichnen konnten.

IV. Kurs-Gewinn-Verhältnis

1. Erläuterung

a) Definition

Das Kurs-Gewinn-Verhältnis (KGV bzw. price-earnings-ratio – PER) misst den relativen Preis einer Aktie bezogen auf den erwirtschafteten Gewinn.[128] Für die Analyse bietet es sich an, den Kurs am Ende eines Geschäftsjahrs oder den Durchschnittskurs für das Geschäftsjahr zu verwenden:[129]

128 Vgl. *Gräfer*, Bilanzanalyse (2005), S. 205 f.

129 Im Folgenden wird der Kurs am Ende des Geschäftsjahrs verwendet.

$$\text{Kurs-Gewinn-Verhältnis} = \frac{\text{Börsenkurs}}{\text{Gewinn je Aktie}}.$$

b) Bedeutung der Kennzahl

Für das KGV gibt es unterschiedliche Interpretationen. In erster Linie wird die Kennzahl als *Multiplikator* verstanden, der angibt, mit welchem Vielfachen des Gewinns eine Aktie an der Börse bewertet wird bzw. wie viel beim Kauf einer Aktie für eine Geldeinheit Gewinn als ewige Rente bezahlt werden muss.[130] Hiernach gilt eine Aktie als umso teurer, je höher das KGV ist.[131]

Mit dem Abstellen auf den Gewinn des vergangenen Geschäftsjahrs werden gravierende *methodische Schwächen* sichtbar. Rationale Investoren bezahlen an der Börse nicht für vergangene Gewinne, sondern für künftige Cashflows.[132] Selbst wenn der Gewinn den Cashflow approximiert, handelt es sich um eine Vergangenheitsgröße, die nicht einfach in die Zukunft extrapoliert werden kann. Vor allem bleiben im Gewinn die künftigen Wachstumschancen des Unternehmens ausgeblendet, weshalb wachstumsstarke Unternehmen systematisch höhere KGV als wachstumsschwache Unternehmen aufweisen.

Um ein KGV als hoch oder niedrig bzw. eine Aktie als teuer oder billig einstufen zu können, bedarf es eines Vergleichsmaßstabs. Hierfür kann auf KGV von vergleichbaren Unternehmen oder auf das faire KGV zurückgegriffen werden. In der Praxis ist das *branchendurchschnittliche KGV* als Benchmark üblich.[133] Liegt das KGV einer Aktie über dem branchendurchschnittlichen KGV, gilt die Aktie als teuer bzw. überbewertet. Es wird eine Fehlbewertung durch die übrigen Marktteilnehmer unterstellt, die lediglich durch einen künftig sinkenden Kurs korrigiert werden kann.

Gleichwohl ist es kritisch zu sehen, von der Abweichung des KGV einer Aktie vom branchendurchschnittlichen KGV auf die Angemessenheit des Börsenkurses zu schließen. Das Kernproblem besteht darin, dass die Ursache der Abweichung nicht eindeutig identifizierbar ist. Liegt z. B. das KGV einer Aktie *über* dem branchendurchschnittlichen KGV, muss dies nicht zwangsläufig auf eine Überbewertung der Aktie zurückzuführen sein. Als alternative Gründe kommen in Frage:

- Das Unternehmen hat bessere Wachstumschancen als die Wettbewerber.
- Das Unternehmen hat ein niedrigeres Risiko und damit niedrigere Eigenkapitalkosten als die Wettbewerber.
- Die Aktien der Wettbewerber sind im Durchschnitt unterbewertet.

---

130 Vgl. *Perridon/Steiner*, Finanzwirtschaft der Unternehmung (2004), S. 230 f.
131 Vgl. *Gräfer*, Bilanzanalyse (2005), S. 205 f.
132 Vgl. *Revsine/Collins/Johnson*, Financial Reporting and Analysis (2005), S. 283.
133 Vgl. *Perridon/Steiner*, Finanzwirtschaft der Unternehmung (2004), S. 231.

Mit dem *fairen KGV* wird versucht, bei Annahme bestimmter Eigenkapitalkosten die mit dem KGV einer Aktie implizierten Gewinnerwartungen zu plausibilisieren. Das faire KGV entspricht dem hypothetischen KGV, das sich bei fairer Bewertung der Aktie, d. h. unter realistischen Wachstumsvorstellungen ergeben würde. Im einfachsten Fall wird von Nullwachstum und der zeitlich unbegrenzten Reproduzierbarkeit des Gewinns des abgelaufenen Geschäftsjahrs ausgegangen. Hier entspricht das faire KGV dem Reziprokwert der Eigenkapitalkosten. Betragen diese z. B. 10 %, ergibt sich ein faires KGV von 10.

Unterstellt man hingegen Wachstum, müssen Annahmen über Höhe und Zeitraum des Wachstums getroffen werden. Diese lassen sich in ein einfaches *Zwei-Phasenmodell* integrieren.[134] In der ersten Phase wird eine konstante Wachstumsrate w über n Perioden angenommen. In der zweiten Phase wird von einem konstanten Gewinn auf Basis des letzten Gewinns ausgegangen. Als Diskontierungsfaktor q ist entweder eine unternehmensspezifische Renditeforderung (Eigenkapitalkosten) zu unterstellen oder auf eine erwartete durchschnittliche Marktrendite zurückzugreifen.[135] Bezeichnet G* den Gewinn im vergangenen Geschäftsjahr, so errechnet sich das faire KGV wie folgt:

$$\text{faires KGV} = \frac{\dfrac{G^* \times w}{q} + \dfrac{G^* \times w^2}{q^2} + \cdots + \dfrac{G^* \times w^n}{q^n} + \dfrac{\dfrac{G^* \times w^n}{q-1}}{q^n}}{G^*}$$

$$= \sum_{t=1}^{n} \frac{w^t}{q^t} + \frac{w^n}{q^{n+1} - q^n}$$

$$= \frac{w}{q-w} + \frac{q \times (1-w)}{(q-1) \times (q-w)} \times \left(\frac{w}{q}\right)^n.$$

Hiernach ist die Höhe des fairen KGV abhängig von den Annahmen über die Gewinnwachstumsrate, die Dauer des Gewinnwachstums und die Eigenkapitalkosten bzw. die erwartete durchschnittliche Marktrendite. Tabelle 49 (auf S. 116) zeigt die fairen KGV in Abhängigkeit von Wachstumsrate w und Dauer des Gewinnwachstums n bei einer erwarteten durchschnittlichen Marktrendite von 10 %.

134 Vgl. *Werner/Padberg/Kriete*, IFRS-Bilanzanalyse (2005), S. 90 f. Allgemein zum Zwei-Phasenmodell vgl. IDW (Hrsg.), IDW Standard: Grundsätze zur Durchführung von Unternehmensbewertungen (IDW S1), WPg 2005, S. 1303 (S. 1311).

135 Hierbei bietet sich die Verwendung des CAPM an. Vgl. *Werner/Padberg/Kriete*, IFRS-Bilanzanalyse (2005), S. 91.

Tabelle 49: Faires KGV bei einer erwarteten Marktrendite von 10 %

	Erwartetes Gewinnwachstum w						
n	**0 %**	**5 %**	**10 %**	**15 %**	**20 %**	**25 %**	**30 %**
1	10,00	10,50	11,00	11,50	12,00	12,50	13,00
2	10,00	11,00	12,00	13,10	14,20	**15,30**	16,50
3	10,00	11,40	13,00	14,70	16,60	18,60	20,70
4	10,00	11,90	14,00	16,40	19,20	22,20	25,70
5	10,00	12,30	**15,00**	18,20	22,00	26,40	31,50
6	10,00	12,70	16,00	20,10	25,10	31,10	38,50
7	10,00	13,10	17,00	22,00	28,50	36,50	46,60
8	10,00	13,40	18,00	24,10	32,10	42,60	56,30
9	10,00	13,80	19,00	26,20	36,10	49,60	67,70
10	10,00	14,10	20,00	28,50	40,50	57,50	81,20

Hieraus lässt sich ablesen, welche Implikationen ein gegebenes KGV unter der Annahme von Eigenkapitalkosten bzw. einer erwarteten durchschnittlichen Marktrendite von 10 % für das erwartete Gewinnwachstum und dessen Dauer beinhaltet. Ein gegebenes KGV von ungefähr 15 ist z. B. bei einem konstanten Gewinnwachstum von 10 % über 5 Jahre oder von 25 % über 2 Jahre plausibel. Erscheinen solche Wachstumsprognosen als unrealistisch, deutet dies auf ein zu hohes KGV bzw. eine Überbewertung der Aktie hin.

2. Anwendung auf den Fall: Kurs-Gewinn-Verhältnis der Aktie bei der Skycar Group

Das KGV der Aktie der Skycar Group auf Basis des verwässerten Ergebnisses je Aktie beträgt für 2005 16,8.[136] Tabelle 50 verdeutlicht, dass die Aktie trotz des Kursrückgangs in 2005 im Vergleich zu den Aktien anderer Automobilhersteller als teuer erscheint.

Tabelle 50: Kurs-Gewinn-Verhältnis der Aktie der Skycar Group und der Aktien anderer Automobilhersteller

	Skycar Group	**BMW**	**Porsche**	**Renault**	**Volkswagen**
2004	18,80	10,10	12,10	5,50	18,40
2005	**16,80**	11,10	13,70	5,30	15,50

136 Berechnung: 584,50 Euro ÷ 34,86 Euro = 16,8.

Mit einer Überbewertung muss gerechnet werden, wenn sich die im KGV unterstellten Wachstumserwartungen als unrealistisch erweisen. Zu deren Plausibilisierung wird auf die Überlegungen des fairen KGV zurückgegriffen. Hierbei wird unter Zugrundelegung des CAPM von einer Renditeforderung für die Aktie der Skycar Group von 10 % ausgegangen, wobei für den risikolosen Zinssatz 4 %, die Marktrisikoprämie 5 % und den β-Faktor der Aktie der Skycar Group 1,2 angenommen werden.[137]

Bei Betrachtung der fairen KGV in Tabelle 49 wird deutlich, dass sich die Anforderungen, die zur Rechtfertigung eines KGV i. H. v. 16,8 erfüllt sein müssten, bezogen auf die Skycar Group als kaum tragbar erweisen. Die Skycar Group müsste demzufolge über die kommenden sechs Jahre ein jährliches Gewinnwachstum von ca. 10 % oder in den nächsten zwei Jahren ein jährliches Gewinnwachstum von ca. 30 % erzielen. Ein Blick in den Geschäftsbericht verdeutlicht, dass selbst die Unternehmensführung nicht mit solchen Wachstumsraten rechnet. Aufgrund der schwierigen konjunkturellen Lage und des sich durch den Markteintritt asiatischer Wettbewerber eher verschärfenden Wettbewerbs erscheint ein Erreichen der erforderlichen Wachstumsraten bei unveränderter Geschäftsstrategie als unrealistisch. Ein Grund für die hohen Erwartungen könnte allenfalls in der Vermutung des Kapitalmarkts liegen, dass die Skycar Group sich mit dem Bau des Mondfahrzeugs Victory ein neues Geschäftsfeld mit großem Ertragspotenzial erschließen kann.

V. Kurs-Buchwert-Verhältnis

1. Erläuterung

a) Definition

Das Kurs-Buchwert-Verhältnis misst den relativen Preis einer Aktie auf Basis des anteiligen buchmäßigen Eigenkapitals.[138] Hierbei ist auf den Kurs am Ende des Geschäftsjahrs abzustellen:

$$\text{Kurs-Buchwert-Verhältnis} = \frac{\text{Börsenkurs}}{\text{Buchwert des Eigenkapitals je Aktie}}.$$

b) Bedeutung der Kennzahl

Das Kurs-Buchwert-Verhältnis wird ebenfalls als Indikator für die Preiswürdigkeit einer Aktie verwendet. Als Grundregel gilt, dass eine Aktie umso teurer und unattraktiver ist, je höher das Kurs-Buchwert-Verhältnis ausfällt.[139]

137 Entsprechend ergibt sich nach dem CAPM die Renditeforderung als 4 % + 1,2 × 5 % = 10 %.

138 Buchmäßiges Eigenkapital ohne Minderheitsanteil.

139 Vgl. *Steiner/Bruns*, Wertpapiermanagement (2002), S. 272.

In den meisten Fällen liegt die *Kennzahl über 100 %*. Hierin wird allgemein ein Indiz gesehen, dass sich in Höhe der Differenz im Unternehmen stille Reserven einschließlich einem originären Geschäfts- oder Firmenwert befinden.[140] Dies könnte unter der Annahme der Auflösung der stillen Reserven in der Zukunft als Hinweis auf künftig steigende Dividenden verstanden werden. Da allerdings gerade der originäre Geschäfts- oder Firmenwert gegenüber der in der Bilanz ausgewiesenen „Substanz" als wertunsicherer eingestuft wird, wird mit zunehmendem Kurs-Buchwert-Verhältnis eine Überteuerung der Aktie für immer wahrscheinlicher gehalten.

Fällt die *Kennzahl unter 100 %*, wird dies allgemein als Signal für stille Lasten im Unternehmen gedeutet. Diese lassen ihrerseits sinkende Dividenden befürchten. Werden nämlich die stillen Lasten durch außerplanmäßige Abschreibungen und Rückstellungen gehoben, verringert sich zwangsläufig die Ausschüttungsbasis.

Ebenso wie das KGV weist das Kurs-Buchwert-Verhältnis erhebliche logische *Schwächen* auf: Da im Einzelfall nicht bekannt ist, ob der Börsenkurs oder der Buchwert der bessere Schätzer für den fairen Preis einer Aktie ist, lässt sich aus dem Kurs-Buchwert-Verhältnis keine eindeutige Aussage über die Preiswürdigkeit einer Aktie ableiten. Liegt die Kennzahl über 100 %, kann dies ein Hinweis sowohl auf eine Überbewertung der Aktie als auch auf eine Unterbewertung des buchmäßigen Eigenkapitals bzw. auf stille Reserven sein. Umgekehrt kann ein Kurs-Buchwert-Verhältnis unter 100 % gleichzeitig eine Unterbewertung der Aktie als auch eine Überbewertung des buchmäßigen Eigenkapitals, d. h. das Vorliegen von stillen Lasten signalisieren.

2. Anwendung auf den Fall: Kurs-Buchwert-Verhältnis der Aktie bei der Skycar Group

Bei der Skycar Group liegt das Kurs-Buchwert-Verhältnis Ende 2005 mit 205,17 % (584,50 Euro ÷ 284,89 Euro[141]) deutlich über 100 %. Außerdem fällt die Kennzahl wesentlich höher als bei den anderen Automobilherstellern aus (siehe Tabelle 51). Hieraus könnte man auf eine Überbewertung der Aktie der Skycar Group im Branchenvergleich schließen. Genauso gut könnte man aber argumentieren, dass der Kapitalmarkt die Ertragspotenziale bzw. den originären Geschäfts- oder Firmenwert der Skycar Group höher als bei ihren Wettbewerbern einschätzt.

140 Ähnlich *Gräfer*, Bilanzanalyse (2005), S. 204.

141 Der Buchwert des Eigenkapitals je Aktie bestimmt sich als Quotient aus dem Buchwert des Eigenkapitals ohne Minderheitsanteil und der Zahl der ausstehenden Aktien (1 139,56 Mio. Euro ÷ 4 Mio. = 284,89 Euro).

Tabelle 51: Kurs-Buchwert-Verhältnis der Aktie der Skycar Group und der Aktien anderer Automobilhersteller

(in %)	Skycar Group	BMW	Porsche	Renault	Volkswagen
2004	**204,91**	127,84	140,30	98,61	52,00
2005	**205,17**	147,26	155,61	89,42	67,24

Weiterhin ist ersichtlich, dass die Kennzahl bei der Skycar Group im Vergleich zu 2004 stabil geblieben ist. Dies lässt vermuten, dass der Kursrückgang in 2005 im Wesentlichen auf die hohen Ausschüttungen und nicht auf eine Verschlechterung der Erwartungen des Kapitalmarkts zurückzuführen ist. Im Widerspruch dazu stehen allerdings die verhaltenen Prognosen des Managements im Lagebericht, die eher auf eine Überbewertung der Aktie hindeuten.

Weiterführende Literatur

Baetge, Jörg/ Kirsch, Hans-Jürgen/ Thiele, Stefan	Bilanzanalyse, 2. Aufl., Düsseldorf 2004, S. 453–460
Penman, Stephan H.	Financial Statement Analysis and Security Valuation, 3. Aufl., Boston u. a. 2007, S. 140–216
Gräfer, Horst	Bilanzanalyse, 9. Aufl., Berlin 2005, S. 202–208
Küting, Karlheinz/ Weber, Claus-Peter	Die Bilanzanalyse, 8. Aufl., Stuttgart 2006, S. 289–317
Theile, Carsten	Gesamtergebnis je Aktie: Eine Kennzahl zur Schaffung von Vergleichbarkeit zwischen IFRS-Abschlüssen?, StuB, 8. Jg. (2006), PIR, StuB-Beilage zur IFRS-Bilanzierung Nr. 7, S. 97–104
Werner, Thomas/ Padberg, Thomas/ Kriete, Thomas	IFRS-Bilanzanalyse, Stuttgart 2005, S. 89–94
White, Gerald I./ Sondhi, Ashwinpaul C./ Fried, Dov	The Analysis and Use of Financial Statements, 4. Aufl., New York 2006, S. 149–155

Fall 6: Immaterielle Vermögenswerte am Beispiel der Forschungs- und Entwicklungskosten

Sachverhalt:

Sowohl aufgrund des kontinuierlich ansteigenden Marktpreises für Rohöl als auch aufgrund verschärfter EU-Abgasrichtlinien fokussiert sich die Forschungs- und Entwicklungstätigkeit der Skycar Group seit dem 1. 1. 2003 auf die Entwicklung effizienter Antriebsmotoren und verbrauchsreduzierender Leichtbaukarosserien.[142] Nachdem die neu entwickelte 2for100-Motorengeneration die abschließenden Simulationstests erfolgreich bestanden hatte, meldete das Management der Skycar Group am 30. 6. 2005 die Erfindung zum Patent an. Zum 28. 12. 2005 erteilte das Patentamt der Skycar Group das Patent mit einer Laufzeit von 10 Jahren. Ebenfalls zum 28. 12. 2005 erfolgte die endgültige Freigabe der neuen 2for100-Motorengeneration zum Verkehr.

Die Skycar Group verfügt über ein detailliertes Kostenrechnungssystem. Es ermöglicht, die anfallenden Einzelkosten der Forschungs- und Entwicklungstätigkeit den einzelnen Projekten – so auch dem Projekt 2for100 – zuzuordnen (Tabelle 52).

Tabelle 52: Forschungs- und Entwicklungskosten des Projekts 2for100

(in Mio. €)	Gemeinkosten Forschung und Entwicklung (Raumkosten)	Forschungs-einzelkosten	davon Forschungs-einzelkosten Projekt 2for100	Entwicklungs-einzelkosten	davon Entwicklungs-einzelkosten Projekt 2for100
2002	120,00	173,11	130,00	195,41	0,00
2003	120,00	77,81	15,00	131,88	100,00
2004	120,00	33,53	0,00	102,35	80,00
2005	120,00	23,20	0,00	124,59	40,00

Die Miete für das von der Forschungs- und Entwicklungsabteilung gemeinsam genutzte Labor beträgt jährlich 120 Mio. Euro. Von der gesamten Laborfläche werden 2/3 von den Mitarbeitern der Forschungsabteilung genutzt, währenddessen 2/3 der innerhalb des Labors anfallenden Arbeitsstunden von den Mitarbeitern der Entwicklungsabteilung erbracht werden. Die den einzelnen Abteilungen zugeordneten Gemeinkosten entfallen auf die jeweiligen Projekte zu gleichen Teilen.

Kurz bevor die Skycar Group mit der serienmäßigen Ausstattung ihrer Fahrzeuge mit 2for100-Motoren begonnen hatte, äußerte im Dezember 2005 ein Konkurrenzunternehmen, die Cloudcar Group, ernsthaftes Interesse an dem Erwerb des Patents für die verbrauchsarme Motorengeneration. Sie legte der Skycar Group am

142 Vgl. Rahmenfallstudie, Abschn. III.

30. 12. 2005 ein bindendes Kaufpreisangebot i. H. v. 800 Mio. Euro vor. Die Manager der Skycar Group lehnten das Angebot ab. Sie gehen davon aus, dass die Skycar Group aus dem Einsatz des Patents einen kapitalisierten Mehrgewinn von insgesamt 1 000 Mio. Euro erzielen kann.

Die Skycar Group informiert in ihrem Geschäftsbericht des Jahres 2005 wie folgt über ihre Forschungs- und Entwicklungstätigkeit:

„Parallel zur Einführung der verbrauchsarmen 2for100-Motorengeneration beschäftigt sich die Forschung mit einem innovativen Leichtbau der Karosserie, der ein hohes Potenzial an Verbrauchseinsparung und Fahrfreude verspricht. Sofern die Entwicklungstätigkeit der Skycar Group hinsichtlich kommender Fahrzeuge und Motoren einen mit hinreichender Sicherheit eintretenden künftigen wirtschaftlichen Nutzen verspricht und neben einer möglichen eindeutigen Aufwandszuordnung sowohl die technische Realisierbarkeit als auch die erfolgreiche Vermarktung sichergestellt ist, werden die mit der Entwicklung einhergehenden Kosten aktiviert. Die aktivierten Entwicklungskosten schließen dabei sämtliche dem Entwicklungsprozess direkt zurechenbaren Kosten sowie angemessene Teile der entwicklungsbezogenen Gemeinkosten ein. Maßgebend hierfür ist der Zeitpunkt, ab dem alle ergänzenden Kriterien des IAS 38 zur Aktivierung kumulativ erfüllt sind. Nicht aktiviert werden Finanzierungskosten. Eine Abschreibung der aktivierten Entwicklungskosten erfolgt ab Produktionsbeginn planmäßig linear über den erwarteten Produktlebenszyklus von projektübergreifend fünf Jahren. Die Forschungs- und nicht aktivierungsfähigen Entwicklungskosten werden gemäß IAS 38 als laufender Aufwand ausgewiesen."

Aus den Anlagespiegeln der Geschäftsjahre 2002 bis 2005 ersehen Sie die Entwicklung der immateriellen Vermögenswerte der Skycar Group, insb. den in Tabelle 53 auszugsweise dargestellten, zusammengefassten Verlauf der aktivierten Entwicklungskosten, der die beiden Projekte 2for100 und Leichtbaukarosserie beinhaltet:

Tabelle 53: Entwicklung der immateriellen Vermögenswerte

(in Mio. €)	Aktivierte Entwicklungskosten			
	2005	**2004**	**2003**	**2002**
Herstellungskosten zum 1. 1.	463,64	365,71	239,54	60,21
+ Zugänge	124,59	97,93	126,17	179,33
– Abgänge	0,00	0,00	0,00	0,00
= Herstellungskosten zum 31. 12.	588,23	463,64	365,71	239,54
Kumulierte Abschreibungen zum 1. 1.	225,82	133,09	59,95	12,04
+ Zugang planmäßige Abschreibungen	117,65	92,73	73,14	47,91
+ Zugang außerplanmäßige Abschreibungen	0,00	0,00	0,00	0,00
= Kumulierte Abschreibungen zum 31. 12.	343,47	225,82	133,09	59,95
= Nettobuchwert zum 31. 12.	**244,76**	**237,82**	**232,62**	**179,59**

Weiterhin erhalten Sie aus den Konzernanhängen der Geschäftsjahre 2002 bis 2005 eine Auflistung der während dieser Geschäftsjahre erfolgswirksam verrechneten Forschungs- und Entwicklungskosten, deren Entwicklung in Tabelle 54 (auf S. 122) überblicksartig aufgezeigt wird:

Tabelle 54: Erfolgswirksam verrechnete Forschungs- und Entwicklungskosten

(in Mio. €)	2005	2004	2003	2002
Forschungs- und nicht aktivierungsfähige Entwicklungskosten	143,20	157,95	203,51	309,19
+ Abschreibungen auf aktivierte Entwicklungskosten	117,65	92,73	73,14	47,91
= Forschungs- und Entwicklungskosten gemäß GuV	260,85	250,68	276,65	357,10

Bei Ihrer morgendlichen Zeitungslektüre stoßen Sie auf einen Bericht, der die nachfolgende Tabelle 55 über das Aktivierungsverhalten ausgewählter europäischer Automobilhersteller enthält:[143]

Tabelle 55: Analyse der Vergleichsunternehmen für das Geschäftsjahr 2005

Typologische Bilanzanalyse für das Geschäftsjahr 2005					
BMW	Fiat	Porsche	Volvo	VW	**Ergebnis**
Aktivierung	Aktivierung	Aktivierung	Aktivierung	Aktivierung	**Aktivierung**
Aktivierungsquoten des Geschäftsjahrs 2005					
BMW	Fiat	Porsche	Volvo	VW	**Median**
44,80 %	42,11 %	9,49 %	31,95 %	35,10 %	**35,10 %**

Aufgabenstellung:

- Welche *bilanzanalytische Relevanz* haben immaterielle Vermögenswerte in der Praxis, insb. selbst erstellte immaterielle Vermögenswerte?
- Verdeutlichen Sie die sich im Rahmen der Bilanzierung von selbst erstellten immateriellen Vermögenswerten eröffnenden *bilanzpolitischen Möglichkeiten* der Skycar Group im Fall des Patents für die neue 2for100-Motorengeneration! Differenzieren Sie dabei zwischen einer *progressiven* und einer *konservativen Sichtweise* des Managements der Skycar Group!
  - Prüfen Sie nach den *allgemeinen Ansatzkriterien* für immaterielle Vermögenswerte, ob mit dem Patent der Skycar Group ein aktivierungspflichtiger Vermögenswert vorliegt!
  - Betrachten Sie in einem zweiten Schritt die *Unterteilung des Herstellungsprozesses* sowie die *kumulative Erfüllung der ergänzenden Ansatzkriterien*, und bestimmen Sie den Zeitpunkt des erstmaligen Ansatzes für das („halbfertige“) Patent!

143 Vgl. BMW, Konzernabschluss 2005, S. 46; Fiat, Konzernabschluss 2005, S. 93; Porsche, Konzernabschluss 2005, S. 127 f.; Volvo, Konzernabschluss 2005, S. 81 und 104; VW, Konzernabschluss 2005, S. 82.

> – Gehen Sie in einem letzten Schritt auf die *Festlegung der dem Herstellungsprozess zurechenbaren Gemeinkosten* sowie die *Folgebewertung* ein! Wie hoch sind die der Entwicklungsphase des Projekts 2for100 zum 31. 12. 2004 bzw. 31. 12. 2005 zurechenbaren Einzel- bzw. Gemeinkosten, wie hoch die gesamten Herstellungskosten?
> – Zeigen Sie die *bilanzanalytischen Möglichkeiten* im Fall des Patents für die neue 2for100-Motorengeneration auf! Welchen Grenzen sehen sich externe Bilanzanalysten ausgesetzt, und welche Auswirkungen ergeben sich hieraus im Einzelnen für die wesentlichen *Bilanzkennzahlen*, d. h. die Eigenkapitalquote und die Eigenkapitalrentabilität, der Skycar Group vor Korrektur der Steuer?

I. Bilanzanalytische Relevanz immaterieller Vermögenswerte

Die Bedeutung der immateriellen Vermögenswerte ist enorm. Der Grund dafür liegt nicht zuletzt in der rasanten *Fortentwicklung der Technologie- und Dienstleistungsgesellschaft*. In einem solchen Umfeld bilden die immateriellen Vermögenswerte die zentralen Produktionsfaktoren.[144] Hier bestätigt sich die von *Groh* bereits Ende der achtziger Jahre formulierte These: „Immaterielle Werte sind das Beste im Leben eines Menschen; sie sind es oft auch im Leben eines Betriebes."[145] Der Jahresabschluss scheint diese Realität zu negieren. In der Bilanz prägen noch immer die Sachanlagen und die Finanzanlagen das Erscheinungsbild des Anlagevermögens. Ihre Bedeutung lässt sich anhand der Sachanlagenintensität (d.h. des Anteils des Sachanlagevermögens an der Bilanzsumme)[146] sowie anhand der Finanzanlagenquote (d.h. anhand des Anteils der Finanzanlagen an der Bilanzsumme) eindrucksvoll belegen. Dagegen fällt der Anteil der immateriellen Vermögenswerte an der Bilanzsumme (bzw. Investitionssumme) kaum ins Gewicht.

Die Ursache für die *relativ geringe Bedeutung*, die immaterielle Anlagewerte als „ewige Sorgenkinder des Bilanzrechts"[147] *bei der Bilanzierung* haben, liegt in der Schwierigkeit ihrer Fassbarkeit. Häufig kann sie das Unternehmen in ihrer Existenz nicht einmal formal auf rechtssichere Art und Weise nachweisen (z.B. Knowhow, Belegschaftsqualität). Gelingt der Nachweis ausnahmsweise (wie bspw. bei

144 Vgl. *Bruns/Zeimes/Thuy*, Die Bilanzierung von immateriellen Vermögenswerten in der nationalen und internationalen Rechnungslegung, in: Horváth/Möller (Hrsg.), Intangibles in der Unternehmenssteuerung (2004), S. 251 (S. 253).

145 *Groh*, Einlegung und Ausschüttung immaterieller Wirtschaftsgüter, in: Curtius-Hartung/Herzig/Niemann (Hrsg.), Steuerberater-Jahrbuch (1988/89), S. 187 (S. 188).

146 Vgl. Fall 8, Abschn. V. 1.

147 *Moxter*, Immaterielle Anlagewerte im neuen Bilanzrecht, BB 1979, S. 1102 (S. 1102).

einem Patent aufgrund der Inhaberschaft), eröffnet die Bewertung der aus ihnen zu erwartenden Cashflows zumeist massive bilanzpolitische Spielräume; denn für immaterielle Vermögenswerte gibt es regelmäßig keinen aktiven Markt, auf dem sie gehandelt werden. Es fehlt mithin an objektivierenden Marktpreisen.

Tätigt das Unternehmen Investitionen in ihre Entwicklung, werden die entsprechenden Ausgaben nach § 248 Abs. 2 HGB und SFAS 2 (US-GAAP) sofort als Aufwand erfasst, wobei es nach US-GAAP zahlreiche branchenspezifische Ausnahmen gibt. Sie vermindern das Buchwerteigenkapital. Dadurch vergrößert sich systematisch die Kluft zwischen dem Wert des Unternehmens (Marktwert des Eigenkapitals) und dem Buchwert. Die IFRS versuchen, diese Fehlinformation zumindest teilweise zu beseitigen, indem sie das Unternehmen dazu verpflichten, selbst geschaffene immaterielle Vermögenswerte unter Erfüllung gewisser Voraussetzungen in Höhe ihrer Entwicklungskosten zu aktivieren (IAS 38.57). Ob und wieweit damit eine Verbesserung der Informationslage für den Bilanzanalysten einhergeht, wird nachfolgend untersucht.

II. Bilanzpolitische Möglichkeiten und Grenzen bei der Bilanzierung von Forschungs- und Entwicklungskosten

1. Allgemeine Ansatzkriterien für immaterielle Vermögenswerte

a) Erläuterung

IAS 38 definiert immaterielle Vermögenswerte als identifizierbare, nicht monetäre Vermögenswerte ohne physische Substanz (IAS 38.8). Ihre Aktivierung setzt gemäß IAS 38.18 (a) voraus, dass mit ihnen ein künftiger wirtschaftlicher Nutzen für das Unternehmen verbunden ist (IAS 38.17) und das Unternehmen über sie aufgrund vergangener Ereignisse verfügen kann (IAS 38.13). Darüber hinaus müssen immaterielle Vermögenswerte in der Weise identifizierbar sein, dass sie entweder einzeln oder aber i. V. m. einem Vertrag, einem Vermögenswert bzw. einer Schuld von der Unternehmung separiert werden können (IAS 38.12 (a)) oder dass sie aufgrund vertraglicher oder sonstiger juristischer Rechte bestehen (IAS 38.12 (b)) (*Definitionskriterien*). Des Weiteren ist es gemäß IAS 38.18 (b) notwendig, dass der aus ihrem Einsatz resultierende künftige Nutzen wahrscheinlich ist (IAS 38.21 (a)) und dass sich ihre Anschaffungs- oder Herstellungskosten verlässlich bewerten lassen (IAS 38.21 (b)) (*Ansatzkriterien*).[148]

---

148 Vgl. für eine ausführliche Darstellung *Pauly/Hommel*, Immaterielle Vermögenswerte des Anlagevermögens, in: Hommel/Wüstemann (Hrsg.), Synopse der Rechnungslegung nach HGB und IFRS (2006), S. 41 (S. 42–47).

Bei immateriellen Vermögenswerten ist zwischen einem Zugang durch *Einzelerwerb* (separater Erwerb, Erwerb durch Tausch von Vermögenswerten bzw. Erwerb durch Zuwendungen der öffentlichen Hand), einem Zugang durch *Eigenerstellung* und einem Zugang im Rahmen eines *Unternehmenszusammenschlusses* zu unterscheiden. Im Folgenden wird ausschließlich auf selbst erstellte immaterielle Vermögenswerte (des Anlagevermögens) eingegangen.

b) Anwendung auf den Fall: Überprüfung des Patents bei der Skycar Group

Die Skycar Group entwickelt seit dem 1. 1. 2003 die 2for100-Motorengeneration. Die Patenterteilung erfolgte zum 28. 12. 2005. Spätestens zu diesem Zeitpunkt stellt der damit verbundene wirtschaftliche Vorteil einen Vermögenswert i. S. d. IAS 38 dar, da die Skycar Group über ihn (das Patent) aufgrund eines vergangenen Ereignisses, d. h. der Patentrechtserteilung, verfügen kann.[149] Zudem ist das Patent aufgrund der Inhaberschaft, welche der Skycar Group an dem Patent rechtlich zusteht, identifizierbar[150] und aufgrund der nachweisbaren Herstellungskosten verlässlich bewertbar[151]. Zweifel daran, dass mit dem Patent ein aktivierungspflichtiger Vermögenswert vorliegt, könnten allenfalls dann bestehen, wenn sich das Management der Skycar Group aus dem Einsatz des Patents keinen künftigen wirtschaftlichen Nutzen für das Unternehmen verspricht[152] und/oder dann, wenn dieser künftige Nutzenzufluss nicht wahrscheinlich ist[153]. Beide Kriterien können jedoch nur subjektiv – aus Sicht des Managements – ausgelegt werden. Da das Management der Skycar Group hinsichtlich dieser beiden zuletzt genannten Kriterien keine entsprechenden Einwände erhebt, ist das Patent in Höhe der Entwicklungskosten zu aktivieren, die angefallen sind, nachdem die Skycar Group sämtliche der in IAS 38.57 aufgelisteten ergänzenden Ansatzkriterien nachweisen konnte (und wollte).

2. Unterteilung des Herstellungsprozesses und kumulative Erfüllung der ergänzenden Ansatzkriterien

a) Erläuterung

Diese Definitions- und Ansatzkriterien eröffnen insb. bei der Gruppe der selbst erstellten immateriellen Vermögenswerte bilanzpolitische Spielräume. So ergibt sich bei dieser Gruppe zum einen zumeist die Problematik, zweifelsfrei bestimmen zu

149 Vgl. IAS 38.13 i.V. m. IAS 38.18 (a).
150 Vgl. IAS 38.12 i.V. m. IAS 38.18 (a).
151 Vgl. IAS 38.21 (b) i.V. m. IAS 38.18 (b).
152 Vgl. IAS 38.17 i.V. m. IAS 38.18 (a).
153 Vgl. IAS 38.21 (a) i.V. m. IAS 38.18 (b).

können, ob und ab wann ein identifizierbarer Vermögenswert existiert, der einen voraussichtlichen künftigen wirtschaftlichen Nutzen erzeugt (IAS 38.51 (a)). Zum anderen fällt die Entscheidung regelmäßig schwer, ob bestimmte Aufwendungen zur Herstellung eines selbst erstellten immateriellen Vermögenswerts führen oder ob sie dazu dienen, den Goodwill des Unternehmens zu erhalten oder zu vergrößern (IAS 38.51 (b)).[154]

Um die Unterscheidung zwischen aktivierungspflichtigen Herstellungskosten eines Vermögenswerts und den nicht aktivierungsfähigen Aufwendungen auf den originären Goodwill trennschärfer zu ermöglichen, finden sich in IAS 38 Beurteilungskriterien, die eine entsprechende Zuteilung gewährleisten sollen. Die *Forschungsphase* ist durch eine eigenständige und planmäßige Suche nach neuen wissenschaftlichen oder technischen Erkenntnissen gekennzeichnet. Aufgrund der relativen Unsicherheit des mit den wissenschaftlichen oder technischen Erkenntnissen der Forschungsphase verbundenen erwarteten künftigen wirtschaftlichen Nutzens (IAS 38.55) sind die innerhalb der Forschungsphase getätigten Ausgaben im Zeitpunkt ihres Anfalls stets aufwandswirksam zu erfassen (IAS 38.54).

Von der Forschungsphase ist die *Entwicklungsphase* zu unterscheiden. Kennzeichnend für diese Phase ist der Anwendungsbezug von Forschungsergebnissen oder anderem Wissen auf einen Entwurf für die Produktion. Sie liegt zeitlich nach der Forschungsphase und vor Beginn der kommerziellen Produktion oder Nutzung (IAS 38.8).[155] Die während der Entwicklungsphase getätigten Ausgaben sind auf die konkrete Herstellung eines immateriellen Vermögensgegenstands gerichtet. Dieser ist – je nach Entwicklungsfortschritt als halbfertiger oder fertiger immaterieller Vermögensgegenstand – in Höhe der Entwicklungskosten verpflichtend zu aktivieren. Voraussetzung dazu ist aber, dass das Unternehmen den Nachweis erbringt, dass der immaterielle Vermögenswert neben den zuvor beschriebenen allgemeinen Aktivierungskriterien die in IAS 38.57 genannten sechs *ergänzenden Ansatzkriterien* kumulativ erfüllt:[156]

(1) Nachweis der *technischen Realisierbarkeit der Fertigstellung* des immateriellen Vermögenswerts, so dass dieser zur Eigennutzung oder zum Verkauf zur Verfügung steht (IAS 38.57 (a)),

(2) Nachweis der *Absicht des Unternehmens zur Fertigstellung* des immateriellen Vermögenswerts, sowie Nachweis der Absicht der Eigennutzung bzw. des Verkaufs des immateriellen Vermögenswerts (IAS 38.57 (b)),

---

154 Da für den selbst geschaffenen Goodwill ein Bilanzierungsverbot nach IAS 38.48 besteht, müssen die Aufwendungen in diesem Fall im Entstehungszeitpunkt als Aufwand verrechnet werden.

155 Beispiele für Forschungs- bzw. Entwicklungsaktivitäten werden zum Zweck der Abgrenzung in IAS 38.56 respektive IAS 38.59 aufgezeigt.

156 IAS 38.63 beinhaltet ein uneingeschränktes Ansatzverbot für selbst geschaffene Markennamen, Drucktitel, Verlagsrechte, Kundenlisten und ihrem Wesen nach ähnliche Sachverhalte selbst bei Erfüllung der ergänzenden Ansatzkriterien.

(3) Nachweis der *Fähigkeit* des immateriellen Vermögenswerts *zur Eigennutzung bzw. zum Verkauf* (IAS 38.57 (c)),

(4) Nachweis der *Art und Weise*, wie der immaterielle Vermögenswert *künftigen wirtschaftlichen Nutzen erzielen* wird (IAS 38.57 (d)),

(5) Nachweis der *Verfügbarkeit adäquater technischer, finanzieller und sonstiger Ressourcen* zur Fertigstellung sowie zur künftigen Eigennutzung oder zum Verkauf des immateriellen Vermögenswerts (IAS 38.57 (e)) sowie

(6) Nachweis der *zuverlässigen Bestimmung der* dem immateriellen Vermögenswert *während der Entwicklungsphase zurechenbaren Ausgaben* (IAS 38.57 (f)).

Die Aktivierungsfähigkeit und damit die Aktivierungspflicht beginnt erst mit dem Zeitpunkt, in dem das Unternehmen nachweist, dass der immaterielle Vermögenswert alle Voraussetzungen ohne Ausnahme erfüllt. Bereits das Fehlen einer einzigen Voraussetzung verhindert die Aktivierungsfähigkeit des Vermögenswerts und führt zwingend dazu, dass die auf ihn gerichteten Entwicklungskosten als Aufwand zu erfassen sind. Die Aktivierungspflicht kann auch unterjährig entstehen; sie ist damit nicht nur zum jeweiligen Bilanzstichtag zu prüfen. Entwicklungsausgaben, die vor dem Zeitpunkt der kumulativen Erfüllung der ergänzenden Ansatzkriterien zwingend als Aufwand behandelt wurden, dürfen zu einem späteren Zeitpunkt nicht mehr nachaktiviert werden (IAS 38.71). Falls die Trennung in eine Forschungs- und eine Entwicklungsphase nicht möglich ist, gilt das ganze Forschungs- und Entwicklungsprojekt als in der Forschungsphase angefallen. Eine Aktivierung der gesamten Ausgaben kommt nicht in Betracht, vielmehr sind in diesem Fall sämtliche Aufwendungen aufwandswirksam zu erfassen (IAS 38.53).

Die in IAS 38.8 wiedergegebenen Definitionen der Begriffe Forschung bzw. Entwicklung sind sehr allgemein formuliert. Sie ermöglichen häufig *keine trennscharfe Differenzierung* zwischen den einzelnen Phasen. Hierdurch werden dem bilanzierenden Unternehmen weitgehende Möglichkeiten der Sachverhaltsgestaltung eröffnet, die letztlich zu einem faktischen Ansatzwahlrecht selbst erstellter immaterieller Vermögenswerte in Höhe der originären Entwicklungskosten führen.[157] Im einfachsten Fall kann sich ein auf konservative Handhabung bedachtes Unternehmen (in nicht überprüfbarer Weise) auf einen nicht-sequenziell und damit alternierend verlaufenden Forschungs- und Entwicklungsprozess berufen, der eine eindeutige Unterteilung in eine Forschungs- und Entwicklungsphase nicht ermöglicht, und umgekehrt.

157 Vgl. *Fasselt/Brinkmann*, Immaterielle Vermögensgegenstände, in: Castan u.a. (Hrsg.), Beck'sches Handbuch der Rechnungslegung (2004), Abschn. B 211, Rn. 79. Ein Beispiel findet sich bei *Hoffmann*, § 13 Immaterielle Vermögenswerte des Anlagevermögens, in: Lüdenbach/Hoffmann (Hrsg.), Haufe IFRS-Kommentar (2006), Rn. 29.

Auch die in IAS 38.57 genannten *ergänzenden Aktivierungsvoraussetzungen* bilden geradezu eine ideale Plattform für bilanzpolitische Überlegungen.[158]

Die *Verfügbarkeit finanzieller Ressourcen* (IAS 38.57 (e)) bspw. ist gemäß IAS 38.61 durch Finanzpläne nachzuweisen, ohne dass zwingende Vorschriften zu ihrer Form und ihrem Inhalt existieren. Deshalb entstehen beträchtliche Freiräume bei der Erbringung des Nachweises, die der Bilanzierende in Abhängigkeit von seiner bilanzpolitischen Zielsetzung ausfüllt, um eine finanzielle Über- bzw. Unterdeckung des Entwicklungsprojekts zu dokumentieren und damit dessen bilanzielle Handhabung zu steuern.

Bei immateriellen Anlagewerten handelt es sich um Unikate, die in dieser Form noch nicht entwickelt wurden. Deshalb lässt sich auch der weitere Verlauf der Entwicklungstätigkeit nicht zweifelsfrei vorhersehen. Ob *adäquate technische Ressourcen* (IAS 38.57 (e)) vorhanden sind, hängt nicht zuletzt davon ab, ob das Unternehmen im Rahmen der Entwicklungsphase an die Grenzen der im Unternehmen verfügbaren Mittel stoßen wird oder nicht. Die Beurteilung dieses Sachverhalts eröffnet bilanzpolitische Spielräume.

Das gleiche gilt für das Kriterium der *technischen Realisierbarkeit der Fertigstellung* (IAS 38.57 (a)) sowie für die (unter ökonomischen Gesichtspunkten als inhaltslos zu klassifizierenden) Kriterien des Nachweises der *Fähigkeit* des immateriellen Vermögenswerts *zur Eigennutzung bzw. zum Verkauf* (IAS 38.57 (c)) respektive des Nachweises der *Art und Weise der künftigen Nutzenerzielung* (IAS 38.57 (d)). Zur Beurteilung dieser ergänzenden Ansatzkriterien muss (und kann) das Unternehmen regelmäßig auf gestaltbare Pläne zurückgreifen. Erfahrungen mit erfolgreich zu Ende geführten und/oder gescheiterten Entwicklungsprojekten ergänzen den Nachweis, mit dem das Unternehmen die Erreichbarkeit bzw. Nichterreichbarkeit des Entwicklungsziels scheinbar objektiviert rechtfertigt.[159] Da der Bilanzanalyst keinen umfassenden Einblick in die verwirklichten und gescheiterten Entwicklungsprojekte hat und die zentralen Gründe für ihren Verlauf nicht abschließend kennt, hat das Unternehmen bei der Auswahl der als Referenz dienenden vergangenen Entwicklungsprojekte sowie bei deren Aufbereitung Spielräume.

Ein bilanzpolitisches Steuerungsinstrument bietet darüber hinaus die Pflicht, die *Fertigstellungsabsicht* nachzuweisen (IAS 38.57 (b)). Auch wenn das Kriterium unter der Annahme eines ökonomisch handelnden Unternehmens bei Fortsetzung des Entwicklungsprozesses bis zum Zeitpunkt der Aufstellung des Jahresabschlusses eindeutig erfüllt sein sollte,[160] genügt dieser erste Anscheinsbeweis nicht zur

---

158 Vgl. *Hoffmann*, § 13 Immaterielle Vermögenswerte des Anlagevermögens, in: Lüdenbach/Hoffmann (Hrsg.), Haufe IFRS-Kommentar (2006), Rn. 28 f.

159 Vgl. *Baetge/von Keitz*, IAS 38 Immaterielle Vermögenswerte (Intangible Assets), in: Baetge u. a. (Hrsg.), Rechnungslegung nach International Accounting Standards (IAS) (2003), Rn. 56 und 58.

160 Vgl. *Baetge/von Keitz*, IAS 38 Immaterielle Vermögenswerte (Intangible Assets), in: Baetge u. a. (Hrsg.), Rechnungslegung nach International Accounting Standards (IAS) (2003), Rn. 57.

Erfüllung des Kriteriums. Die „Absicht" zeichnet sich dadurch aus, dass sie in den Köpfen der Entscheidungsträger stattfindet und sich nicht nachweisen lässt. Selbst bei viel versprechenden Projekten kann eine Aktivierungspflicht daran scheitern, dass das Management die Fertigstellungsabsicht negiert. So ist es bspw. denkbar, dass bestimmte Erfolg versprechende Projekte mit den ethischen Vorstellungen oder mit dem unternehmerischen Selbstverständnis des Managements oder der Unternehmenseigner kollidieren, so dass sie nach eigenem (nicht nachprüfbarem) Bekunden nicht die Absicht haben, das Projekt zu Ende zu führen. Das Unternehmen kann damit den Beginn der Aktivierungspflicht weitgehend selbst bestimmen.

Platz für Sachverhaltsgestaltungen gewährt zudem das Kriterium der *zuverlässigen Bestimmung der* den immateriellen Vermögenswerten *während der Entwicklungsphase zurechenbaren Ausgaben* (IAS 38.57 (f)). Es ist jedoch zu beachten, dass eine derartige Beurteilungsfähigkeit auch in Zukunft sichergestellt sein muss, denn in die Nachweispflicht werden aufgrund des Verweises auf die gesamte Entwicklungsphase auch zukünftige Ausgaben einbezogen und mithin eine in Zukunft durchführbare Bestimmung der zurechenbaren Ausgaben in zuverlässiger Art und Weise gefordert. Unter Berufung auf die Güte des Kostenrechnungssystems kann das bilanzierende Unternehmen die Möglichkeit einer Zuordnung der Gemeinkosten zu den immateriellen Vermögenswerten steuern.[161]

b) Anwendung auf den Fall: Aktivierung von Entwicklungskosten bei der Skycar Group

Ob die auf das Patent gerichtete Investition bereits vor dem Zeitpunkt der Patenterteilung zu einem aktivierungspflichtigen Vermögenswert führt, hängt davon ab, ob der Vermögenswert (das „halbfertige" Patent) den Kriterienkatalog des IAS 38.57 erfüllt. Bei einer großzügigen Auslegung, d.h. bei einer progressiven Sichtweise, wäre es vertretbar, den Entwicklungsgegenstand bereits ab dem 1. 1. 2003 zu aktivieren. Das Management müsste dann „lediglich" einen Plan vorlegen, aus welchem die kumulative Erfüllung der sechs ergänzenden Ansatzkriterien des IAS 38.57, wie bspw. die technische Realisierbarkeit der Fertigstellung oder aber die Verfügbarkeit an sämtlichen benötigten Ressourcen zur Fertigstellung der 2for100-Motorengeneration, hervorgeht.

Alternativ könnte das Management im Rahmen einer konservativen Sichtweise argumentieren, dass die Skycar Group mit der Entwicklung der 2for100-Motorengeneration Neuland betrete und dass sowohl die technische Realisierbarkeit der Fertigstellung an sich als auch der Zeitpunkt der möglichen Fertigstellung (insb. aufgrund einer nicht im Voraus bekannten Anzahl an kostenintensiven Versuchs-

161 Vgl. *Hoffmann*, § 13 Immaterielle Vermögenswerte des Anlagevermögens, in: Lüdenbach/Hoffmann (Hrsg.), Haufe IFRS-Kommentar (2006), Rn. 29 und 49; *Baetge/von Keitz*, IAS 38 Immaterielle Vermögenswerte (Intangible Assets), in: Baetge u.a. (Hrsg.), Rechnungslegung nach International Accounting Standards (IAS) (2003), Rn. 55.

reihen) noch ungewiss seien. Zudem zeige sich letztlich die Verwertungsfähigkeit des Patents erst mit Erteilung der Zulassung der neuen 2for100-Motorengeneration durch die zuständige Behörde. Bei dieser Argumentation hat die Skycar Group das Patent in Höhe der nach dem 28. 12. 2005 anfallenden Entwicklungskosten zu aktivieren.

3. Kostenallokation und Folgebewertung

a) Erläuterung

Aktivierungspflichtige selbst erstellte immaterielle Vermögenswerte sind mit ihren *Herstellungskosten* anzusetzen (IAS 38.24). Dazu zählen gemäß IAS 38.66 alle direkt zurechenbaren Kosten, die zur Herstellung sowie zur Vorbereitung auf den beabsichtigten Gebrauch notwendig sind. Als Beispiele hierfür nennt der Standard Lohn- und Materialkosten, Registrierungsgebühren usw. Ein Aktivierungswahlrecht gilt für die auf den Herstellungszeitraum entfallenden Fremdkapitalzinsen.[162] Nicht zu den Herstellungskosten gehören gemäß IAS 38.67 neben den Vertriebs- und Verwaltungsgemeinkosten u. a. die sonstigen, nicht der Vorbereitung zur Nutzung des immateriellen Vermögenswerts direkt zurechenbaren Gemeinkosten.

Die im Rahmen der *Erstbewertung* innerhalb des IAS 38.66 festgelegte Anforderung der direkten Zurechenbarkeit der Kosten mündet aufgrund mangelnder Präzisierung letztlich in einer situativ bedingten Festlegung der Gemeinkostenverteilung.[163] So kann das bilanzierende Unternehmen über eine (mehr oder minder) willkürliche Auswahl eines verursachungsgerechten Aufteilungsschlüssels eine Zuordnung der Gemeinkosten zu den Bereichen Forschung respektive Entwicklung und damit die Höhe der (potenziell aktivierungsfähigen) Entwicklungskosten nach subjektivem Ermessen steuern. Selbiges gilt hinsichtlich der Aufteilung der auf den Entwicklungsbereich entfallenden Kosten zu den einzelnen Entwicklungsprojekten. So erscheint es bspw. bei den Raumkosten (wie der Miete und den Energiekosten) plausibel, eine Schlüsselung u. a. nach den Mitarbeiterstunden pro Projekt oder nach den für das jeweilige Projekt beanspruchten Raumquadratmeter pro Tag bzw. den Raumkubikmeter pro Stunde vorzunehmen. Denkbar wäre auch, die Kosten gleichmäßig auf sämtliche laufenden Projekte zu verteilen oder insb. im Entwicklungssektor die Kosten nach der Tragfähigkeit der einzelnen Entwicklungsprojekte zu schlüsseln, so dass das den betragsmäßig größten Erfolg versprechende Projekt (gemessen am Umsatz oder Rohertrag) auch den höchsten Kostenanteil zu tragen hat.

---

162 Vgl. IAS 38.66 i. V. m. IAS 23.10 f.

163 Für eine beispielhafte Darstellung vgl. *Hoffmann*, § 13 Immaterielle Vermögenswerte des Anlagevermögens, in: Lüdenbach/Hoffmann (Hrsg.), Haufe IFRS-Kommentar (2006), Rn. 49.

Für die *Folgebewertung*[164] immaterieller Vermögenswerte gilt nach IAS 38.72 ein Wahlrecht, wonach diese an nachfolgenden Bilanzstichtagen entweder zu historischen Anschaffungs- oder Herstellungskosten, korrigiert um kumulierte planmäßige Abschreibungen und außerplanmäßige Wertberichtigungen (d.h. zum Anschaffungskostenmodell) oder zum beizulegenden Zeitwert (d.h. zum Neubewertungsmodell) zu bewerten sind. Beim Neubewertungsmodell kann der beizulegende Zeitwert auch (deutlich) über den Anschaffungs- oder Herstellungskosten liegen. Eine Anwendung des Neubewertungsmodells setzt aber bei immateriellen Vermögenswerten die Existenz eines aktiven Markts i. S. d. IAS 38.8 voraus, d.h. die Existenz eines Markts, bei dem die auf ihm gehandelten Produkte homogen sind, sich i. d. R. jederzeit vertragswillige Käufer und Verkäufer finden lassen und die Preise der Öffentlichkeit zur Verfügung stehen. Bei immateriellen Vermögenswerten ist eine Folgebewertung anhand des Neubewertungsmodells allgmein unzulässig, da diese aufgrund ihres regelmäßig heterogenen Charakters grundsätzlich nicht auf einem aktiven Markt gehandelt werden. Das in IAS 38.72 verankerte Wahlrecht, immaterielle Vermögenswerte an nachfolgenden Bilanzstichtagen entweder zu fortgeführten Anschaffungs- oder Herstellungskosten oder Zeitwerten anzusetzen, ist somit von theoretischer Natur und bietet wenig bilanzpolitische Gestaltungsspielräume.

b) Anwendung auf den Fall: Kostenallokation und Folgebewertung bei der Skycar Group

Im Rahmen der Kostenallokation hat die Skycar Group in einem ersten Schritt die Höhe der dem Entwicklungsprojekt 2for100 zurechenbaren Einzelkosten in Abhängigkeit von dem Zeitpunkt des erstmaligen Ansatzes zu bestimmen. Verfolgt der Bilanzierende eine progressive Bilanzpolitik (erstmaliger Ansatz zum 1. 1. 2003), ermittelt er zum 31. 12. 2004 Herstellungseinzelkosten von 180 Mio. Euro und zum 31. 12. 2005 Herstellungseinzelkosten von 220 Mio. Euro. Präferiert das Unternehmen dagegen eine konservative Bilanzpolitik (erstmaliger Ansatz zum 28. 12. 2005) und fallen nach diesem Tag keine Entwicklungskosten mehr an, betragen die der Entwicklungsphase des Projekts 2for100 zurechenbaren Einzelkosten zum 31. 12. 2004 als auch zum 31. 12. 2005 jeweils null Euro.

Die Skycar Group steht in einem weiteren Schritt vor der grundsätzlich unlösbaren Aufgabe, die Labormiete i. H. v. 120 Mio. Euro pro Jahr auf die (einer Aktivierung unzugänglichen) Forschungsprojekte und die (grundsätzlich aktivierungsfähigen) Entwicklungsprojekte aufzuteilen, da die Forschungs- und die Entwicklungsabteilung der Skycar Group in demselben Gebäude untergebracht sind. Bei Präferenz des Managements für eine progressive Behandlung der originären Forschungs-

164 Vgl. für eine ausführliche Darstellung *Pauly/Hommel*, Immaterielle Vermögenswerte des Anlagevermögens, in: Hommel/Wüstemann (Hrsg.), Synopse der Rechnungslegung nach HGB und IFRS (2006), S. 41 (S. 50–52).

und Entwicklungskosten hätte die Skycar Group als Aufteilungsmaßstab für die Gemeinkosten die innerhalb des Labors anfallenden Arbeitsstunden heranzuziehen. Da unter Verwendung dieses Schlüssels 2/3 der Gemeinkosten der Entwicklungsabteilung zuzurechnen sind, belaufen sich diese auf 80 Mio. Euro. Umgekehrt hätte das Management der Skycar Group die Anzahl der Mitarbeiter der einzelnen Abteilungen als Schlüsselgröße zu wählen, würde es eine konservative Behandlung bevorzugen. In diesem Fall beliefen sich die der Entwicklungsabteilung zurechenbaren Gemeinkosten aufgrund der Tatsache, dass 2/3 der gesamten Laborfläche von den Mitarbeitern der Forschungsabteilung und mithin nur 1/3 von den Mitarbeitern der Entwicklungsabteilung genutzt werden, lediglich auf 40 Mio. Euro.

In einem letzten Schritt hat die Skycar Group die auf den Entwicklungsbereich entfallenden Kosten den einzelnen Entwicklungsprojekten 2for100-Motorengeneration und Leichtbaukarosserie mit einem vom Management zu bestimmenden Verteilungsschlüssel, der gemäß den Ausführungen des Sachverhalts 1:1 beträgt, anzulasten.

Bei konsequent progressiver Vorgehensweise beläuft sich der Buchwert des Patents am 31. 12. 2004 folglich auf 220 Mio. Euro[165] und am 31. 12. 2005 auf 300 Mio. Euro.[166] Bei konsequent konservativer Vorgehensweise ergibt sich sowohl zum 31. 12. 2004 als auch zum 31. 12. 2005 ein Buchwert von null Euro. Selbstverständlich ist auch eine Argumentation des Managements denkbar, die zu Herstellungskosten des Patents führen, die (punktgenau) zwischen den zuvor beschriebenen (Extrem-)Werten liegen. Ausgeschlossen ist lediglich eine Aktivierung zum „wahren" Wert. Da das Patent nicht auf einem aktiven Markt gehandelt wird, darf es weder in Höhe des der Skycar Group unterbreiteten Kaufpreisangebots (von 800 Mio. Euro) noch in Höhe des internen Nutzwerts (von 1 000 Mio. Euro) aktiviert werden.

III. Bilanzanalytische Möglichkeiten und Grenzen bei der Bilanzierung von Forschungs- und Entwicklungskosten

1. Erläuterung

Die sich aus den ergänzenden Ansatzkriterien des IAS 38.57 ergebenden bilanzpolitischen Spielräume setzen einer externen Bilanzanalyse enge Grenzen. Die damit verbundenen Beurteilungen sind subjektiv, sie variieren selbst *ohne gestaltende Bilanzpolitik* bereits in Abhängigkeit von den Erfahrungen des jeweiligen Manage-

165 $BM^{P}_{2004} = 180{,}00 + 0{,}5 \times 80{,}00 = 220{,}00$ Mio. Euro.

166 $BM^{P}_{2005} = 180{,}00 + 0{,}5 \times 80{,}00 + 40{,}00 + 0{,}5 \times 80{,}00 = 220{,}00 + 80{,}00 = 300{,}00$ Mio. Euro.

ments und dessen Risikoeinstellung. Ein risikoaverses Management wird – bei sonst vergleichbaren Rahmenbedingungen – einen deutlich geringeren Anteil der Entwicklungskosten aktivieren als ein risikofreudiges oder risikoneutrales.[167] Aktiviert ein Unternehmen einen größeren Anteil der Forschungs- und Entwicklungskosten als ein Vergleichsunternehmen oder einen höheren Anteil als in der Branche üblich, kann der Bilanzanalyst nicht sicher sein, ob dies darauf zurückzuführen ist, dass das Unternehmen im abgelaufenen Wirtschaftsjahr erfolgreicher forschte als die anderen Unternehmen oder ob die abweichende Aktivierungsquote lediglich in dem (unbewussten) Optimismus des Managements oder der (bewussten) Bilanzpolitik zu suchen ist. Eine gegenüberstellende Betrachtung der Konzernabschlüsse der Automobilhersteller VW und BMW für das Geschäftsjahr 2001 und der jeweils gewählten Aktivierungsquoten verdeutlicht diesen Zusammenhang (Tabelle 56)[168]:

Tabelle 56: Analyse der Abschlüsse 2001 der Automobilkonzerne VW und BMW

(in Mio. €)	VW	BMW	Vergleich
Jahresüberschuss unter Aktivierung	2 926,00	1 866,00	56,81 %
Forschungs- und Entwicklungskosten	3 923,00	1 885,00	
davon aktivierte Entwicklungskosten	2 180,00	665,00	
davon aktivierte Entwicklungskosten (in %)	55,57 %	35,28 %	
davon Forschungs- und nicht aktivierungsfähige Entwicklungskosten	1 743,00	1 220,00	
Abschreibungen auf aktivierte Entwicklungskosten	917,00	443,00	
Forschungs- und Entwicklungskosten gemäß GuV	2 660,00	1 663,00	
Jahresüberschuss ohne Aktivierung	1 663,00	1 644,00	1,16 %

Vertraut der Bilanzanalyst darauf, dass beide Unternehmen die Erfolgsaussichten von Entwicklungsprojekten gleich einschätzen, den Forschungs- und den Entwicklungsbereich nach identischen Kriterien trennen und die Gemeinkosten nach gleichen Grundsätzen schlüsseln sowie darauf, dass keines der Unternehmen bewusst oder unbewusst Bilanzpolitik betreibt, war VW im Geschäftsjahr 2001 sowohl im Rahmen seiner Entwicklungstätigkeit (aufgrund der höheren Aktivierungsquote von 55,57 % gegenüber 35,28 %) als auch hinsichtlich des um 56,81 % höheren Jahresüberschusses (absolut: 2 926 Mio. Euro versus 1 866 Mio. Euro) eindeutig erfolgreicher als BMW. Zweifelt der Bilanzanalyst hingegen daran, dass sämtliche dieser Voraussetzungen vorliegen, wird er sich vielleicht dazu

167 In Abhängigkeit von dem Aktivierungsumfang variiert der Jahresüberschuss. Er wird wesentlich durch die (Nicht-)Aktivierung der Entwicklungskosten und ihre ggf. spätere planmäßige Abschreibung beeinflusst.

168 Vgl. BMW, Konzernabschluss 2001, S. 34, 48 und 65; VW, Konzernabschluss 2001, S. 33 und 108.

entschließen, die Aktivierung der selbst erstellten immateriellen Vermögenswerte samt der Abschreibungen auf die aktivierten Entwicklungskosten rückgängig zu machen, um den zwischenbetrieblichen als auch den zeitlichen Vergleich zu verbessern.[169] Unter diesem Gesichtspunkt überstiege bei Nichtaktivierung der Entwicklungskosten der Jahresüberschuss des VW-Konzerns im Jahr 2001 den Jahresüberschuss des BMW-Konzerns nur noch um 1,16 % (absolut: 19 Mio. Euro).[170]

Es stellt sich die Frage, welcher der beiden Jahresüberschüsse aussagekräftiger ist und mithin, ob die Aktivierung der Entwicklungskosten die Informationslage des Bilanzanalysten tatsächlich verbessert. Das FASB vertrat bei der Verabschiedung des SFAS 2 seinerzeit einen klaren, ökonomisch fundierten Standpunkt: Es lehnte die Aktivierungsfähigkeit von Forschungs- und Entwicklungskosten generell unter Verweis darauf ab, dass die Aktivierungsfähigkeit aufgrund der damit zwangsläufig verbundenen bilanzpolitischen Spielräume nicht dazu geeignet sei, entscheidungsnützliche Informationen zu gewähren.[171]

Erachtet ein Bilanzanalyst eine Rückgängigmachung sämtlicher Aktivierungen an selbst erstellten immateriellen Vermögenswerten als Rückschritt und aufgrund der zunehmenden Bedeutung der immateriellen gegenüber den materiellen Produktionsfaktoren als nicht zeitgemäß, kann er (wagemutig) den *Ansatz der typologischen Bilanzanalyse* favorisieren. Danach wird das Bilanzierungsverhalten eines Unternehmens dem konkreten, branchenüblichen Bilanzierungsverhalten vergleichend gegenübergestellt und vor dessen Hintergrund kritisch beurteilt. Die typologische Bilanzanalyse unterteilt in einem ersten Schritt eine zu Beginn festgelegte und empirisch beobachtbare Grundgesamtheit an bilanzierenden Unternehmen anhand gemeinsamer Merkmale (wie etwa der Branche) in Gruppen. In einem zweiten Schritt erfasst sie das innerhalb der gewählten Grundgesamtheit beobachtbare Bilanzierungsverhalten in allen möglichen Ausprägungen. Im Fall der immateriellen Vermögenswerte wäre bspw. eine Auswertung nach dem Kriterium „Aktivierung von selbst erstellten immateriellen Vermögenswerten" vorzunehmen. In einem letzten Schritt lässt sich die für die betrachtete Gruppe typischerweise gewählte Verfahrensweise ablesen. Diese kann nun als Benchmark festgeschrieben werden und dazu dienen, das Bilanzierungsverhalten des zu analysierenden Unternehmens näher zu beurteilen.[172] Die typologische Bilanzanalyse ermöglicht es dem Bilanzanalysten, nach verschiedenen Rechnungslegungssystemen bilanzierende Unternehmen (annähernd) miteinander vergleichen zu können. Nachdem

169 Vgl. *Baetge/Kirsch/Thiele*, Bilanzanalyse (2004), S. 566 f.; *Baetge/Stellbrink*, Früherkennung von Unternehmenskrisen mit Hilfe der Bilanzanalyse, Controlling 2005, S. 213 (S. 216 f.).

170 Bei Verzicht auf eine Korrektur der Abschreibungen auf die aktivierten Entwicklungskosten bliebe der Jahresüberschuss des VW-Konzerns um 37,89 % (absolut: 455 Mio. Euro) hinter dem Jahresüberschuss des BMW-Konzerns zurück.

171 Vgl. SFAS 2.BC 50.

172 Vgl. *Hüttche*, Typologische Bilanzanalyse: Qualitative Auswertung von IFRS-Abschlüssen, KoR 2005, S. 318 (S. 319 und 321).

für die nach IFRS bilanzierenden Unternehmen die branchenspezifische Aktivierungsquote ermittelt wurde, können auch solche Unternehmen in den Vergleich mit einbezogen werden, die bspw. nach HGB bzw. US-GAAP bilanzieren und generell keine Forschungs- und Entwicklungskosten aktivieren (§ 248 Abs. 2 HGB, SFAS 2). Hierzu ist die Behandlung der Forschungs- und Entwicklungskosten an die der Gruppe der Vergleichsunternehmen anzupassen.

Im Rahmen der selbst erstellten immateriellen Vermögenswerte bietet es sich an, das Aktivierungsverhalten anhand der *Aktivierungsquote* zu beurteilen.[173] Die Aktivierungsquote ist definiert als das Verhältnis zwischen den aktivierten Entwicklungskosten und den gesamten Forschungs- und Entwicklungskosten. Dabei setzen sich die gesamten Forschungs- und Entwicklungskosten aus den Forschungsaufwendungen und den nicht aktivierungsfähigen Entwicklungsaufwendungen sowie den aktivierten Entwicklungsaufwendungen zusammen.

2. Anwendung auf den Fall: bilanzanalytische Beurteilung der Forschungs- und Entwicklungskosten bei der Skycar Group

Ausgangspunkt für die typologische Bilanzanalyse bildet das seitens eines externen Bilanzanalysten für die Branche Automobilbau ermittelbare geschäftsfeldspezifische Bilanzierungsverhalten. Das in Tabelle 55 (auf S. 122) dargestellte Ergebnis der typologischen Bilanzanalyse zeigt, dass 100 % der in der engeren Betrachtung stehenden Unternehmen selbst erstellte immaterielle Vermögenswerte in Höhe der Entwicklungskosten bilanzierten.[174] Da die Skycar Group ebenfalls produktbezogene Entwicklungskosten aktiviert hat, ist das von dem zu analysierenden Unternehmen verfolgte Bilanzierungsverhalten als branchenüblich zu qualifizieren. Eine Korrektur ist daher nicht erforderlich.

Unter Kenntnis des innerhalb des Anlagespiegels der Skycar Group dargestellten Zugangs an immateriellen Vermögenswerten von 124,59 Mio. Euro (Tabelle 53 auf S. 121), sowie des innerhalb des Konzernanhangs aufgezeigten Zugangs an Forschungs- und nicht aktivierungsfähigen Entwicklungskosten i.H.v. 143,20 Mio. Euro (Tabelle 54 auf S. 122) ermittelt ein externer Bilanzanalyst für die Skycar Group für 2005 eine Aktivierungsquote von 46,53 %.

Über einen Vergleich dieser Aktivierungsquote mit der als branchencharakteristisch zu betrachtenden Aktivierungsquote von 35,10 % (Tabelle 55 auf S. 122)

173 Vgl. *Werner/Padberg/Kriete*, IFRS-Bilanzanalyse (2005), S. 69.

174 Eine Auswahl der betrachteten Grundgesamtheit kann anhand der Zugehörigkeit zu ausgewählten Börsenindices erfolgen. Hierauf wurde im vorliegenden Sachverhalt verzichtet. Vielmehr wurde an den innerhalb dieses Buchs herangezogenen Vergleichsunternehmen festgehalten.

kann ein externer Bilanzanalyst eine progressive Bilanzierungsweise der Skycar Group im Geschäftsjahr 2005 vermuten. Vertritt der externe Bilanzanalyst die Auffassung, dass die überdurchschnittliche Aktivierung selbst erstellter immaterieller Vermögenswerte bei der Skycar Group auf bilanzpolitische Entscheidungen zurückzuführen ist, wird er die Aktivierungsquote ggf. an den Branchendurchschnitt anpassen und die Bilanz und GuV entsprechend korrigieren.

Bei der (Nicht-)Aktivierung der Entwicklungskosten handelt es sich um einen einmaligen Effekt. Die Aktivierung hat aber neben den Auswirkungen auf das Geschäftsjahr der Aktivierung zudem Auswirkungen auf die nachfolgenden Perioden: So werden nämlich die Periodenergebnisse der anschließenden Geschäftsjahre belastet, da die in Höhe der Entwicklungskosten aktivierten Vermögenswerte (außer-)planmäßigen Abschreibungen unterliegen. Nur in dem Ausnahmefall, in dem die Entwicklungskosten in jedem Geschäftsjahr in annähernd gleicher Höhe anfallen und das Unternehmen eine einmal gewählte Aktivierungsquote beibehält, beeinflusst die Aktivierungsquote die Höhe des Jahresüberschusses bereits nach wenigen Jahren nicht mehr entscheidend. Denn an die Stelle der aktivierten und damit nicht aufwandswirksamen Entwicklungskosten treten die (planmäßigen) Abschreibungen der in den vergangenen Perioden mit den Entwicklungskosten aktivierten Vermögensobjekte.[175]

Eine derartige kompensierende Wirkung ist aber häufig – und so auch im Fall der Skycar Group – nicht zu erwarten. Tabelle 57 verdeutlicht, dass die für das Geschäftsjahr 2005 gewählte Aktivierungsquote von 46,53 % deutlich über den Quoten der Vorjahre liegt:

Tabelle 57: Aktivierungsquoten der Skycar Group

(in Mio. €)	2005	2004	2003	2002
Forschungs- und Entwicklungskosten	267,79	255,88	329,68	488,52
davon aktivierte Entwicklungskosten	124,59	97,93	126,17	179,33
davon Forschungs- und nicht aktivierungsfähige Entwicklungskosten	143,20	157,95	203,51	309,19
Abschreibungen auf aktivierte Entwicklungskosten	117,65	92,73	73,14	47,91
Forschungs- und Entwicklungskosten gemäß GuV	260,85	250,68	276,65	357,10
Aktivierungsquote	46,53 %	38,27 %	38,27 %	36,71 %

Eine erhöhte Aktivierung an produktbezogenen Entwicklungskosten führt im Aktivierungszeitpunkt zu einem erhöhten Periodenergebnis und damit zu einem höheren Eigenkapital. Sie wirkt somit positiv auf die Eigenkapitalquote und Eigenkapitalrentabilität. In den nachfolgenden Geschäftsjahren kehrt sich der positive Effekt auf die Eigenkapitalrentabilität um: Ein um die planmäßigen Abschreibungen auf die Entwicklungskosten geminderter Jahresüberschuss wird dann dem, um den

175 Vgl. *Wagenhofer*, Internationale Rechnungslegungsstandards (2005), S. 581.

Buchwert der aktivierten Entwicklungskosten höheren, Eigenkapital vergleichend gegenübergestellt.

Erfolgt eine Anpassung der Aktivierungsquote des Geschäftsjahrs 2005 der Skycar Group an die für die Branche Automobilbau charakteristische Aktivierungsquote von 35,10 %,[176] sinkt – unter Berücksichtigung einer, mit der Verringerung der aktivierten Entwicklungskosten einher gehenden, Korrektur der planmäßigen Abschreibungen[177] – die Eigenkapitalrentabilität vor Korrektur der Steuer von 12,73 % auf 10,82 % und die Eigenkapitalquote vor Korrektur der Steuer von 26,38 % auf 25,96 % (Tabelle 58).

Tabelle 58: Veränderungsrechnung für das Geschäftsjahr 2005

(in Mio. €)	Aktiva	Eigenkapital (ohne JÜ)	JÜ
Werte zum 31. 12. 2005	4 340,88	999,27	145,76
1. Anpassung der Aktivierungsquote an das branchenübliche Niveau	– 30,59	0,00	– 30,59
2. Korrektur der in 2005 erfassten planmäßigen Abschreibungen	6,12	0,00	6,12
Werte zum 31. 12. 2005 nach Korrektur	4 316,41	999,27	121,29
Eigenkapital vor Korrektur (einschl. JÜ)	(= 999,27 + 145,76)		1 145,03
Eigenkapital nach Korrektur (einschl. JÜ)	(= 999,27 + 121,29)		1 120,56
Bilanzsumme nach Korrektur			4 316,41
Kennzahlen	**vor Korrektur**	**nach Korrektur**	
Eigenkapitalquote	26,38 %	25,96 %	
Eigenkapitalrentabilität	12,73 %	10,82 %	

Den soeben aufgezeigten Anpassungen sind enge *Grenzen* gesteckt. Zum einen muss eine über dem Branchendurchschnitt liegende Aktivierungsquote nicht zwingend auf eine progressive Bilanzierungsweise zurückzuführen sein; es ist auch

176 Im Nachfolgenden erfolgt ausschließlich eine Anpassung der Ausschüttungsquote des Geschäftsjahrs 2005, da sich die Ausschüttungsquoten der Vorjahre nur knapp oberhalb des Branchendurchschnitts bewegen. Die Werte zum 31. 12. 2005 sind der Rahmenfallstudie, Abschn. IV, zu entnehmen.

177 Eine Korrektur der Höhe der planmäßigen Abschreibungen (unter Aufstellung stichhaltiger Ergänzungsrechnungen) ist nur dann möglich, wenn sich sämtliche Zugänge an selbst erstellten immateriellen Vermögenswerten des betrachteten Geschäftsjahrs durch eine gleich hohe Nutzungsdauer auszeichnen bzw. die Herstellungskosten der selbst erstellten immateriellen Vermögenswerte incl. der zu Grunde zu legenden Nutzungsdauern angegeben werden. Dies dürfte i. d. R. nicht der Fall sein, da gemäß IAS 38.118 (a) bei begrenzter Nutzungsdauer lediglich für jede Gruppe immaterieller Vermögenswerte (unterteilt in selbst geschaffene und sonstige immaterielle Vermögenswerte) und mithin nicht gesondert für die einzelnen Projekte die zu Grunde gelegte Nutzungsdauer zu benennen ist. Die Zugänge an immateriellen Vermögenswerten wiederum sind gemäß IAS 38.118 (e(i)) zwecks Überleitung des Buchwerts zu Beginn und zu Ende der Periode separiert nach unternehmensinterner Entwicklung, gesondertem Erwerb bzw. Zugang durch Unternehmenszusammenschluss anzugeben und nicht etwa nach einzelnen Projekten samt zugehöriger Nutzungsdauer.

denkbar, dass das zu analysierende Unternehmen über eine überdurchschnittlich erfolgreiche (Forschungs- und) Entwicklungsabteilung verfügt. Zum anderen entzieht sich die typisierende Annahme der von Unternehmen zu Unternehmen derselben Branche identischen Aktivierungsquote jeglicher Sachlogik. Es ist nicht plausibel zu begründen, warum im Automobilbau exakt 35,10 % der Entwicklungskosten zukunftsträchtig sein sollten – zumal sämtliche Branchenunternehmen für sich genommen die gleichen umfassenden bilanzpolitischen Spielräume offen stehen wie der Skycar Group. Eine Nivellierung der Aktivierungsquote auf 35,10 % drückt dann lediglich aus, dass es in der Branche üblich ist, 35,10 % der Kosten zu aktivieren – dies besagt aber nicht, dass auch 35,10 % der Kosten tatsächlich werthaltig sind.

Zudem ist zu beachten, dass der innerhalb des IAS 38 vorgesehene Ausweis an selbst erstellten immateriellen Vermögenswerten aufgrund des Verbots der Nachaktivierung der vor dem Zeitpunkt der kumulativen Erfüllung der ergänzenden Ansatzkriterien als Aufwand behandelten Forschungs- und Entwicklungskosten (IAS 38.71) nicht einmal in Höhe der insgesamt angefallenen Herstellungskosten stattfindet.

Doch selbst wenn ein Ansatz in Höhe der insgesamt angefallenen Herstellungskosten gegeben sein sollte, würden die aktivierten Beträge bereits deshalb keine valide Aussagekraft besitzen, da sie nicht die mit ihnen verknüpften zukünftigen Ertragserwartungen widerspiegeln. Diese Grenze der externen Bilanzanalyse zeigt sich nicht zuletzt vor dem Hintergrund der Betrachtung des Marktwerts des selbst erstellten immateriellen Vermögenswerts. Dieser beträgt im Fall des Patents 2for100 aufgrund des Kaufangebots der Cloudcar Group 800 Mio. Euro; da ein Ansatz des Patents jedoch nicht zu seinem Fair Value erfolgt, wird einem externen Bilanzanalysten der Marktwert des Patents über den Jahresabschluss nicht erkenntlich.

Weiterführende Literatur

Fasselt, Martin/ Brinkmann, Jürgen	Immaterielle Vermögensgegenstände, in: Edgar Castan u. a. (Hrsg.), Beck'sches Handbuch der Rechnungslegung, München 2005 (Loseblatt), Abschn. B 211
Hoffmann, Wolf-Dieter	§ 13 Immaterielle Vermögenswerte des Anlagevermögens, in: Norbert Lüdenbach/Wolf-Dieter Hoffmann (Hrsg.), Haufe IFRS-Kommentar, 4. Aufl., Freiburg i. Br. 2006, S. 475–529
Hommel, Michael	Internationale Bilanzrechtskonzeptionen und immaterielle Vermögensgegenstände, zfbf, 49. Jg. (1997), S. 345–369

Hüttche, Tobias	Typologische Bilanzanalyse: Qualitative Auswertung von IFRS-Abschlüssen, KoR, 5. Jg. (2005), S. 318–323
Pauly, Denise/ Hommel, Michael	Immaterielle Vermögenswerte des Anlagevermögens, in: Michael Hommel/Jens Wüstemann (Hrsg.), Synopse der Rechnungslegung nach HGB und IFRS – Eine qualitative Gegenüberstellung, München 2006, S. 41–55
Rammert, Stefan	§ 51 Bilanzpolitik und Bilanzanalyse, in: Norbert Lüdenbach/Wolf-Dieter Hoffmann (Hrsg.), Haufe IFRS-Kommentar, 4. Aufl., Freiburg i. Br. 2006, S. 1883–1934
Werner, Thomas/ Padberg, Thomas/ Kriete, Thomas	IFRS-Bilanzanalyse: Grundlagen, Vorgehensweise, Fallbeispiele, Stuttgart 2005, S. 69–72

Fall 7: Goodwill

Sachverhalt:

Die Skycar Group ist in den Segmenten Luxusfahrzeuge, Nutzfahrzeuge, PKW und Spezialfahrzeuge tätig.[178]

Kurz vor dem Bilanzstichtag 31. 12. 2004 erhalten die Manager die nachfolgende (verkürzte) Segmentberichterstattung der Skycar Group:[179]

Tabelle 59: Segment-GuV zum 31. 12. 2004

(in Mio. €)	Σ Konzernbereich Automobile	Cash Generating Units		
		Luxusfahrzeuge	Nutzfahrzeuge	PKW
Umsatzerlöse	4 287,22	1 128,22	1 353,86	1 805,14
Operatives Ergebnis (EBIT)	159,20	– 124,68	80,56	203,32
Ergebnis nach Steuern	31,17	– 166,44	42,48	155,13

Aus Tabelle 59 wird ersichtlich, dass das Ergebnis der Skycar Group nach Steuern hauptsächlich aus dem Segment PKW resultiert. Während die Herstellung und der Verkauf der Nutzfahrzeuge befriedigend verlaufen, ist das Segment Luxusfahrzeuge erkennbar Not leidend und derzeit ein Verlustgeschäft.

Auf Nachfrage des Managements bestätigt die Controllingabteilung am 1. 1. 2005, dass die vorgelegten Zahlen für das Segment Nutzfahrzeuge in etwa prognosefähig sind. Hier erscheinen Umsatzerlöse von 1 350 Mio. Euro und ein EBIT von 80 Mio. Euro nachhaltig erzielbar. Hinsichtlich des Segments PKW geht die Abteilung davon aus, dass der Markt relativ gesättigt ist, so dass dauerhaft mit einem leichten Rückgang der Umsatzerlöse auf 1 480 Mio. Euro und einem EBIT von 194 Mio. Euro zu rechnen ist. Dagegen erscheinen die roten Zahlen, die das Segment Luxusfahrzeuge schreibt, nicht prognosetauglich. Sie sind nach Ansicht der Controllingabteilung auf ein fehlerhaftes Produktplacement zurückzuführen. Der Fehler sei erkannt und beseitigt. Aufgrund der Strategieänderung sei zu erwarten, dass das Segment Luxusfahrzeuge dauerhaft einen Umsatzbeitrag von 1 130 Mio. Euro leiste und ein stabiles EBIT von 28 Mio. Euro erbringe.

178 Da der derivative Goodwill ausschließlich auf den Erwerb der Car-A-Van SARL zurückzuführen ist und das Tochterunternehmen vor dem Hintergrund der Stärkung des Konzernbereichs Automobile (bestehend aus den Segmenten Luxusfahrzeuge, Nutzfahrzeuge und PKW) erworben wurde, wird im Rahmen der nachfolgenden Betrachtungen das Segment Spezialfahrzeuge des Konzernbereichs Space Car Construction ausgeblendet.

179 Eine Darstellung der Segmentberichterstattung findet sich in der Rahmenfallstudie, Abschn. IV.

Unter Anwendung der ewigen Rentenformel und einem als risikoadäquat erachteten Zinssatz von 7 % errechnet die Controllingabteilung für die einzelnen Segmente die in Tabelle 60 aufgezeigten potenziellen Segmentwerte:

Tabelle 60: Segmentwerte zum 1. 1. 2005 (vor Erwerb der Car-A-Van SARL)

(in Mio. €)	Σ Konzernbereich Automobile	Cash Generating Units		
		Luxusfahrzeuge	Nutzfahrzeuge	PKW
Operatives Ergebnis (EBIT)	302,00	28,00	80,00	194,00
Zins		0,07	0,07	0,07
Segmentwert		400,00	1 142,86	2 771,43

Die Buchwerte der den jeweiligen Segmenten zuzurechnenden Net Operating Assets (NOA) stellen sich zum 1. 1. 2005, wie in Tabelle 61 aufgezeigt, dar:

Tabelle 61: Buchwerte der Net Operating Assets zum 1. 1. 2005 (vor Erwerb der Car-A-Van SARL)

(in Mio. €)	Σ Konzernbereich Automobile	Cash Generating Units		
		Luxusfahrzeuge	Nutzfahrzeuge	PKW
Buchwert der NOA	1 497,67	394,12	472,95	630,60

Ein Vergleich zwischen den potenziellen Segmentwerten und den Buchwerten zeigt, dass das Segment PKW stille Reserven enthält, die insb. auf den selbst geschaffenen Kundenstamm und den guten Markenwert entfallen. Während auch das Segment Nutzfahrzeuge noch über nennenswerte (wenn auch deutlich geringere) stille Reserven verfügt, erreicht bei den Luxusfahrzeugen der Segmentwert gerade den Segmentbuchwert.

Die Manager der Skycar Group erwerben vor dem Hintergrund dieser Fakten am 1. 1. 2005 100 % die Car-A-Van SARL, Paris. Bei dem neu erworbenen französischen Tochterunternehmen handelt es sich um ein aufstrebendes, auf den Vertrieb und das Marketing von Fahrzeugen spezialisiertes Unternehmen mit einem hoch qualifizierten Mitarbeiterstamm. Im Erwerbszeitpunkt verfügte die Car-A-Van SARL über keine materiellen Vermögenswerte und Schulden. Die Skycar Group zahlte den Kaufpreis von 80 Mio. Euro ausschließlich vor dem Hintergrund der besonderen Fähigkeiten und Spezialisierung der hoch motivierten Belegschaft unter Führung des Managements der Car-A-Van SARL, die gemeinsam ein eingespieltes Team darstellen, das über ein besonderes Know-how bei der Erschließung neuer Absatzwege verfügt. Headhunter haben in der Vergangenheit schon mehrfach versucht, das zehnköpfige Management abzuwerben und den einzelnen Mitgliedern der Geschäftsführung Arbeitsverträge offeriert, die zum Teil das doppelte Jahresgehalt vorsahen. Diese hatten jedoch die Offerten regelmäßig abgelehnt, weil sie sich nach eigenem Bekunden bei der Car-A-Van SARL besonders wohl fühlten.

Die Manager der Skycar Group sind überzeugt, dass sie das Tochterunternehmen aufgrund ihres Verhandlungsgeschicks günstig erworben haben. Sie schätzen den Marktwert des Unternehmens auf mindestens 120 Mio. Euro. Ein externer Gutachter, den die Manager der Skycar Group eingeschaltet haben, bestätigt, dass die Wertschätzung durchaus plausibel sei – ohne eine Garantie dafür zu übernehmen.

In Folge von Kostensynergien aus dem Kauf der Car-A-Van SARL korrigiert zum 31. 12. 2005 das Management der Skycar Group seine Prognosen hinsichtlich des EBIT jeweils um 10 % nach oben.

Die Buchwerte der Net Operating Assets der Segmente stellen sich ohne Berücksichtigung des Goodwill zum 31. 12. 2005, wie in Tabelle 62 gezeigt, dar:

Tabelle 62: Buchwerte der Net Operating Assets (ohne Goodwill) zum 31. 12. 2005

(in Mio. €)	Σ Konzernbereich Automobile	Cash Generating Units		
		Luxusfahrzeuge	Nutzfahrzeuge	PKW
Buchwert der NOA	1 289,05	339,23	407,07	542,75

Nach einer kurzen Recherche im Statistikteil eines großen Wirtschaftsmagazins finden Sie mehrere gelistete Unternehmen, die ebenfalls im Bereich Automobile tätig sind. Für diese entnehmen Sie die in Tabelle 63 gelisteten Konzerndaten:[180]

Tabelle 63: Branchenspezifische Umsatzmultiplikatoren (Geschäftsberichte 2005 nach IFRS)

(in Mio. €)	Vergleichsunternehmen		
	Umsatz	Börsenwert	Multiplikator
BMW	46 656,00	25 000,00	0,54
PSA	56 267,00	11 430,00	0,20
Renault	41 338,00	19 600,00	0,47
Volkswagen	95 268,00	15 900,00	0,17
Branchendurchschnitt (Median)			0,34

Aufgabenstellung:

- Welche *bilanzanalytische Relevanz* hat der Goodwill in der Praxis?
- Welche *bilanzpolitischen Möglichkeiten* eröffnen sich der Skycar Group im Rahmen der Bilanzierung der Car-A-Van SARL?
  - Gehen Sie in einem ersten Schritt auf die Auswirkungen der *Identifizierung der erworbenen Bilanzobjekte* und die damit verbundene *Bestimmung des Goodwill* ein!

180 Vgl. BMW, Konzernabschluss 2005, S. 38 und 43; PSA, Konzernabschluss 2005, S. 134 und 238; Renault, Konzernabschluss 2005, S. 19 und 84; VW, Konzernabschluss 2005, S. 27 und 114.

- Zeigen Sie in einem zweiten Schritt die sich über eine *Allokation des Goodwill* auf die einzelnen Cash Generating Units ergebenden Auswirkungen! Beziehen Sie in Ihre Überlegungen die Möglichkeit eines *Managementwechsels* ein!
- Führen Sie in einem letzten Schritt einen *Werthaltigkeitstest* durch! Gehen Sie dabei davon aus, dass der Goodwill am 1. 1. 2005 vollständig dem Segment Automobile zugeordnet wurde und der Zinssatz von 7 % noch zum 31. 12. 2005 Gültigkeit besitzt. Beziehen Sie in Ihre Überlegungen wiederum die Möglichkeit eines *Managementwechsels* ein!

- Zeigen Sie die *bilanzanalytischen Möglichkeiten* bei der Bilanzierung des Goodwill im Fall der Skycar Group auf! Welchen Grenzen sehen sich externe Bilanzanalysten ausgesetzt, und welche Auswirkungen ergeben sich hieraus im Einzelnen für die wesentlichen *Bilanzkennzahlen*, d. h. die Eigenkapitalquote und die Eigenkapitalrentabilität der Skycar Group vor Korrektur der Steuer?

I. Bilanzanalytische Relevanz des Goodwill

Die Kenntnis des Goodwill und seiner Werttreiber ist für den Bilanzanalysten von herausragender Bedeutung. Rein technisch schließt der Goodwill die Wertlücke, die zwischen dem gezahlten Kaufpreis für das Unternehmen und der Summe der einzeln erfassten und selbständig bewerteten Vermögenswerte abzüglich der Schulden besteht. Es gilt die Gleichung: Ertragswert = Substanzwert (Bilanzwert) + Goodwill. Wer die Höhe des Goodwill kennt, weiß um den ökonomischen (Gesamt-)Wert des Unternehmens. Ohne seine Kenntnis bleibt jede Vermögensdarstellung lückenhaft und damit auch die auf sie gerichtete Analyse.

Der *originäre Goodwill* lässt sich nicht einfach ermitteln. Seine (Wert-)Bestimmung setzt zumeist komplexe Bewertungsverfahren und häufig auch kostspielige Bewertungsgutachten voraus. Es ist deshalb dem Kaufmann nicht zuzumuten, eine entsprechende Unternehmensbewertung jährlich durchzuführen, zumal das Ergebnis von zweifelhaftem Informationswert ist, denn die Unternehmensbewertung basiert auf zahlreichen subjektiven Zukunftsannahmen, die sich einer objektivierten Überprüfung entziehen. Der Bilanzanalyst würde daher zu Recht bezweifeln, dass der Unternehmenswert frei von bilanzpolitischen Überlegungen ist. Er verlässt sich vorzugsweise auf nachprüfbare Fakten.

Bei *börsennotierten Unternehmen* lässt sich der originäre Goodwill mitunter erkennen. Sofern der Börsenwert des Unternehmens den Ertragswert korrekt oder doch zumindest tendenziell richtig widerspiegelt, lässt sich der Goodwill als Differenzbetrag zwischen dem Börsenwert des Unternehmens und dem Buchwert des Eigenkapitals definieren. Seine Größe kann beträchtlich sein. Tabelle 64 (auf S. 144) verdeutlicht am Beispiel ausgewählter DAX-30-Unternehmen die herausragende Bedeutung sowohl des bilanziellen (derivativen) als auch des originären Goodwill:[181]

Tabelle 64: DAX-30-Unternehmen (Geschäftsberichte 2005 nach IFRS)

(in Mio. €)	Börsenwert	Buchwert Goodwill	Buchwert Eigenkapital	Buchwert Goodwill zu Buchwert Eigenkapital	Originärer Goodwill	Originärer Goodwill zu Buchwert Eigenkapital
RWE	34 900,00	15 021,00	13 117,00	114,52 %	21 783,00	166,07 %
Deutsche Post	24 425,00	11 387,00	12 540,00	90,81 %	11 885,00	94,78 %
Metro	13 370,00	4 154,00	5 313,00	78,19 %	8 057,00	151,65 %
Deutsche Börse	9 200,00	1 071,50	2 200,80	48,69 %	6 999,20	318,03 %
BMW	25 000,00	33,00	16 973,00	0,19 %	8 027,00	47,29 %
Volkswagen	15 900,00	238,00	23 647,00	1,01 %	– 7 747,00	– 32,76 %

Bei der Verwendung des Börsenkurses ist indes Vorsicht geboten. Abgesehen davon, dass der Kurswert mitunter auch von irrationalen Überlegungen und Spekulationen getrieben wird, muss sich der Bilanzanalyst darüber im Klaren sein, dass an der Börse nicht das Unternehmen als solches gehandelt wird, sondern lediglich Bruchteile (Aktien) davon. Der Aktienkurs beinhaltet aber regelmäßig keine Paketzuschläge und Synergieeffekte. Die Börsenkapitalisierung entspricht damit nicht mehr dem „wahren" Unternehmenswert. Die Höhe des originären Goodwill verschwimmt dann ins Konturenlose.

Das gilt umso mehr für *nicht börsennotierte Unternehmen*, bei denen der Analyst überhaupt keine Marktpreise für das zu analysierende Unternehmen oder Anteile davon kennt. In einem wegweisenden Urteil hat der Reichsfinanzhof daher den originären Goodwill als Mysterium, als „jenes unfaßbare Etwas"[182] bezeichnet.

Der Goodwill vereinigt alle vermögenswerten Vorteile, die zu unbestimmt sind, um sich als Einzelheit fassen und (be-)greifen zu lassen, und setzt sich u. a. zusammen aus dem guten Ruf des Unternehmens, seinem hervorragenden Standort und der Belegschaftsqualität sowie insb. den Synergieeffekten, die sich aus dem Zusammenspiel der einzelnen Vermögenswerte ergeben. Erwirbt das Unternehmen ein Tochterunternehmen, ergibt sich der *derivative Goodwill* als positive Differenz zwischen den für den Unternehmenszusammenschluss bewirkten Anschaffungs-

181 Vgl. RWE, Konzernabschluss 2005, S. 10, 95 und 128; Deutsche Post, Konzernabschluss 2005, S. 21, 87 und 106; Metro, Konzernabschluss 2005, S. 18 und 84 f.; Deutsche Börse, Konzernabschluss 2005, S. 8 und 110 f.; BMW, Konzernabschluss 2005, S. 38, 65 und 94; VW, Konzernabschluss 2005, S. 27, 115 und 143. Für jüngere Analysen vgl. *Pellens/Epstein/Barth/Ruhwedel/Sellhorn*, Goodwill Impairment Test – ein empirischer Vergleich der IFRS- und US-GAAP-Bilanzierer im deutschen Prime Standard, BB-Special 10 (2005), S. 10 (S. 11); *Pellens/Sellhorn*, Goodwill-Bilanzierung nach SFAS 141 und 142 für deutsche Unternehmen, DB 2001, S. 1681 (S. 1681 f.); *Protzek*, Der Impairment Only-Ansatz – Wider der Vernunft, KoR 2003, S. 495 (S. 499 f.).

182 RFH, Urteil v. 28. 2. 1930 – III A 84/28, RStBl. 1930, S. 287 (S. 290).

kosten und dem auf den Erwerber entfallenden Anteil am beizulegenden Zeitwert der identifizierbaren Vermögenswerte, Schulden und Eventualverbindlichkeiten.[183] Die Höhe des Goodwill ist insofern nicht mehr spekulativ, als sich das Unternehmen seinen Erwerb etwas kosten ließ – nämlich den Differenzbetrag. Diesen Wert kann der Bilanzanalyst kritisch hinterfragen. IFRS 3 enthält zahlreiche Ansatz- und Bewertungsvorschriften, die darauf gerichtet sind, den erworbenen Goodwill im Zugangszeitpunkt und an nachfolgenden Bilanzstichtagen dem Grunde und der Höhe nach zutreffend zu bilanzieren. Es ist für den Bilanzanalysten unerlässlich, sich mit diesen Bilanzierungsregeln – aber auch mit ihren Aussagegrenzen – vertraut zu machen, damit er aus der Goodwillbilanzierung nach IFRS 3 die richtigen Schlüsse zieht.

II. Bilanzpolitische Möglichkeiten und Grenzen bei der Bilanzierung des Goodwill

1. Identifizierung der erworbenen Bilanzobjekte und Bestimmung des Goodwill

a) Erläuterung

Im Erwerbszeitpunkt hat der Käufer des Unternehmens das erworbene Nettovermögen hinsichtlich seiner Bilanzierungsfähigkeit und Bewertung zu untersuchen. Die bisherige Behandlung seitens des erworbenen Unternehmens ist dabei unmaßgeblich.[184] Das erwerbende Unternehmen darf aber Vermögenswerte und Schulden nur dann einzeln bilanzieren, wenn sie die Voraussetzungen eines Vermögenswerts oder einer Schuld i. S. d. Framework erfüllen. Aufweichungen bestehen für solche Bilanzpositionen, bei denen die Bewertung naturgemäß besonders schwer fällt, d. h. für immaterielle Vermögenswerte und Eventualverbindlichkeiten. Hier entschärft IFRS 3.37 die Bilanzierungsvoraussetzungen. Sie sind im Kern bereits dann im Zugangszeitpunkt bilanzierungspflichtig, wenn sie sich vom Goodwill separieren lassen, so dass der Erwerber sie wahrscheinlich bei der Kaufpreisbemessung Wert erhöhend bzw. Wert mindernd berücksichtigt hat.[185]

183 Vgl. IFRS 3.51 i.V.m. IFRS 3.36. Der im Juni 2005 veröffentlichte Standardentwurf mit Änderungsvorschlägen zu IFRS 3 Business Combinations sieht eine Hinwendung zu dem sog. Full Goodwill Approach vor. Vgl. dazu *Kühne/Schwedler*, Geplante Änderungen der Bilanzierung von Unternehmenszusammenschlüssen – ED of Proposed Amendments to IFRS 3 und ED of Proposed Amendments to IAS 27, KoR 2005, S. 329–338; *Küting/Wirth*, Full Goodwill Approach des Exposure Draft zu IFRS 3 – Firmenwertbilanzierung unter Geltung des Business Combinations Project Phase II, BB-Special 10 (2005), S. 2–9.

184 Vgl. *Lüdenbach*, § 31 Unternehmenszusammenschlüsse, in: *Lüdenbach/Hoffmann* (Hrsg.), Haufe IFRS-Kommentar (2006), Rn. 51.

185 Vgl. kritisch dazu *Hommel/Benkel/Wich*, IFRS 3 Business Combinations: Neue Unwägbarkeiten im Jahresabschluss, BB 2004, S. 1267 (S. 1267–1273).

IFRS 3 erweitert für immaterielle Vermögenswerte, die dem Unternehmen im Rahmen einer Business Combination zugehen, den *Aktivierungsumfang* drastisch. Hier nehmen auch solche Vermögensvorteile die Aktivierungshürde, deren Bilanzierung bei der originären Entwicklung im Unternehmen an den Aktivierungskriterien scheitern. So stellt das IASB in den Illustrative Examples zu IFRS 3 unmissverständlich fest, dass z. B. auch Know-how, werthaltige Arbeitsverträge, Kundenbeziehungen und selbst Geschäftsgeheimnisse die Ansatzvoraussetzungen eines Vermögenswerts erfüllen und deshalb neben dem Goodwill auszuweisen sind.[186] Eine Ausnahme besteht lediglich für die Assembled Workforce (Belegschaftsqualität). Sie gilt nach den Vorstellungen des IASB als nicht hinreichend sicher bewertbar, so dass ihr Wertbeitrag im Goodwill aufgeht.[187] Einen Anhaltspunkt dafür, ob ein Arbeitsvertrag günstig ist, kann über einen Vergleich der unternehmensindividuellen Vertragsbedingungen mit den aktuellen Marktkonditionen (eines aktiven Markts) erfolgen, d. h. bspw. über einen Vergleich des (Haus-)Tarifs mit dem, die tatsächlichen Marktverhältnisse abbildenden, Flächentarif. Bei einer derartigen Vorgehensweise ist jedoch vorauszusetzen, dass geringere Tarife keine mindere Produktivität kompensieren und umgekehrt.[188]

Die großzügige Anerkennung der einzelnen Werttreiber als aktivierungspflichtige Vermögenswerte soll gewährleisten, dass der (schwer zu analysierende) Goodwill möglichst klein gehalten wird. In der Praxis ist es dem Management aber *nicht möglich, den Ertragswert eines Unternehmens objektiviert auf die einzelnen Werttreiber aufzuspalten*. Der Erwerber zahlt z. B. einen Preis über dem Marktwert der erworbenen materiellen Vermögenswerte abzüglich der Schulden, weil er mit dem Unternehmenskauf auch die Wert steigernden Komponenten Know-how, Kundenstamm und Goodwill erwirbt. Die Zerlegung dieses Mehrwerts in seine Einzelkomponenten kann aber regelmäßig nur willkürlich erfolgen. Die Höhe des Goodwill wird damit zu einem bilanzpolitischen Spielball. Das erwerbende Unternehmen kann ihn – in (großen) Bandbreiten – beeinflussen, je nach dem Ausmaß (und der

---

186 Vgl. IFRS 3.IE A–IFRS 3.IE E.

187 Der im Dezember 2002 veröffentlichte Exposure Draft zu IFRS 3 schloss in ED 3.36 besondere Fähigkeiten und Spezialisierungen verschiedener Mitarbeitergruppen, die sog. Assembled Workforce, von einem Ansatz als immaterieller Vermögenswert aus. Diese Begrenzung besteht in dem verabschiedeten IFRS 3 (rev. 2004) nicht mehr. Zur Begründung vgl. IFRS 3.BC 95(b) und IFRS 3.BC 97(a); *Lüdenbach/Freiberg*, Günstige und ungünstige Verträge – Bilanzierung schwebender Geschäfte nach IFRS 3, KoR 2005, S. 188 (S. 190 f.); *Watrin/Strohm/Struffert*, Aktuelle Entwicklungen der Bilanzierung von Unternehmenszusammenschlüssen nach IFRS, WPg 2004, S. 1450 (S. 1455). Der im Juni 2005 veröffentlichte Standardentwurf mit Änderungsvorschlägen zu IFRS 3 schließt einen Ansatz der Assembled Workforce wiederum erneut aus (ED 3.33 B).

188 Vgl. *Lüdenbach*, § 31 Unternehmenszusammenschlüsse, in: *Lüdenbach/Hoffmann* (Hrsg.), Haufe IFRS-Kommentar (2006), Rn. 80. Für eine Darstellung der mit einem derartigen Vergleich verbundenen praktischen Schwierigkeiten vgl. *Lüdenbach/Freiberg*, Günstige und ungünstige Verträge – Bilanzierung schwebender Geschäfte nach IFRS 3, KoR 2005, S. 188 (S. 191).

bilanzpolitischen Phantasie), mit dem es die in IFRS 3.36 f. aufgezeigten Vermögenswerte als gegeben erachtet. Die aufgezeigten bilanzpolitischen Ermessensspielräume beeinflussen nicht nur die Zugangs- sondern auch die Folgebewertung, da bspw. ein bei der Kaufpreisallokation identifiziertes Know-how anders abgeschrieben wird und anderen Abschreibungsrisiken unterliegt als ein (alternativ oder daneben) identifizierter Auftragsbestand. Die damit geschaffenen bilanzpolitischen Spielräume sind auch nicht zuletzt deshalb interessant, weil das erwerbende Unternehmen bei der Aktivierung der von ihm aufgespürten immateriellen Vermögenswerte nicht an den Kaufpreis als Wertobergrenze gebunden ist. Führt die Identifizierung immaterieller Vermögenswerte dazu, dass der bilanzierte Zeitwert des Nettovermögens die verteilungsfähigen Anschaffungskosten übersteigt, führt der Differenzbetrag im Erwerbszeitpunkt zu einem Beschaffungsgewinn (IFRS 3.56 (b)).

b) Anwendung auf den Fall: Identifizierung der erworbenen Bilanzobjekte und Bestimmung des Goodwill bei der Skycar Group

Die Manager der Skycar Group stehen vor der Beantwortung der schwierigen (aber dennoch reizvollen) bilanzpolitischen Frage, was sie eigentlich mit der Car-A-Van SARL erworben haben. Laut Sachverhalt waren sie daran interessiert, das Unternehmen wegen der besonderen Fähigkeiten und Spezialisierung der hoch motivierten Belegschaft und des Managements zu kaufen. Die Car-A-Van SARL zeichnet demzufolge ein eingespieltes Team aus, das über ein besonderes Know-how bei der Erschließung neuer Absatzwege verfügt. Für die Frage der Bilanzierung muss die Skycar Group den erworbenen Vermögenswert aber näher bestimmen. Es bestehen hierzu mindestens drei Möglichkeiten:[189]

Zum einen könnte die Skycar Group an den Mitarbeitern der Car-A-Van SARL deshalb interessiert gewesen sein, weil sie über das (Verkaufs-)Know-how verfügen. Die Mitarbeiter und Manager sind dann lediglich das Vehikel, mit dem die Skycar Group an das Know-how gelangt. In wirtschaftlicher Sicht ist dann das Know-how der zu aktivierende Vermögenswert. Zum anderen wäre zu überlegen, ob die Skycar Group nur deshalb die Car-A-Van SARL erwarb, um die leistungsfähigen Manager dieses Unternehmens in das eigene Unternehmen zu integrieren; dann wären die wertvollen Arbeitsverträge der eigentliche Erwerbsgegenstand. Nach der dritten Sichtweise könnte das zentrale Motiv für den Kauf der Car-A-Van SARL aber auch in dem Erwerb der Belegschaftsqualität (Assembled Workforce) bestehen, die in der Vergangenheit maßgeblich zum Erfolg des Unternehmens beitrug. Sie wäre dann der eigentliche Aktivierungsgegenstand. Obwohl sich die drei Kaufpreisgründe nur in Nuancen unterscheiden, führen sie zu sehr unterschiedlichen bilanziellen Konsequenzen.

---

189 Gemäß IFRS 3.4 gelangen die Regelungen des IFRS 3 nur dann zu einer Anwendung, wenn das Erwerbsobjekt einen Geschäftsbetrieb darstellt. Hiervon wird im Folgenden ausgegangen.

Entscheidet sich das Management der Skycar Group dafür, dass es den Kaufpreis primär für die Belegschaftsqualität gezahlt hat (hiervon wird im Folgenden weiter ausgegangen), geht dieser vollständig im Goodwill auf, denn die Belegschaftsqualität bildet mangels selbständiger Bewertbarkeit keinen vom Goodwill losgelösten Vermögenswert. Der Erwerbsvorgang gestaltet sich dann erfolgsneutral. Auch wenn die Manager der Skycar Group davon überzeugt sind, dass sie die Belegschaftsqualität deutlich unter Wert erworben haben, dürfen sie den Goodwill höchstens in Höhe des Kaufpreises von 80 Mio. Euro aktivieren, da IFRS 3.51 i.V.m. IFRS 3.36 den Goodwill als Unterschiedsbetrag definiert, in dessen Höhe der gezahlte Kaufpreis den anteiligen Saldo der zugegangenen identifizierbaren Vermögenswerte, Schulden und Eventualverbindlichkeiten übersteigt.

Strebt das Management der Skycar Group dagegen eine gewinnwirksame Zugangsbewertung an, stehen ihm mit der Aktivierung der Arbeitsverträge sowie der alternativen Aktivierung eines Know-how extensive bilanzpolitische Gestaltungsmöglichkeiten zur Verfügung, denn in diesen beiden Fällen besteht die Anschaffungskostenrestriktion nicht. Die Skycar Group kann diese Vermögenswerte in Höhe ihres beizulegenden Zeitwerts, d.h. zu 120 Mio. Euro, aktivieren. Der zum (niedrigeren) Kaufpreis bestehende Differenzbetrag von 40 Mio. Euro wird sofort erfolgswirksam ausgewiesen. Diese Interpretation hat neben der damit verbundenen möglichen Gewinnwirkung[190] den Charme der scheinbaren Vergegenständlichung: Bilanzanalysten begegnen dem Goodwill wegen seiner Unbestimmtheit zumeist skeptisch und eliminieren ihn häufig im Rahmen der Bilanzanalyse. Die Skepsis ist bei den übrigen immateriellen Vermögenswerten traditionell weniger stark ausgeprägt. Hinter dieser Bilanzposition vermutet der Bilanzanalyst zumeist greifbare, am Markt erworbene Vermögenswerte wie Lizenzen, Patente und ähnliche. Der Ausweis als Know-how oder Arbeitsvertrag trägt damit zur Bilanzkosmetik bei. Andererseits ist das Unternehmen dazu verpflichtet, den anschaffungsbedingten Gewinn im Anhang offen zu legen (IFRS 3.67 (g)). Ein externer Bilanzanalyst könnte die Atomisierung des Goodwill als Anzeichen für eine progressive Bilanzpolitik des Unternehmens (miss-)deuten, so dass diese Vorgehensweise insgesamt das Rating des Unternehmens negativ beeinflussen kann.

---

190 Der aufgezeigten Gewinnwirkung stehen Gewinnbelastungen entgegen: Während der Goodwill keiner planmäßigen Abschreibung unterliegt, gilt dies nicht zwingend für die separierten immateriellen Vermögenswerte. So muss die Skycar Group bspw. den immateriellen Vermögenswert Arbeitsvertrag über dessen Laufzeit hinweg aufwandswirksam erfassen. Die damit verbundenen Gewinnbelastungen können unerwünscht sein. Darüber hinaus hat die Skycar Group die vom Goodwill separierten Vermögensobjekte zu inventarisieren und zukünftig einzeln zu erfassen, was zu Zusatzkosten führt.

2. Bildung von Cash Generating Units und Aufteilung des Goodwill

a) Erläuterung

Der Goodwill generiert als Synergiepotenzial keine von anderen Vermögenswerten oder Gruppen von Vermögenswerten unabhängigen Zahlungsströme. Der mit ihm verbundene Mehrwert zeigt sich vielmehr erst im Zusammenspiel mit diesen Vermögensobjekten. Deshalb kann der Goodwill auch nicht an den folgenden Bilanzstichtagen isoliert auf eine Wertminderung hin untersucht werden. Der Impairmenttest muss vielmehr gemeinsam mit der Vermögensgesamtheit erfolgen, zu deren Rentabilität er beitragen soll. Der Goodwill ist an nachfolgenden Bilanzstichtagen dann wertlos (geworden), wenn der Buchwert dieser Vermögensgesamtheit (einschließlich des ihr zugeordneten Goodwill) unter ihrem erzielbaren Betrag (recoverable amount) liegt.

Im Erwerbszeitpunkt ist der Goodwill *nach Maßgabe der zu erwartenden Synergien* auf eine oder mehrere Vermögensgesamtheiten zuzuordnen. Diese sind als Zahlungsmittel generierende Einheiten – sog. Cash Generating Units (CGU) – definiert. Die Zuordnung des Goodwill auf einzelne CGU hat auf einer „reasonable and consistent basis“[191] zu erfolgen. Ob der jeweiligen CGU bereits andere Vermögenswerte oder Schulden des erworbenen Unternehmens zugewiesen worden sind oder nicht, spielt keine Rolle (IAS 36.80).

Eine *CGU* ist nach IAS 36.6 definiert als kleinste identifizierbare Gruppe von Vermögenswerten, die Mittelzuflüsse erzeugen, die weitgehend unabhängig von den Mittelzuflüssen anderer Vermögenswerte bzw. Gruppen von Vermögenswerten sind. Dabei soll die CGU, zu der der Goodwill zugeordnet wird, die niedrigste Ebene innerhalb des Unternehmens darstellen, für die das Management den „Erfolg einer Akquisition und mithin (...) [den] aus einem Unternehmenserwerb resultierende[n] Goodwill überwacht“[192] (IAS 36.80 (a)).[193] Darüber hinaus darf die CGU nicht die Größe eines Segments nach dem primären oder sekundären Berichtsformat für die Segmentberichterstattung nach IAS 14 überschreiten (IAS 36.80 (b)).[194]

Die CGU sind „extrem entobjektivierend (...) explizit als flexible Berichteinheit[en] konstruiert“ und variieren „somewhat from entity to entity and even with-

---

191 IAS 36.BC 138 (b).

192 *Brücks/Kerkhoff/Richter*, Impairmenttest für den Goodwill nach IFRS – Vergleich mit den Regelungen nach US-GAAP: Gemeinsamkeiten und Unterschiede, KoR 2005, S. 1 (S. 2).

193 Vgl. *Hachmeister/Kunath*, Die Bilanzierung des Geschäfts- oder Firmenwerts im Übergang auf IFRS 3, KoR 2005, S. 62 (S. 69).

194 Vgl. *Hoffmann*, § 11 Außerplanmäßige Abschreibungen, Wertaufholung, in: *Lüdenbach/Hoffmann* (Hrsg.), Haufe IFRS-Kommentar (2006), Rn. 49.

in an entity, as appropriate under the circumstances"[195]. Ihre Bildung ist in erheblichem Maße subjektiv und Wegbereiter für die Existenz beachtlicher Ermessensspielräume der bilanzierenden Unternehmen bei der Feststellung des in den Folgeperioden anfallenden Wertminderungsaufwands. Das Unternehmen kann über die Größe der definierten Einheit die Höhe der Wertberichtigung aktiv steuern, da innerhalb einer größeren Einheit die Wahrscheinlichkeit für eine Kompensation negativer und positiver Wertkomponenten höher ist.[196] IAS 36.BC 167 verwendet in diesem Zusammenhang den Begriff „cushions", d.h. Kissen, die den Wertminderungsverlust ausgleichen können. Dabei können die Unternehmen die CGU an nachfolgenden Bilanzstichtagen neu zusammensetzen, wenn dadurch die (ggf. veränderten) Organisationsstrukturen im Unternehmen besser widergespiegelt werden. Bei geschickter Gestaltungspolitik ist es dem Unternehmen möglich, je nach Interessenlage „(drohende) Wertverluste in einem Betriebsbereich (vorbeugend) durch Wertzuwächse in anderen Bereichen zu kompensieren oder – wenn erforderlich – durch eine Umorganisation wieder zum Vorschein zu bringen."[197] Einschränkung erfahren die im Rahmen der Allokation des Goodwill auf die einzelnen CGU entstehenden bilanzpolitischen Spielräume in der Praxis ggf. dann, wenn den einzelnen CGU Bereichsleiter zugeordnet sind, die die Performance ihres Bereichs zu verantworten haben. Diese werden sich dann gegen eine ausschließlich bilanzpolitisch getriebene Umgestaltung der ihnen zugewiesenen CGU stellen.

b) Anwendung auf den Fall: Allokation des Goodwill bei der Skycar Group

Entscheiden sich die Manager der Skycar Group dafür, den Kaufpreis ganz oder anteilig als Goodwill (und nicht unter den vorteilhaften Arbeitsverträgen oder dem Know-how) auszuweisen, haben sie bilanzpolitische Spielräume, ihn einzelnen CGU zuzuordnen.

Möchten sie aus Vereinfachungsgründen den Goodwill möglichst als Bewertungseinheit erhalten, werden sie argumentieren, dass er zu segmentübergreifenden Synergien beiträgt, mit der Folge, dass er nicht mehr eindeutig auf die einzelnen Segmente aufgeteilt werden kann. In diesem Fall hat die Skycar Group, wie in Tabelle 66 ersichtlich, den Goodwill einem übergeordneten Segment zuzuordnen, das so definiert ist, dass es die einzelnen Segmente, auf die der Goodwill insgesamt positive Auswirkungen entfaltet, aufnimmt. Dieses Segment wird im Folgenden als

195 *Wüstemann/Duhr*, Geschäftswertbilanzierung nach dem Exposure Draft ED 3 des IASB – Entobjektivierung auf den Spuren des FASB?, BB 2003, S. 247 (S. 251, beide Zitate).

196 Vgl. *Fladt/Feige*, Der Exposure Draft 3 „Business Combinations" des IASB – Konvergenz mit den US-GAAP?, WPg 2003, S. 249 (S. 255); *Pellens/Sellhorn*, Neue Goodwill-Bilanzierung nach US-GAAP – Der Impairment-Only Approach des FASB, DB 2001, S. 713 (S. 719).

197 *Hommel*, Neue Goodwillbilanzierung – das FASB auf dem Weg zur entobjektivierten Bilanz?, BB 2001, S. 1943 (S. 1946).

Automobile bezeichnet und stellt zugleich eine CGU dar. Durch diese Zuordnung stellen die Manager sicher, dass der Impairmenttest nur dann zu einem Abschreibungsdruck auf den Goodwill führt, wenn der gesamte Automobilsektor im Unternehmen erkennbar langfristig verlustbringend wird.

Tabelle 65: Allokation des Goodwill am 1. 1. 2005 (Variante I)

(in Mio. €)	Cash Generating Units			
	Luxusfahrzeuge	Nutzfahrzeuge	PKW	Automobile
Buchwert der NOA ohne Goodwill	394,12	472,95	630,60	1 497,67
Goodwill	0,00	0,00	0,00	80,00
Buchwert der NOA mit Goodwill	394,12	472,95	630,60	1 577,67

Ist diese Zuordnung zu großmaschig, um z. B. von den Wirtschaftsprüfern akzeptiert zu werden, können die Manager alternativ darüber nachdenken, den Goodwill auf einzelne Segmente zu verteilen oder sogar nur einem einzelnen Segment zuzuordnen. Der Ausgangssachverhalt gibt hier nicht vor, wie der Goodwill auf die einzelnen Bereiche aufzuteilen ist.

Möchte das bestehende Management der Skycar Group einen potenziellen Abschreibungsdruck vermeiden, bietet es sich an, den Goodwill möglichst vollständig dem Segment PKW zuzuweisen; denn der Marktwert des Segments liegt mit 2 771,43 Mio. Euro (Tabelle 60 auf S. 141) aufgrund des nicht aktivierten, originär geschaffenen Kundenstamms und des Markenwerts deutlich über seinem aktuellen Buchwert von 630,60 Mio. Euro (Tabelle 61 auf S. 141). Die Manager der Skycar Group werden dann argumentieren, die Car-A-Van SARL ausschließlich zur Unterstützung des Segments PKW erworben haben, um damit das erfolgreichste Produkt des Unternehmens weiter zu stärken (Tabelle 66). Diese Zuordnung ist bilanzpolitisch besonders attraktiv: Selbst nach der vollständigen Zuordnung des Goodwill zu dieser CGU liegt der Buchwert ihrer Net Operating Assets noch immer deutlich unter dem mutmaßlichen Marktwert. Auch für den Fall, dass sich der Erwerb der Car-A-Van SARL als vollständiger Flop erweist, ist keine außerplanmäßige Abschreibung des derivativen Goodwill erforderlich, denn sein Wertverlust wird dann vollständig durch den originären Goodwill dieser CGU ausgeglichen.

Tabelle 66: Allokation des Goodwill am 1. 1. 2005 (Variante II)

(in Mio. €)	Σ Konzernbereich Automobile	Cash Generating Units		
		Luxusfahrzeuge	Nutzfahrzeuge	PKW
Buchwert der NOA ohne Goodwill	1 497,67	394,12	472,95	630,60
Goodwill	80,00	0,00	0,00	80,00
Buchwert der NOA mit Goodwill	1 577,67	394,12	472,95	710,60

Wurde der Kauf der Car-A-Van SARL aber noch von einem alten Management der Skycar Group initiiert, das zwischenzeitlich (zum 30. 12. 2005) ausgeschieden ist, könnte ein nachfolgendes Management durchaus Interesse daran haben, bei erstmaliger Durchführung des Werthaltigkeitstests einen hohen außerplanmäßigen Abschreibungsbedarf festzustellen, um derart den Weg für eine abschreibungsfreie Zukunft zu ebnen,[198] was nicht zuletzt Auswirkungen auf die Rentabilitätskennziffern der Skycar Group hätte.[199] Das neue Management der Skycar Group wird deshalb überlegen, ob die Car-A-Van SARL nicht vielleicht deshalb gekauft wurde, um das Segment Luxusfahrzeuge profitabler zu machen und aus der Verlustzone zu führen. Es wird dann den Goodwill in diese CGU umgliedern (Tabelle 67) und am nachfolgenden Bilanzstichtag (nicht völlig überraschend) feststellen, dass der Erwerb des neuen Unternehmens eine Fehlmaßnahme war, weil er nicht zu einer Marktwertsteigerung des Segments Luxusfahrzeuge führte. Es könnte dann ggf. den gesamten Goodwill außerplanmäßig abschreiben. Wird die Abschreibung auf den Bilanzstichtag 31. 12. 2005 vorgenommen, fällt sie noch in die vom alten Management der Skycar Group zu verantwortende Periode. Das neue Management kann dann zukünftig nicht nur ohne ein auf dem Goodwill lastendes Abschreibungsrisiko agieren. Es entledigt sich auch für alle Zeit der organisatorischen Anforderungen an einen jährlichen Impairmenttest und bringt sich selbst in eine günstige Ausgangslage: Durch die außerplanmäßige Abschreibung des Goodwill fällt der Gewinn des Geschäftsjahrs 2005, das vor dem Einstieg des neuen Managements liegt, relativ schlecht aus. Es dürfte dem neuen Management dann verhältnismäßig leicht fallen, im kommenden Jahr eine Gewinnsteigerung zu vermelden – zumal die Rentabilitätsmessung auf einer um die Goodwillabschreibung verringerten Eigenkapitalbasis erfolgt.

Tabelle 67: Allokation des Goodwill am 1. 1. 2005 (Variante III)

(in Mio. €)	Σ Konzernbereich Automobile	Cash Generating Units		
		Luxusfahrzeuge	Nutzfahrzeuge	PKW
Buchwert der NOA ohne Goodwill	1 497,67	394,12	472,95	630,60
Goodwill	80,00	80,00	0,00	0,00
Buchwert der NOA mit Goodwill	1 577,67	474,12	472,95	630,60

3. Durchführung des Werthaltigkeitstests

a) Erläuterung

Der Goodwill ist jährlich – unabhängig vom Vorliegen etwaiger Anhaltspunkte – auf seine Werthaltigkeit zu testen und ggf. außerplanmäßig abzuschreiben.[200] Da-

198 Vgl. *Protzek*, Der Impairment Only-Ansatz – Wider der Vernunft, KoR 2003, S. 495 (S. 500).

199 Vgl. *Pellens/Epstein/Barth/Ruhwedel/Sellhorn*, Goodwill Impairment Test – ein empirischer Vergleich der IFRS- und US-GAAP-Bilanzierer im deutschen Prime Standard, BB-Special 10 (2005), S. 10 (S. 16 f.).

200 Vgl. dazu auch *Benkel/Pauly/Hommel*, Goodwill, in: Hommel/Wüstemann (Hrsg.), Synopse der Rechnungslegung nach HGB und IFRS (2006), S. 56 (S. 60 f.).

bei muss das Unternehmen den Werthaltigkeitstest nicht genau zum Bilanzstichtag durchführen, sondern kann unter Beachtung des Stetigkeitsprinzips einen anderen Tag des Geschäftsjahrs als Referenzzeitpunkt wählen (IAS 36.96). Zusätzliche unterjährige Tests sind bei Vorliegen entsprechender unternehmensinterner und -externer Anzeichen, die auf eine Wertminderung hindeuten, erforderlich.[201]

Im Rahmen des Werthaltigkeitstests wird der *Buchwert* (carrying amount) der goodwillhaltigen CGU ihrem erzielbaren Betrag (recoverable amount) gegenübergestellt. Dieser ist definiert als das Maximum aus Nettoveräußerungspreis (fair value less costs to sell; Liquidationswert) und Nutzungswert (value in use; Ertragswert) (IAS 36.90).

Für den als objektivierbaren (Markt-)Wert zu ermittelnden *Nettoveräußerungspreis* sieht das IASB eine Hierarchie der Wertermittlung vor (IAS 36.25–36.27). Da für die (intern abgegrenzten) CGU i. d. R. keine bindenden Kaufangebote bzw. bereits abgeschlossenen Kaufverträge existieren und aufgrund eines fehlenden aktiven Markts für einzelne Berichtseinheiten[202] auch keine Börsen- oder Marktpreise bzw. Preise vergleichbarer Transaktionen bestehen, kann als Nettoveräußerungspreis der Nutzungswert herangezogen werden (IAS 36.20).[203]

Der als subjektiver, unternehmensspezifischer Wert für das Unternehmen zu verstehende *Nutzungswert* einer (intern abgegrenzten) CGU entspricht dem Barwert der seitens des Managements auf der Grundlage von Businessplänen geschätzten künftigen Mittelzuflüsse aus der fortgesetzten Nutzung der CGU und ihrer letztendlichen Veräußerung (IAS 36.31). Zu einer Spezifizierung des Bewertungsansatzes gibt IAS 36 allgemeine Anweisungen zur Planung des Zahlungsstroms und Ermittlung des Diskontierungssatzes (IAS 36.33–36.57).[204]

Liegt der erzielbare Betrag der CGU (oder der Gruppe von CGU) unter ihrem Buchwert, ist in Höhe dieser Differenz eine *Wertminderung* erfolgswirksam zu erfassen. Dabei ist zunächst der Buchwert des Goodwill zu reduzieren, der der CGU zugeordnet wurde. Darüber hinaus gehende Wertminderungsaufwendungen sind in einem zweiten Schritt anteilig auf Basis der Buchwerte den anderen Vermögenswerten der CGU zuzuordnen (IAS 36.104), wobei gemäß IAS 36.105 für die einzelnen Vermögenswerte zumindest das Maximum aus Nettoveräußerungspreis und Nutzungswert anzusetzen ist. Der Bilanzierende darf keine Wertaufholung vorneh-

201 Vgl. IFRS 3.55 i.V.m. IAS 36.90. Die Anzeichen, die auf eine Wertminderung des Goodwill schließen lassen, werden in IAS 36.12 nicht abschließend aufgezählt.

202 Vgl. *Bieker/Esser*, Goodwill-Bilanzierung nach ED 3 „Business Combinations", KoR 2003, S. 75 (S. 80).

203 Gemäß IAS 36.BC Z18 lassen sich Marktpreise nur in seltenen Fällen feststellen. Der Nettoveräußerungspreis ist damit von geringer praktischer Relevanz. Im Folgenden wird daher auf die Ermittlung des Nutzungswerts anhand anerkannter Verfahren zur Unternehmensbewertung eingegangen.

204 Vgl. *Brücks/Kerkhoff/Richter*, Impairmenttest für den Goodwill nach IFRS – Vergleich mit den Regelungen nach US-GAAP: Gemeinsamkeiten und Unterschiede, KoR 2005, S. 1 (S. 3–6).

men, wenn an nachfolgenden Bilanzstichtagen der Grund für eine außerplanmäßige Abschreibung des Goodwill ganz oder teilweise entfällt (IAS 36.124).

Die Bestimmung des Nutzungswerts der CGU anhand anerkannter Bewertungsverfahren, wie bspw. der *Discounted-Cashflow-Verfahren* (DCF-Verfahren), eröffnet dem Management erhebliche Freiheitsgrade: Die Festlegung der künftigen Mittelzuflüsse anhand der internen Ertragserwartungen und die Bestimmung der Wachstumsrate der jenseits des Planungshorizonts zu erwartenden Mittelflüsse sind von den subjektiven Zielsetzungen des Managements abhängig;[205] auch eine Feststellung der in den Diskontierungssatz eingehenden Eigenkapitalkosten unter Rückgriff auf Kapitalmarktpreisbildungsmodelle wie das Capital Asset Pricing Model (CAPM) erweist sich durch die gesteuerte Auswahl der in das Model einfließenden Parameter als stark ermessensbehaftet.[206] Neben den DCF-Verfahren kann sich zur Berechnung des Nutzungswerts der CGU auch die Anwendung des *Multiplikatorverfahrens* als vereinfachtes, anerkanntes Bewertungsverfahren anbieten.[207] Bei ihm wird in einem ersten Schritt das gewogene Verhältnis von Unternehmenswert und Bezugsgröße für eine Gruppe von Vergleichsunternehmen anhand bekannter (Geschäftsberichts-)Daten ermittelt, das in einem zweiten Schritt als Multiplikator $\overline{m}$ der Vergleichsgruppe mit der Bezugsgröße des Bewertungsobjekts B_B zu multiplizieren ist, um den gesuchten Wert des zu bewertenden Objekts V_B zu erhalten. Es gilt:

$$V_B = B_B \times \overline{m}.$$

Dabei ist jedoch zu beachten, dass die DCF-Verfahren und das Multiplikatorverfahren trotz ihrer Klassifikation als anerkannte Methoden der Bewertung regelmäßig zu unterschiedlichen Ergebnissen hinsichtlich des Nutzungswerts der CGU und mithin des Wertminderungsaufwands führen. Sie können damit in Abhängigkeit von der Präferenz des Bilanzierenden für eine *progressive* bzw. für eine *konservative Behandlung* des Goodwill zum Einsatz kommen.

Die anerkannten Bewertungsverfahren erfordern subjektive Annahmen, die sich einer objektivierten Überprüfung entziehen. Häufig ist ein externer Bilanzanalyst, wie auch ein unabhängiger Wirtschaftsprüfer, nicht dazu in der Lage, die Bewertungsannahmen durch bessere, eigene zu ersetzen; denn auch seine Beurteilungen basieren auf Prognosewerten, die in einer späteren Rückschau besser oder schlechter sein werden (oder können) als die des Managements. Deshalb werden die externen Bilanzanalysten wie „die Prüfer bei den Bewertungen höchstens auf die Plausibilität der Annahmen und die Stetigkeit ihrer Anwendung achten können"[208].

---

205 Vgl. *Hoffmann*, § 11 Außerplanmäßige Abschreibungen, Wertaufholung, in: *Lüdenbach/Hoffmann* (Hrsg.), Haufe IFRS-Kommentar (2006), Rn. 28 und 66.

206 Vgl. *Protzek*, Der Impairment Only-Ansatz – Wider der Vernunft, KoR 2003, S. 495 (S. 498).

207 Vgl. ausführlich zu den Vergleichsverfahren *Hommel/Dehmel*, Unternehmensbewertung *case by case* (2006), S. 64–79.

208 *Protzek*, Der Impairment Only-Ansatz – Wider der Vernunft, KoR 2003, S. 495 (S. 501).

b) Anwendung auf den Fall: Durchführung des Werthaltigkeitstests bei der Skycar Group

Bei Allokation des Goodwill auf die einzelnen CGU teilte die Skycar Group, wie in der Aufgabenstellung erwähnt, den Goodwill einzig auf das Segment Automobile auf.

Beim Werthaltigkeitstest ist der Buchwert der CGU Automobile in Ermangelung eines objektivierten Veräußerungspreises mit ihrem Nutzungswert zu vergleichen.[209] Sofern eine Bewertung unter Zugrundelegung der DCF-Verfahren vorgenommen wird, besteht kein Abschreibungsbedarf (Tabelle 68):

Tabelle 68: Ermittlung des Wertminderungsaufwands zum 31. 12. 2005 (DCF-Verfahren)

(in Mio. €)	Cash Generating Units			
	Luxusfahrzeuge	Nutzfahrzeuge	PKW	Automobile
Buchwert der NOA ohne Goodwill	339,23	407,07	542,75	1 289,05
Goodwill	0,00	0,00	0,00	80,00
Buchwert der NOA mit Goodwill	339,23	407,07	542,75	**1 369,05**
Operatives Ergebnis (EBIT)	30,80	88,00	213,40	332,20
Zins	0,07	0,07	0,07	0,07
Segmentwert	440,00	1 257,14	3 048,57	**4 745,71**
Wertminderungsaufwand				**0,00**

Demgegenüber ergibt sich unter Anwendung des Multiplikatorverfahrens ein Anhaltspunkt für eine Wertminderung von 22,65 Mio. Euro (Tabelle 69 auf S. 156).[210]

209 Werden die Zahlungsmittel generierenden Einheiten (hier: Luxusfahrzeuge, Nutzfahrzeuge und PKW), aus denen eine Gruppe von Zahlungsmittel generierenden Einheiten besteht (hier: Automobile), zu denen der Goodwill zugeordnet worden ist, zur selben Zeit auf Wertminderung geprüft wie die Gruppe von Einheiten, sind gemäß IAS 36.97 die einzelnen Zahlungsmittel generierenden Einheiten vor der den Goodwill enthaltenen Gruppe von Zahlungsmittel generierenden Einheiten zu überprüfen.

210 $V_B = 3\,960{,}00 \times 0{,}34 = 1\,346{,}40$ Mio. Euro.

Tabelle 69: Ermittlung des Wertminderungsaufwands zum 31. 12. 2005 (Multiplikatorverfahren)

(in Mio. €)	Cash Generating Units			
	Luxusfahrzeuge	Nutzfahrzeuge	PKW	Automobile
Buchwert der NOA ohne Goodwill	339,23	407,07	542,75	1 289,05
Goodwill	0,00	0,00	0,00	80,00
Buchwert der NOA mit Goodwill	**339,23**	**407,07**	**542,75**	**1 369,05**
Umsatzerlöse	1 130,00	1 350,00	1 480,00	3 960,00
Multiple				0,34
Segmentwert				**1 346,40**
Wertminderungsaufwand				**22,65**

Möchte das bestehende Management der Skycar Group einen potenziellen Abschreibungsdruck vermeiden, bietet es sich folglich an, die Berechnung des Nettoveräußerungspreises auf Basis der „anerkannten" DCF-Verfahren vorzunehmen. Demgegenüber könnte ein nachfolgendes Management, wie bereits erläutert, Interesse daran haben, bei erstmaliger Durchführung des Werthaltigkeitstests einen hohen außerplanmäßigen Abschreibungsbedarf festzustellen, um derart den Weg für eine abschreibungsfreie Zukunft zu ebnen.[211] Das neue Management würde daher das „anerkannte" Mulitplikatorverfahren zur Berechnung des Nutzungswerts und zur Dokumentation des Abschreibungsbedarfs heranziehen.

III. Bilanzanalytische Möglichkeiten und Grenzen bei der Bilanzierung des Goodwill

1. Erläuterung

Dem Bilanzierenden stehen bei der Behandlung des derivativen Goodwill so erhebliche Gestaltungsspielräume offen, dass der Bilanzanalyst nicht mehr dazu in der Lage ist, die Höhe des Goodwill im Zugangszeitpunkt und seine Folgebewertung eigenständig fundiert und kritisch zu hinterfragen. Deshalb bestehen grds. *drei Möglichkeiten*, den Goodwill im Rahmen der Bilanzanalyse zu behandeln: Der Bilanzanalyst kann ihn ohne Korrektur in seine Berechnungen integrieren oder ihn im Zugangszeitpunkt vollständig aufwandswirksam oder auch vollständig gewinnneutral verrechnen.

Für die *unkorrigierte Übernahme* spricht, dass der Bilanzanalyst über keine fundierten Informationen verfügt, die ihm eine feingliedrige Analyse der Bilanzposition ermöglichen. Er kennt nicht einmal die werthaltigen Faktoren, die hinter dem Goodwill stehen (sollen) und kann deshalb auch nicht beurteilen, ob sie das Unternehmen im Zugangszeitpunkt des Goodwill und an den nachfolgenden Bilanz-

211 Vgl. *Protzek*, Der Impairment Only-Ansatz – Wider der Vernunft, KoR 2003, S. 495 (S. 500).

stichtagen der Tendenz nach richtig einschätzte. Gegen die unkorrigierte Übernahme spricht aber, dass der Bilanzanalyst bei seiner Untersuchung damit eine große Unbekannte akzeptiert, die dem Unternehmen ein großes bilanzpolitisches Potenzial an die Hand gibt.

Deshalb liegt es nahe, den Goodwill zum Zweck der Bilanzanalyse im Zugangsjahr *vollständig aufwandswirksam* und an nachfolgenden Bilanzstichtagen erfolgsneutral mit den Gewinnrücklagen *zu verrechnen*. Nimmt das Unternehmen zukünftig Impairmentabschreibungen auf den Goodwill vor, so sind sie zu eliminieren, um eine doppelte Aufwandsverrechnung des Goodwill zu vermeiden. Für die erfolgswirksame Erfassung des Goodwill im Zugangszeitpunkt spricht die Gleichbehandlung von originärem und derivativem Goodwill; denn auch der originäre Goodwill wird im Zugangszeitpunkt aufwandswirksam verbucht. Gegen diese Vorgehensweise ist einzuwenden, dass sie undifferenziert unterstellt, dass sämtliche Aufwendungen auf den derivativen Goodwill eine Fehlinvestition darstellen oder sich ihr Nutzwert im Jahr des Zugangs erschöpft. Sie geht zudem regelmäßig mit einer extremen Ergebnisbelastung im Erwerbsjahr einher, obwohl wesentliche Teile des Goodwill (vielleicht) über den Bilanzstichtag hinaus bestehen und eine positive Wirkung auf die zukünftige Ertragsentwicklung entfalten. Insb. in einem Zeitreihenvergleich beeinflusst die Sofortabschreibung des Goodwill das einzelne Jahresergebnis und den Trend zumeist erheblich, ohne dass der Bilanzanalyst die ökonomische Richtigkeit dieser Trendentwicklung begründen kann. Sie ist vielmehr das Resultat einer Verlegenheitslösung, das der Bilanzanalyst selbst als Störfaktor empfinden muss.

Deshalb bietet es sich als dritte Möglichkeit an, den Goodwill im Zugangszeitpunkt *vollständig erfolgsneutral gegen das Eigenkapital zu verrechnen*.[212] Dadurch vermeidet der Bilanzanalyst die nicht fundiert begründbare Belastung des Jahresergebnisses im Zugangsjahr. Dieses Vorgehen bewahrt ihn aber auch davor, dass er an nachfolgenden Bilanzstichtagen bei seiner Analyse (weitgehend schutzlos) bilanzpolitisch bedingten außerplanmäßigen Abschreibungen auf den Goodwill ausgesetzt ist. Die vollständige Eliminierung des Goodwill gegen das Eigenkapital führt aber dazu, dass die Erwerbskosten für den Goodwill zu keinem Zeitpunkt als Aufwand erfasst werden. Eine Aussage über den Totalerfolg des Unternehmens oder der Investition in das erworbene Unternehmen anhand von unkorrigierten Bilanzkennzahlen ist damit nicht mehr möglich.

Ungeachtet dessen, für welche der aufgezeigten Möglichkeiten sich der Analyst entscheidet, wird seine favorisierte Goodwillbehandlung dadurch erschwert, dass das Unternehmen den Goodwill im Zugangszeitpunkt unter Berufung auf IFRS 3.36 extensiv in einzelne immaterielle Vermögenswerte aufspaltet und separat bilanziert. Kaufpreisbestandteile, die vor der Verabschiedung des IFRS 3 bzw. vor seiner (ggf. rückwirkenden) Anwendung durch das Unternehmen im Goodwill

212 Vgl. *Küting/Weber*, Die Bilanzanalyse (2006), S. 86; *Baetge/Stellbrink*, Früherkennung von Unternehmenskrisen mit Hilfe der Bilanzanalyse, Controlling 2005, S. 213 (S. 216 f.).

erfasst wurden, finden sich nunmehr (je nach Kreativität des Bilanzierenden) in verstärktem Maße in den immateriellen Vermögenswerten wieder. Misstraut der Bilanzanalyst dem Goodwill, müsste er auch den aus ihm herausgelösten Vermögenswerten skeptisch gegenüberstehen und sie erfolgsneutral mit den Gewinnrücklagen verrechnen. Da diese Vermögenswerte aber in der Gesamtposition der immateriellen Vermögenswerte aufgehen, kann er ihre Wertentwicklung (und ihre Abschreibung) an nachfolgenden Bilanzstichtagen nicht mehr nachhalten und nicht mehr korrigieren. Er müsste dann ggf. sämtliche immateriellen Vermögenswerte (und nicht nur den Goodwill) erfolgsneutral mit dem Eigenkapital verrechnen – was zu erheblichen Informationsverlusten führen kann.

2. Anwendung auf den Fall: bilanzanalytische Beurteilung des Goodwill bei der Skycar Group

Nimmt ein Bilanzanalyst im Rahmen der Analyse der Skycar Group eine vollständige Verrechnung des Goodwill gegen das Eigenkapital vor, steigt die Eigenkapitalrentabilität vor Korrektur der Steuer von 12,73% auf 13,69 %, währenddessen die Eigenkapitalquote vor Korrektur der Steuer von 26,38 % auf 25,00 % sinkt (Tabelle 70):[213]

Tabelle 70: Veränderungsrechnung für das Geschäftsjahr 2005

(in Mio. €)	Aktiva	Eigenkapital (ohne JÜ)	JÜ
Werte zum 31. 12. 2005	4 340,88	999,27	145,76
Erfolgsneutrale Verrechnung des Goodwill gegen das Eigenkapital	– 80,00	– 80,00	0,00
Werte zum 31. 12. 2005 nach Korrektur	4 260,88	919,27	145,76
Eigenkapital vor Korrektur (einschl. JÜ)	(= 999,27 + 145,76)		1 145,03
Eigenkapital nach Korrektur (einschl. JÜ)	(= 919,27 + 145,76)		1 065,03
Bilanzsumme nach Korrektur			4 260,88
Kennzahlen	**vor Korrektur**	**nach Korrektur**	
Eigenkapitalquote	26,38 %	25,00 %	
Eigenkapitalrentabilität	12,73 %	13,69 %	

Eine seitens eines externen Bilanzanalysten ggf. vorzunehmende Ergänzung der Veränderungsrechnung um die Korrektur des im Zugangsjahr erfassten und auf die Position Goodwill entfallenden Wertminderungsaufwands kann im Fall der Skycar Group unterbleiben, da den Anhangangaben des Geschäftsberichts 2005 keine entsprechenden Erläuterungen im Sinne des IAS 36.130 zu entnehmen sind.[214]

213 Die Werte zum 31. 12. 2005 sind der Rahmenfallstudie, Abschn. IV, zu entnehmen.

214 Zur Darstellung der Entwicklung des Anlagevermögens bedient sich die Praxis eines Anlagespiegels. Vgl. für den Anlagespiegel der Skycar Group Rahmenfallstudie, Abschn. IV.

Weiterführende Literatur

Benkel, Muriel/ Pauly, Denise/ Hommel, Michael – Goodwill, in: Michael Hommel/Jens Wüstemann (Hrsg.), Synopse der Rechnungslegung nach HGB und IFRS – Eine qualitative Gegenüberstellung, München 2006, S. 56–65

Brücks, Michael/ Kerkhoff, Guido/ Richter, Michael – Impairmenttest für den Goodwill nach IFRS – Vergleich mit den Regelungen nach US-GAAP: Gemeinsamkeiten und Unterschiede, KoR, 5. Jg. (2005), S. 1–7

Hoffmann, Wolf-Dieter – § 11 Außerplanmäßige Abschreibungen, in: Norbert Lüdenbach/Wolf-Dieter Hoffmann (Hrsg.), Haufe IFRS-Kommentar, 4. Aufl., Freiburg i. Br. 2006, S. 379–448

Klingels, Bernd – Der Impairment-Test einer geschäftswerttragenden Cash Generating Unit – Eine Fallstudie über Wertveränderungen aufgrund der Zuordnung des Geschäfts- oder Firmenwerts, KoR, 6. Jg. (2006), S. 276–282

Pellens, Bernhard/ Epstein, Rolf/ Barth, Daniela/ Ruhwedel, Peter/ Sellhorn, Thorsten – Goodwill Impairment Test – ein empirischer Vergleich der IFRS- und US-GAAP-Bilanzierer im deutschen Prime Standard, BB-Special 10 zu Heft 39, BB, 60. Jg. (2005), S. 10–18

Rammert, Stefan – § 51 Bilanzpolitik und Bilanzanalyse, in: Norbert Lüdenbach/Wolf-Dieter Hoffmann (Hrsg.), Haufe IFRS-Kommentar, 4. Aufl., Freiburg i. Br. 2006, S. 1883–1934

Fall 8: Sachanlagevermögen

Sachverhalt:

Den vergangenen Geschäftsberichten der Skycar Group entnehmen Sie Folgendes:

Tabelle 71: Sachanlagespiegel der Skycar Group für die Jahre 2002 und 2003

(in Mio. €)	Grundstücke und Bauten	Technische Anlagen und Maschinen	Andere Anlagen, Betriebs- und Geschäfts-ausstattung	Als Finanz-investition gehaltene Immobilien
AHK zum 1. 1. 2002	187,25	224,55	114,22	122,61
Zugänge	87,50	0,00	0,00	0,00
Summe zum 31. 12. 2002	274,75	224,55	114,22	122,61
Abschreibungen zum 1. 1. 2002	11,18	62,51	41,39	15,33
Zugänge planmäßig	2,33	11,52	12,87	2,55
Summe zum 31. 12. 2002	13,51	74,03	54,26	17,88
Buchwert zum 31. 12. 2002	**261,24**	**150,52**	**59,96**	**104,73**
AHK zum 1. 1. 2003	274,75	224,55	114,22	122,61
Zugänge	0,00	29,50	18,60	0,00
Summe zum 31. 12. 2003	274,75	254,05	132,82	122,61
Abschreibungen zum 1. 1. 2003	13,51	74,03	54,26	17,88
Zugänge planmäßig	2,33	12,50	14,11	2,55
Summe zum 31. 12. 2003	15,84	86,53	68,37	20,43
Buchwert zum 31. 12. 2003	**258,91**	**167,52**	**64,45**	**102,18**

Tabelle 72: Bilanzsumme der Skycar Group

(in Mio. €)	2005	2004	2003	2002
Bilanzsumme	4 340,88	4 489,18	4 353,40	4 592,99

Zusätzlich lesen Sie im Geschäftsbericht zum 31. 12. 2005 Nachstehendes:

„Materielle Vermögenswerte, die dem Geschäftsbetrieb länger als ein Jahr dienen, werden zu fortgeführten Anschaffungs- und Herstellungskosten bewertet. Die Herstellungskosten umfassen alle direkt dem Herstellungsprozess zurechenbaren Kosten sowie angemessene Teile der herstellungsbezogenen Gemeinkosten. In 2005 angefallene Finanzierungskosten von 4,30 Mio. Euro sind innerhalb der Herstellungskosten erfasst. Die Anschaffungskosten der Betriebs- und Geschäftsbauten beinhalten Rückbauverpflichtungen i. H. v. 9,33 Mio. Euro. Kosten für Reparaturen und Instandhaltung werden als laufender Aufwand behandelt. Die planmäßigen, im Wesentlichen linearen, Abschreibungen werden entsprechend dem erwarteten Verlauf des Verbrauchs des künftigen wirtschaftlichen Nutzens vorgenommen. Den planmäßigen Abschreibungen liegen folgende Nutzungsdauern zu Grunde“:

Tabelle 73: Nutzungsdauer des Sachanlagevermögens

(in Jahren)	Nutzungsdauer
Bauten	40 bis 65
Technische Anlagen und Maschinen	20 bis 30
Andere Anlagen, BGA	3 bis 15

Folgende Angaben informieren über die „Als Finanzinvestition gehaltenen Immobilien“:

- „Zur Erzielung von Mieterträgen gehaltene Immobilien (investment property) werden zu fortgeführten Anschaffungskosten bilanziert, wobei die für die Abschreibungen zu Grunde gelegten Nutzungsdauern denen der selbst genutzten Sachanlagen entsprechen. Im Zusammenhang mit den Renditeliegenschaften erzielte die Skycar Group 32 Mio. Euro Mieterträge im Geschäftsjahr, operative Kosten entstanden i. H. v. 18 Mio. Euro. Der beizulegende Zeitwert dieser Mietwohnungen am 31. 12. 2005 beträgt 221,91 Mio. Euro (Vorjahr: 263,40 Mio. Euro). Der Marktwert ist ohne Einschaltung eines Gutachters auf Basis eines Ertragswertverfahrens ermittelt worden.“
- „Vermietete Vermögenswerte werden zu fortgeführten Anschaffungs- und Herstellungskosten bewertet. Ihr Restbuchwert beträgt zum 31. 12. 2005 52,80 Mio. Euro.“
- „Immobilien im Wert von 6,00 Mio. Euro werden zur Veräußerung gehalten. Eine Veräußerung ist innerhalb der nächsten 3 Monate geplant.“

Aus dem Studium der statistischen Sonderveröffentlichungen der Deutschen Bundesbank entnehmen Sie folgende Informationen (Tabelle 74):[215]

Tabelle74: Sachanlagenintensitäten in der Fahrzeugbaubranche

Sachanlagenintensität (in %)	2003	2002	2001	2000	1999	Durchschnitt
Fahrzeugbaubranche	19,20	18,50	18,10	16,60	16,10	**17,70**

Aufgabenstellung:

Verwenden Sie für die folgenden Aufgaben die Angaben aus dem Sachverhalt bzw. die Sachanlagespiegel der Geschäftsjahre 2004 und 2005 aus der Rahmenfallstudie!

- Welche *bilanzanalytische Relevanz* besitzt das Sachanlagevermögen?
- *Kategorisieren* Sie das *Sachanlagevermögen* bei der Skycar Group! Weisen Sie dabei auf bilanzpolitische und -analytische Möglichkeiten und Grenzen hin!

215 Vgl. Deutsche Bundesbank, Statistische Sonderveröffentlichung Nr. 5 – Hochgerechnete Angaben aus Jahresabschlüssen deutscher Unternehmen von 1994 bis 2003 (2006), S. 22–98.

> – In welchem Umfang kann die Skycar Group Bilanzpolitik im Rahmen der *Zugangsbewertung des Sachanlagevermögens* betreiben? Welche Aussagen kann ein externer Bilanzanalyst treffen?
> – Zeigen Sie die bilanzpolitischen Möglichkeiten und Grenzen der Skycar Group bei der *Folgebewertung des Sachanlagevermögens* auf! Gehen Sie dabei insb. auf die durch die Aufdeckung von stillen Reserven induzierte Auswirkung auf wesentliche Rentabilitätskennzahlen (vor Korrektur der Steuer) ein!
> – Anhand welcher Kennzahlen kann man die *Vermögensstruktur* sowie die *Abschreibungs- und Investitionspolitik* der Skycar Group beurteilen? Welche Aussagegrenzen bestehen?

I. Bilanzanalytische Relevanz des Sachanlagevermögens

Die Analyse des Sachanlagevermögens ist bei Unternehmen, die zur Erbringung ihrer Leistungen kapitalintensiv wirtschaften, von hoher Relevanz. Häufig führen bei ihnen Ersatz- oder Erweiterungsinvestitionen zu einem beträchtlichen Finanzmittelbedarf. Bei der Beurteilung der zukünftigen Finanzplanung sind dabei Informationen über das Alter und die Qualität der Sachanlagen für den Bilanzanalysten besonders wertvoll. In diesem Zusammenhang ist auch die Abschreibungspolitik des Unternehmens von Interesse; sie stellt häufig ein zentrales Instrument aktiver Bilanzpolitik dar. Die *Auswertung des Sachanlagevermögens* erfolgt anhand spezifischer Kennzahlen wie der Sachanlagenintensität, der Wachstumsquote oder der Abschreibungsquote.

Die durch den Jahresabschluss gewährten Informationen sind für den Bilanzanalysten aber nur dann entscheidungsrelevant, wenn sie ihn über den *„wahren" Wert der Sachanlagen* unterrichten. Die Darstellung des tatsächlichen Werts des Sachanlagevermögens im Jahresabschluss ist keineswegs selbstverständlich – häufig verhindern stille Reserven den Einblick in die Vermögenslage des Unternehmens. Als *stille Reserven* bezeichnet man die Differenz zwischen dem bilanziellen und dem tatsächlichen Wert eines Bilanzpostens.[216] Ihr Aufbau ist aus Sicht der Unternehmensleitung von großem Interesse, denn sie geben dem Management ein Steuerungsinstrument an die Hand, mit dem es Gewinnglättung betreiben und die Ausschüttungswünsche der Aktionäre zumeist wirksam dämpfen kann. Sind die Aktionäre unzureichend über die wahre Höhe des im Unternehmen gebundenen

216 Stille Reserven werden auf der Aktivseite als Differenz zwischen einem Buchwert und einem höheren tatsächlichen (Vergleichs-)Wert definiert, auf der Passivseite als Differenz zwischen Buchwert und niedrigerem tatsächlichen Wert. Vgl. *Küting/Weber*, Die Bilanzanalyse (2006), S. 213–216.

Kapitals informiert, so können sie nicht sinnvoll beurteilen, ob die Unternehmensleitung die ihr anvertrauten Gelder effizient einsetzt. Dadurch ist es den Managern möglich, unrentable Investitionen dauerhaft oder zumindest längerfristig zu verschleiern. Eine wirksame Bilanzanalyse muss deshalb darauf abzielen, die vorhandenen stillen Reserven zu erkennen und die Buchwerte des bilanziellen Sachanlagevermögens durch realitätsnahe Zeitwerte zu ersetzen.

II. Bilanzpolitische und bilanzanalytische Möglichkeiten und Grenzen bei der Kategorisierung des Sachanlagevermögens

1. Erläuterung

Zum *Sachanlagevermögen* zählen insb. Grundstücke und Gebäude, technische Anlagen und Maschinen sowie Betriebs- und Geschäftsausstattungen, die das Unternehmen für eigene Zwecke nutzt oder die es für Zwecke der Vermietung bzw. Wertsteigerung hält (IAS 16.6).[217] Die Klassifizierung der Nutzungsart (Eigennutzung oder renditegeprägte Nutzung) ist für die Bilanzierung von Immobilien von besonderer Relevanz.

Eigengenutzte Immobilien fallen unter die Vorschriften des IAS 16. Dagegen sind als Finanzinvestition gehaltene Immobilien nach IAS 40 auszuweisen, wobei die jeweiligen Standards unterschiedliche Vorschriften für die Folgebewertung und die Anhangangaben vorsehen. Nutzt ein Unternehmen eine Immobilie sowohl für Renditezwecke als auch für eigene Unternehmenszwecke, ist eine getrennte Bilanzierung erforderlich: Der selbst genutzte Teil der Immobilie wird gemäß IAS 16, der als Finanzinvestition gehaltene Teil gemäß IAS 40 bilanziert (IAS 40.10). Sachanlagen, deren Verkauf innerhalb des nächsten Jahres geplant ist, gehören nicht mehr zum Sachanlagevermögen. Sie „sind zum niedrigeren Wert aus Buchwert und beizulegendem Zeitwert abzüglich Veräußerungskosten“ (IFRS 5.15) zu aktivieren, nicht mehr planmäßig abzuschreiben (IFRS 5.25) und als gesonderter Posten in der Bilanz auszuweisen (IFRS 5.38).

Die IFRS schränken die bei der Kategorisierung der Immobilien entstehenden Spielräume ein. So ist das Unternehmen dazu verpflichtet, die Zuordnungskriterien im Anhang offen zu legen – dies gilt allerdings nur, sofern die Zuordnung dem Unternehmen Schwierigkeiten bereitet (IAS 40.14). Eine Einordnung in die Kategorie „Zur Veräußerung gehaltene langfristige Vermögenswerte“ ist zudem nur zulässig, wenn das Management einen entsprechenden Verkaufsplan beschlossen

217 Ebenfalls zum Sachanlagevermögen gehören solche Renditeliegenschaften, die im Rahmen eines Finanzierungsleasingverhältnisses gehalten werden bzw. im Rahmen eines Operating-Leasingverhältnisses vermietet werden (IAS 40.8).

und mit der Durchführung der Verkaufsaktion (z. B. Suche eines Käufers) aktiv begonnen hat. Ferner muss der geforderte Verkaufspreis in einem realistischen Verhältnis zum Zeitwert der Sachanlage stehen, der Verkauf innerhalb eines Jahres (gerechnet ab dem Zeitpunkt der Umklassifizierung) zu erwarten und eine Aufhebung oder eine Änderung des Verkaufsplans unwahrscheinlich sein (IFRS 5.8). Durch diese zum Teil sehr formalen Restriktionen kann das Unternehmen die Einordnung in die Kategorie „Zur Veräußerung gehaltene langfristige Vermögenswerte" u. a. durch verzögerte Beschlussfassung des Verkaufsplans hinausschieben. Eine zeitliche Vorverlagerung der Umklassifizierung – etwa mit dem Ziel, die GuV um die planmäßigen Abschreibungen auf die betreffende Sachanlage zu entlasten – fällt hingegen schwerer.

2. Anwendung auf den Fall: Kategorisierung des Sachanlagevermögens bei der Skycar Group

Die Skycar Group weist in ihrem Jahresabschluss Immobilien sowohl nach IAS 16 (Sachanlagen) als auch nach IAS 40 (Als Finanzinvestition gehaltene Immobilien) und IFRS 5 (Zur Veräußerung gehaltene langfristige Vermögenswerte) aus. Im Anhang finden sich keine näheren Erläuterungen hinsichtlich der Zuordnungskriterien. Das legt die Vermutung nahe, dass sich die einzelnen Objekte (relativ) problemlos kategorisieren lassen. Die bilanzpolitischen Spielräume, die sich bei der Einordnung der Immobilien als „Zur Veräußerung gehaltene langfristige Vermögenswerte" ergeben könnten, sind aufgrund der formalen Klassifizierungsrestriktionen des IFRS 5 ohnehin gering. Es ist davon auszugehen, dass die Immobilien mit einem Buchwert von 6 Mio. Euro tatsächlich bis zum nächsten Bilanzstichtag veräußert werden. Dafür spricht auch die konkrete Angabe des Veräußerungszeitraums (3 Monate), der zudem relativ knapp bemessen ist und sich unmittelbar an den Bilanzstichtag anschließt. Letztlich entsprechen die IFRS-5-Vermögenswerte gerade einmal 0,83 %[218] des gesamten bilanzierten Sachanlagevermögens. Eine bilanzpolitisch motivierte Reduktion des Sachanlagevermögens kann somit weitgehend ausgeschlossen werden.

Für den Bilanzanalysten von Interesse sind ebenfalls Informationen über potenzielle Verkaufserlöse, die die Skycar Group aus der Veräußerung der Immobilien erwartet – eine Offenlegung dieser Angaben sieht IFRS 5 jedoch nicht vor. Zusätzlich fehlen Informationen darüber, ob es sich bei den zur Veräußerung anstehenden Immobilien um nicht mehr benötigte Reservegrundstücke handelt, deren Verkaufserlöse die Finanzlage verbessern, oder ob betriebsnotwendiges Vermögen zum Verkauf ansteht, so dass die Skycar Group ggf. die Veräußerungserlöse zum Er-

218 IFRS-5-Sachanlagen ÷ Sachanlagevermögen zum 31. 12. 2005 (ohne vermietete Vermögenswerte) = 6 ÷ 721,87 = 0,83 %. Unter Einbeziehung der vermieteten Vermögenswerte beträgt der Anteil 6 ÷ 774,67 = 0,77 %.

werb eines vergleichbaren Objekts wiederverwenden muss. Aus dem Sachanlagespiegel erfährt der Bilanzanalyst nur, dass die zur Veräußerung gehaltenen Immobilien hälftig aus den Bilanzpositionen „Grundstücke und Bauten" und „Als Finanzinvestition gehaltene Immobilien" stammen.

III. Bilanzpolitische und bilanzanalytische Möglichkeiten und Grenzen bei der Zugangsbewertung des Sachanlagevermögens

1. Erläuterung

Die Positionen des Sachanlagevermögens werden im Zugangszeitpunkt mit ihren Anschaffungs- und Herstellungskosten (at cost) bewertet.[219]

Zu den *Anschaffungskosten* einer Sachanlage bzw. Renditeliegenschaft gehören sämtliche Ausgaben, die geleistet werden, um das Sachanlagevermögen zu erwerben, in einen betriebsbereiten Zustand zu versetzen und an den Standort zu verbringen.[220] Vom Kaufpreis sind Anschaffungspreisminderungen (Rabatte, Boni oder Skonti) abzuziehen.

Der Umfang der *Herstellungskosten* bestimmt sich nach IAS 16.16–16.28 und den Grundsätzen für die Herstellung von Vorräten (IAS 2).[221] Aktivierungspflichtig sind sämtliche Einzelkosten und produktionsbezogenen Gemeinkosten. Die Zurechnung fixer Produktionsgemeinkosten richtet sich nach der normalen Kapazität der Produktionsanlagen (IAS 2.13). Gemeinkosten, die durch eine Unterbeschäftigung der Anlagen entstehen, dürfen damit ebenso wenig aktiviert werden wie Vertriebskosten und Lagerkosten, die für den Produktionsprozess nicht erforderlich sind, sowie allgemeine Verwaltungskosten (IAS 2.16). Durch die Orientierung am Vollkostenprinzip ergeben sich bei der Ermittlung der Herstellungskosten formal relativ geringe bilanzpolitische Möglichkeiten. Gestaltungsspielräume bieten sich dem Unternehmen aber insb. bei der Abgrenzung zwischen aktivierungspflichtigen, produktionsbedingten Gemeinkosten und Verwaltungsgemeinkosten, für die ein Aktivierungsverbot besteht, sowie bei der Auswahl der Gemeinkostenschlüssel. Nach IAS 16.16 (c) gehören zu den Anschaffungs- und Herstellungskosten auch die geschätzten Kosten für den Abbruch und das Abräumen des Sachanlagevermögens bzw. die Wiederherstellung des Standorts, die mit oder nach dem Abgang der Sachanlage entstehen. Diese Kosten werden erfolgsneutral aktiviert, indem das Unternehmen sie in gleicher Höhe als Rückstellung gemäß IAS 37 erfasst – die Bewertung unterliegt insofern dem Ermessen der Geschäftsleitung.

---

219 Vgl. IAS 16.15; IAS 40.20.

220 Vgl. IAS 16.16; IAS 40.21.

221 Auch bei der Herstellung von Investment Property gelangt IAS 16 zur Anwendung (IAS 40.22).

Aktivierungspflichtig sind ebenfalls *nachträgliche Anschaffungs- und Herstellungskosten* (IAS 16.13). Sie entstehen erst nach Ablauf des Aktivierungszeitraums und erhöhen das wirtschaftliche Nutzenpotenzial der Sachanlage bzw. Immobilie. IAS 16 zählt hierzu auch solche Kosten, die im Zusammenhang mit Ersatzinvestitionen bzw. mit regelmäßig durchgeführten Generalüberholungen oder Großinspektionen ohne konkreten Reparaturbedarf anfallen.[222] Diese Kosten sind in ihrem Entstehungszeitpunkt unter den Sachanlagen zu aktivieren und grds. separat über ihre voraussichtliche Nutzungs- bzw. Wirkungsdauer abzuschreiben. Ein Aktivierungsverbot besteht dagegen für tägliche Reparatur- und laufende Wartungskosten, die lediglich der Werterhaltung des bilanzierten Sachanlagevermögens dienen. Sie sind im Entstehungszeitpunkt aufwandswirksam zu erfassen.[223] Die Abgrenzung zwischen aktivierungspflichtigen und sofort ergebniswirksamen Erhaltungskosten ist unscharf und gewährt dem Unternehmen Gestaltungsmöglichkeiten.[224]

Fremdkapitalkosten, die im Zusammenhang mit dem Erwerb, dem Bau oder der Herstellung eines qualifizierten Vermögenswerts stehen, dürfen als Erwerbskosten aktiviert werden (IAS 23.11 f.). Ein qualifizierter Vermögenswert zeichnet sich dadurch aus, dass für ihn „ein beträchtlicher Zeitraum erforderlich ist, um ihn in seinen beabsichtigten gebrauchs- oder verbrauchsfähigen Zustand zu versetzen“ (IAS 23.4). Das Aktivierungswahlrecht gewährt dem Bilanzierenden Freiräume.[225]

2. Anwendung auf den Fall: Zugangsbewertung des Sachanlagevermögens bei der Skycar Group

Die Skycar Group ist nach IAS 16.73 (a) lediglich dazu verpflichtet, die Bewertungsgrundlagen für die Bestimmung der Anschaffungs- oder Herstellungskosten allgemein anzugeben. Informationen darüber, in welchem Umfang Gemeinkosten in die Zugangsbewertung eingeflossen sind und nach welchem Kostenschlüsselungssystem diese Zuordnung erfolgte, sind hingegen nicht verpflichtend. Dem Bilanzanalysten bleiben die damit verbundenen bilanzpolitischen Spielräume und die Art ihrer Ausübung verborgen.

Hinsichtlich der Zugangsbewertung der eigengenutzten Sachanlagen informiert der Anhang darüber, dass Finanzierungskosten i. H. v. 4,30 Mio. Euro innerhalb der Herstellungskosten erfasst sind, die Anschaffungskosten der Betriebs- und Geschäftsbauten Rückbauverpflichtungen i. H. v. 9,33 Mio. Euro beinhalten und die Kosten für Reparaturen und Instandhaltung als laufender Aufwand behandelt werden.

222 Vgl. IAS 16.12 – 16.14; IAS 40.17–19.
223 Vgl. IAS 16.12; IAS 40.18.
224 Vgl. *Coenenberg*, Jahresabschluss und Jahresabschlussanalyse (2005), S. 86.
225 Vgl. *Tanski*, Sachanlagen nach IFRS (2005), S. 42.

Aus bilanzanalytischer Sicht bieten diese Informationen ein uneinheitliches Bild:

Die Aktivierung der Finanzierungskosten lässt auf eine Bilanzpolitik schließen, die auf einen möglichst hohen aktuellen Vermögens- und Gewinnausweis gerichtet ist – denn die Skycar Group hatte das Wahlrecht, die Finanzierungskosten in voller Höhe aufwandswirksam zu erfassen. Der Bilanzanalyst kann die damit verbundenen bilanziellen Konsequenzen (zum Teil) neutralisieren, indem er die Anschaffungs- und Herstellungskosten um die aktivierten Zinsausgaben vermindert und die Zinsaufwendungen entsprechend erhöht. Allerdings verändert sich durch die Nichtaktivierung der Finanzierungskosten auch die Bemessungsgrundlage für die (außer-)planmäßigen Abschreibungen – bei abnutzbaren Vermögenswerten sinkt der Umfang der planmäßigen Abschreibungen in Höhe der (ehemals) aktivierten Zinsausgaben. Da der Anhang keine Informationen darüber enthält, auf welche Kategorie des Sachanlagevermögens die Finanzierungskosten konkret entfallen und in welchem Ausmaß sie die Jahresabschreibungen erhöhen, ist eine präzise Anpassung der planmäßigen Abschreibungen nicht möglich.

Die generelle Behandlung der Instandhaltungskosten als Aufwand legt eine eher konservative Bilanzpolitik nahe. Die Manager der Skycar Group hätten (mutmaßlich) auch einen Teil der entstandenen Kosten als nachträgliche Erwerbskosten aktivieren können. Der Grund der Nichtaktivierung kann – neben einer konservativen Bilanzpolitik – in der Nichtexistenz entsprechender Kosten liegen (was für einen Konzern mit Sachanlagevermögen in der Größenordnung der Skycar Group eher untypisch sein dürfte) oder Vereinfachungsgründen geschuldet sein, da eine Aktivierung mit (nennenswertem) Zusatzaufwand verbunden ist: Die aktivierten Teile der Instandhaltungskosten müssten buchhalterisch dem entsprechenden Objekt zugewiesen und zukünftig nach einem (Ergänzungs-)Plan abgeschrieben werden. Welche der vorgenannten Motive für die fehlende Aktivierung einschlägig sind, kann der Bilanzanalyst mangels entsprechender Informationen aus dem Jahresabschluss nicht erkennen. Weil auch an keiner Stelle des Jahresabschlusses der Umfang der gesamten Instandhaltungs- und Wartungskosten separat auszuweisen ist, kann der Analyst unmöglich das maximale Ausmaß des bilanzpolitischen Spielraums erkennen und auch nicht im Falle einer Aktivierung durch einen Branchenvergleich feststellen, ob der Anteil der aktivierten Instandhaltungskosten an den gesamten Instandhaltungskosten dem Branchendurchschnitt entspricht.

Die Aktivierung der Rückbauverpflichtungen i.H.v. 9,33 Mio. Euro erlaubt auf den ersten Blick keine Einschätzung der Bilanzpolitik. Sie wird durch IAS 16.16 (c) erzwungen und entspringt damit keinem expliziten Ansatzwahlrecht. Allerdings eröffnet ihre bilanzielle Erfassung dem Unternehmen regelmäßig große Ermessensspielräume, da die entsprechenden Ausgaben in großem zeitlichen Abstand zu ihrem Aktivierungszeitpunkt anfallen und ihrer Höhe nach zumeist sehr unsicher sind.[226]

226 Aufgrund ihres engen Bezugs zu den Rückstellungen werden die damit verbundenen Gestaltungsmöglichkeiten in Fall 11 näher betrachtet.

IV. Bilanzpolitische und bilanzanalytische Möglichkeiten und Grenzen bei der Folgebewertung des Sachanlagevermögens

1. Erläuterung

a) Folgebewertung des Sachanlagevermögens nach IAS 16

Für das IAS-16-Sachanlagevermögen besteht im Rahmen der Folgebewertung ein explizites Wahlrecht zwischen einem Ansatz zu fortgeführten Anschaffungs- und Herstellungskosten (cost model) und einem Ansatz zum beizulegenden Zeitwert (fair value). Die gewählte Methode ist für jede Gruppe des IAS 16-Sachanlagevermögens einheitlich anzuwenden, wobei der Standard den Begriff der „Gruppe" auslegungsbedürftig definiert.[227] Seine Abgrenzung eröffnet im Einzelfall bilanzpolitische Spielräume.[228]

Beim *Cost Model* werden die Buchwerte des Sachanlagevermögens um kumulierte planmäßige und außerplanmäßige Abschreibungen gemindert (IAS 16.30). Im Rahmen der planmäßigen Abschreibung sind ermessensbehaftete Annahmen über das Abschreibungsvolumen, die Nutzungsdauer im Unternehmen und den Verbrauch des wirtschaftlichen Nutzenpotenzials (Abschreibungsmethode) zu treffen.[229] Die Annahmen sind jährlich zu überprüfen und, sofern die Erwartungen von den früheren Schätzungen abweichen, für die Folgeperioden prospektiv anzupassen.[230] Einzelne Komponenten einer einheitlich genutzten und bilanzierten Sachanlage bzw. Immobilie sind getrennt abzuschreiben, sofern auf diese Komponenten ein signifikanter Anteil der gesamten Anschaffungs- und Herstellungskosten entfällt (*Komponentenansatz*, IAS 16.43). Eine separate Abschreibung darf unterbleiben, falls die einzelnen Komponenten identische Nutzungsdauern und Abschreibungsverläufe aufweisen (IAS 16.45). Diese Rückausnahme gewährt dem Bilanzierenden ebenso bilanzpolitische Freiräume wie die Unbestimmtheit der Signifikanzgrenze und die Unschärfen bei der Allokation der Anschaffungs- und Herstellungskosten auf die Komponenten.[231]

Jede Gruppe des Sachanlagevermögens kann auch alternativ zum beizulegenden Zeitwert bewertet werden (*Neubewertungsmodell*, IAS 16.29). Der beizulegende Zeitwert bestimmt sich bei betriebsnotwendigen Grundstücken und Gebäuden „in der Regel nach den auf dem Markt basierenden Daten [...], wobei man sich norma-

---

227 Vgl. IAS 16.29; IAS 16.37.

228 Vgl. *Heuser/Theile*, IAS/IFRS Handbuch (2005), Rn. 604.

229 Vgl. IAS 16.43–16.62.

230 Vgl. IAS 16.51; IAS 16.61; IAS 8.38.

231 Vgl. *Buchholz*, Gebäudebilanzierung nach IFRS, StuB 2004, S. 289 (S. 290); vgl. *Ballwieser*, in: Baetge (Hrsg.), Rechnungslegung nach International Accounting Standards (2002), IAS 16, Rn. 40 a.

lerweise der Berechnungen hauptamtlicher Gutachter bedient" (IAS 16.32) – ohne dass die Einholung externer Gutachter zwingend erforderlich wäre. Existiert aufgrund „der speziellen Art der Sachanlage und ihrer seltenen Veräußerung" kein objektivierter Marktwert, muss ihn das Unternehmen „unter Anwendung eines Ertragswertverfahrens oder [der] abgeschriebenen Wiederbeschaffungswertmethode schätzen" (IAS 16.33). Da IAS 16.33 auf die Festschreibung einer normierten Ermittlungsmethode verzichtet, resultieren daraus weitreichende faktische Wahlrechte und Ermessensspielräume für das Unternehmen.

Das Neubewertungsmodell des IAS 16 sieht einen Ansatz zum beizulegenden Zeitwert abzüglich nachfolgender kumulierter planmäßiger und außerplanmäßiger Abschreibungen vor. Neubewertungen sind regelmäßig, zumeist im Abstand von drei bis fünf Jahren, durchzuführen.[232] Eine zwischenzeitliche Übereinstimmung von fortgeführtem Neubewertungsbetrag und tatsächlichem Zeitwert ist wohl eher die Ausnahme. Sofern die Neubewertung zu einem Bilanzansatz oberhalb des bilanzierten Buchwerts führt, ist die Differenz erfolgsneutral in eine *Neubewertungsrücklage* einzustellen, es sei denn, es wird eine zuvor vorgenommene erfolgswirksame Wertminderung rückgängig gemacht (IAS 16.39). Führt eine Neubewertung zu einer Verringerung des Buchwerts, ist die Wertminderung zunächst mit einer bestehenden Neubewertungsrücklage zu verrechnen (IAS 16.40). Der verbleibende Abwertungsbedarf ist erfolgswirksam zu erfassen. Durch den Ansatz zum beizulegenden Zeitwert verändert sich das Abschreibungsvolumen einer neubewerteten Sachanlage oder Immobilie. Die bei einer Aufdeckung von stillen Reserven erhöhten Abschreibungen korrespondieren allerdings nicht mit erhöhten Erträgen aus der Auflösung der Neubewertungsrücklage – die Neubewertungsrücklage ist erfolgsneutral mit den Gewinnrücklagen zu verrechnen. Es steht dem Unternehmen dabei frei, diese Verrechnung ratierlich über den Abschreibungszeitraum oder aber vollständig bei Ausbuchung des Sachanlagevermögens vorzunehmen (IAS 16.41).

Mindestens zu jedem Bilanzstichtag ist das Sachanlagevermögen, das gemäß dem Cost Model oder dem Neubewertungsmodell bewertet wird, darauf zu prüfen, ob Anzeichen für außerplanmäßige Wertminderungen vorliegen.[233] Liegen Anhaltspunkte vor, ist ein Niederstwerttest (*impairment test*) durchzuführen. Im Rahmen dieses Tests dient der erzielbare Betrag, als höherer Wert aus Nettoveräußerungserlös (fair value less costs to sell) und Nutzwert (value in use), als Korrekturwert für den Buchwert (IAS 36.59). Der Wertminderungsaufwand wird erfolgswirksam verbucht, es sei denn, er läuft gegen eine bestehende Neubewertungsrücklage (IAS 36.60). Korrespondierend sind Wertaufholungen grundsätzlich erfolgswirksam zu erfassen.[234] Falls der erzielbare Betrag für eine einzelne Sachanlage bzw. Immobilie nicht bestimmt werden kann, ist eine Bildung von Sachgesamtheiten (cash

232 Vgl. IAS 16.31; IAS 16.34.
233 Vgl. IAS 36.9; IAS 36.12.
234 Vgl. IAS 36.110; IAS 36.114; IAS 36.119.

generating units) zulässig, deren Werthaltigkeit dann zu beurteilen ist (IAS 36.66). Aufgrund von Saldierungseffekten zwischen den einzelnen Elementen der Sachgesamtheit kann ein Unternehmen somit eine außerplanmäßige Abschreibung umgehen; denn Wertminderungen einzelner Vermögenswerte der Sachgesamtheit werden durch Wertsteigerungen anderer Vermögenswerte der Sachgesamtheit bzw. durch Kombinationseffekte kompensiert.[235]

b) Folgebewertung des Sachanlagevermögens nach IAS 40

Für als Finanzinvestition gehaltene Immobilien kann das Unternehmen frei darüber entscheiden, ob es das IAS-40-Sachanlagevermögen an den nachfolgenden Bilanzstichtagen nach dem Anschaffungskostenmodell (IAS 40.56) oder nach dem *Modell des beizulegenden Zeitwerts* (fair value model)[236] bewertet. Die Vorschriften des Anschaffungskostenmodells entsprechen denen des Cost Model nach IAS 16. Dagegen unterscheidet sich das Modell des beizulegenden Zeitwerts gravierend von dem Neubewertungsmodell des IAS 16. Neubewertungen finden beim Modell zum beizulegenden Zeitwert zwingend jährlich statt (IAS 40.38), sämtliche Zeitwertänderungen werden sofort erfolgswirksam erfasst (IAS 40.35) – planmäßige Abschreibungen erübrigen sich somit. In Zeiten steigender oder relativ konstanter Immobilienpreise stellt sich die Bilanzierung zum Fair Value aus Sicht des Managements als interessante Option zur Verbesserung der Ertragslage der Unternehmung dar.

Die Werthaltigkeitsprüfung von Investment Property, das gemäß dem Cost Model bewertet wird, richtet sich nach den bereits dargelegten Grundsätzen des IAS 36.

2. Anwendung auf den Fall: Folgebewertung des Sachanlagevermögens bei der Skycar Group

a) Folgebewertung des Sachanlagevermögens nach IAS 40

Dem Geschäftsbericht der Skycar Group lässt sich entnehmen, dass die Bewertung des gesamten Sachanlagevermögens zu fortgeführten Anschaffungs- und Herstellungskosten erfolgt. Weder das Neubewertungsmodell des IAS 16 noch das Modell des beizulegenden Zeitwerts (IAS 40) werden angewandt. Es ist deshalb zu erwarten, dass die bilanzierten Buchwerte nicht den „wahren" Wert des Sachanlagevermögens widerspiegeln – stille Reserven bestehen. Aufgabe des Bilanzanalysten ist

235 Vgl. *Küting/Reuter*, Werden stille Reserven in Zukunft (noch) stiller?, BB 2005, S. 706 (S. 710). Weitere Ermessensspielräume bestehen bei der Bestimmung des erzielbaren Betrags. So stützt sich der Nutzwert auf geschätzte Zahlungsreihen und einen Diskontierungssatz, der sich an den durchschnittlichen Kapitalkosten der Firma orientieren darf.

236 Vgl. IAS 40.33–55.

es nun, die in der Bilanz der Skycar Group enthaltenen stillen Reserven abzuschätzen.

Die Nichtaufdeckung der stillen Reserven in den als Finanzinvestition gehaltenen Immobilien lässt grundsätzlich eine konservative Bilanzierungspolitik vermuten[237] – die in den stillen Reserven enthaltenen Zeitwertgewinne werden nicht ausgewiesen. Diese Arbeitshypothese ist aber nicht zwingend. Die Aufdeckung der stillen Reserven führt zwar zu einem höheren Eigenkapital; in der Folgezeit wird die Unternehmensrentabilität aber auf Basis der (nun vergrößerten) Kapitalbasis gemessen. Dadurch fällt insb. die an Buchwerten orientierte Eigenkapitalrentabilität zukünftig niedriger aus. Aus Sicht der Unternehmensleitung ist darüber hinaus problematisch, dass sich die meisten Faktoren, die die Zeitwerte von Immobilien beeinflussen, ihrem aktiven Einflussbereich entziehen (z. B. allgemeine Preistrends und Inflation). Die Wertentwicklung der Immobilien ist somit nicht mehr planbar: Bei einer volatilen Entwicklung der Grundstückspreise schlagen sich entsprechende Wertänderungen unmittelbar auf das Geschäftsergebnis des Unternehmens nieder und signalisieren einen scheinbar (oder tatsächlich) risikobehafteteren Verlauf der bilanziellen Unternehmensentwicklung. Eine instabile Entwicklung des Geschäftserfolgs widerspricht aber regelmäßig dem Interesse der Geschäftsleitung, da sie am Kapitalmarkt zumeist mit Risikozuschlägen bestraft wird.

Um die Auswirkungen von Zeitwertveränderungen bei den als Finanzinvestitionen gehaltenen Immobilien aufzudecken, ist der Bilanzanalyst nicht darauf angewiesen, dass das Unternehmen von dem Modell des beizulegenden Zeitwerts Gebrauch macht. Gemäß IAS 40.79 (e) besteht eine Angabepflicht für den Fair Value der als Finanzinvestition gehaltenen Immobilien. Die Skycar Group beziffert diesen auf 221,91 Mio. Euro zum 31. 12. 2005. Der Vergleich zu den bilanzierten fortgeführten Anschaffungs- und Herstellungskosten i. H. v. 103,91 Mio. Euro[238] ergibt stille Reserven i. H. v. 118 Mio. Euro. Mithilfe der für das Cost Model obligatorischen Angaben im Sachanlagespiegel (IAS 40.79) kann der Bilanzanalyst ermitteln, wie sich zentrale Kennzahlen verändern würden, wenn die Skycar Group die IAS 40-Immobilien nach dem Modell des beizulegenden Zeitwerts bilanziert hätte.

Die erforderlichen Anpassungen erfolgen in drei Schritten: In einem ersten Schritt erhöht der Bilanzanalyst das Eigenkapital des Unternehmens zum 1. 1. 2005 erfolgsneutral in Höhe der Differenz zwischen Zeitwert und Buchwert der als Finanzinvestition gehaltenen Immobilien (Immobilien an Eigenkapital). Der Buchwert hatte zum 1. 1. 2005 einen Wert von 99,62 Mio. Euro, der Zeitwert lag bei 263,40 Mio. Euro. In einem zweiten Schritt storniert der Bilanzanalyst die gewinnwirksamen Abschreibungen, die das Unternehmen während des Berichtsjahrs auf

237 Vgl. *Padberg*, Neubewertungsreserven im Sachanlagenbestand, StuB 2004, S. 1094 (S. 1094–1096); vgl. *Küting/Reuter*, Werden stille Reserven in Zukunft (noch) stiller?, BB 2005, S. 706 (S. 713).

238 Vgl. Sachanlagespiegel 2005 in der Rahmenfallstudie, Abschn. IV.

die Renditeliegenschaften vorgenommen hat (Immobilien an Jahresüberschuss). Laut Sachanlagespiegel beliefen sich die Abschreibungen im Wirtschaftsjahr auf 2,71 Mio. Euro, außerplanmäßige Abschreibungen waren nicht erforderlich. In einem dritten Schritt wird der „neue Buchwert" der Immobilie (= Fair Value zu Beginn des Geschäftsjahrs zzgl. stornierte Abschreibungen = 263,40 + 2,71 = 266,11 Mio. Euro) korrigiert, indem der Bilanzanalyst diesen Wert mit dem Zeitwert der Immobilien zum Geschäftsjahresende (221,91 Mio. Euro) vergleicht und den Differenzbetrag erfolgswirksam mit dem Jahresüberschuss verrechnet (je nach Vorzeichen der Differenz: Immobilien an Jahresüberschuss oder Jahresüberschuss an Immobilien). Bei der Skycar Group führt dies zu einer außerplanmäßigen Abschreibung i. H. v. 44,20 Mio. Euro. Tabelle 75 verdeutlicht die Korrekturschritte und die damit verbundenen Auswirkungen auf die Eigenkapitalquote und Eigenkapitalrentabilität im Jahr 2005:

Tabelle 75: Einfluss des Fair Value Model auf die Eigenkapitalrentabilität und die Eigenkapitalquote

(in Mio. €)	Aktiva	Eigenkapital (ohne JÜ)	JÜ
Werte zum 31. 12. 2005	4 340,88	999,27	145,76
1. Erfolgsneutrale Zuschreibung des Investment Property zum 1. 1. 2005	163,78	163,78	0,00
2. Storno der in 2005 erfassten planmäßigen Abschreibungen auf das Investment Property	2,71	0,00	2,71
3. Außerplanmäßige Abschreibung des Investment Property zum 31. 12. 2005	– 44,20	0,00	– 44,20
Werte zum 31. 12. 2005 nach Korrektur	4 463,17	1 163,05	104,27
Eigenkapital vor Korrektur (einschl. JÜ)	(= 999,27 + 145,76)		1 145,03
Eigenkapital nach Korrektur (einschl. JÜ)	(= 1 163,05 + 104,27)		1 267,32
Bilanzsumme nach Korrektur			4 463,17
Kennzahlen	**vor Korrektur**	**nach Korrektur**	
Eigenkapitalquote	26,38 %	28,40 %	
Eigenkapitalrentabilität	12,73 %	8,23 %	

Die in der Tabelle vorgenommenen Korrekturen sind nur dann aussagekräftig, wenn sich der Analyst auf die korrekte Ermittlung der Zeitwerte der Immobilien verlassen kann. Bei nicht oder nur gering marktgängigen Objekten beinhaltet die Bewertung Schätzspielräume. IAS 40.75 verpflichtet das Unternehmen deshalb dazu, die wesentlichen Wertdeterminanten (z. B. Mieterträge und laufende Kosten) offen zu legen, auch wenn die Wertgutachten durch externe Gutachter erstellt wurden. Der Analyst soll dadurch in die Lage versetzt werden, die Qualität der Schätzungen zu überprüfen.

Die Skycar Group ermittelte die Zeitwerte selbst. Es besteht die Gefahr, dass in die Wertfindung auch bilanzpolitische Überlegungen mit einflossen. Gemäß den Anhangangaben erwirtschaftete die Skycar Group im Geschäftsjahr 2005 aus den als

Finanzinvestition gehaltenen Immobilien einen Nettoertrag von 14 Mio. Euro (32 Mio. Euro Mieterträge abzüglich operative Kosten i. H. v. 18,00 Mio. Euro). Bei einem Zeitwert von 221,91 Mio. Euro entspricht dies einer Rendite von 6,31 %. Es ist nun die Aufgabe des Bilanzanalysten, die Angemessenheit dieser unterstellten Rendite zu beurteilen; sie variiert je nach Art, Lage und Qualität der zu bewertenden Immobilien.[239] Im Vergleich zur Deutschen Lufthansa AG (Rendite 2005: 5 %) und der Volvo Group (Rendite 2005: 9,16 %)[240] erscheint das Investment Property der Skycar Group angemessen bewertet.

b) Folgebewertung des Sachanlagevermögens nach IAS 16

Die Skycar Group bilanziert das in den Anwendungsbereich des IAS 16 fallende Sachanlagevermögen ebenfalls nach Maßgabe des Anschaffungskostenmodells. Anders als für die nach IAS 40 bewerteten Immobilien besteht keine Angabepflicht bezüglich des Zeitwerts der Sachanlagen. Eine entsprechende Angabe wird aber gemäß IAS 16.79 als sinnvoll erachtet, sofern der Fair Value wesentlich vom Buchwert abweicht. Das Management der Skycar Group hat diesbezüglich keine Informationen gewährt. Damit ist es dem Bilanzanalysten nicht möglich, entsprechende Korrekturen vorzunehmen.

Erneut darf der Analyst nicht darauf schließen, dass die Anwendung des Cost Model Ausfluss einer konservativen Bilanzpolitik ist. Zum einen gelten die im Rahmen der IAS 40-Bilanzierung vorgetragenen Überlegungen, die auch bei Verfolgung einer progressiven Bilanzpolitik für einen Verzicht auf eine Neubewertung sprechen. Diese Einwände verschärfen sich dadurch, dass der Übergang zum Neubewertungsmodell in der Zukunft mit organisatorischen und finanziellen Mehrbelastungen verbunden ist, die sich aus der periodisch wiederkehrenden Verpflichtung zur Erstellung eines Bewertungsgutachtens ergeben. Ausschlaggebend für den Verzicht auf das Neubewertungsmodell dürfte aber stets sein, dass diese Methode das Unternehmen dazu zwingt, Werterhöhungen im Zugangszeitpunkt grundsätzlich erfolgsneutral (gegen eine Neubewertungsrücklage) vorzunehmen und an nachfolgenden Bilanzstichtagen diese Werterhöhungen durch planmäßige, aufwandswirksame Abschreibungen rückgängig zu machen. Dadurch wird die Höhe des Jahresüberschusses ebenso negativ und dauerhaft beeinflusst wie die Höhe der Eigenkapitalrentabilität. Aus diesem Grund wird die Neubewertungsmethode in der Praxis äußerst selten verwendet.[241]

239 Vgl. *Lachnit*, Bilanzanalyse (2004), S. 139 f.

240 Vgl. Deutsche Lufthansa AG, Konzernabschluss 2005, S. 98; Volvo, Konzernabschluss 2005 , S. 105.

241 Vgl. *Keitz*, Praxis der IASB-Rechnungslegung (2005), S. 59.

V. Kennzahlengestützte Analyse der Vermögensstruktur, der Abschreibungspolitik und der Investitionstätigkeit

1. Erläuterung

a) Beurteilung der Vermögensstruktur

Vorrangig Unternehmen des produzierenden Gewerbes kommen ohne einen bestimmten Einsatz von Sachanlagevermögen nicht aus. Sie können die benötigten Sachanlagen kaufen oder von Dritten mieten bzw. pachten. Beide Alternativen haben ihre Vor- und Nachteile. Entscheidet sich das Unternehmen für den Kauf der Sachanlage, so handelt es sich regelmäßig um eine langfristige Entscheidung, die sich nur schwer und zumeist nur unter Inkaufnahme hoher Kosten revidieren lässt. Darüber hinaus binden Sachanlagen das Kapital des Unternehmens langfristig. Es steht dann für andere Investitionen nicht mehr zur Verfügung.[242] Deshalb geht eine hohe *Sachanlagenintensität* häufig mit einer eingeschränkten Anpassungsflexibilität an sich wandelnde Absatzmöglichkeiten einher.[243] Andererseits wird das Unternehmen durch den Kauf der Sachanlage von anderen Marktteilnehmern (z. B. Vermieter und Verpächter) unabhängiger. Der Käufer vermeidet das Risiko, dass ihm der Vertragspartner zukünftig die Höhe der Nutzungsentgelte diktiert. Er erhält dadurch Planungssicherheit.

Zur Beurteilung der *Vermögensstruktur* verwendet der Bilanzanalyst üblicherweise Kennzahlen, die in komprimierter Form über komplexe betriebswirtschaftliche Zusammenhänge informieren.[244] Von besonderer Relevanz ist dabei die *Sachanlagenintensität* (SAI). Diese Kennzahl ist definiert als das Verhältnis des Nettobuchwerts des Sachanlagevermögens (SAV) zur Bilanzsumme und gibt Auskunft über das in den Sachanlagen gebundene Kapital:

$$\text{SAI} = \frac{\text{Buchwert SAV}}{\text{Bilanzsumme}}.$$

Die Sachanlagenintensität variiert im Branchenvergleich.[245] Tabelle 76 verdeutlicht die Zusammenhänge zwischen der Branche und der (branchenüblichen) Höhe der Kennzahl:[246]

242 Vgl. *Coenenberg*, Jahresabschluss und Jahresabschlussanalyse (2005), S. 986–988.
243 Vgl. *Lachnit*, Bilanzanalyse (2004), S. 268.
244 Vgl. *Küting/Weber*, Die Bilanzanalyse (2006), S. 51–54.
245 Vgl. *Baetge*, Bilanzanalyse (2004), S. 197.
246 Vgl. Deutsche Bundesbank, Statistische Sonderveröffentlichung Nr. 5 – Hochgerechnete Angaben aus Jahresabschlüssen deutscher Unternehmen von 1994 bis 2003 (2006), S. 22–98.

Tabelle 76: Sachanlagenintensitäten im Branchenvergleich

Sachanlagenintensität (in %)	2003	2002	2001	2000	1999	Durchschnitt
Ausgewählte Branchen						
Fahrzeugbau	19,20	18,50	18,10	16,60	16,10	
Maschinenbau	16,90	17,00	16,70	16,70	17,60	
Baugewerbe	18,90	19,30	19,40	18,80	18,30	
Ernährungsgewerbe	33,90	32,50	34,60	35,00	35,00	
Verkehrsunternehmen	49,10	48,60	50,30	52,10	52,50	
Sämtliche Branchen	21,80	22,20	22,90	22,60	23,00	22,50

Es wäre indes falsch, die (erforderliche) *Kapitalbindung* eines Unternehmens ausschließlich oder primär an der Sachanlagenintensität zu messen; denn das Unternehmen kann die Sachanlagenintensität bilanzpolitisch beeinflussen, indem es vor dem Bilanzstichtag Sachanlagen an eigens dafür gegründete Unternehmen (special purpose entities) veräußert und anschließend zurückmietet (Sale-and-Lease-Back-Transaktionen) oder notwendige Ersatzbeschaffungen durch ein verstärktes Anlagenleasing (operating lease) statt eines Kaufs der entsprechenden Objekte bewerkstelligt.[247]

Auch ohne aktive Bilanzpolitik wird die Sachanlagenintensität auf natürliche Weise durch das *Älterwerden der Objekte* bestimmt. Bei abnutzbarem Sachanlagevermögen sinkt die Kennzahl, je älter die Sachanlagen und je geringer deren Restbuchwerte werden. Scheinbar weist diese geringer gewordene Sachanlagenintensität auf ein Unternehmen hin, das in seinen Finanzierungsentscheidungen flexibler geworden ist. Tatsächlich ist das Gegenteil der Fall: Mit fortschreitendem Alter des Sachanlagevermögens rückt dessen Ersatzzeitpunkt näher. Das Unternehmen ist somit in naher Zukunft dazu gezwungen, finanzielle Mittel für die anstehenden Ersatzbeschaffungen zu verwenden.

Zur umfassenden Beurteilung der Vermögensstruktur sollte der Bilanzanalyst daher auch den *Anlagenabnutzungsgrad* (AAG) berechnen. Dieser ist definiert als das Verhältnis von kumulierten Abschreibungen auf das Sachanlagevermögen zu dessen historischen Anschaffungs- und Herstellungskosten (AHK):

$$\text{AAG} = \frac{\text{Kumulierte Abschreibungen SAV}}{\text{Historische AHK SAV}}.$$

Der Anlagenabnutzungsgrad dient dazu, das Alter der im Einsatz befindlichen Sachanlagen zu bestimmen, und informiert darüber, welcher Teil der historischen Anschaffungs- und Herstellungskosten durch die Abschreibungen in der Vergangenheit verzehrt wurde. Zur Ermittlung dieser Kennzahl nutzt der Bilanzanalyst den Sachanlagespiegel und die obligatorischen Angaben im Anhang über gewählte Nutzungsdauern und Abschreibungsmethoden. In die Berechnung darf aber nur

247 Fall 10 setzt sich mit dem Sonderproblem des Leasings auseinander.

abnutzbares Anlagevermögen einbezogen werden. Da die Bilanzpositionen „Grundstücke und Bauten" und „Als Finanzinvestition gehaltene Immobilien" sowohl abnutzbares als auch nicht abnutzbares Anlagevermögen enthalten, kann der Bilanzanalyst – sofern keine erläuternden Informationen im Anhang gegeben werden – hierfür keine sinnvolle Kennzahl ermitteln. Er sollte seine Berechnungen daher auf unstrittig abnutzbares Sachanlagevermögen wie u. a. „Technische Anlagen und Maschinen" beschränken.

Ein *hoher Anlagenabnutzungsgrad* legt die Hypothese nahe, dass ein Großteil des Sachanlagevermögens bereits relativ alt ist. Mit dieser Aussage geht einher, dass die entsprechenden Objekte häufig technologisch überholt sind, hohe Wartungskosten verursachen und der das Finanzbudget des Unternehmens belastende Ersatzzeitpunkt bevorsteht.[248] Bei der Interpretation dieser Kennzahl ist jedoch Vorsicht geboten, denn auch sie kann bilanzpolitisch beeinflusst werden. So führt eine hohe (z. B. degressive) Abschreibung im Verbund mit einer vorsichtig geschätzten Nutzungsdauer rasch zu einer relativ hohen Kennzahl; dagegen resultiert – bei gleichem Ausgangssachverhalt – aus einer gering gewählten Abschreibung und einer lang geschätzten Nutzungsdauer eine *relativ niedrige Kennzahl*. Aus diesem Grund ist es erforderlich, die Abschreibungspolitik und das Investitionsverhalten des Unternehmens näher zu untersuchen.

b) Beurteilung der Abschreibungspolitik und der Investitionstätigkeit

Zur Beurteilung der Abschreibungspolitik liefert die *Abschreibungsquote* (ABQ) wichtige Anhaltspunkte. Sie ergibt sich aus dem Vergleich der Abschreibungen des Geschäftsjahrs zu den historischen Buchwerten des betrachteten Anlagevermögens:

$$ABQ_t = \frac{\text{Abschreibungen SAV in t}}{\text{Historische AHK SAV}}.$$

Eine im Zeitablauf wachsende Abschreibungsquote wird grundsätzlich als Indikator einer konservativen Bilanzpolitik gesehen, da steigende Abschreibungsquoten die Bildung stiller Reserven begünstigen.[249] Eine pauschal ermittelte Abschreibungsquote ist jedoch ohne Informationswert, da einzelne Sachanlagegruppen Einzelobjekte mit sehr unterschiedlichen betriebsgewöhnlichen Nutzungsdauern (häufig mit einer Spannweite zwischen zwei Jahren und über 70 Jahren) enthalten können. Die Kennzahl ist nur dann aussagefähig, wenn sie für eine Gruppe von Sachanlagen mit vergleichbaren Nutzungsdauern berechnet wird. Anderenfalls drohen Fehlinformationen. Doch auch gruppenspezifisch ermittelte Abschreibungsquoten sind sorgfältig zu interpretieren: Schreibt das Unternehmen bspw. eine bestimmte Gruppe des Sachanlagevermögens sehr vorsichtig (z. B. degressiv)

---

248 Vgl. *Baetge*, Bilanzanalyse (2004), S. 207–209.
249 Vgl. *Baetge*, Bilanzanalyse (2004), S. 209 f.

ab, so resultiert daraus eine hohe Abschreibungsquote, die (zu Recht) auf eine konservative Bilanzpolitik hinweist. Nimmt das Unternehmen aber keine Ersatzinvestitionen in mindestens gleicher Höhe wie die Abschreibungen vor, so reduzieren sich die möglichen Abschreibungen im Zeitablauf. Im Extremfall sind sämtliche Sachanlagen (übervorsichtig) abgeschrieben, eine Abschreibungsquote von null ist das Resultat. Diese Quote legt dann fälschlicherweise den Schluss nahe, dass das Unternehmen eine extrem progressive Abschreibungspolitik verfolgt. Diese Fehlinterpretationen können (zum Teil) vermieden werden, wenn der Bilanzanalyst die Investitionspolitik des Unternehmens kritisch begutachtet.

Zur Beurteilung der gegenwärtigen und vergangenen Investitionspolitik ist die *Wachstumsquote* (WAQ) eine klassische Kennzahl. Die Wachstumsquote ergibt sich aus dem Verhältnis von Nettoinvestitionen[250] in das Sachanlagevermögen zu Jahresabschreibungen auf das Sachanlagevermögen:

$$WAQ_t = \frac{\text{Nettoinvestitionen SAV in t}}{\text{Abschreibungen SAV in t}}.$$

Die Wachstumsquote gibt darüber Auskunft, inwieweit der Nutzenverbrauch im Sachanlagevermögen durch Investitionen kompensiert wird. Bei einer Kennzahl größer eins – bereinigt um inflationäre Effekte – hat ein Unternehmen über reine Ersatzinvestitionen hinaus Erweiterungs- und Rationalisierungsinvestitionen getätigt.[251] Zur umfassenden Beurteilung der Investitionstätigkeit sollte die Kennzahl im zeitlichen Vergleich betrachtet werden. Somit wird verhindert, dass der Bilanzanalyst aus einem einmaligen Investitionsschub falsche Rückschlüsse zieht.

2. Anwendung auf den Fall: Beurteilung der Vermögensstruktur, der Abschreibungspolitik und der Investitionstätigkeit bei der Skycar Group

a) Beurteilung der Vermögensstruktur

Die Sachanlagenintensität, also das Verhältnis des Nettobuchwerts des Sachanlagevermögens[252] zum Gesamtvermögen, errechnet sich für die Skycar Group mit

250 Die Größe „Nettoinvestitionen" ist die Differenz aus Zugängen und Abgängen (zu Restbuchwerten) in das Sachanlagevermögen.

251 Vgl. *Lachnit*, Bilanzanalyse (2004), S. 275.

252 Vermietete Vermögenswerte (im Rahmen eines Operate Lease vermietete Fahrzeuge) werden wegen ihrer materiellen Unbedeutsamkeit für die Skycar Group (52,80 Mio. Euro) bei der Kennzahlenanalyse des Sachanlagevermögens nicht berücksichtigt. Zusätzlich weisen sie regelmäßig unterjährig hohe Zu- und Abgänge auf und haben dadurch, im Unterschied zum längerfristig gehaltenen Investment Property, eine verzerrende Wirkung auf die zu berechnenden Kennzahlen.

$$SAI_{2005} = \frac{\text{Buchwert SAV}}{\text{Bilanzsumme}} = \frac{721{,}87\,\text{Mio. Euro}}{4\,340{,}88\,\text{Mio. Euro}} = 16{,}63\,\%.$$

Tabelle 77: Entwicklung der Sachanlagenintensität bei der Skycar Group

(in Mio. €)	2005	2004	2003	2002	Durch-schnitt
Buchwert SAV	721,87	658,06	593,06	576,45	
Bilanzsumme	4 340,88	4 489,18	4 353,40	4 592,99	
Sachanlagenintensität (in %)	16,63	14,66	13,62	12,55	14,37

In Relation zu anderen Unternehmen der Fahrzeugbaubranche – mit einer durchschnittlichen Sachanlagenintensität von 19,20 % im Jahr 2003 – ist die Sachanlagenintensität der Skycar Group relativ niedrig. Um beurteilen zu können, ob die Skycar Group im Branchendurchschnitt weniger kapitalintensiv und somit effizienter wirtschaftet oder aber im Vergleich zur Branche einen Technologierückstand aufgrund eines relativ veralteten Sachanlagenbestands besitzt, ist die Ermittlung des Anlagenabnutzungsgrads hilfreich. Für die Skycar Group ergibt sich dieser im Vierjahresvergleich wie folgt (Tabelle 78):

$$AAG_{2005} = \frac{\text{Kumulierte Abschreibungen abnutzbares SAV}}{\text{Historische AHK abnutzbares SAV}}$$

$$= \frac{177{,}13\,\text{Mio. Euro}}{519{,}62\,\text{Mio. Euro}} = 34{,}09\,\%.$$

Tabelle 78: Entwicklung des Anlagenabnutzungsgrades bei der Skycar Group

(in Mio. €)	2005	2004	2003	2002	Durch-schnitt
Kumulierte Abschreibungen	177,13	192,22	154,90	128,29	
Historische AHK abnutzbares SAV	519,63	494,10	386,87	338,77	
Anlagenabnutzungsgrad (in %)	34,09	38,90	40,04	37,87	37,73

Die Tabelle verdeutlicht, dass das abnutzbare Sachanlagevermögen der Skycar Group – beschränkt auf die eindeutig abnutzbaren Bilanzpositionen „Technische Anlagen und Maschinen“ sowie „Andere Anlagen, Betriebs- und Geschäftsausstattung“ – wohl relativ neuwertig ist. Dennoch lässt sich das Ergebnis nur mit Vorsicht interpretieren. Die Bandbreite der betriebsgewöhnlichen Nutzungsdauern liegt bei diesen Sachanlagen zwischen 3 und 30 Jahren. Eine auf diese Art und Weise schematisch gebildete Kennzahl besitzt daher einen geringen Informationswert. Der Aussagegehalt der Kennzahl verbessert sich, wenn der Anlagenabnutzungsgrad der Skycar Group mit dem anderer Branchenunternehmen verglichen wird (Tabelle 79): [253]

Tabelle 79: Anlagenabnutzungsgrad in der Automobilindustrie für das Jahr 2005

(in Mio. €)	VW	BMW	Fiat	Porsche	Peugeot	Durchschnitt
Kum. Abschreibungen	41 168	14 602	19 827	1 712	17 429	
Historische AHK abnutzbares SAV	55 645	21 035	26 232	2 354	24 797	
Anlagenabnutzungsgrad (in %)	73,98	69,42	75,58	72,73	70,29	72,40

Unter der restriktiven Voraussetzung, dass diese Unternehmen einen hinsichtlich des Preises und des Umfangs vergleichbaren Sachanlagenbedarf haben und keine gezielte Bilanzpolitik betreiben, ist ein Vergleich sinnvoll. Er verdeutlicht, dass der Anlagenabnutzungsgrad der Skycar Group mit 34,09% im Branchenverhältnis sehr niedrig ausfällt – dies könnte ein Indiz dafür sein, dass sich die Skycar Group auf dem neuesten technologischen Stand befindet.

b) Beurteilung der Abschreibungspolitik und der Investitionstätigkeit

Zur Beurteilung der Abschreibungspolitik der Skycar Group ermittelt der Bilanzanalyst die Abschreibungsquote:

$$ABQ_{2005} = \frac{\text{Abschreibungen abnutzbares SAV in 2005}}{\text{Historische AHK abnutzbares SAV}} = \frac{32{,}18\text{ Mio. Euro}}{519{,}62\text{ Mio. Euro}} = 6{,}19\,\%.$$

Die über das gesamte abnutzbare Sachanlagevermögen ermittelte Abschreibungsquote beträgt im Jahr 2005 6,19 % (Tabelle 80).

Tabelle 80: Entwicklung der Abschreibungsquote des abnutzbaren Anlagevermögens

(in Mio. €)	2005	2004	2003	2002	Durchschnitt
Abschreibungen	32,18	37,33	26,61	24,39	
Historische AHK abnutzbares SAV	519,63	494,10	386,87	338,77	
Abschreibungsquote (in %)	6,19	7,56	6,88	7,20	6,96

Für eine aussagefähige Analyse ist es nun erforderlich, gruppenspezifische Abschreibungsquoten zu ermitteln; diese werden jeweils für Sachanlagen mit weitgehend übereinstimmenden Nutzungsdauern berechnet. Für die „technischen Anlagen" ergibt sich dabei eine Abschreibungsquote von 3,42 %.[254] Eine 3,42 %ige Ab-

253 Vgl. VW, Konzernabschluss 2005, S. 145; BMW, Konzernabschluss 2005, S. 90 f.; Fiat, Konzernabschluss 2005, S. 104 f.; Porsche, Konzernabschluss 2004/2005, S. 129; PSA, Konzernabschluss 2005, S. 163.

254 Ergibt sich aus dem Verhältnis von Abschreibungen des Geschäftsjahrs 2005 (8,47 Mio. Euro) zu den historischen Anschaffungs- und Herstellungskosten zum 31. 12. 2005 (247,81 Mio. Euro).

schreibungsquote unterstellt eine durchschnittliche Nutzungsdauer von 29,24 Jahren. Sie liegt damit am oberen Rand der für diese Bilanzposition im Anhang angegebenen Nutzungsdauerbandbreite von 20–30 Jahren. Entsprechendes führt bei den „anderen Anlagen" bzw. der „Betriebs- und Geschäftsausstattung" zu einer Abschreibungsquote von 8,72 %[255], was eine durchschnittlich unterstellte Nutzungsdauer von 11,47 Jahren ergibt. Diese Nutzungsdauer ist ebenfalls am oberen Ende des Korridors (3–15 Jahre) der für diese Objekte im Anhang angegebenen betriebsgewöhnlichen Nutzungsdauern.

Die kalkulierten Kennzahlen legen nahe, dass die Skycar Group die wirtschaftliche Nutzbarkeit der Anlagen äußerst optimistisch beurteilt[256] und daher eine progressive Abschreibungspolitik verfolgt. Diese Hypothese wird dadurch unterstützt, dass die Skycar Group ihr Sachanlagevermögen linear – und nicht degressiv – abschreibt und dass die Abschreibungsquoten im Zeitablauf sinken und auf einem konstant niedrigen Level verbleiben. Das Investitionsverhalten der Skycar Group kann anhand der Wachstumsquote untersucht werden. Sie ermittelt sich im Vierjahresvergleich wie folgt (Tabelle 81):

$$WAQ_{2005} = \frac{\text{Nettoinvestitionen SAV}}{\text{Abschreibungen SAV}} = \frac{102{,}15\ \text{Mio. Euro}}{38{,}35\ \text{Mio. Euro}} = 266{,}37\,\%.$$

Tabelle 81: Wachstumsquote der Skycar Group im zeitlichen Vergleich

(in Mio. €)	2005	2004	2003	2002	Durchschnitt
Nettoinvestitionen	102,15	107,23	48,10	87,50	
Abschreibungen	38,35	42,21	31,49	29,27	
Wachstumsquote (in %)	266,36	254,04	152,75	298,94	243,02

Zur Einordnung der Wachstumsquote der Skycar Group ist ein Vergleich zu ausgewählten Unternehmen der Automobilindustrie sinnvoll (Tabelle 82):[257]

Tabelle 82: Wachstumsquoten in der Automobilindustrie

(in Mio. €)	VW	BMW	Fiat	Porsche	Peugeot	Durchschnitt
Nettoinvestitionen	3 680,00	2 355,00	1 849,00	295,00	2 871,00	
Abschreibungen	5 451,00	2 212,00	1 980,00	262,00	2 402,00	
Wachstumsquote (in %)	67,51	106,46	93,38	112,60	119,53	99,90

255 Resultiert aus der Relation von Abschreibungen des Geschäftsjahrs 2005 (23,71 Mio. Euro) zu historischen Anschaffungs- und Herstellungskosten zum 31. 12. 2005 (271,82 Mio. Euro).

256 Zu beachten ist, dass die international verwendeten Nutzungsdauern regelmäßig die Nutzungsdauern gemäß AfA-Tabelle deutlich überschreiten, vgl. *Lachnit*, Bilanzanalyse (2004), S. 332.

257 Vgl. VW, Konzernabschluss 2005, S. 145–147; BMW, Konzernabschluss 2005, S. 90 f.; Fiat, Konzernabschluss 2005, S. 104–106; Porsche, Konzernabschluss 2004/2005, S. 129; PSA, Konzernabschluss 2005, S. 163.

Bislang ist das Investitionsverhalten der Skycar Group sehr ausgeprägt. Die Manager tätigten in den letzten Jahren stets Investitionen, die die planmäßigen Abschreibungen weit überschritten. Dem Bilanzanalysten sollte aber bewusst sein, dass der Bilanzierende durch eine zielgerichtete Ausübung von Ermessensspielräumen und Wahlrechten die Kennzahlen zu seinen Gunsten beeinflussen kann. So führen die aktivierten Fremdkapitalkosten[258] i. H. v. 4,30 Mio. Euro in 2005 nicht nur zu einer zeitlichen Verlagerung dieser Aufwendungen[259], sondern wirken sich auch positiv auf den Zähler der Wachstumsquote aus. Das Gleiche gilt für die als Anschaffungsnebenkosten aktivierten Rückbaukosten i. H. v. 9,33 Mio. Euro. Durch eine überzogen konservative Schätzung dieser künftigen Kosten kann der Bilanzierende die Nettoinvestitionen positiv beeinflussen und die Wachstumsquote verbessern.

Weiterführende Literatur

Ballwieser, Wolfgang	Kommentierung zu IAS 16, in: Jörg Baetge u.a. (Hrsg.), Rechnungslegung nach International Accounting Standards (IAS), 2. Aufl., Stuttgart 2002 (Loseblatt)
Ballwieser, Wolfgang/ Küting, Karlheinz/ Schildbach, Thomas	Fair Value – erstrebenswerter Wertansatz im Rahmen einer Reform der handelsrechtlichen Rechnungslegung?, BFuP, 56. Jg. (2004), S. 529–549
Engel-Ciric, Dejan	Die Bewertung von Immobilien nach IAS 40, BC, 25. Jg. (2001), S. 125–128
Franke, Florian/ Hommel, Michael	Sachanlagen, in: Michael Hommel/Jens Wüstemann (Hrsg.), Synopse der Rechnungslegung nach HGB und IFRS, München 2006, S. 65–79
Hommel, Michael	Die Neubewertungsmethode als Allowed Alternative Treatment für Sachanlagen und immaterielle Anlagewerte, in: Hartmut Bieg/Reinhard Heyd (Hrsg.), Fair Value – Bewertung in Rechnungswesen, Controlling und Finanzwirtschaft, München 2005, S. 287–308
Küting, Karlheinz/ Reuter, Michael	Werden stille Reserven in Zukunft (noch) stiller? – Machen die IFRS die Bilanzanalyse überflüssig oder weitgehend unmöglich?, BB, 60. Jg. (2005), S. 706–713

258 Pflichtangabe gemäß IAS 23.29.

259 Vgl. *Tanski*, Sachanlagen nach IFRS (2005), S. 42.

Fall 9: Finanzinstrumente

Sachverhalt:

Aus dem Geschäftsbericht der Skycar Group erhalten Sie folgende Informationen:

„Der Posten ‚Forderungen aus Lieferungen und Leistungen' der Skycar Group ist der Bewertungskategorie Kredite und Forderungen zugeordnet und weist einen Buchwert i. H. v. 265,36 Mio. Euro (Vorjahr 193,99 Mio. Euro) auf.

Die ‚Forderungen aus Finanzdienstleistungen' resultieren aus Kunden- und Händlerfinanzierungen i. H. v. 1 002,39 Mio. Euro (Vorjahr 1 367,39 Mio. Euro). Sie sind als Bewertungskategorie Kredite und Forderungen klassifiziert. I. H. v. 381,86 Mio. Euro (Vorjahr 496,41 Mio. Euro) weisen sie eine Restlaufzeit von mehr als einem Jahr auf. Der Fair Value der Kategorie Kredite und Forderungen beträgt insgesamt 1 274,25 Mio. Euro.

Der Bilanzposten ‚Wertpapiere' enthält Aktien i. H. v. 2 Mio. Euro (Vorjahr 1,70 Mio. Euro), festverzinsliche Finanzinstrumente i. H. v. 190 Mio. Euro (Vorjahr 188,30 Mio. Euro) sowie variabel verzinsliche Wertpapiere i. H. v. 10 Mio. Euro (Vorjahr 10 Mio. Euro). Sämtliche Finanzinstrumente in diesem Posten sind der Kategorie Available for Sale zugeordnet.

Die Bonität der Kontrahenten der Skycar Group und somit die Kreditqualität der finanziellen Vermögenswerte ist einwandfrei. Die Gesamtzinserträge der Skycar Group betragen 35,85 Mio. Euro.

Die ‚Verbindlichkeiten aus Lieferungen und Leistungen' sind der Kategorie Other Liabilities zugeordnet und weisen einen Betrag i. H. v. 331,83 Mio. Euro (Vorjahr 260,35 Mio. Euro) auf.

Die ‚Finanzschulden' der Skycar Group setzen sich wie folgt zusammen:

Tabelle 83: Finanzschulden zum 31. 12. 2005

(in Mio. €)	Buchwert				Fair Value
	Restlaufzeit bis 1 Jahr	**Restlaufzeit 1–5 Jahre**	**Restlaufzeit > 5 Jahre**	**Summe**	**Summe**
Anleihen	–	1 000,00	–	1 000,00	1 000,07
Verbindlichkeiten ggü. Kreditinstituten	719,42	–	–	719,42	719,42
Summe	719,42	1 000,00	–	1 719,42	1 719,49

Tabelle 84: Finanzschulden zum 31. 12. 2004

(in Mio. €)	Buchwert				Fair Value
	Restlaufzeit bis 1 Jahr	**Restlaufzeit 1–5 Jahre**	**Restlaufzeit > 5 Jahre**	**Summe**	**Summe**
Anleihen	–	750,00	250,00	1 000,00	1 008,37
Verbindlichkeiten ggü. Kreditinstituten	602,97	–	–	602,97	602,97
Summe	602,97	750,00	250,00	1 602,97	1 611,34

Unter den Anleihen werden folgende Positionen ausgewiesen:

Tabelle 85: Anleihen zum 31. 12. 2005

	Nominalwert in Mio. €	Buchwert in Mio. €	Marktwert in Mio. €	Laufzeit in Jahren	Fälligkeit	Zinssatz nominal (in %)	Zinssatz effektiv (in %)
Anleihe	500,00	500,00	503,78	5	Dez 07	4,30	4,30
Anleihe	250,00	250,00	249,06	3	Dez 07	3,70	3,70
Anleihe	250,00	250,00	247,23	6	Dez 10	3,95	3,95

Bei den Anleihen handelt es sich ausschließlich um festverzinsliche Titel, die in der Bewertungskategorie Other Liabilities zu fortgeführten Anschaffungskosten bewertet werden. Verbindlichkeiten gegenüber Kreditinstituten dienen der kurzfristigen Finanzierung und werden variabel verzinst. Die Bilanzierung erfolgt zu fortgeführten Anschaffungskosten. Die Gesamtzinsaufwendungen der Skycar Group betragen 65,74 Mio. Euro.

Die dargestellten Marktwerte werden anhand der am Bilanzstichtag vorhandenen Marktinformationen auf Basis quotierter Preise ermittelt. Für die Eigenemissionen liegt ein hinreichend liquider Sekundärmarkt vor. Bei der Kategorie Kredite und Forderungen werden die aufgeführten Marktwerte anhand der Discounted-Cashflow-Methode berechnet. Der Diskontierung zum 31. 12. 2005 lag folgende Zinsstrukturkurve zu Grunde:

Tabelle 86: Zinsstrukturkurve zum 31. 12. 2005

Zinsstruktur	in %
Zins für 6 Monate	2,60
Zins für 1 Jahr	2,80
Zins für 2 Jahre	2,90
Zins für 3 Jahre	3,00
Zins für 5 Jahre	3,20
Zins für 10 Jahre	3,40

Falls notwendig, werden die Zinssätze der Zinsstrukturkurve entsprechend Bonität und Risiko des zu bewertenden Finanzinstruments angepasst.“

Das Zinsniveau ist im Vergleich zum Vorjahr leicht gefallen. Die Skycar Group hat bei der Emission ihrer drei Unternehmensanleihen in den Jahren 2002 und 2004 einen Bonitätsaufschlag von 50 Basispunkten berechnet.

Die Skycar Group verkauft einen Teil ihrer Autos in den USA. Im Geschäftsbericht 2005 informiert die Skycar Group über ihre US-\$-Umsätze wie folgt:

„Die Skycar Group setzte im Geschäftsjahr 2005 in den USA Fahrzeuge im Gesamtwert von 500 Mio. US-\$ ab. Aufgrund der geplanten Einführung eines neuen Modells im Segment Luxusklasse rechnet die Skycar Group im nachfolgenden Geschäftsjahr mit stark steigenden Umsätzen i. H. v. 1 200 Mio. US-\$.“

Zu den Sicherungsgeschäften der Skycar Group finden sich folgende Informationen im Geschäftsbericht:

„Der Einsatz derivativer Finanzinstrumente erfolgt ausschließlich zur Absicherung bestehender Grundgeschäfte oder geplanter Transaktionen. Die Skycar Group hat ihre festverzinslichen Wertpapiere 2005 durch Zinsswaps gesichert. Dem negativen Fair Value der Zinsswaps stehen positive Fair-Value-Änderungen der festverzinslichen Wertpapiere in gleicher Höhe gegenüber, die aus Veränderungen des Zinsniveaus resultieren. Zur Absicherung der Währungsrisiken aus hochwahrscheinlichen künftigen Transaktionen in Form von Umsätzen i. H. v. 1 000 Mio. US-$ des Geschäftsjahrs 2006 wurden Devisentermingeschäfte abgeschlossen. Tabelle 87 führt die derivativen Finanzinstrumente der Skycar Group auf.

Tabelle 87: Derivative Finanzinstrumente zum 31. 12. 2005

Derivative Finanzinstrumente	Geschäfte zur Absicherung gegen	Nominalbetrag nach Restlaufzeit (in Mio. €)				Fair Value (in Mio. €)	
		bis 1 Jahr	1–5 Jahre	> 5 Jahre	Summe	positiv	negativ
Zinsswaps	Zinsrisiken (Fair Value Hedges)	15,00	170,00	–	185,00	–	1,70
Devisentermingeschäfte	Währungsrisiken aus zukünftigen Zahlungsströmen (Cash Flow Hedges)	–	1 000,00	–	1 000,00	–	80,00

Die Zinsswaps sowie die Devisentermingeschäfte weisen zum 31. 12. 2005 einen negativen Marktwert auf und werden unter dem Posten ‚Sonstige Verbindlichkeiten' passiviert."

Im Geschäftsbericht 2005 informiert die Skycar Group des Weiteren über die Entwicklung der Neubewertungsrücklage:

„Während des Berichtsjahrs wurden negative Marktwertänderungen i. H. v. 79,70 Mio. Euro erfolgsneutral im Eigenkapital erfasst. Dieser Betrag ergibt sich aus den positiven Effekten aus Available-for-Sale-Wertpapieren i. H. v. 0,30 Mio. Euro und den negativen Effekten aus Cash Flow Hedges i. H. v. 80 Mio. Euro."

Aufgabenstellung:

- Beschreiben Sie allgemein die *Bedeutung* von *Finanzinstrumenten* in der Bilanzanalyse!
- Analysieren Sie die *Kategorisierung* und *Bewertung* von *Finanzinstrumenten* bei der Skycar Group und zeigen Sie die mit Finanzinstrumenten verbundenen *bilanzpolitischen Möglichkeiten* auf!
- Analysieren und korrigieren Sie ggf. die Bilanzierung der *Sicherungsbeziehungen* der Skycar Group! Stellen Sie die potenziellen *Auswirkungen* auf die *Eigenkapitalquote* und *Eigenkapitalrentabilität* der Skycar Group vor Korrektur der Steuern dar, und interpretieren Sie diese!
- Analysieren Sie die Finanzinstrumente der Skycar Group bei einem *Full Fair Value Approach*! Stellen Sie die Auswirkungen der zuvor ermittelten Anpassungen auf die Eigenkapitalquote und die Eigenkapitalrentabilität der Skycar Group vor Korrektur der Steuern dar!

I. Bilanzanalytische Bedeutung von Finanzinstrumenten

Finanzinstrumente gehören zu den zentralen Bilanzpositionen im Jahresabschluss. Bspw. entfallen im Geschäftsjahr 2005 42,09 % der Bilanzsumme bei BMW und 42,40 % bei VW auf finanzielle Vermögenswerte nach IAS 39; auf der Passivseite bestehen 50,10 % der Bilanzsumme bei BMW und 53,35 % der Bilanzsumme bei VW aus Finanzinstrumenten nach IAS 39.[260]

Aufgrund ihrer absoluten und – im Vergleich zu anderen Bilanzpositionen – relativ großen Bedeutung werden die Finanzinstrumente zu einer zentralen bilanzpolitischen Einflussgröße, denn die Höhe des Jahresergebnisses und die des Eigenkapitals wird maßgeblich durch die Regeln zum Ansatz und zur Bewertung der Finanzinstrumente bestimmt. Schon geringe Änderungen im Rahmen ihrer Bewertung können die Vermögens- und Ertragslage des Unternehmens deutlich verändern. *IAS 39* hält zur Einordnung der Finanzinstrumente verschiedene *Kategorien* bereit und sieht für jede Kategorie unterschiedliche Vorschriften für die *Folgebewertung* vor. Da viele Finanzinstrumente die Voraussetzungen mehrerer Kategorien erfüllen oder erfüllen können, eröffnen sich für die Unternehmen *bilanzpolitische Einordnungsspielräume*. Des Weiteren ergeben sich bei der Bewertung der Finanzinstrumente Freiräume, die bilanzpolitisches Potenzial bergen. Für die Bilanzanalyse ist es von elementarer Bedeutung, dass der Analyst die mit den Finanzinstrumenten verbundenen *Wahlrechte* und *Ermessensspielräume* kennt und dazu in der Lage ist, das aus ihnen resultierende bilanzpolitische Potenzial hinreichend sicher abzuschätzen.

II. Bilanzpolitische und bilanzanalytische Möglichkeiten und Grenzen bei der Kategorisierung und Bewertung von Finanzinstrumenten

1. Erläuterung

a) Originäre und derivative Finanzinstrumente

Der Ansatz und die Bewertung von Finanzinstrumenten richten sich nach IAS 39. Zu den Finanzinstrumenten zählen sowohl originäre Finanzinstrumente wie flüssige Mittel, Forderungen, Verbindlichkeiten und Wertpapiere als auch derivative Finanzinstrumente, kurz Derivate genannt. Beispiele für Derivate sind Futures, Forwards, Swaps und Optionen. Ihr Wert leitet sich vornehmlich aus einem bestimm-

260 Vgl. BMW, Konzernabschluss 2005, S. 64 f.; VW, Konzernabschluss 2005, S. 115.

ten Basiswert ab (z. B. dem Preis eines Finanzinstruments, dem Zinssatz oder dem Wechselkurs). Sie werden zur Absicherung bestehender Risikopositionen, zu Arbitragezwecken oder zur Spekulation eingesetzt.

b) Finanzielle Vermögenswerte

Die IFRS teilen finanzielle Vermögenswerte in *vier Bewertungskategorien* ein: bis zur Endfälligkeit gehaltene Finanzinvestitionen (*held to maturity investments*), Kredite und Forderungen (*loans and receivables*), zur Veräußerung verfügbare finanzielle Vermögenswerte (*available for sale financial assets*) und erfolgswirksam zum beizulegenden Zeitwert zu bewertende finanzielle Vermögenswerte (*financial assets at fair value through profit or loss*). Die Kategorie erfolgswirksam zum beizulegenden Zeitwert zu bewertende finanzielle Vermögenswerte unterteilt sich weiter in die zwei *Subkategorien* Held for Trading und designiert erfolgswirksam zum beizulegenden Zeitwert zu bewertende finanzielle Vermögenswerte (at fair value through profit or loss) (IAS 39.9). Die einzelnen Kategorien unterscheiden sich beträchtlich hinsichtlich ihrer Folgebewertung und den damit verbundenen bilanzpolitischen Möglichkeiten.

Nach IAS 39.9 sind *Kredite und Forderungen* nicht derivative finanzielle Vermögenswerte mit festen oder bestimmbaren Zahlungen, die an keinem aktiven Markt[261] notiert sind. Bei der Kategorie *Held to Maturity* handelt es sich um nicht derivative finanzielle Vermögenswerte mit festen oder bestimmbaren Zahlungen sowie einer festen Laufzeit, die das Unternehmen bis zur Endfälligkeit halten will und kann. Eigenkapitalinstrumente (z. B. Aktien) können aufgrund des fehlenden Fälligkeitstermins nicht in diese Kategorie eingeordnet werden.

Kredite und Forderungen sowie *bis zur Endfälligkeit gehaltene Finanzinvestitionen* sind im Zugangszeitpunkt mit ihrem Fair Value anzusetzen, wobei direkt zurechenbare Transaktionskosten als Anschaffungsnebenkosten erfasst werden (IAS 39.43). Ihre Folgebewertung erfolgt zu fortgeführten Anschaffungskosten unter Anwendung der Effektivzinsmethode.[262] Da für Finanzinstrumente dieser Kategorien die Bewertung zum höheren Fair Value verboten ist, kann es in der Bilanz zur Legung *stiller Reserven* kommen.

An nachfolgenden Bilanzstichtagen sind diese Finanzaktiva auf etwaige *Wertminderungen* zu untersuchen (IAS 39.58). Ein Impairment-Test ist durchzuführen,

261 Von einem aktiven Markt ist nach IAS 39.AG71 auszugehen, wenn notierte Kurse regelmäßig von Börsen, Händlern, Brokern, Preisagenturen, Industrieverbänden oder Aufsichtsbehörden beschafft werden können sowie aktuelle und regelmäßige Transaktionen zu üblichen Marktkonditionen stattfinden.

262 Bei den fortgeführten Anschaffungskosten handelt es sich um den Betrag, mit dem ein finanzieller Vermögenswert oder eine finanzielle Verbindlichkeit bei der erstmaligen Erfassung bewertet wird, abzüglich Tilgungen, zuzüglich oder abzüglich der kumulierten Amortisierung eines Agios oder Disagios mittels Effektivzinsmethode sowie abzüglich etwaiger außerplanmäßiger Abschreibungen für Wertminderungen oder Uneinbringlichkeit. Vgl. IAS 39. 9.

wenn ein objektiver Hinweis auf eine Wertminderung besteht. Erhebliche finanzielle Schwierigkeiten des Schuldners oder Emittenten können hierfür ein Indiz sein (IAS 39.59).[263] Die Höhe der Abschreibung ergibt sich aus der Differenz zwischen dem Buchwert des Vermögenswerts und den zukünftigen Zahlungsströmen (Zins- und Tilgungszahlungen) diskontiert mit dem ursprünglichen Effektivzinssatz (IAS 39.63). Marktpreisrisikobedingte Wertminderungen führen bei dieser Berechnung zu keiner zu antizipierenden Wertminderung, denn diese begründen lediglich entgehende Gewinne, nicht aber Verluste auf Seiten des Unternehmens.

Zur Kategorie *Held for Trading* zählen insb. Finanzinstrumente, die mit der Absicht erworben wurden, einen Gewinn aus kurzfristigen Schwankungen des Preises oder der Händlermarge zu erzielen,[264] sowie Derivate, die nicht in nachweisbaren effektiven Sicherungsbeziehungen stehen. Ferner darf das Unternehmen im Rahmen der *Fair Value Option*[265] Wertpapiere in die Kategorie At Fair Value through Profit or Loss designieren, wenn sie bestimmte Kriterien erfüllen.[266] Die Bewertung der als At Fair Value through Profit or Loss klassifizierten Finanzinstrumente erfolgt im Zugangszeitpunkt in Höhe ihres Fair Value. Beim Erwerb anfallende Transaktionskosten werden unmittelbar erfolgswirksam erfasst. Die unter diese Kategorie subsumierten Wertpapiere sind an den nachfolgenden Bilanzstichtagen stets zum aktuellen Fair Value auszuweisen. Zwischenzeitliche Wertänderungen werden erfolgswirksam bilanziert – unabhängig davon, ob die Gründe dafür in der Person des Schuldners oder in einem allgemeinen Markttrend liegen.

Die Kategorie *Available for Sale* ist als Residual- und Designationskategorie konzipiert. In sie werden alle finanziellen Vermögenswerte aufgenommen, die keiner anderen Kategorie zugeordnet wurden. Hierunter zählen regelmäßig die nicht dem Handelsbestand des Unternehmens zuzurechnenden Aktien sowie Finanzanlagen, bei denen das Unternehmen nicht von vornherein beabsichtigt, sie bis zur Endfäl-

263 Bestehen keine Hinweise auf eine Wertminderung für individuell untersuchte finanzielle Vermögenswerte, sind diese in Gruppen mit vergleichbaren Ausfallrisikoprofilen zusammenzufassen und die Untersuchung auf Wertminderung ist auf Portfolioebene durchzuführen. Vgl. IAS 39.64.

264 Vgl. *Löw/Schildbach*, Financial Instruments – Änderungen von IAS 39 aufgrund des Amendments Project des IASB, BB 2004, S. 875 (S. 876).

265 Vgl. *Kuhn/Scharpf*, Rechnungslegung von Financial Instruments nach IAS 39 (2005), S. 79; *Löw/Blaschke*, Verabschiedung des Amendment zu IAS 39 Financial Instruments: Recognition and Measurement – The Fair Value Option, BB 2005, S. 1727 (S. 1730 f.); PwC, IFRS für Banken (2005), S. 257.

266 Die Fair Value Option kann gewählt werden, wenn die erfolgswirksame Bewertung dieser Finanzinstrumente zu relevanteren Informationen führt, indem durch den Fair-Value-Ansatz Inkongruenzen beseitigt oder erheblich reduziert werden oder das Unternehmen die entsprechenden Wertpapiere auf einer Fair-Value-Basis steuert (IAS 39.9). Ferner kann grundsätzlich ein gesamter kombinierter Kontrakt, der ein oder mehrere eingebettete Derivate enthält, als ein finanzieller Vermögenswert oder eine finanzielle Verbindlichkeit dieser Kategorie zugeordnet werden (IAS 39.11A). Vgl. *Löw*, Ausweisfragen in Bilanz und Gewinn- und Verlustrechnung bei Financial Instruments, KoR 2006, Beilage 1, S. 1 (S. 6).

ligkeit zu halten. Die hier eingeordneten Wertpapiere sind im Zugangszeitpunkt mit ihrem Fair Value unter Einschluss der Transaktionskosten anzusetzen. Die Folgebewertung ist erfolgsneutral zum Fair Value vorzunehmen. Zeitwertminderungen werden – wie bei der Kategorie der bis zur Endfälligkeit gehaltenen Finanzinvestitionen sowie der Kategorie Kredite und Forderungen – nur dann erfolgswirksam erfasst, wenn ein objektiver Hinweis auf ein *Impairment* besteht (IAS 39.67 i.V.m. IAS 39.59). Bei Eigenkapitalinstrumenten ist ein signifikanter oder dauerhafter Rückgang des Fair Value unter die Anschaffungskosten ein objektiver Hinweis für das Vorliegen eines Impairment. Zeitwertminderungen, die ihre Ursache in einer allgemeinen Marktwertänderung haben, sind erfolgsneutral gegen eine Neubewertungsrücklage zu buchen. Dadurch kann die Neubewertungsrücklage auch aktivisch werden. Die Neubewertungsrücklage wird bei Ausbuchung bzw. Abgang des Finanzinstruments, dessen Wertänderung sie aufgenommen hat, erfolgswirksam aufgelöst.

c) Finanzielle Verbindlichkeiten

Auf der *Passivseite* unterscheidet IAS 39 zum Zwecke der Folgebewertung zwei Hauptkategorien von finanziellen Verbindlichkeiten: *Finanzielle Verbindlichkeiten, die erfolgswirksam zum beizulegenden Zeitwert bewertet werden* (financial liabilities at fair value through profit or loss) und sonstige Verbindlichkeiten (other liabilities). Die erstgenannte Kategorie umfasst die beiden Unterkategorien Handelspassiva (held for trading) und Fair Value Option. Zur Handelskategorie gehören finanzielle Verbindlichkeiten, die mit der Absicht erworben wurden, sie kurzfristig zurückzukaufen, oder wenn sie Teil eines Portfolios sind, für das nachweislich kurzfristige Gewinnrealisierungen aus jüngerer Vergangenheit vorliegen. Darüber hinaus fallen auch Derivate mit negativen Marktwerten, die nicht als Sicherungsinstrumente bilanziert sind, in diese Kategorie. Finanzinstrumente der Kategorie At Fair Value through Profit or Loss sind beim erstmaligen Ansatz mit ihrem Fair Value zu bewerten. Dieser entspricht i. d. R. dem Transaktionspreis, d.h. dem Fair Value der gegebenen oder erhaltenen Gegenleistung (IAS 39.AG64). Auf sie entfallende Anschaffungsnebenkosten werden sofort aufwandswirksam erfasst. Verändert sich der Fair Value dieser Objekte von einem Bilanzstichtag auf den anderen, so sind die entsprechenden Wertänderungen gewinnwirksam zu erfassen.

Die Zugangsbewertung der *sonstigen Verbindlichkeiten* erfolgt in Höhe ihres Fair Value. Anschaffungsnebenkosten, wie die der Emission direkt zurechenbaren Transaktionskosten, sind bei der Ermittlung des beizulegenden Zeitwerts zu berücksichtigen (IAS 39.43). An nachfolgenden Bilanzstichtagen werden die sonstigen Verbindlichkeiten zu fortgeführten Anschaffungskosten unter Anwendung der Effektivzinsmethode bewertet (IAS 39.47).

d) Umklassifizierung

Die Zuordnung von Finanzinstrumenten in die entsprechende Kategorie zum Zwecke der Folgebewertung hat mit deren Zugang zu erfolgen, also mit der Vertragsbegründung über das betrachtete Finanzinstrument. Eine spätere Umklassifizierung von Finanzinstrumenten ist nur sehr eingeschränkt möglich. Ein Finanzinstrument ist insb. nicht in die oder aus der Kategorie At Fair Value through Profit or Loss umzuklassifizieren, solange dieses gehalten wird oder begeben ist (IAS 39.50).[267] Eine Umwidmung von der Kategorie Held to Maturity in die Kategorie Available for Sale ist notwendig, wenn ein finanzieller Vermögenswert nunmehr nicht bis zur Endfälligkeit gehalten werden soll oder kann (IAS 39.51). Wenn mehr als ein unwesentlicher Teil der bis zur Endfälligkeit gehaltenen Finanzinvestitionen vor Endfälligkeit umgegliedert wird, sind alle Finanzinstrumente der Kategorie Held to Maturity in die Kategorie Available for Sale umzuwidmen (IAS 39.52).

e) Offenlegung

Das Unternehmen ist grundsätzlich dazu verpflichtet, für jede Kategorie von finanziellen Vermögenswerten und Verbindlichkeiten neben den Buchwerten auch den *Fair Value* offen zu legen (IFRS 7.25). Der Bilanzanalyst erlangt auf diese Weise einen Überblick über stille Reserven oder Lasten. Zur Ermittlung des Fair Value schreibt IAS 39 ein hierarchisches Stufenverfahren vor. Ist ein aktiver Markt vorhanden, so ergibt sich der Fair Value der Finanzinstrumente aus den beobachtbaren Marktwerten. Wenn diese Möglichkeit nicht besteht, wird der Fair Value auf Basis anerkannter Bewertungsverfahren, wie z. B. der Discounted-Cashflow-Methode, in Form eines hypothetischen Marktwerts ermittelt.[268] Die in den betreffenden Bewertungsverfahren berücksichtigten Bewertungsfaktoren bieten den Anwendern nicht unerhebliche Ermessensspielräume.

Die Möglichkeit, Verbindlichkeiten erfolgswirksam zum Fair Value zu bilanzieren, führt u. a. dazu, dass sich Änderungen des Bonitätsspread auf den Fair Value auswirken. Der Fair Value wird durch den Zins i (*Zinseffekt*) sowie durch den Bonitätsaufschlag x (*Bonitätseffekt*) beeinflusst.

---

267 Ausgenommen vom Verbot der Umklassifizierung sind Finanzinvestitionen in Eigenkapitalinstrumente, für die kein auf einem aktiven Markt notierter Preis vorliegt und deren Fair Value nicht verlässlich ermittelt werden kann, sowie Derivate auf entsprechende Eigenkapitalinstrumente, die nur durch Andienung erfüllt werden können. Vgl. IAS 39.46 (c); IAS 39.54.

268 Vgl. *Wagenhofer*, Fair Value-Bewertung im IFRS-Abschluss und Bilanzanalyse, IRZ 2006, S. 31 (S. 34).

Dies wird anhand der folgenden Gleichung deutlich:

$$\text{Fair Value} = \sum_{t=1}^{n} \frac{CF_t}{(1+i+x)^t} \ .$$

Bei der Emission einer Unternehmensanleihe zu pari kann der Bonitätsaufschlag zu diesem Zeitpunkt durch die Differenz des Nominalzinssatzes der Anleihe und des entsprechenden risikolosen Zinssatzes ermittelt werden. Der Bilanzanalyst kann zu einem späteren Zeitpunkt den aktuellen Bonitätsaufschlag des Markts anhand der Discounted-Cashflow-Methode unter Verwendung der entsprechenden Zinsstrukturkurve und der am Markt beobachtbaren Marktwerte berechnen, indem er die obige Gleichung verwendet.

Bei einer *Verschlechterung der eigenen Bonität* steigt der anzusetzende Diskontierungssatz und der Fair Value der Verbindlichkeit sinkt mit der Folge, dass in der GuV ein Fair Value induzierter Gewinn ausgewiesen wird. Da dies zu Fehlinterpretationen führen kann, verpflichtet IFRS 7.10 (a) das Unternehmen dazu entsprechende Anhangangaben zu machen, wenn sich der Fair Value einer der Kategorie At Fair Value through Profit or Loss zugeordneten Verbindlichkeit durch eine Veränderung des Kreditrisikos erhöhte oder verminderte. Dieser Fair-Value-Anpassung „kann eine Indikatorfunktion hinsichtlich einer veränderten Bonitätseinschätzung der Verbindlichkeit seitens des Marktes zugesprochen werden".[269] Informationen über die Kreditwürdigkeit des Unternehmens werden in extremen Fällen auch über die geforderten Angaben vermittelt, welche nach IFRS 7.18 sowie IFRS 7.19 über Zahlungsverzug und Verstöße gegen die Darlehensvertragsbedingungen des Unternehmens selbst zu machen sind.

Die detaillierten Angaben zu den *Fristigkeiten* der Finanzinstrumente erleichtern eine weitergehende Kapitalstrukturanalyse. Die Trennung der Verbindlichkeiten in langfristige und kurzfristige Schulden in der Bilanz ermöglicht die Aussage, ob und in welcher Höhe Schulden in der folgenden Periode zurückgezahlt bzw. umgeschuldet werden müssen.[270] Auch ist das Unternehmen gemäß IFRS 7.39 (a) dazu verpflichtet, die vertraglich vereinbarten Fälligkeitstermine für finanzielle Verbindlichkeiten anzugeben. Dadurch kann der Bilanzanalyst Informationen über das dem bilanzierenden Unternehmen zur Verfügung stehende Kapital gewinnen.[271]

Beurteilungsspielräume ergeben sich naturgemäß bei der Einschätzung der *Ausfallrisiken*. Der Bilanzanalyst erhält aber im Anhang Informationen über die Bonität der Finanzaktiva. Hier ist das Unternehmen dazu verpflichtet, für jede Katego-

---

269 *Knobloch*, Über den Aussagegehalt des Jahresabschlusses zur Schuldenlage, KoR 2005, S. 93 (S. 95).

270 Vgl. *Knobloch*, Über den Aussagegehalt des Jahresabschlusses zur Schuldenlage, KoR 2005, S. 93 (S. 94).

271 Vgl. *Baetge/Stellbrink*, Früherkennung von Unternehmenskrisen mit Hilfe der Bilanzanalyse, Controlling 2005, S. 213 (S. 216).

rie von Finanzinstrumenten das maximale Kreditausfallrisiko ohne Berücksichtigung von Sicherheiten anzugeben (IFRS 7.36 (a)) und zusätzliche Erläuterungen zu bestehenden Sicherheiten (IFRS 7.36 (b)) sowie über die Kreditqualität der finanziellen Vermögenswerte, die weder überfällig noch wertgemindert sind, zu gewähren (IFRS 7.36 (c)). Es besteht darüber hinaus eine Ausweispflicht für Wertminderungsaufwendungen für jede Kategorie finanzieller Vermögenswerte (IFRS 7.20 (e)) und über die nach IAS 39.AG93 vereinnahmten Zinserträge auf wertgeminderte Forderungen (IFRS 7.20 (d)). Darüber hinaus muss das Unternehmen über finanzielle Vermögenswerte, die abgewertet wurden oder bei denen trotz eines eingetretenen Zahlungsverzugs bisher auf eine Abwertung verzichtet wurde, nähere Anhangangaben erbringen (IFRS 7.37). Dadurch erlangt der Bilanzanalyst weitere Einblicke in das Risikomanagement des Unternehmens. Gewisse Informationsspielräume eröffnen sich dem Bilanzierenden aber dadurch, dass weder IAS 39 noch IFRS 7 präzisieren, ab wann von einem Zahlungsverzug auszugehen ist.

Nach IFRS 7 besteht eine Ausweispflicht von *Nettogewinnen und Nettoverlusten* für jede Kategorie von finanziellen Vermögenswerten und Verbindlichkeiten (IFRS 7.20 (a)(i)–(v)), wobei eine Aufgliederung bis zu den Subkategorien gefordert wird, um die Erfolgsentwicklung besser bewerten zu können.[272] Bei Finanzinstrumenten der Kategorie Available for Sale ist eine Untergliederung in den Betrag, der in der abgelaufenen Periode direkt mit der Neubewertungsrücklage verrechnet sowie demjenigen, der aus dem Eigenkapital in die GuV überführt wurde, vorzunehmen (IFRS 7.20 (a)(ii)). Weiterhin sind die Gesamtzinserträge und Gesamtzinsaufwendungen für die nicht erfolgswirksam zum Fair Value bewerteten Finanzinstrumente aufzuzeigen (IFRS 7.20 (b)). Dadurch gewinnt der Bilanzanalyst zentrale Einblicke in die Rentabilität der entsprechenden Finanzinstrumente und deren Entwicklung.

2. Anwendung auf den Fall: Kategorisierung und Bewertung der Finanzinstrumente bei der Skycar Group

a) Finanzielle Vermögenswerte

Die Kategorie Kredite und Forderungen beinhaltet bei der Skycar Group „Forderungen aus Lieferungen und Leistungen“ sowie die „Forderungen aus Finanzdienstleistungen“, die sich aus Forderungen aus Kunden- und Händlerfinanzierungen zusammensetzen. Zum Bilanzstichtag betragen die fortgeführten Anschaffungskosten der „Forderungen aus Lieferungen und Leistungen“ 265,36 Mio. Euro (Vorjahr 193,99 Mio. Euro) und die „Forderungen aus Finanzdienstleistungen“

272 Vgl. *Löw*, Neue Offenlegungsanforderungen zu Finanzinstrumenten und Risikoberichterstattung nach IFRS 7, BB 2005, S. 2175 (S. 2177).

1 002,39 Mio. Euro (Vorjahr 1 367,39 Mio. Euro). Bei den letztgenannten Forderungen sind 620,53 Mio. Euro innerhalb des nächsten Jahres fällig.

Im Anhang ergeben sich keine Anhaltspunkte, dass die Forderungen in ihrem Wert gemindert sein könnten. Die Skycar Group führt sogar an, dass die Bonität der Kontrahenten der Skycar Group und somit die Kreditqualität der finanziellen Vermögenswerte einwandfrei sei. Der Fair Value der Kategorie Kredite und Forderungen liegt mit einem Wert i. H. v. 1 274,25 Mio. Euro über den fortgeführten Anschaffungskosten, die einen Wert i. H. v. 1 267,75 Mio. Euro annehmen. Die Wertdifferenz i. H. v. 6,50 Mio. Euro lässt sich durch das gesunkene Zinsniveau erklären.

Die Skycar Group hat das Wahlrecht der Designation dieser Finanzinstrumente im Zugangszeitpunkt als At Fair Value through Profit or Loss (unter der Voraussetzung, dass das Unternehmen die an die Fair Value Option geknüpften Anforderungen nachweist) oder als Available for Sale nicht ausgeübt. Hieraus kann geschlossen werden, dass die Manager auf eine Verstetigung des Eigenkapitalausweises und des Gewinns zielen. Hätten sie die Finanzaktiva der Kategorie Available for Sale zugeordnet, so wären auch allgemeine Marktrisikoänderungen sofort aufzudecken und erfolgsneutral mit dem Eigenkapital zu verrechnen. Dies unterliegt dann insofern Wertschwankungen aus Gründen, die das Management nicht zu vertreten hat und nicht aktiv beeinflussen kann. Da die Zeitwertveränderungen bei den At Fair Value through Profit or Loss klassifizierten Wertpapieren unmittelbar gewinnwirksam werden, trüge eine entsprechende Klassifikation der Finanzaktiva die ungewünschte Volatilität auch in das GuV-Ergebnis.

Der Bilanzposten „Wertpapiere" besteht ausschließlich aus Wertpapieren der Kategorie Available for Sale mit einem Fair Value von insgesamt 202 Mio. Euro. Er setzt sich zusammen aus Aktien i. H. v. 2 Mio. Euro (Vorjahr 1,70 Mio. Euro), festverzinslichen Wertpapieren i. H. v. 190 Mio. Euro (Vorjahr 188,30 Mio. Euro) sowie variabel verzinslichen Wertpapieren i. H. v. 10 Mio. Euro (Vorjahr 10 Mio. Euro). Positive Marktwertänderungen der Aktien i. H. v. 0,30 Mio. Euro wurden erfolgsneutral im Eigenkapital erfasst. Dieser Betrag wird im Eigenkapitalspiegel sichtbar.[273] Die festverzinslichen Wertpapiere stehen in einer Sicherungsbeziehung, weshalb die Fair-Value-Erhöhung dieser Papiere i. H. v. 1,70 Mio. Euro nicht erfolgsneutral gebucht wurde.[274] Der geringe Anteil der Aktien im Vergleich zu den verzinslichen Wertpapieren und die Absicherung der festverzinslichen Papiere gegen Marktwertschwankungen legt die Vermutung nahe, dass die Manager der Skycar Group eine konservative Anlagestrategie verfolgen.

Die Manager der Skycar Group hätten die Wertpapiere, die nicht in Aktien bestehen, als Held to Maturity designieren können, um die Gefahr eines im Zeitablauf volatilen Eigenkapitalausweises zu verringern. Allerdings darf eine solche Klassi-

273 Vgl. *Hüttche*, Typologische Bilanzanalyse: Qualitative Auswertung von IFRS-Abschlüssen, KoR 2005, S. 318 (S. 319).

274 Siehe hierzu Abschn. III. 2.

fikation nur erfolgen, wenn die entsprechenden Wertpapiere bis zur Endfälligkeit gehalten werden sollen und können. Die Klassifikation der Wertpapiere als Available for Sale legt aber nur scheinbar die Vermutung nahe, dass diese Papiere dann zwingend der Liquiditätssteuerung dienen; zu beachten ist insb. die Bestimmung des IAS 39.52. Danach muss das Unternehmen beim Verkauf eines mehr als unwesentlichen Teils der in die Kategorie Held to Maturity eingeordneten Wertpapiere vor Endfälligkeit alle Finanzinstrumente dieser Kategorie in die Kategorie Available for Sale umgliedern. Ein solcher Umgliederungszwang, der umso wahrscheinlicher wird, je weniger das Unternehmen tatsächlich beabsichtigt, die Wertpapiere bis zur Endfälligkeit zu halten, könnte aber dem Bilanzanalysten ein unstetiges Bild in Bezug auf das Asset Management suggerieren, so dass die Klassifikation der Wertpapiere als Available for Sale unter Abwägung der Gesamtumstände am vorteilhaftesten erscheint.

b) Finanzielle Verbindlichkeiten

Die „Finanzschulden" setzen sich aus drei festverzinslichen Anleihen und kurzfristigen variabel verzinslichen Verbindlichkeiten gegenüber Kreditinstituten zusammen. Sie werden als Other Liabilities zu fortgeführten Anschaffungskosten bewertet. Sie machen mit über 39,61 % einen bedeutenden Teil der Bilanzsumme aus.

Aus dem Anhang kann der Bilanzanalyst entnehmen, wie viele der Verbindlichkeiten auf emittierte Anleihen entfallen und welcher Anteil der Verbindlichkeiten gegenüber Kreditinstituten besteht. Dadurch wird auch ersichtlich, inwieweit sich das Unternehmen über den zumindest partiellen Rückkauf der Anleihen am Sekundärmarkt ihrer verzinslichen Schulden entledigen und eine neue Schuldenstrukturierung herbeiführen könnte. Die Höhe der Fair-Value-Angabe der „langfristigen Finanzschulden" i. H. v. 1 000,07 Mio. Euro ist aussagekräftig, weil ein hinreichend liquider Sekundärmarkt für die gehandelten Eigenemissionen vorliegt. Auffällig ist, dass der Fair Value dieser festverzinslichen Anleihen im Vergleich zum Vorjahr sank, obwohl auch das Zinsniveau gefallen ist. Im Zeitablauf sinkende Zinsen führen aber grundsätzlich zu einem höheren Marktwert der eigenen emittierten Anleihen. Die gegenläufige Entwicklung lässt sich nur damit begründen, dass der Markt zum 31. 12. 2005 einen höheren Bonitätsaufschlag (Risikozuschlag) für die eigenen Anleihen berechnet hat, der die Zinssenkung überkompensierte.

Durch die Emission zweier Unternehmensanleihen zu pari im Dezember 2004 kann der Bonitätsaufschlag der Skycar Group zu diesem Zeitpunkt durch die Differenz der Nominalzinssätze der Anleihen und der entsprechenden Zinsstrukturkurve zum 31. 12. 2004 ermittelt werden. Er entspricht laut Sachverhalt 50 Basispunkten. Der Bilanzanalyst kann ein Jahr später, am 31. 12. 2005, den korrigierten Bonitätsaufschlag des Markts anhand der Discounted-Cashflow-Methode unter Verwendung der entsprechenden Zinsstrukturkurve und der am Markt beobachtbaren Marktwerte ermitteln. Den Fair Value, den Nominalwert sowie den Nominalzinssatz der drei Anleihen kann der Bilanzanalyst aus dem Anhang ablesen. Die

Höhe des risikofreien Diskontierungssatzes i lässt sich aus der angegebenen Zinsstrukturkurve zum 31. 12. 2005 entnehmen. Beispielhaft gilt für die Anleihe mit der Restlaufzeit von 2 Jahren, dem Nominalwert i. H. v. 250 Mio. Euro, dem Marktwert i. H. v. 249,06 Mio. Euro, dem Nominalzinssatz i. H. v. 3,70 % und dem risikolosen Diskontierungszinssatz i. H. v. 2,90 %:

$$249{,}06 = \frac{0{,}037 \times 250}{(1{,}029 + x)^1} + \frac{0{,}037 \times 250 + 250}{(1{,}029 + x)^2}$$

$$x = 0{,}01 = 1{,}00\,\%.$$

Bei der Skycar Group beträgt der Bonitätsaufschlag x bei allen drei Anleihen 100 Basispunkte und hat sich somit seit der letzten Emission im Dezember 2004 verdoppelt. Hätte sich die Bonitätseinschätzung des Markts zum 31. 12. 2005 im Vergleich zum Vorjahr nicht geändert, wäre der Fair Value im Vergleich zum Vorjahr aufgrund des gesunkenen Zinsniveaus auf 1 012,80 Mio. Euro gestiegen. Dieser Wert lässt sich anhand der Discounted-Cashflow-Methode unter Anwendung der Zinsstrukturkurve zum 31. 12. 2005 unter Berücksichtigung eines Bonitätsaufschlags von 50 Basispunkten berechnen.

Der Fair Value der in zwei Jahren fällig werdenden Anleihe mit einem Nominalwert i. H. v. 500 Mio. Euro ermittelt sich unter diesen Annahmen wie folgt:

$$\text{Fair Value} = \frac{0{,}043 \times 500}{(1{,}034)^1} + \frac{0{,}043 \times 500 + 500}{(1{,}034)^2} = 508{,}56 \text{ Mio. Euro.}$$

Da diese Anleihe aber nur einen Zeitwert von 503,78 Mio. Euro aufweist, entfallen – 4,78 Mio. Euro auf einen Zinszuschlag des Markts, den dieser aufgrund der scheinbar schwächer gewordenen Bonität der Skycar Group vorgenommen hat. Ein entsprechendes Bild ergibt sich für die beiden übrigen Anleihen. Ohne eine entsprechende Bonitätsanpassung hätte sich ihr Wert zum 31. 12. 2005 bei einem gesunkenen Marktzins ermitteln müssen mit:

$$\text{Fair Value} = \frac{0{,}037 \times 250}{(1{,}034)^1} + \frac{0{,}037 \times 250 + 250}{(1{,}034)^2} = 251{,}43 \text{ Mio. Euro,}$$

bzw.

$$\text{Fair Value} = \frac{0{,}0395 \times 250}{(1{,}037)^1} + \frac{0{,}0395 \times 250}{(1{,}037)^2} + \frac{0{,}0395 \times 250}{(1{,}037)^3} + \frac{0{,}0395 \times 250}{(1{,}037)^4} + \frac{0{,}0395 \times 250 + 250}{(1{,}037)^5} = 252{,}81 \text{ Mio. Euro.}$$

Tatsächlich belaufen sich ihre Marktwerte auf 249,06 Mio. Euro bzw. 247,23 Mio. Euro. Der Marktwertabschlag ist wiederum der Bonitätsverschlechterung des Unternehmens geschuldet. Er beträgt bei der ersten Anleihe –2,37 Mio. Euro und bei der zweiten – 5,58 Mio. Euro.

Zusammenfassend lässt sich feststellen, dass die Passivanleihen im Geschäftsjahr von 1 008,37 Mio. Euro um 8,30 Mio. Euro auf 1 000,07 Mio. Euro gefallen sind. Die Wertänderung setzt sich aber aus dem Zinseffekt sowie aus dem gegenläufigen Bonitätseffekt zusammen. Den Zinseffekt kann der Bilanzanalyst ermitteln, indem er den Fair Value der Anleihen zum 31. 12. 2005 bei Annahme eines konstanten Kreditrisikoaufschlags berechnet (1 012,80 Mio. Euro) und hiervon den Fair Value zum 31. 12. 2004 (1 008,37 Mio. Euro) abzieht. Die zinsinduzierte Fair-Value-Erhöhung der Anleihen beträgt somit 4,43 Mio. Euro. Die Summe aus dem Bonitätseffekt und dem Zinseffekt (4,43 Mio. Euro) muss die tatsächliche Wertreduktion i. H. v. 8,30 Mio. Euro ergeben. Hieraus ergibt sich ein Bonitätseffekt i. H. v. –12,73 Mio. Euro, der größer ist als der gegenläufige Zinseffekt, wodurch der Fair Value im Vergleich zum Vorjahr fällt.

Aus der Bilanz erkennt der Analyst, dass sich die „kurzfristigen Finanzschulden“ der Skycar Group auf einem relativ hohen Niveau bewegen. Sie nehmen im Geschäftsjahr 2005 einen Wert von 719,42 Mio. Euro an. Dem Anhang ist zu entnehmen, dass es sich hierbei um kurzfristige Verbindlichkeiten gegenüber Kreditinstituten handelt. Auch die „Verbindlichkeiten aus Lieferungen und Leistungen“ i. H. v. 331,83 Mio. Euro[275] sind innerhalb eines Jahres fällig. Die Skycar Group hat im Anhang ihre einzelnen emittierten Anleihen aufgelistet. Danach werden im Dezember 2007 750 Mio. Euro fällig. Anhand dieser Angaben kann das Refinanzierungsrisiko (Liquiditätsrisiko) abgeschätzt werden. Es ist erheblich: Innerhalb der nächsten zwei Jahre, spätestens zum Dezember 2007, muss die Skycar Group 75 % ihrer „langfristigen Finanzschulden“ (750 Mio. Euro) refinanzieren. Der Cashflow aus dem operativen Geschäft belief sich 2005 auf 259,72 Mio. Euro und der Free-Cashflow auf –33,01 Mio. Euro. Sieht man den Cashflow als repräsentativ für die folgenden Wirtschaftsjahre an, so wird deutlich, dass eine Schuldentilgung aus eigenen operativen Mitteln ausgeschlossen ist. Die Skycar Group ist auf eine erfolgreiche Neuemission oder zielführende Kreditverhandlungen mit Banken angewiesen. Daraus können sich neue Zinskonditionen ergeben, die den zukünftigen Geschäftserfolg deutlich beeinflussen. Ein weiter steigender Bonitätsaufschlag über die am Bilanzstichtag 2005 ermittelten 100 Basispunkte könnte die Folge sein.

---

275 Nach IFRS 7.29 (a) ist eine Fair-Value-Angabe nicht notwendig, da hier der Buchwert eine vernünftige Annäherung des Fair Value darstellt.

III. Bilanzpolitische und bilanzanalytische Möglichkeiten und Grenzen bei der Bilanzierung von Sicherungsbeziehungen

1. Erläuterung

Hedge Accounting dient der bilanziellen Abbildung einer Sicherungsbeziehung. Es soll verhindern, dass es bei unterschiedlichen Ansatz- und Bewertungsgrundsätzen des Sicherungsinstruments und des dazugehörigen Grundgeschäfts zu einer verzerrten Abbildung der Vermögens- und Ertragslage kommt. Die symmetrische Erfassung der kompensatorischen Aufwands- und Ertragseffekte aus Fair-Value-Änderungen des Sicherungsinstruments und des korrespondierenden (gesicherten) Grundgeschäfts stehen dabei im Mittelpunkt (IAS 39.85). Dies hat zum Ziel, den Nettoeinfluss auf die GuV zu begrenzen.

IAS 39.86 unterscheidet im Sinne des Hedge Accounting drei *Arten von Sicherungsbeziehungen*: die Absicherung des beizulegenden Zeitwerts (fair value hedge), die Absicherung von Zahlungsströmen (cash flow hedge) und die Absicherung einer Nettoinvestition in einen ausländischen Geschäftsbetrieb (hedge of a net investment in a foreign operation), wobei die jeweilige Art Auswirkungen auf die bilanzielle Behandlung der Sicherungsbeziehung hat.

Die Anwendung des Hedge Accounting ist nur unter sehr *restriktiven Bedingungen* gestattet. An die Designation der Sicherungszusammenhänge werden hohe Anforderungen gestellt, die kumulativ zu erfüllen sind, damit die Vorschriften zum Hedge Accounting Anwendung finden (IAS 39.88). Dazu gehört insb., dass das Unternehmen die Sicherungsbeziehung und die damit verbundenen Risikomanagementziele und -strategien sowie die Prüfung der Effektivität dokumentiert. Von einer effektiven Sicherungsbeziehung ist auszugehen, wenn das Unternehmen belegen kann, dass das Verhältnis der Wertänderungen von Grundgeschäft und Sicherungsinstrument in einem Intervall zwischen 80 % und 125 % liegt (IAS 39.AG105).[276] Erfüllt die Sicherungsbeziehung die Anforderungen nach IAS 39 nicht (mehr), so findet auch das Hedge Accounting keine Anwendung (mehr), und das Grundgeschäft und das Sicherungsinstrument sind einzeln zu bewerten. Die Erfüllung dieser Anforderungen eröffnet dem bilanzierenden Unternehmen das Wahlrecht, Grundgeschäft und Sicherungsinstrument nach den allgemeinen Grundsätzen des IAS 39 zu bewerten (indem es den Nachweis der Sicherungsbeziehung nicht erbringt) oder nach den für das Hedge Accounting geltenden Bestimmungen zu bilanzieren, indem es die geforderten Nachweise lückenlos führt.

---

276 IAS 39 schreibt kein bestimmtes Verfahren zur Ermittlung der Effektivität der Sicherungsbeziehung vor. Zu den verschiedenen Methoden des Effektivitätstest vgl. *Löw/Lorenz,* Ansatz und Bewertung von Finanzinstrumenten, in: Löw (Hrsg.): Rechnungslegung für Banken nach IFRS (2005), S. 567–570, sowie PwC, IFRS für Banken (2005), S. 336–340.

Der *Fair Value Hedge* sichert gegen das Risiko möglicher Änderungen des beizulegenden Zeitwerts eines bilanzierten Vermögenswerts, einer bilanzierten Verbindlichkeit, einer bilanzunwirksamen festen Verpflichtung oder eines identifizierbaren Teils hiervon ab, das auf ein bestimmtes Risiko zurückzuführen ist und Auswirkungen auf das Periodenergebnis haben könnte (IAS 39.86 (a)). Ein klassischer Anwendungsfall für einen Fair Value Hedge ist die Absicherung einer Festzinsposition der Aktivseite gegen steigende Marktzinsen oder einer Festzinsposition der Passivseite gegen fallende Marktzinsen. Der Gewinn oder Verlust aus der Bewertung des Sicherungsinstruments zum Fair Value ist erfolgswirksam in der GuV zu erfassen (IAS 39.89 (a)). Die Wertveränderung des Grundgeschäfts folgt, soweit sie auf das abgesicherte Risiko entfällt, auch bilanziell der des Derivats. Bei einem finanziellen Vermögenswert der Kategorie Available for Sale ist der dem abgesicherten Risiko zuzurechnende Gewinn oder Verlust deshalb nicht erfolgsneutral zu buchen, sondern erfolgswirksam in der GuV zu erfassen. Wertänderungen von Grundgeschäften, die zu (fortgeführten) Anschaffungskosten bewertet werden, sind in der GuV zu erfassen, soweit sie aus dem abgesicherten Risiko resultieren. Die Gegenbuchung erfolgt bei dem abgesicherten Grundgeschäft, auch wenn dessen Buchwert dann die fortgeführten Anschaffungskosten übersteigt (so genanntes Basis Adjustment) (IAS 39.89 (b)). Bei effektiven Absicherungen des beizulegenden Zeitwerts gleichen sich Wertänderungen von Grundgeschäft und Sicherungsinstrument in der GuV aus. Ineffektivitäten der Sicherungsbeziehung werden dagegen in der GuV sichtbar.

Beim *Cash Flow Hedge* handelt es sich um die Absicherung des Risikos von Schwankungen der zustandsabhängigen Cashflows. Das abzusichernde Cashflow-Risiko kann sich dabei auf bilanzierte finanzielle Vermögenswerte oder finanzielle Schulden beziehen. Der Cash Flow Hedge kann aber auch erwartete, mit hoher Wahrscheinlichkeit eintretende, künftige Transaktionen gegen unerwünschte Cashflow-Schwankungen absichern. Plant ein in der Eurozone ansässiger Automobilkonzern auch im kommenden Jahr in den USA Fahrzeuge im Gesamtwert von 100 Mio. US-$ abzusetzen und ist mit dem erfolgreichen Absatz auch ernsthaft zu rechnen, so kann sich das Unternehmen schon heute gegen das Risiko eines schwächer werdenden Dollars hedgen, indem es ein Devisentermingeschäft abschließt.

Das Derivat ist grundsätzlich *zum Zeitwert erfolgswirksam auszuweisen*. Bei einem Cash Flow Hedge können die durch eine Fair-Value-Änderung des Derivats ausgelösten GuV-Wirkungen aber nicht wie beim Fair Value Hedge durch eine gegenläufige erfolgswirksame Anpassung des Grundgeschäfts neutralisiert werden – denn es existiert zum Bilanzstichtag noch keine korrigierbare Bilanzposition. Deshalb schreibt IAS 39.95 (a) vor, den Anteil am Gewinn oder Verlust aus einem Sicherungsinstrument, der als effektives Sicherungsgeschäft gilt, statt in der GuV erfolgsneutral im Eigenkapital (Neubewertungsrücklage) zu erfassen. Nur der ineffektive Teil der Absicherung ist erfolgswirksam im Periodenergebnis abzubilden (IAS 39.95 (b)). Eine erfolgswirksame Erfassung der im Eigenkapital aufgelaufenen Gewinne und Verluste hat erst in der Periode zu erfolgen, in der die gesicherten Cashflows erfolgswirksam werden.

Die Regelungen von IAS 39 zum Cash Flow Hedge weisen den wirtschaftlichen Gehalt der Sicherungsbeziehung falsch aus. Trotz eines perfekten Hedge führt die Bilanzierung der Sicherungsbeziehung zu einer nicht der Realität entsprechenden Volatilität des Eigenkapitals. Der Analyst wird dies korrigieren, indem er das Derivat erfolgswirksam in der GuV nacherfasst und die Gewinnwirkung anschließend wieder aufhebt, indem er auf der Aktivseite bzw. Passivseite einen analytischen Gegenposten gewinnwirksam einstellt. Der Analyst könnte die durch den Cash Flow Hedge ausgelösten Eigenkapitalvolatilitäten zwar auch dadurch aufheben, indem er einfach das Aktivum bzw. Passivum mit der Neubewertungsrücklage verrechnet, doch würden durch diese Nettobilanzierung die durch das Hedging ausgelösten gegenläufigen Gewinnwirkungen nicht mehr aus der GuV ersichtlich und sich einer nachfolgenden Analyse entziehen.

2. Anwendung auf den Fall: Bilanzierung von Sicherungsbeziehungen bei der Skycar Group

a) Fair Value Hedge

Die Skycar Group sichert ihre festverzinslichen Wertpapiere gegen zinsinduzierte Zeitwertschwankungen durch einen Fair Value Hedge ab. Die konservative Anlagestrategie, die der Bilanzanalyst bereits durch den hohen Anteil der verzinslichen Wertpapiere vermuten kann, wird durch die abgeschlossenen Sicherungsgeschäfte weiter bestätigt. Der zinsinduzierten Fair-Value-Zunahme der festverzinslichen Wertpapiere um 1,70 Mio. Euro auf 190 Mio. Euro steht ein negativer Marktwert der im Geschäftsjahr 2005 abgeschlossenen Zinsswaps in gleicher Höhe gegenüber. Die Skycar Group hat für diese Sicherungsbeziehung die Regelungen des Hedge Accounting angewandt. Somit wird die Fair-Value-Erhöhung der als Available for Sale ausgewiesenen festverzinslichen Wertpapiere nicht erfolgsneutral in die Neubewertungsrücklage sondern erfolgswirksam in die GuV gebucht. Durch den Abschluss des Fair Value Hedge wird die zinsinduzierte Volatilität im Eigenkapital reduziert. Lediglich die Wertänderungen der Aktien nehmen durch die erfolgsneutrale Buchung in die Neubewertungsrücklage Einfluss auf das Eigenkapital.

b) Cash Flow Hedge

Des Weiteren hat die Skycar Group zur Absicherung ihrer geplanten Umsätze in den USA für das folgende Geschäftjahr Devisentermingeschäfte abgeschlossen und diese als Cash Flow Hedge bilanziell ausgewiesen. Beim Zugang beträgt der Fair Value dieser Devisentermingeschäfte null Euro. Am 31. 12. 2005 weisen die

Derivate aufgrund der Wechselkursänderung einen negativen Fair Value i. H. v. 80 Mio. Euro aus. Diese Fair-Value-Änderung wird erfolgsneutral im Eigenkapital als negative Cash-Flow-Hedge-Rücklage ausgewiesen. Die schwebende Transaktion selbst bleibt bilanziell unberücksichtigt. Zwar muss die der Absicherung zu Grunde liegende erwartete Transaktion eine hohe Eintrittswahrscheinlichkeit haben, damit die Regelungen des Hedge Accounting nach IAS 39 angewandt werden können (IAS 39.88 (c)). Diese Einschätzung liegt aber (auch) im Ermessen der Manager der Skycar Group.

Wenn der Bilanzanalyst sich der Einschätzung der Skycar Group anschließt, ist die Sicherungsbeziehung bilanziell abzubilden. Die Regelungen von IAS 39 zum Cash Flow Hedge weisen dann aber den wirtschaftlichen Gehalt dieser Sicherungsbeziehung falsch aus. Der Analyst wird dies korrigieren, indem er die Devisentermingeschäfte erfolgswirksam in der GuV nacherfasst (Aufwand an Neubewertungsrücklage) und die Gewinnwirkung anschließend wieder aufhebt, indem er auf der Aktivseite einen analytischen Gegenposten gewinnwirksam (Aktivum an Ertrag) einstellt. Das Aktivum trägt den Charakter „Potenzielle Forderungen aus noch nicht abgeschlossenen Geschäften auf Fremdwährungsbasis“. Die Höhe entspricht der Fair-Value-Änderung der abgesicherten schwebenden Transaktion, die durch die Wechselkursänderung induziert wurde.

Die nachfolgende Tabelle 88 verdeutlicht die Korrekturen und die damit verbundenen Auswirkungen auf die Eigenkapitalquote und Eigenkapitalrentabilität im Geschäftsjahr 2005. [277]

Tabelle 88: Analytische Anpassung der Bilanz und GuV und Berechnung der Bilanzkennzahlen

(in Mio. €)	**Aktiva**	**Eigenkapital (ohne JÜ)**	**JÜ**
Werte zum 31. 12. 2005	4 340,88	999,27	145,76
1. Auflösung Cash Flow Hedge		80,00	– 80,00
2. Erfolgswirksame Buchung der Fair-Value-Änderung des analytischen Gegenpostens	80,00		80,00
Werte zum 31. 12. 2005 nach Korrektur	4 420,88	1 079,27	145,76
Eigenkapital vor Korrektur (einschl. JÜ)	(= 999,27 + 145,76)		1 145,03
Eigenkapital nach Korrektur (einschl. JÜ)	(= 1079,27 + 145,76)		1 225,03
Bilanzsumme nach Korrektur			4 420,88
Kennzahlen	**vor Korrektur**	**nach Korrektur**	
Eigenkapitalquote	26,38 %	27,71 %	
Eigenkapitalrentabilität	12,73 %	11,90 %	

277 Die Werte zum 31. 12. 2005 sind der Rahmenfallstudie, Abschn. IV, zu entnehmen.

Bei der Nutzung einer analytisch erfolgswirksamen Gegenposition gleichen sich die Wertänderungen in der GuV i. H. v. je 80 Mio. Euro exakt aus. Der Jahresüberschuss sowie das Eigenkapital werden durch das Sicherungsgeschäft wirtschaftlich konstant gehalten. Der Wert des Eigenkapitals zum 31. 12. 2005 enthält dessen Reduktion um 80 Mio. Euro durch die erfolgsneutrale Buchung des Cash Flow Hedge (Volatilität im Eigenkapital). Dadurch ist die Eigenkapitalquote bei Anwendung der Regelungen des Hedge Accounting niedriger als nach den vorgenommenen Korrekturen des Bilanzanalysten.

Bezweifelt der Analyst aber, dass die Anforderungen an die Sicherungsbeziehung erfüllt werden, muss er die bilanzielle Abbildung der Sicherungsbeziehung aufheben. Entsprechende Zweifel sind berechtigt: Die Skycar Group erzielte im abgelaufenen Geschäftsjahr Umsätze in den USA i. H. v. 500 Mio. US-$. Ob es mit der Einführung eines neuen Modells tatsächlich gelingt, die USA-Umsätze zu verdoppeln, ist zu bezweifeln; neue Modelleinführungen sind stets mit einem gewissen Risiko verbunden. In dieser Sichtweise sind die Derivate reine Währungsspekulationsgeschäfte und die darauf entfallenden Gewinne und Verluste sind korrekterweise erfolgswirksam auszuweisen. Die negativen Fair-Value-Änderungen aus den Devisentermingeschäften müssen somit erfolgswirksam und nicht wie geschehen erfolgsneutral erfasst werden. Tabelle 89 führt die notwendigen Anpassungen und die daraus resultierenden Auswirkungen auf die Eigenkapitalquote und Eigenkapitalrentabilität auf.

Tabelle 89: Auflösung des Cash Flow Hedge und Berechnung der Bilanzkennzahlen

(in Mio. €)	**Aktiva**	**Eigenkapital (ohne JÜ)**	**JÜ**
Werte zum 31. 12. 2005	4 340,88	999,27	145,76
Auflösung Cash Flow Hedge		80,00	– 80,00
Werte zum 31. 12. 2005 nach Korrektur	4 340,88	1 079,27	65,76
Eigenkapital vor Korrektur (einschl. JÜ)	(= 999,27 + 145,76)		1 145,03
Eigenkapital nach Korrektur (einschl. JÜ)	(= 1079,27 + 65,76)		1 145,03
Bilanzsumme nach Korrektur			4 340,88
Kennzahlen	**vor Korrektur**	**nach Korrektur**	
Eigenkapitalquote	26,38 %	26,38 %	
Eigenkapitalrentabilität	12,73 %	5,74 %	

Da die erfolgsneutrale Buchung der Fair-Value-Änderung durch eine erfolgswirksame ersetzt wird, bleibt das Eigenkapital nach Auflösung des Cash Flow Hedge insgesamt unverändert. Der Jahresüberschuss der Skycar Group reduziert sich aber in diesem Fall um 80 Mio. Euro. Dies führt dazu, dass sich die Eigenkapitalrentabilität mehr als halbiert.

IV. Bilanzanalytische Beurteilung der Finanzinstrumente bei Anwendung des Full Fair Value Approach

1. Erläuterung

Die von IAS 39 geforderte Bilanzierung und Bewertung der Finanzinstrumente entspricht einem *Mixed Model*. Während manche Instrumente zum Fair Value ausgewiesen werden, erfolgt der Ansatz anderer Instrumente zu den (fortgeführten) Anschaffungskosten. Zeitwertveränderungen werden nicht durchgehend gewinnwirksam erfasst. Dies erschwert die Bilanzanalyse. Sofern der Bilanzanalyst darauf vertraut, dass er anhand der Jahresabschlussangaben einen zuverlässigen Einblick in die Vermögenslage des Unternehmens erlangen kann, wird er versuchen, die Bilanz soweit zu korrigieren, dass sie möglichst umfassend Zeitwerte enthält. Gleichzeitig wird er den Jahresüberschuss als Zeitwertdifferenz interpretieren. Hinsichtlich der Finanzinstrumente bedeutet dies, dass er die Zeitwerte der finanziellen Vermögenswerte der Kategorien Kredite und Forderungen und bis zur Endfälligkeit gehaltene Finanzinvestitionen sowie die Zeitwerte der finanziellen Verbindlichkeiten der Kategorie sonstige Verbindlichkeiten aufdecken muss. Anschließend wird er die aufgedeckten Wertänderungen des letzten Geschäftsjahrs einschließlich der erfolgsneutral gebuchten Wertänderungen der Available-for-Sale-Wertpapiere sowie der Derivate, die als Cash Flow Hedge ausgewiesen sind, gewinnwirksam nacherfassen und ggf. analytisch erfolgswirksame Gegenposten einsetzen.

Der Bilanzanalyst erhält für dieses Vorhaben durch *IFRS 7* entscheidende Hilfestellungen: Für jede Kategorie von finanziellen Vermögenswerten und Verbindlichkeiten ist neben den Buchwerten (IFRS 7.8) der Fair Value offen zu legen, um einen Vergleich mit dem Buchwert vornehmen zu können (IFRS 7.25). Somit kann der Bilanzanalyst die Höhe der stillen Reserven in den entsprechenden Kategorien ermitteln. Da das Unternehmen gemäß IFRS 7.27–7.28 dazu verpflichtet ist, die für die Ermittlung der Zeitwerte herangezogenen Methoden und Annahmen zu benennen, ist es dem Bilanzanalysten zumindest teilweise möglich, die Fair-Value-Ermittlung auf bilanzpolitische Maßnahmen zu untersuchen.

2. Anwendung auf den Fall: bilanzanalytische Beurteilung der Finanzinstrumente bei der Skycar Group

Die Skycar Group hat von der Möglichkeit der Fair Value Option keinen Gebrauch gemacht. Um einen Full-Fair-Value-Ansatz der Finanzinstrumente in der Bilanz darzustellen, hat der Bilanzanalyst die Fair Values der finanziellen Vermögenswerte der Kategorie Kredite und Forderungen sowie der finanziellen Verbindlichkeiten der Kategorie sonstige Verbindlichkeiten aufzudecken und anschließend die erforderlichen Korrekturbuchungen vornehmen. Die Fair-Value-Anpassungen zum 1. 1. 2005 werden erfolgsneutral vorgenommen. Die ermittelten Wertänderungen des Geschäftsjahrs 2005 sind dagegen gewinnwirksam nachzuerfassen. Bei der Kategorie Kredite und Forderungen kann der Analyst die Differenz zwischen dem Fair Value (1 274,25 Mio. Euro) und den fortgeführten Anschaffungskosten (1 267,75 Mio. Euro) nicht klar danach unterscheiden, ob die Fair-Value-Änderungen bereits aus dem Vorjahr resultieren und damit erfolgsneutral zu erfassen sind oder aus dem aktuellen Jahr stammen, was eine erfolgswirksame Anpassung zur Konsequenz hätte. Aus Vereinfachungsgründen ist eine 50/50-Regelung zweckgemäß. Hieraus ergibt sich eine erfolgswirksame Verbuchung von 3,25 Mio. Euro sowie eine erfolgsneutrale Verbuchung in gleicher Höhe. Die erfolgsneutral gebuchten Wertänderungen des Geschäftsjahrs 2005 der Available-for-Sale-Wertpapiere sowie der Derivate aus dem Cash Flow Hedge sind erfolgswirksam zu erfassen.[278] Die nachfolgende Tabelle 90 verdeutlicht die vorgenommenen Korrekturen und die damit verbundenen Auswirkungen auf die Eigenkapitalquote und Eigenkapitalrentabilität im Geschäftsjahr 2005.

Tabelle 90: Auswirkungen des Fair-Value-Ansatzes auf die Eigenkapitalquote und die Eigenkapitalrentabilität der Skycar Group

(in Mio. €)	Aktiva	Fremdkapital	Eigenkapital (ohne JÜ)	JÜ
Werte zum 31. 12. 2005	4 340,88	3 195,85	999,27	145,76
erfolgsneutrale Buchungen zum 1. 1. 2005:				
Kredite und Forderungen	3,25		3,25	
Sonstige Verbindlichkeiten		8,37	– 8,37	
erfolgswirksame Buchungen zum 31. 12. 2005:				
Kredite und Forderungen	3,25			3,25
Sonstige Verbindlichkeiten		– 8,30		8,30
Available for Sale			– 0,30	0,30
Auflösung Cash Flow Hedge			80,00	– 80,00
Werte zum 31. 12. 2005 nach Korrektur	4 347,38	3 195,92	1 073,85	77,61
Eigenkapital vor Korrektur (einschl. JÜ)	(= 999,27 + 145,76)			1 145,03
Eigenkapital nach Korrektur (einschl. JÜ)	(= 1073,85 + 77,61)			1 151,46
Bilanzsumme nach Korrektur				4 347,38
Kennzahlen	vor Korrektur		nach Korrektur	
Fremdkapitalquote	73,62 %		73,51 %	
Eigenkapitalquote	26,38 %		26,49 %	
Eigenkapitalrentabilität	12,73 %		6,74 %	

Der gestiegene Fair Value der Kredite und Forderungen um insgesamt 6,5 Mio. Euro ist zinsinduziert und wird zur Hälfte erfolgsneutral und zur Hälfte erfolgswirksam erfasst. Die erfolgsneutrale Anpassung der sonstigen Verbindlichkeiten

278 Der Bilanzanalyst folgt bzgl. der Absicherung der schwebenden Transaktion nicht der Einschätzung der Skycar Group. Vgl. Abschn. III. 2.

resultiert aus der Fair-Value-Bewertung der eigenen (Passiv-)Anleihen zum 1. 1. 2005. Ihr Fair Value liegt zum 31. 12. 2004 um 8,37 Mio. Euro über dem Buchwert. Während des Geschäftsjahrs 2005 sank der Zeitwert der Anleihe insgesamt um 8,30 Mio. Euro. Die Gründe für den Kursrückgang wurden bereits analysiert.[279] Die erfolgswirksame Anpassung der Available-for-Sale-Wertpapiere ist der positiven Marktwertentwicklung der Aktien geschuldet, die im Jahresabschluss 2005 erfolgsneutral in der Neubewertungsrücklage erfasst wurde. Die Auflösung des erfolgsneutral gebuchten Cash Flow Hedge[280] (Aufwand an Neubewertungsrücklage) vermindert den Jahresüberschuss um 80 Mio. Euro und erhöht zugleich das Eigenkapital vor Jahresüberschuss um denselben Betrag. Sämtliche Korrekturen führen in der Gesamtschau dazu, dass die Eigenkapitalquote geringfügig ansteigt, während die Eigenkapitalrentabilität drastisch fällt.

Weiterführende Literatur

Baetge, Jörg/ Lienau, Achim	Fair Value auf der Passivseite der Bilanz?, in: Hartmut Bieg/Reinhard Heyd (Hrsg.), Fair Value. Bewertung in Rechnungswesen, Controlling und Finanzwirtschaft, München 2005, S. 309–331
Kehm, Patrick/ Lüdenbach, Norbert	§ 28 Finanzinstrumente, in: Norbert Lüdenbach/ Wolf-Dieter Hoffmann (Hrsg.), Haufe IFRS-Kommentar, 4. Aufl., Freiburg i. Br. 2006, S. 1197–1335
Löw, Edgar	IFRS 7 – Financial Instruments: Disclosures, WPg, 58. Jg. (2005), S. 1337–1352
Löw, Edgar/ Lorenz, Karsten	Ansatz und Bewertung von Finanzinstrumenten, in: Edgar Löw (Hrsg.), Rechnungslegung für Banken nach IFRS, 2. Aufl., Wiesbaden 2005, S. 415–604
Rammert, Stefan	§ 51 Bilanzpolitik und Bilanzanalyse, in: Norbert Lüdenbach/Wolf-Dieter Hoffmann (Hrsg.), Haufe IFRS-Kommentar, 4. Aufl., Freiburg i. Br. 2006, S. 1883–1934
Wagenhofer, Alfred	Fair Value-Bewertung im IFRS-Abschluss und Bilanzanalyse, IRZ, 1. Jg. (2006), S. 31–37

279 Siehe hierzu Abschn. II. 2. b.
280 Siehe hierzu Abschn. III. 2.

Fall 10: Leasingverhältnisse

Sachverhalt:

Aus dem Anhang zum Geschäftsbericht der Skycar Group entnehmen Sie folgende Informationen:

„Die Skycar Group hat in erheblichem Umfang Operating-Lease-Verträge abgeschlossen, bei denen der Leasinggegenstand dem Leasinggeber zuzurechnen ist. Der marktübliche Zinssatz für eine Objektfinanzierung beträgt 6 %. Bei den gemieteten Gegenständen handelt es sich hauptsächlich um Produktionsanlagen sowie um Fertigungshallen. Die gemieteten Produktionsanlagen haben eine durchschnittliche betriebsgewöhnliche Nutzungsdauer von zwölf Jahren, während die Fertigungshallen im Schnitt 25 Jahre genutzt werden können. Die Mietzahlungen des laufenden Geschäftsjahres betragen 70 Mio. Euro für die Produktionsanlagen und 104 Mio. Euro für die Fertigungshallen. In den Folgeperioden werden nachstehende Mietzahlungen fällig:“

Tabelle 91: Mindestleasingzahlungen aus Operating-Lease-Verhältnissen

(in Mio. €)	2006	2007-2010	nach 2010 p. a.
Produktionsanlagen	70,00	132,00	6,00
Fertigungshallen	104,00	1 604,00	90,00

Aufgabenstellung:

- Erläutern Sie die bilanzanalytische Relevanz der *Leasingfinanzierung* in der Praxis!
- Beschreiben Sie die Klassifizierung und Bilanzierung der Leasingverhältnisse im Jahresabschluss der Skycar Group, und zeigen Sie dabei die *bilanzpolitischen Möglichkeiten* auf!
- Bereinigen Sie die *Auswirkungen der Bilanzierung von Operating-Lease-Verträgen* im Fall der Skycar Group! Gehen Sie dabei wie folgt vor:
  - Berechnen Sie den Wert der *(Rest-)Kaufpreisverbindlichkeiten*!
  - Ermitteln Sie den *(Rest-)Wert der Leasingobjekte*!
  - Berechnen Sie den *Zinsaufwand* und die *Abschreibung* für das Jahr 2005!
  - Zeigen Sie die Auswirkungen auf die *Eigenkapital*- bzw. *Fremdkapitalquote* sowie auf die *Eigenkapitalrentabilität* auf!

I. Bilanzanalytische Relevanz der Leasingfinanzierung

Jede Investition erfordert eine entsprechende Finanzierung. Dabei steht es dem Unternehmen grundsätzlich frei, das Investitionsobjekt zu mieten, zu leasen oder zu kaufen. Aus bilanzpolitischer Sicht ist der kreditfinanzierte Kauf häufig die unattraktivste Alternative, denn durch ihn steigt die Fremdkapitalquote des Unternehmens. Eine höhere Fremdkapitalquote wird häufig als Zeichen einer ungünstigen Unternehmensentwicklung gedeutet: Zum Ausgleich des erhöhten Risikos, dem das Unternehmen ausgesetzt ist, erhöhen die Fremdkapitalgeber i. d. R. die Kosten der Fremdkapitalaufnahme.[281] Zahlreiche Unternehmen sind deshalb darum bemüht, ihre Investitionen „*Off-Balance-Sheet*"[282] zu finanzieren. Das Instrument des *Operating Lease* bietet dazu eine geeignete Alternative. Obwohl es dem Leasingnehmer zumeist die gleichen Objektrisiken aufbürdet wie ein kreditfinanzierter Kauf, wird es bilanziell als Mietverhältnis interpretiert. Anders als beim Kauf sind die zukünftig fällig werdenden Zahlungsverpflichtungen des Leasingnehmers hier nicht passivierungspflichtig. Diese Nichtbilanzierung von Leasingverhältnissen kann, wie es die Literatur in zahlreichen Studien nachgewiesen hat,[283] zu erheblichen Fehleinschätzungen bei Investitions- und Finanzierungsentscheidungen führen.

II. Bilanzpolitische Möglichkeiten und Grenzen bei der Bilanzierung von Leasinggeschäften

1. Erläuterung

a) Klassifizierung von Leasingverträgen

Der Leasingvertrag vereint typische *Elemente des Mietvertrags und des Kaufvertrags*. Wie bei einem Kaufvertrag trägt der Leasingnehmer (als Nutzungsberechtigter) nach Erhalt des Leasingobjekts i. d. R. die mit diesem verbundenen Instand-

281 Vgl. *Schmidt/Terberger*, Grundzüge der Investitions- und Finanzierungstheorie (1999), S. 245–247.

282 Zu einer Definition von Off-Balance-Sheet-Finanzierungen vgl. *Brakensiek*, Bilanzneutrale Finanzierungsinstrumente in der internationalen und nationalen Rechnungslegung (2001), S. 7 f.

283 Vgl. statt vieler *Nelson*, Capitalizing Leases – The Effect on Financial Ratios, The Journal of Accountancy 1963, S. 49 (S. 54); jüngst u. a. *Leibfried/Rogowski*, Mögliche zukünftige Leasingbilanzierung nach IFRS, KoR 2005, S. 552 (S. 552–555). Zu einer Übersicht empirischer Studien über den Effekt der Leasingbilanzierung auf die Finanzkennzahlen, vgl. *Beattie/Edwards/Goodacre*, The impact of constructive operating lease capitalisation on key accounting ratios, Accounting and Business Research 1997, S. 233 (S. 236).

haltungen, Versicherungen und öffentlichen Lasten und ist auch dann zur Entrichtung der Leasingraten verpflichtet, wenn das Leasingobjekt aus Gründen, die er nicht zu vertreten hat, zufällig (z. B. durch Diebstahl oder Elementargewalten) untergeht. Darüber hinaus bemisst sich die Höhe der Leasingraten nicht wie bei der Miete nach der Laufzeit des Vertragsverhältnisses, sondern nach der Höhe der Anschaffungskosten, die dem Leasinggeber beim Erwerb des Objekts entstanden sind. Trotz dieser großen Parallelen zum Kaufvertrag erlangt der Leasingnehmer – wie für einen Mieter typisch – während der gesamten Vertragslaufzeit kein Eigentumsrecht an dem Leasingobjekt. Hierfür ist i. d. R. ein separater Kaufvertrag nach Ablauf des Leasingvertrags erforderlich. Das Zivilrecht trägt den Besonderheiten des Leasingverhältnisses Rechnung, indem es den Leasingvertrag zumeist als *typengemischten Vertrag* oder *Vertrag sui generis* bezeichnet und rechtlich würdigt. Bilanzrechtlich bleibt dieser Weg verschlossen. Der Leasingvertrag ist entweder als (bilanzwirksames) Kaufgeschäft oder als bilanzunwirksames Dauerschuldverhältnis zu klassifizieren.

Die Beurteilung hierüber erfolgt nach IAS 17 (vergleichbar den deutschen Leasingerlassen) einzelfallabhängig. Danach ist der Leasingvertrag als *Finance Lease* einzustufen, wenn der Leasingnehmer den wesentlichen Teil der Chancen und Risiken aus dem Leasingobjekt trägt (IAS 17.4). IAS 17.10 und IAS 17.11 benennen Beispiele und Indikatoren für das Vorliegen eines Finance Lease. Hierzu zählen insb. der Ownership Test (automatischer Eigentumsübergang, IAS 17.10 (a)), der Bargain Purchase Option Test (günstige Kaufoption, IAS 17.10 (b)), der Economic Life Test (Laufzeittest, IAS 17.10 (c)), der Recovery of Investment Test (Barwerttest, IAS 17.10 (d))[284] und der Special Lease Test (Spezialleasing, IAS 17.10 (e)).[285] Trifft keines der genannten Kriterien auf das Leasingverhältnis zu, so trägt der Leasinggeber am Ende des Leasingvertrags noch nennenswerte Verwertungsrisiken und/oder Verwertungschancen. Das Vertragsverhältnis ist dann grundsätzlich als bilanzunwirksames *Operating Lease* einzuordnen mit der Folge, dass der Leasinggeber den Leasinggegenstand ähnlich wie bei einem Mietverhältnis weiterhin aktiviert.

Die in IAS 17.10 f. genannten *Beurteilungskriterien* eröffnen dem Bilanzierenden zahlreiche bilanzpolitische Spielräume: Interpretationsbedürftig ist z. B., wann es sich um eine „günstige" Kaufoption handelt (IAS 17.10 (b)), die zur Einordnung als Finance Lease führt. Unklar ist weiterhin, ab wann beim Economic Life Test die Laufzeit des Leasingverhältnisses dem „wesentlichen" Teil der betriebsgewöhnlichen Nutzungsdauer des Leasingobjekts entspricht. Anders als die entsprechenden Regelungen der deutschen Leasingerlasse formuliert IAS 17.10 hier keine

---

284 Zur Durchführung des Recovery of Investment Test, vgl. *Benkel/Hommel,* Leasing, in: Hommel/Wüstemann (Hrsg.), Synopse der Rechnungslegung nach HGB und IFRS (2006), S. 83–86.

285 Zu einer ausführlichen Beschreibung der Beispiele und Indikatoren vgl. *Engel-Ciric/Freiberg,* § 15 Leasing, in: Lüdenbach/Hoffmann (Hrsg.), Haufe IFRS-Kommentar (2006), Rn. 23–55; *Kümpel/Becker*, Leasing nach IFRS (2006), S. 22–65.

quantitativen Grenzen. Das Gleiche gilt für den in IAS 17.10 (d) vorgeschriebenen Barwerttest, der den deutschen Leasingerlassen fremd ist. Auch hier definiert IAS 17 keine quantitative Grenze: Ab wann der Barwerttest, wonach der Barwert der Mindestleasingzahlungen im Wesentlichen dem beizulegenden Zeitwert des Leasingobjekts entsprechen muss, als erfüllt gelten kann, ist nicht spezifiziert. Dem Bilanzierenden eröffnen sich hier ebenso Ermessensspielräumen wie bei der Festlegung der in den Barwerttest eingehenden Variablen, wie z. B. des Diskontierungszinssatzes.[286]

b) Bilanzierung von Finance Lease und Operating Lease

Bilanzrechtlich wird ein *Finance Lease* wie ein *Ratenkaufvertrag* behandelt. Der Leasingnehmer hat das Leasingobjekt in Höhe des „beizulegenden Zeitwertes des Leasinggegenstandes oder mit dem Barwert der Mindestleasingzahlungen, sofern dieser Wert niedriger ist" (IAS 17.20) zu aktivieren. In gleicher Höhe passiviert er eine Verbindlichkeit gegenüber dem Leasinggeber (IAS 17.20). Die Folgebewertung des Leasingobjekts richtet sich nach den allgemeinen Grundsätzen des IAS 16 bzw. IAS 38[287] und des IAS 36.[288] Die Verbindlichkeiten gegenüber dem Leasinggeber sind in den Folgeperioden nach Maßgabe der Effektivzinsmethode zu bilanzieren. Dabei erfolgt eine Aufteilung der vereinbarten Leasingzahlungen in einen Tilgungs- und einen Zinsanteil (IAS 17.25). Der Zinsanteil wird im Zeitablauf erfolgswirksam verbucht; der Tilgungsanteil mindert den Wert der passivierten Leasingverbindlichkeiten. Die anzuwendende Effektivzinsmethode führt zu einem degressiven Verlauf des Zinsaufwands.

Erfolgt dagegen die Einordnung des Leasingvertrags als *Operating Lease*, verkörpert der Leasingvertrag ein *schwebendes Geschäft*, das als solches grundsätzlich nicht in der Bilanz des Leasingnehmers auszuweisen ist. Die gezahlten Leasingraten werden vom Leasingnehmer linear über die Leasinglaufzeit als Aufwand erfasst. Eine von der linearen Aufwandsverteilung abweichende Periodisierung ist aber dann zulässig (und geboten), wenn sie den zeitlichen Verlauf des Nutzens für den Leasingnehmer besser widerspiegelt (IAS 17.33).[289]

Der Bilanzanalyst erhält durch die nach IAS 17.35 geforderten *Anhangangaben* Möglichkeiten, sich ein Bild über die mit den Operating-Lease-Verträgen verbun-

---

286 Zu den bilanzpolitischen Spielräumen des IAS 17 vgl. statt vieler *Vater*, DStR 2002, S. 2094 (S. 2094–2096).

287 Ergänzend bzw. an Stelle der Regelungen des IAS 17 sind bei Immobilienleasingverträgen die Regelungen des IAS 40 zu beachten. Vgl. zur Bilanzierung nach IAS 40 statt vieler *Engel-Ciric,* Die Bewertung von Immobilien nach IAS 40, BC 2001, S. 125 (S. 125–128).

288 Vgl. IAS 17.27 i.V.m. IAS 17.30.

289 Zur ausführlichen Darstellung der Bilanzierung des Operating Lease und Finance Lease beim Leasingnehmer und beim Leasinggeber vgl. *Engel-Ciric/Freiberg,* § 15 Leasing, in: Lüdenbach/Hoffmann (Hrsg.), Haufe IFRS-Kommentar (2006), Rn. 56–83; *Kümpel/Becker*, Leasing nach IFRS (2006), S. 99–136.

denen finanziellen Belastungen zu machen. Danach sind insb. die zukünftigen Mindestleasingzahlungen, gestaffelt nach Fristigkeiten von bis zu einem Jahr, von einem bis zu fünf Jahren und von mehr als fünf Jahren, sowie eine allgemeine Beschreibung der wesentlichen Leasingvereinbarungen offen zu legen. Da der Begriff „wesentliche Leasingverhältnisse" vom Standardsetter nicht näher spezifiziert wurde, obliegt es dem bilanzierenden Unternehmen zu entscheiden, welche Leasingverhältnisse es im Anhang näher beschreibt. Es wird sich dabei im Zweifel eher bedeckt halten. Insb. Angaben über die Laufzeit der Leasingvereinbarungen, über den maßgeblichen Zinssatz sowie über eventuelle Zahlungsströme, die der Leasingnehmer nach Ablauf der Grundmietzeit bei einer (freiwilligen) Verlängerung des Leasingvertrags erbringen muss, werden i. d. R. dem Anhang nicht zu entnehmen sein.

2. Anwendung auf den Fall: Klassifizierung und Bilanzierung von Leasingverhältnissen bei der Skycar Group

Die Skycar Group hat die von ihr abgeschlossenen Leasingverträge als Operating-Lease-Verträge klassifiziert. Auf welcher Grundlage die Klassifizierung erfolgte, lässt sich den Anhangangaben nach IAS 17 nicht entnehmen, so dass die Prüfung der einzelnen Klassifizierungskriterien des IAS 17.10 und IAS 17.11 von einem außenstehenden Dritten nicht durchgeführt werden kann.

Da die Verträge als Operating Lease eingestuft werden, weist die Skycar Group als Leasingnehmer weder die Leasingobjekte noch die dazugehörigen Verbindlichkeiten in ihrem Jahresabschluss aus. Lediglich die gezahlten Leasingraten i. H. v. 174 Mio. Euro (= 70 + 104) schlagen sich im Jahresabschluss zum 31. 12. 2005 als Verminderung des Jahresüberschusses nieder. Die Anhangangaben der Skycar Group umfassen die zukünftigen Leasingraten gestaffelt nach deren Fristigkeit, die durchschnittliche betriebsgewöhnliche Nutzungsdauer der angemieteten Produktionsanlagen und Fertigungshallen sowie die marktübliche Verzinsung ähnlicher Objektfinanzierungen.

III. Möglichkeiten und Grenzen bei der Bereinigung der Auswirkungen von Operating-Lease-Verträgen

1. Grundüberlegung

Die Klassifizierung des Nutzungsverhältnisses als Operating Lease oder als Finance Lease hat keinen Einfluss auf die damit verbundenen Zahlungsströme. Die zukünftigen Leasingraten, die der Leasingnehmer erbringen muss, bleiben in ihrer Höhe und zeitlichen Struktur gleich. Sie werden im Fall des Finance Lease aber als *Ratenzahlung* im Rahmen eines Kaufs gedeutet und im anderen Fall als laufende *Mietzahlungen* interpretiert. Unternehmen, die in unterschiedlichem Umfang von dem Vertragskonstrukt Leasing Gebrauch machen, lassen sich damit kaum noch sinnvoll vergleichen. Eine Möglichkeit, die Vergleichbarkeit wieder herzustellen, besteht darin, die bilanzielle Situation des Unternehmens so darzustellen, als hätte es statt der Operating-Lease-Verträge Finance-Lease-Verträge (also das Äquivalent eines kreditfinanzierten Kaufs) abgeschlossen. Hierfür ergänzt der Analyst zunächst die Bilanz um den Wert der nicht passivierten Kaufpreisverbindlichkeiten und um den nicht aktivierten Restbuchwert der Leasingobjekte. Anschließend kürzt er aus der GuV den auf die Leasingobjekte entfallenden Mietaufwand und vermindert den Jahresüberschuss um die auf die Leasingobjekte berechneten Abschreibungen sowie um den durch die Verzinsung der Leasingverbindlichkeiten verursachten Zinsaufwand.[290]

2. Berechnung des Werts der (Rest-)Kaufpreisverbindlichkeiten

a) Erläuterung

aa) Ermittlung der Restlaufzeit und des undiskontierten Restwerts

Zur Ermittlung des Barwerts der zum Bilanzstichtag noch bestehenden Leasingverbindlichkeiten muss der Bilanzanalyst die Höhe der *jährlich fällig werdenden Leasingraten* sowie die *Restlaufzeit der Leasingverhältnisse* kennen. Dabei geben die Anhangangaben[291] wichtige Hinweise, die es dem Bilanzanalysten ermöglichen, die Höhe und die Fälligkeit der innerhalb der nächsten fünf Jahre zu erbringenden Leasingraten hinreichend sicher abzuschätzen. Für das auf den Bilanzstichtag folgende Wirtschaftsjahr kann er ihre Höhe direkt aus dem Anhang entnehmen. Für die nachfolgenden vier Jahre informieren die Anhangangaben ebenfalls entweder über die jährlich fällig werdenden Mindestleasingraten oder sie fassen die in diesem Zeitraum zu entrichtenden Zahlungen in einem Gesamtbetrag zusammen. Erfolgt nur eine Angabe der Gesamtleasingzahlungen, so lässt sich unter der Annahme gleich bleibender Leasingzahlungen im Zeitablauf die auf die Jahre zwei bis fünf entfallende, jährliche Leasingrate ermitteln, indem die im Anhang für diesen Zeitraum ausgewiesene Gesamtsumme der Mindestleasingzahlungen durch die Anzahl der Jahre (= 4) dividiert wird.

290 Vgl. zu den einzelnen Bereinigungsschritten *Imhoff/Lipe/Wright*, Operating Leases: Impact of Constructive Capitalization, Accounting Horizons 1991, S. 51 (S. 51–63), sowie *Imhoff/Lipe/Wright*, Operating Leases: Income Effects of Constructive Capitalization, Accounting Horizons 1997, S. 12 (S. 12–32).

291 Vgl. Abschn. II. 1. b) und Abschn. II. 2.

Deutlich schwieriger ist die Ermittlung der ab dem sechsten Berichtsjahr jährlich anfallenden Mindestleasingzahlungen. Die Unternehmen können auch hier entweder über die Gesamtsumme der ab dem sechsten Berichtsjahr anfallenden Mindestzahlungen berichten oder die ab dem sechsten Jahr anfallenden jährlichen Zahlungen mitteilen. Der Bilanzleser bleibt jedoch weiterhin darüber im Unklaren, über welchen Zeitraum sich die Zahlungen erstrecken und wie sich die Gesamtsumme auf die (unbekannte) Anzahl der Jahre verteilt. In beiden Fällen muss der Bilanzanalyst mit Hypothesen arbeiten, um die *Summe der zukünftigen Leasingraten und/oder ihre zeitliche Verteilung* zu erhalten.

Informiert das Unternehmen im Anhang über die ab dem sechsten Jahr noch zu entrichtende Gesamtsumme der Mindestleasingraten, so kann der Bilanzanalyst die Restlaufzeit der Leasingverträge ermitteln, indem er unterstellt, dass die für die Berichtsperiode zwei bis fünf ermittelten durchschnittlichen Mindestleasingzahlungen auch nach dem fünften Berichtsjahr in unveränderter Höhe fortgezahlt werden. Dividiert er dann die Gesamtsumme der ab dem sechsten Berichtsjahr zu zahlenden Leasingraten durch die zuvor errechnete durchschnittliche Leasingrate, so erhält er näherungsweise die Restlaufzeit der Verträge.[292]

Informiert das Unternehmen dagegen nur über die ab dem sechsten Jahr jährlich zu zahlende Mindestleasingrate, so bleibt ihm dieser Weg verschlossen. Der Bilanzanalyst wird dann über die Angaben zur durchschnittlichen Vertragslaufzeit oder – wenn diese fehlen – mithilfe der betriebsgewöhnlichen Nutzungsdauer der geleasten Objekte die Restvertragslaufzeit schätzen.[293] Dieser Berechnungsweg basiert auf den Annahmen, dass die Vertragslaufzeit der Leasingverhältnisse mit der betriebsgewöhnlichen Nutzungsdauer der Objekte übereinstimmt und dass die Leasingverträge zum Bilanzstichtag ein durchschnittliches Alter aufweisen. Annahmegemäß beträgt dann die Restvertragsdauer der Leasingverbindlichkeiten genau 50 % der betriebsgewöhnlichen Nutzungsdauer der Leasingobjekte.

bb) Ermittlung des diskontierten Restwerts

Hat der Bilanzanalyst die zum Bilanzstichtag verbleibende Restlaufzeit der Leasingverträge geschätzt und die während der einzelnen Geschäftsjahre zu entrichtenden Leasingzahlungen der Höhe nach fixiert, so gilt es in einem zweiten Analyseschritt, den *Barwert der Leasingverbindlichkeiten* zu berechnen. Dazu muss der Bilanzanalyst plausible Annahmen über die Fälligkeit der Leasingraten und den Diskontierungszinssatz treffen.

Hinsichtlich der Fälligkeit der während einem Wirtschaftsjahr zu entrichtenden Leasingraten wird er von einer monatlichen Zahlungsweise oder vereinfachungs-

---

292 Vgl. zur ähnlichen Vorgehensweise nach US-GAAP *Wild/Subramanyam/Halsey*, Financial Statement Analysis (2007), S. 126.

293 Zu den Grenzen dieser Vorgehensweise vgl. *Imhoff/Lipe/Wright*, Operating Leases: Income Effects of Constructive Capitalization, Accounting Horizons 1997, S. 12 (S. 17 f.).

bedingt von einer jährlichen Zahlung (z. B. in der Mitte des Geschäftsjahrs oder am Geschäftsjahresende) ausgehen. Erste (mittelbare) Anhaltspunkte bezüglich des Diskontierungszinssatzes lassen sich im Anhang finden, wenn das Unternehmen auch Finance-Lease-Verträge abgeschlossen hat, da es den Barwert der Mindestleasingzahlungen und ihren undiskontierten Wert angeben muss.[294] Hieraus lässt sich mittels „trial and error" ein Schätzwert für den Diskontierungssatz der Operating-Lease-Verhältnisse ermitteln.[295] Hält das Unternehmen keine Finance-Lease-Verträge in seinem Portfolio, ist ein Zinssatz für ähnliche Verbindlichkeiten mit gleicher Laufzeit und gleichen Sicherheiten oder ein entsprechender Marktzins als Schätzwert für den Diskontierungszinssatz heranzuziehen.[296] Dabei können Anhangangaben zu anderen Verbindlichkeiten weiterhelfen. Der Barwert der Operating-Lease-Verbindlichkeiten ergibt sich dann zum Bilanzstichtag mit:

$$BW_0 = \sum_{t=1}^{T} \frac{MLZ_t}{(1+i)^t}$$

mit BW_0 = Barwert der Kaufpreisverbindlichkeit,
MLZ = Mindestleasingzahlung(en),
i = Diskontierungszinssatz,
t = Zeitindex,
T = Gesamtlaufzeit.

Für eine Zahlungsreihe mit einer konstanten Annuität (MLZ) kann der Barwert vereinfacht mittels des Rentenbarwertfaktors (Rbf) berechnet werden:[297]

$$BW_0 = MLZ \times Rbf_T \quad \text{mit} \quad Rbf_T = \frac{(1+i)^T - 1}{(1+i)^T \times i}.$$

Unterteilt sich eine Zahlungsreihe in mehrere Zeitabschnitte mit jeweils konstanten Annuitäten, so lässt sich die Berechnung des Barwerts mittels des Barwertfaktors wie folgt darstellen:

294 Vgl. IAS 17.31 i. V. m. IAS 16.73.

295 Diese Vorgehensweise wird bei der Analyse von Leasingverhältnissen nach US-GAAP vorgeschlagen, vgl. *Wild/Subramanyam/Halsey*, Financial Statement Analysis (2007), S. 127.

296 Zur Erläuterung möglicher Schätzwerte für den Diskontierungszinssatz, vgl. *Imhoff/Lipe/Wright*, Operating Leases: Income Effects of Constructive Capitalization, Accounting Horizons 1997, S. 12 (S. 17).

297 Zur formalen Ableitung des Rentenbarwertfaktors vgl. *Hommel/Dehmel*, Unternehmensbewertung *case by case* (2006), S. 28–30.

$$BW_0 = MLZ_{p:1\text{ bis }n} \times Rbf_n + \frac{MLZ_{p:(n+1)\text{ bis }m} \times Rbf_{m-n}}{(1+i)^n} + \frac{MLZ_{p:(m+1)\text{ bis }T} \times Rbf_{T-m}}{(1+i)^m}$$

mit p = Index der Periode mit konstanten Zahlungen.

b) Anwendung auf den Fall: Berechnung des Werts der (Rest-)Kaufpreisverbindlichkeiten bei der Skycar Group

Die Leasingraten der ersten fünf Jahre sind im Anhang vorgegeben. Die Leasingrate des ersten Jahres beträgt bei den Produktionsanlagen 70 Mio. Euro und bei den Fertigungshallen 104 Mio. Euro. Für die Jahre 2007 bis 2010 belaufen sich die kumulierten Leasingraten für die Produktionsanlagen auf 132 Mio. Euro und für die Fertigungshallen auf 1 604 Mio. Euro. Die jährliche Mindestleasingzahlung ergibt sich dann, indem der kumulierte Wert durch vier geteilt wird. Somit beträgt die Leasingrate für die Produktionsanlagen 33 Mio. Euro p. a. und für die Fertigungshallen 401 Mio. Euro p. a. Aus den weiteren Anhangangaben weiß der Bilanzanalyst lediglich, dass ab dem sechsten Jahr für die Produktionsanlagen noch jährliche Mindestleasingzahlungen von 6 Mio. Euro anfallen und dass sich diese Zahlungen bei den Fertigungshallen auf 90 Mio. Euro belaufen. Dem Anhang kann der Bilanzanalyst entnehmen, dass die durchschnittliche betriebsgewöhnliche Nutzungsdauer der Produktionsanlagen zwölf Jahre und die der Fertigungshallen 25 Jahre beträgt. Unter der Annahme, dass die Restvertragsdauer der Leasingverbindlichkeiten zum 31. 12. 2005 genau 50 % der betriebsgewöhnlichen Nutzungsdauer der Leasingobjekte entspricht, beläuft sich die Restlaufzeit der Maschinen auf sechs Jahre und die der Fertigungshallen (aufgerundet) auf 13 Jahre. Folglich entstehen für die Produktionsanlagen ab dem Jahre 2010 noch für ein Jahr (= 6 Jahre – 5 Jahre) Leasingzahlungen und für die Fertigungshallen noch für acht Jahre (= 13 Jahre – 5 Jahre).

Zur Ermittlung des Verpflichtungsbarwerts sind die auf diese Weise ermittelten jährlichen Leasingraten in einem zweiten Schritt zu diskontieren. Aus den Anhangangaben ergibt sich, dass langfristige Darlehen mit durchschnittlich 6 % verzinst werden. Wendet man diesen Zinssatz auf die Leasingraten an, so beträgt der Barwert der Kaufpreisverbindlichkeit für die Produktionsanlagen:

$$BW_{Produktionsanlagen} = \frac{70}{1{,}06} + \frac{33}{1{,}1236} + \frac{33}{1{,}1910} + \frac{33}{1{,}2625} + \frac{33}{1{,}3382} + \frac{6}{1{,}4185}$$

$$= \frac{70}{1{,}06^1} + \frac{33 \times \frac{1{,}06^4 - 1}{1{,}06^4 \times 0{,}06}}{1{,}06^1} + \frac{6}{1{,}06^6} = 178{,}14 \text{ Mio. Euro.}$$

Entsprechend berechnet sich der Barwert der Kaufpreisverbindlichkeit der Fertigungshallen mit:

$$BW_{Fertigungshallen} = \frac{104}{1{,}06^1} + \frac{401 \times \frac{1{,}06^4 - 1}{1{,}06^4 \times 0{,}06}}{1{,}06^1} + \frac{90 \times \frac{1{,}06^8 - 1}{1{,}06^8 \times 0{,}06}}{1{,}06^5} = 1\,826{,}60 \text{ Mio. Euro.}$$

Die Restkaufpreisverbindlichkeiten betragen somit insgesamt 2 004,74 Mio. Euro. Zusammenfassend lässt sich die Berechnung des Barwerts der Kaufpreisverbindlichkeiten tabellarisch (und auf Basis ungerundeter Werte) wie folgt darstellen:

Tabelle 92: Schätzung des Barwerts der Operating-Lease-Verbindlichkeiten

Jahr		Barwert-faktor	Leasingzahlungen			
			Produktionsanlagen		Fertigungshallen	
		6,00 %	Nennwert	Barwert	Nennwert	Barwert
1	2006	0,9434	70,00	66,04	104,00	98,11
2	2007	0,8900	33,00	29,37	401,00	356,89
3	2008	0,8396	33,00	27,71	401,00	336,68
4	2009	0,7921	33,00	26,14	401,00	317,63
5	2010	0,7473	33,00	24,66	401,00	299,67
6	2011	0,7050	6,00	4,23	90,00	63,45
7	2012	0,6651			90,00	59,86
8	2013	0,6274			90,00	56,47
9	2014	0,5919			90,00	53,27
10	2015	0,5584			90,00	50,26
11	2016	0,5268			90,00	47,41
12	2017	0,4970			90,00	44,73
13	2018	0,4688			90,00	42,19
Summe				178,15		1 826,62
Gesamtsumme				2 004,77		

3. Berechnung des (Rest-)Werts der Leasingobjekte

a) Erläuterung

Im nächsten Arbeitsschritt ist es erforderlich, die *(Rest-)Buchwerte der „gemieteten" Sachanlagen* zu bestimmen, die den Operating-Lease-Verträgen zu Grunde liegen. Enthält der Jahresabschluss hierzu keine Angaben, kann der Bilanzanalyst versuchen, ihren Wert indirekt mithilfe der korrespondierenden Leasingverbindlichkeiten zu ermitteln.

Grundsätzlich stimmt die Höhe der Kaufpreisverbindlichkeit nur in zwei Zeitpunkten mit dem Buchwert der mit ihr finanzierten Investition überein: im Zugangszeitpunkt, in dem das Leasingobjekt erfolgsneutral in Höhe des Barwerts der Mindestleasingzahlungen eingebucht wird, und im Ausbuchungszeitpunkt, wenn beide Bilanzobjekte den Wert „Null" annehmen. In der Zwischenzeit fallen aber beide Werte (wie in Abbildung 3 veranschaulicht) in Abhängigkeit von der gewählten Abschreibungsmethode und der vereinbarten Tilgungsstruktur mehr oder weniger stark auseinander:

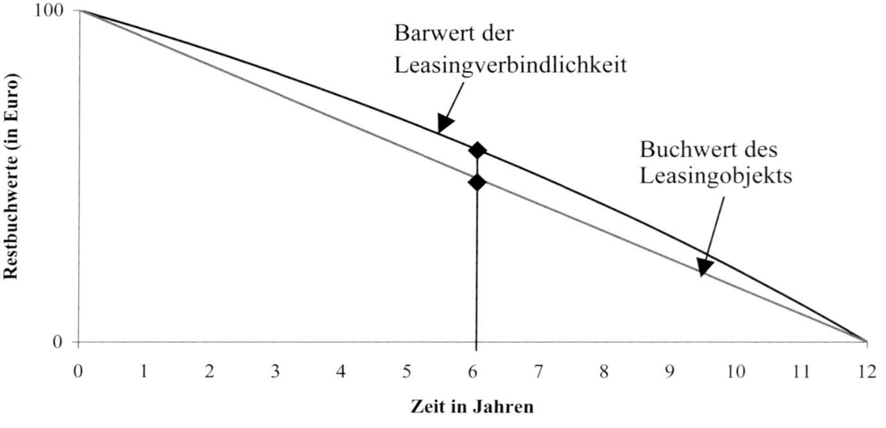

Abbildung 3: Verhältnis zwischen dem Buchwert des Leasingobjekts und dem Barwert der Leasingverbindlichkeit

Unter den restriktiven Annahmen, dass das Leasingobjekt zu 100 % fremdfinanziert und linear abgeschrieben wird, die Verbindlichkeit durch eine im Zeitablauf gleich hohe Annuität getilgt wird und die Restbuchwerte des Leasingobjekts und der Leasingverbindlichkeit am Ende der Leasinglaufzeit null betragen, kann zwischen der *Entwicklung der Leasingverbindlichkeit und der Entwicklung des Buchwerts des Leasingobjekts* eine feste Relation hergestellt werden, die einen plausiblen Rückschluss von der (bereits im Vorfeld geschätzten) Barwertverbindlichkeit auf die Höhe des Restbuchwerts erlaubt. Tabelle 93 veranschaulicht diesen Zusammenhang für ein Leasingverhältnis mit zwölfjähriger Grundmietzeit:[298]

298 Zu einer Übersicht weiterer Verhältniszahlen gestaffelt nach Laufzeiten und Diskontierungszinssätzen vgl. *Imhoff/Lipe/Wright*, Operating Leases: Impact of Constructive Capitalization, Accounting Horizons 1991, S. 51 (S. 56).

Tabelle 93: Verhältnis zwischen dem Buchwert des Leasingobjekts und der Leasingverbindlichkeit im Zeitablauf

Jahr	Ausgangswert zu Beginn der Periode Basis = 100	Annuitätenfaktor 6,00 %	Annuität	Zinsen	Tilgung	Restbuchwert der Verbindlichkeit am Ende der Periode	Restbuchwert des Leasingobjekts	Verhältnis
(1)	(2)	(3)	(4)	(5) = (2) × 6 %	(6) = (4) – (5)	(7) = (2) – (6)	(8)	(9) = (8) ÷ (7)
1	100,000		11,928	6,000	5,928	94,072	91,667	0,9744
2	94,072		11,928	5,644	6,284	87,788	83,333	0,9493
3	87,788		11,928	5,267	6,661	81,127	75,000	0,9245
4	81,127		11,928	4,868	7,060	74,067	66,667	0,9001
5	74,067		11,928	4,444	7,484	66,583	58,333	0,8761
6	66,583		11,928	3,995	7,933	58,650	50,000	0,8525
7	58,650		11,928	3,519	8,409	50,241	41,667	0,8293
8	50,241		11,928	3,014	8,914	41,327	33,333	0,8066
9	41,327		11,928	2,480	9,448	31,879	25,000	0,7842
10	31,879		11,928	1,913	10,015	21,864	16,667	0,7624
11	21,864		11,928	1,312	10,616	11,248	8,333	0,7408
12	11,248	0,11928	11,928	0,675	11,248	0,000	0,000	n. d.

Spalte 1 gibt die betrachtete Periode an. *Spalte 2* enthält den Barwert der Verbindlichkeit zum 1. 1. eines Jahres. Im ersten Jahr wurde dieser Wert mit 100 angegeben. Dadurch ist es möglich, die nachfolgenden Werte allgemeingültig als Prozentsätze zu interpretieren.

In *Spalte 3* wird der Annuitätenfaktor berechnet. Er besagt, welchen fixen Betrag (Annuität) der Unternehmer in Prozent des Barwerts der Verbindlichkeit zukünftig jährlich aufwenden muss, um bei einem gegebenen Zinssatz (im Beispiel 6 %) den Kapitaldienst für die Verbindlichkeit über die Tilgungsdauer (im Beispiel: 12 Jahre) zu erbringen. Der Annuitäten- oder Wiedergewinnungsfaktor (Wgf) berechnet sich als Kehrwert des Rentenbarwertfaktors wie folgt:

$$\text{Wgf} = \frac{(1+\text{i})^{\text{T}} \times \text{i}}{(1+\text{i})^{\text{T}} - 1} = \frac{1{,}06^{12} \times 0{,}06}{1{,}06^{12} - 1} = 0{,}11928.$$

Wird der Annuitätenfaktor mit dem Ausgangswert der Verbindlichkeit zu Vertragsbeginn multipliziert, so erhält man in *Spalte 4* die jährliche Annuität. Danach hat der Unternehmer pro 100 GE Darlehen eine jährliche Kapitaldienstleistung von 11,928 GE aufzuwenden, um das Darlehen während der Restlaufzeit zu tilgen.

Aus *Spalte 5* resultiert der jährliche Zinsbetrag, der jedes Jahr auf die Annuität bei nachschüssiger Zahlungsreihe entfällt. Er ergibt sich durch Multiplikation des zum 1. 1. des jeweiligen Jahres bestehenden Restdarlehens (in der ersten Periode entspricht dies dem Anfangsbestand von 100 GE) mit dem vorgegebenen Zinssatz von 6 %. Subtrahiert man die Zinszahlungen von der Annuität, so erhält man die in *Spalte 6* ausgewiesene jährliche Tilgung. *Spalte 7* erfasst den Restbuchwert der Verbindlichkeit (ausgedrückt in v. H. des ursprünglichen Anschaffungsbetrags). Bei einer Restlaufzeit von sechs Jahren valutiert das Darlehen im vorliegenden Fall noch mit 58,652 % des Ursprungbetrags.

Spalte 8 enthält für jedes Jahr den Restbuchwert des Anlagevermögens – ebenfalls ausgedrückt in Prozent bezogen auf die ursprünglichen Anschaffungskosten. Er ermittelt sich wie folgt: Indem die Anschaffungskosten der Sachanlage (ausgedrückt in 100 %) durch die Gesamtnutzungsdauer (= Vertragslaufzeit des Leasingvertrags) dividiert werden, wird zunächst die jährliche Abschreibung ermittelt. Bei einer Gesamtnutzungsdauer von zwölf Jahren resultiert hieraus eine jährliche lineare Abschreibung von 8,33 %. Subtrahiert man von den Anschaffungskosten der Sachanlage den mit den bis zum Bilanzstichtag zurückgelegten Nutzungsjahren multiplizierten Abschreibungssatz, so erhält man den prozentualen Restbuchwert der Sachanlage. Bei einer Nutzungsdauer von zwölf Jahren und einer Restnutzungsdauer von sechs Jahren beträgt der Restbuchwert noch 50 % der ursprünglichen Anschaffungskosten.

Spalte 9 setzt den Restbuchwert der Sachanlage ins Verhältnis zum Restbuchwert der Verbindlichkeit. Im Beispiel entspricht der Buchwert im sechsten Jahr des Vertragsverhältnisses noch 85,25 % des Barwerts der Verbindlichkeit.

Die zuvor dargestellte Vorgehensweise kann formal wesentlich vereinfacht werden. Die dazu benötigte Formel lautet:

$$\frac{AHK^{f}_{RL}}{RBW_{RL}} = \frac{RL}{T} \times \frac{Wgf_{RL}}{Wgf_{T}}$$

mit AHK^{f}_{RL} = fortgeführte Anschaffungskosten des Leasingobjekts
RBW = Restbuchwert der Kaufpreisverbindlichkeit,
RL = Restlaufzeit,
T = Gesamtlaufzeit.

Durch Multiplikation der berechneten Verhältniszahl mit dem im ersten Schritt ermittelten Barwert der (Rest-)Kaufpreisverbindlichkeit, erhält man den Restbuchwert des Leasingobjekts.

b) Anwendung auf den Fall: Berechnung des (Rest-)Werts der Leasingobjekte bei der Skycar Group

Im Fall der Skycar Group beläuft sich die gesuchte Verhältniszahl der Produktionsanlagen bei einer Restnutzungsdauer von sechs Jahren und einer Gesamtlaufzeit von zwölf Jahren auf:

$$\frac{AHK^{f}_{6}}{BW_{6}} = \frac{6}{12} \times \frac{\dfrac{(1+0{,}06)^{6} \times 0{,}06}{(1+0{,}06)^{6} - 1}}{\dfrac{(1+0{,}06)^{12} \times 0{,}06}{(1+0{,}06)^{12} - 1}} = 0{,}50 \times \frac{0{,}20336}{0{,}11928} \approx 0{,}8525.$$

Das Verhältnis entspricht exakt dem Endwert des Jahres 6 in Tabelle 93 (auf S. 215). Da der Barwert der Restkaufpreisverbindlichkeit mit 178,14 Mio. Euro errechnet wurde, resultiert daraus ein Restbuchwert der Produktionsanlagen von 151,86 Mio. Euro (= 178,14 × 0,8525).

Die Fertigungshallen haben eine Nutzungsdauer von 25 Jahren, von der bis zum Bilanzstichtag durchschnittlich zwölf Jahre verstrichen sind, so dass noch eine Restlaufzeit von 13 Jahren verbleibt. Das Verhältnis des Restbuchwerts der Fertigungshallen zum Restbuchwert der Verbindlichkeit beträgt somit:

$$\frac{\text{AHK}_{13}^{\text{f}}}{\text{BW}_{13}} = \frac{25-12}{25} \times \frac{\dfrac{(1+0{,}06)^{13} \times 0{,}06}{(1+0{,}06)^{13}-1}}{\dfrac{(1+0{,}06)^{25} \times 0{,}06}{(1+0{,}06)^{25}-1}} = 0{,}52 \times \frac{0{,}11296}{0{,}07823} \approx 0{,}7509.$$

Da die Höhe der Kaufpreisverbindlichkeit für die Fertigungshallen zum 31. 12. 2005 mit 1 826,60 Mio. Euro berechnet wurde, beläuft sich der Restbuchwert der Fertigungshallen auf 1 371,59 Mio. Euro (= 1 826,60 × 0,7509).

4. Berechnung des Zinsaufwands und der Abschreibung

a) Erläuterung

Nachdem die Werte der Leasingverbindlichkeiten und der Leasingobjekte geschätzt wurden, sind in einem nächsten Schritt der *Zinsaufwand* und der *Abschreibungsaufwand* zu berechnen. Das Verhältnis zwischen dem im Zeitablauf konstanten Mietaufwand im Rahmen eines Operating Lease und dem degressiv verlaufenden Gesamtaufwand bei einem Finance Lease (bestehend aus einer linear verlaufenden Abschreibung und einem im Zeitablauf fallenden Zinsaufwand) lässt sich bei einer Laufzeit von zwölf Jahren und einem Zinssatz von 6 % graphisch wie folgt veranschaulichen:

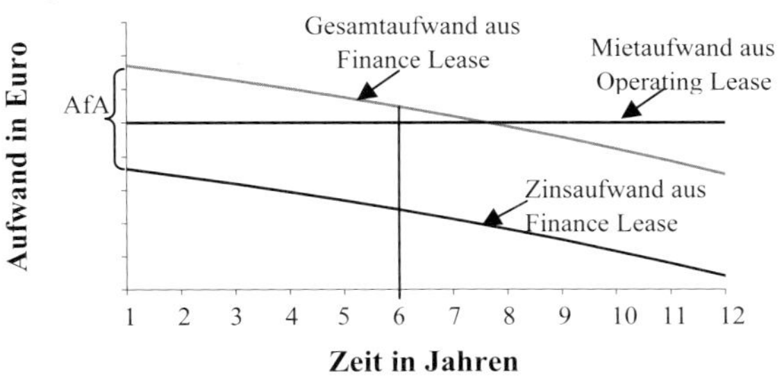

Abbildung 4: Verhältnis zwischen dem Aufwand aus Operating Lease und Finance Lease

Um die konkrete Höhe des auf das Analysejahr entfallenden *Zinsaufwands* zu bestimmen, benötigt der Bilanzanalyst zunächst den Wert der Kaufpreisverbindlichkeit zu Beginn des Leasingverhältnisses, denn nur dann kann er mithilfe der Annuitätenmethode den Zinsaufwand für jedes Vertragsjahr ermitteln. Den *Anfangsbestand des Darlehens* kann er auf *dreierlei Art und Weise* berechnen:

Am *einfachsten* lässt sich der Anfangswert der Verbindlichkeit *indirekt aus dem Restbuchwert des Leasingobjekts* zum Analysezeitpunkt ableiten, da per Definition die Anschaffungskosten des Leasingobjekts zu Beginn des Leasingverhältnisses dem Wert der Leasingverbindlichkeit entsprechen. Unter der Annahme, dass das Leasingobjekt linear abgeschrieben und zum Bilanzstichtag exakt die Hälfte der Nutzungsdauer erreicht wurde, entspricht der Restbuchwert des Leasingobjektwerts 50 % der ursprünglichen Anschaffungskosten. Folglich betragen die historischen Anschaffungskosten des Leasingobjekts das Doppelte ihres Restbuchwerts. Allgemeingültiger formuliert lässt sich der Wert der Verbindlichkeit zu Beginn des Leasingverhältnisses dann wie folgt ermitteln:

$$\text{Wert}_{\text{Verbindlichkeit, t=0}} = \text{Wert}_{\text{Leasingobjekt, t=Restlaufzeit}} \times \frac{\text{T}}{\text{RL}}\,.$$

Der Anfangswert der Verbindlichkeit kann aber auch *unmittelbar* aus der im vorangegangenen Abschnitt ermittelten *Verhältniszahl zwischen dem Restbuchwert des Leasingobjekts und dem Restbuchwert der Leasingverbindlichkeit* (Tabelle 93 auf S. 215) bestimmt werden. Der Anfangsbestand der Leasingverbindlichkeiten errechnet sich dann, indem der für das Ende des Analysejahrs ermittelte Barwert der Leasingverbindlichkeit durch die Verhältniszahl (im Beispiel: 58,652 %) dividiert wird. Man erhält auf diese Weise zugleich die Anschaffungskosten des Leasingobjekts.

Zuletzt kann der Anfangswert der Verbindlichkeit auch *mithilfe der Barwertformel* berechnet werden. Es gilt:

$$\text{BW}_0 \times (1+\text{i})^{\text{T}} = \text{a} \times \frac{(1+\text{i})^{\text{T}} - 1}{\text{i}}\,.$$

Darüber hinaus kann der Barwert der Verbindlichkeit der betrachteten Periode wie folgt ausgedrückt werden:

$$\text{BW}_{\text{T-RL}} = \text{BW}_0 \times (1+\text{i})^{\text{T-RL}} - \text{a} \times \frac{(1+\text{i})^{\text{T-RL}} - 1}{\text{i}}$$

mit a = Annuität,
T – RL = Index für die betrachtete Periode.

Durch Umformung der ersten Gleichung nach a und Einsetzen in die zweite Gleichung lässt sich für die Berechnung des Verbindlichkeitswerts zu Beginn des Leasingverhältnisses folgende Gleichung aufstellen:

$$BW_0 = \frac{BW_{T-RL}}{(1+i)^{T-RL} - \underbrace{\frac{(1+i)^T \times i}{(1+i)^T - 1}}_{Wgf} \times \frac{(1+i)^{T-RL} - 1}{i}}.$$

Kennt der Bilanzanalyst den Anfangswert der Verbindlichkeit, so kann er die Annuitäten ermitteln, indem er diesen Ursprungswert mit dem entsprechenden Wiedergewinnungsfaktor multipliziert:

$$a = BW_0 \times Wgf.$$

Der Zinsaufwand der betrachteten Periode ergibt sich daran anschließend wie folgt:

$$\begin{aligned} Z_{T-RL} &= a - T_{T-RL} \\ &= a - \left[\underbrace{\left(a - i \times BW_0\right) \times (1+i)^{T-RL-1}}_{T_{T-RL}}\right] \end{aligned}$$

mit Z_{T-RL} = Zinsaufwand der betrachteten Periode,

T_{T-RL} = Tilgung der betrachteten Periode.

Ist der Zinsaufwand nur für ein bestimmtes Jahr (nicht für eine Reihe von Jahren) zu ermitteln, so kann vereinfacht wie folgt vorgegangen werden: Mithilfe der Barwertformel wird zunächst der Wert der Leasingverbindlichkeiten zum 1. 1. der betrachteten Periode ermittelt; dieser Wert wird dann mit dem maßgebenden Zinssatz multipliziert.

In einem letzten Schritt ist der auf das Analysejahr entfallende Abschreibungsbetrag des Leasingobjekts zu berechnen. Unter der Annahme, dass die Leasingobjekte über die Vertragslaufzeit *planmäßig linear abgeschrieben* werden, errechnet sich die Abschreibung durch Division der Anschaffungskosten durch die zu Grunde gelegte Abschreibungsdauer.

b) Anwendung auf den Fall: Berechnung des Zinsaufwands und der Abschreibung bei der Skycar Group

Mit den zuvor gewonnenen Erkenntnissen kann der Anfangsbestand der Leasingverbindlichkeiten der Produktionsanlagen zurückberechnet werden:

Tabelle 94: Entwicklung des Objektwerts und der Kaufpreisverbindlichkeit der Produktionsanlagen im Zeitablauf

Jahr	Darlehensverlauf					Abschreibungsverlauf		
	Anfangs-bestand	Annuität 0,11928	Zins 6,00 %	Tilgung	End-bestand	Anfangs-bestand	Abschrei-bung	End-bestand
(1)	(2)	(3)	(4)	(5)	(6)	(7)	(8)	(9)
1	303,73	36,23	18,22	18,01	285,72	303,73	25,31	278,42
2	285,72	36,23	17,14	19,09	266,63	278,42	25,31	253,11
3	266,63	36,23	16,00	20,23	246,40	253,11	25,31	227,80
4	246,40	36,23	14,78	21,45	224,95	227,80	25,31	202,49
5	224,95	36,23	13,50	22,73	202,22	202,49	25,31	177,18
6	202,22	36,23	12,14	24,09	178,13	177,18	25,31	151,87
7	178,14	36,23	10,69	25,54	152,60	151,87	25,31	126,56
8	152,60	36,23	9,16	27,07	125,53	126,56	25,31	101,25
9	125,53	36,23	7,53	28,70	96,83	101,25	25,31	75,94
10	96,83	36,23	5,81	30,42	66,41	75,94	25,31	50,63
11	66,41	36,23	3,98	32,25	34,16	50,63	25,31	25,32
12	34,16	36,23	2,07	34,16	0,00	25,32	25,31	0,00

Da der Barwert der Leasingverbindlichkeit der Produktionsanlagen am Ende des sechsten Jahres 178,14 Mio. Euro beträgt und dieser Betrag bei einer Gesamtlaufzeit von zwölf Jahren und einer Verzinsung von 6 % einem Anteil von 58,652 % des Ursprungsbetrags entspricht (Tabelle 93 auf S. 215), kann der Bilanzanalyst den in Spalte 2 abgetragenen Anfangsbestand der Leasingverbindlichkeit von 303,72 Mio. Euro berechnen, indem er den Barwert (178,14 Mio. Euro) durch die Verhältniszahl (0,58652) dividiert (= 303,72 Mio. Euro).

Ebenfalls aus Tabelle 93 (auf S. 215) kennt der Bilanzanalyst die Annuität für ein Darlehen mit einer Laufzeit von 12 Jahren und einer Verzinsung von 6 %. Sie ist mit 11,928 % des Ursprungsbetrags, d. h. mit 36,23 Mio. Euro (Spalte 3) anzusetzen. Bei dem vorgegebenen Zinssatz von 6 % (Spalte 4) ergibt sich die in der Tabelle 94 beschriebene Entwicklung des Zinsaufwands. Er beträgt im Berichtsjahr 12,14 Mio. Euro.

Formal lassen sich die Annuität und der Zinsaufwand der Produktionsanlagen für das Jahr 2005 auch wie folgt berechnen:

$$a_{\text{Produktionsanlagen}} = 303{,}72 \times \frac{1{,}06^{12} \times 0{,}06}{1{,}06^{12} - 1} \approx 36{,}23 \text{ Mio. Euro},$$

$$Z_{\text{Produktionsanlagen}} = 36{,}23 - (36{,}23 - 0{,}06 \times 303{,}72) \times 1{,}06^{5} \approx 12{,}14 \text{ Mio. Euro}.$$

Unter der Annahme, dass die Anschaffungskosten der Produktionsanlagen mit dem Zugangswert der Verbindlichkeiten übereinstimmen, betragen sie 303,72 Mio. Euro. Werden die Produktionsanlagen über die Vertragslaufzeit von 12 Jahren planmäßig linear abgeschrieben, errechnet sich die jährliche Abschreibung (Spalte 8) mit 25,31 Mio. Euro (= 303,72 ÷ 12).

Zieht man für die Fertigungshallen die formale Berechnung heran, so ergibt sich bei einer Restlaufzeit von 13 Jahren, einer Gesamtlaufzeit von 25 Jahren, einem Zinssatz von 6 % und einem Barwert der Verbindlichkeit am Ende von t = 6 i. H. v. 1 826,60 Mio. Euro ein Verbindlichkeitswert zu Beginn der Leasinglaufzeit von:

$$BW_{12} = BW_0 \times \left[1{,}06^{12} - \frac{1{,}06^{25} \times 0{,}06}{1{,}06^{25} - 1} \times \frac{1{,}06^{12} - 1}{0{,}06}\right]$$

$$1\,826{,}60 = BW_0 \times \left[2{,}01220 - \underbrace{0{,}07823}_{\text{Wgf}} \times 16{,}86994\right]$$

$$1\,826{,}60 = BW_0 \times 0{,}69246$$

$$BW_0 = \frac{1\,826{,}60}{0{,}69246} \approx 2\,637{,}63 \text{ Mio. Euro.}$$

Ausgehend von diesem Wert belaufen sich die Annuität und der Zinsaufwand auf:

$$a_{\text{Fertigungshallen}} = 2\,637{,}63 \times \frac{1{,}06^{25} \times 0{,}06}{1{,}06^{25} - 1} \approx 206{,}33 \text{ Mio. Euro,}$$

$$Z_{\text{Fertigungshallen}} = 206{,}33 - (206{,}33 - 0{,}06 \times 2\,637{,}63) \times 1{,}06^{11} \approx 115{,}07 \text{ Mio. Euro.}$$

Mit der Maßgabe einer linearen Abschreibung über 25 Jahre (= 2 637,63 ÷ 25 = 105,51 Mio. Euro), weist der Tilgungs- und Abschreibungsplan der Fertigungshallen (Tabelle 95 auf S. 222) dann folgende Werte auf:

Tabelle 95: Entwicklung des Objektwerts und der Kaufpreisverbindlichkeit der Fertigungshallen im Zeitablauf

Jahr	Darlehensverlauf					Abschreibungsverlauf		
	Anfangs-bestand	Annuität	Zins 6,00 %	Tilgung	End-bestand	Anfangs-bestand	Abschrei-bung	End-bestand
(1)	(2)	(3)	(4)	(5)	(6)	(7)	(8)	(9)
1	2 637,63	206,33	158,26	48,08	2 589,55	2 637,63	105,51	2 532,12
2	2 589,55	206,33	155,37	50,96	2 538,59	2 532,12	105,51	2 426,62
3	2 538,59	206,33	152,32	54,02	2 484,58	2 426,62	105,51	2 321,11
4	2 484,58	206,33	149,07	57,26	2 427,32	2 321,11	105,51	2 215,61
5	2 427,32	206,33	145,64	60,69	2 366,63	2 215,61	105,51	2 110,10
6	2 366,63	206,33	142,00	64,34	2 302,29	2 110,10	105,51	2 004,60
7	2 302,29	206,33	138,14	68,20	2 234,09	2 004,60	105,51	1 899,09
8	2 234,09	206,33	134,05	72,29	2 161,81	1 899,09	105,51	1 793,59
9	2 161,81	206,33	129,71	76,62	2 085,18	1 793,59	105,51	1 688,08
10	2 085,18	206,33	125,11	81,22	2 003,96	1 688,08	105,51	1 582,58
11	2 003,96	206,33	120,24	86,10	1 917,86	1 582,58	105,51	1 477,07
12	1 917,86	206,33	115,07	91,26	1 826,60	1 477,07	105,51	1 371,57
13	1 826,60	206,33	109,60	96,74	1 729,86	1 371,57	105,51	1 266,06
14	1 729,86	206,33	103,79	102,54	1 627,32	1 266,06	105,51	1 160,56
15	1 627,32	206,33	97,64	108,69	1 518,63	1 160,56	105,51	1 055,05
16	1 518,63	206,33	91,12	115,22	1 403,41	1 055,05	105,51	949,55
17	1 403,41	206,33	84,20	122,13	1 281,28	949,55	105,51	844,04
18	1 281,28	206,33	76,88	129,46	1 151,83	844,04	105,51	738,54
19	1 151,83	206,33	69,11	137,22	1 014,60	738,54	105,51	633,03
20	1 014,60	206,33	60,88	145,46	869,15	633,03	105,51	527,53
21	869,15	206,33	52,15	154,18	714,96	527,53	105,51	422,02
22	714,96	206,33	42,90	163,44	551,53	422,02	105,51	316,52
23	551,53	206,33	33,09	173,24	378,29	316,52	105,51	211,01
24	378,29	206,33	22,70	183,64	194,65	211,01	105,51	105,51
25	194,65	206,33	11,69	194,64	0,00	105,51	105,51	0,00

5. Auswirkung auf die Eigenkapital- und Fremdkapitalquote sowie die Eigenkapitalrentabilität

a) Erläuterung

Auf Grundlage dieser ermittelten Schätzwerte zum 31. 12. eines Jahres ist die *Bilanzsumme* jährlich in Höhe der Restbuchwerte der Leasingobjekte zu korrigieren. Gleichzeitig verändert sich das *Fremdkapital* um den Wert der Leasingverbindlichkeiten. Darüber hinaus ist der *Wert des Eigenkapitals* um die Differenz zwischen den Leasingobjektwerten und dem Wert der Leasingverbindlichkeiten anzupassen. Der *Jahresüberschuss* ist um den zuvor berechneten Zinsaufwand zzgl. der Abschreibungen zu vermindern und um die als Mietaufwand erfolgswirksam verbuchten Leasingraten zu erhöhen.

Durch die Abbildung der Leasingverträge als Finance Lease steigt das Fremdkapital des Unternehmens. Dies führt zu einer *Verschlechterung der Fremdkapitalquote* und zu einer *Verringerung der Eigenkapitalquote* des Unternehmens. Da der Gesamtaufwand aus einem Finance Lease zu Beginn eines Leasingvertrags höher ist als der Mietaufwand aus einem Operating Lease, führt die Bilanzierung als Finance Lease zunächst zu einer Verschlechterung des Jahresüberschusses und somit der *Eigenkapitalrentabilität*. Dieser Effekt kehrt sich jedoch gegen Ende der Laufzeit um, so dass die Eigenkapitalrentabilität wieder steigt.

b) Anwendung auf den Fall: Auswirkung auf die Eigenkapital- bzw. Fremdkapitalquote und die Eigenkapitalrentabilität bei der Skycar Group

Die Bilanzsumme der Skycar Group ist um den Buchwert der Produktionsanlagen (151,86 Mio. Euro) und der Fertigungshallen (1 371,59 Mio. Euro) zum 31. 12. 2005 zu erhöhen. Das Fremdkapital ist analog um den Wert der Leasingverbindlichkeiten zum 31. 12. 2005 i. zu bereinigen. Die Differenz zwischen dem Buchwert der Leasingobjekte und dem der Leasingverbindlichkeiten (– 481,29 Mio. Euro) vermindert das Eigenkapital der Skycar Group. Zuletzt ist der Jahresüberschuss um den im Jahr 2005 verbuchten Mietaufwand (174,00 Mio. Euro) zu erhöhen und um die Abschreibung (–130,82 Mio. Euro) und um den Zinsaufwand (–127,21 Mio. Euro) zu vermindern.

Die Eigenkapitalquote, Fremdkapitalquote und Eigenkapitalrentabilität verändern sich durch die Bilanzierung der Leasingverträge als Finance Lease damit wie in Tabelle 96 auf S. 224 dargestellt.[299]

Durch die Bilanzierung der Leasingverträge als Finance Lease verschlechtert sich die Fremdkapitalquote (von 73,62 % auf 88,68 %), die Eigenkapitalquote (von 26,38 % auf 11,32 %) und die Eigenkapitalrentabilität (von 12,73 % auf 9,30 %). In der Gesamtbetrachtung zeigt sich, dass die Skycar Group sich durch die Leasingfinanzierung und die Bilanzierung der Verträge als Operating Lease besser darstellen kann als bspw. ein Konkurrent, der denselben Leasingvertrag als Finance Lease bilanziert oder einen kreditfinanzierten Kauf mit den gleichen Konditionen abschließt.

299 Die Werte zum 31. 12. 2005 sind der Rahmenfallstudie, Abschn. IV, zu entnehmen.

Tabelle 96: Veränderung der Eigenkapitalquote, Fremdkapitalquote und Eigenkapitalrentabilität der Skycar Group

(in Mio. €)	Aktiva	Fremdkapital	Eigenkapital (incl. JÜ)	JÜ
Werte lt. Bilanz zum 31. 12. 2005 (vor Korrektur)	4 340,88	3 195,85	1 145,03	145,76
1. Einbuchung der Leasingobjekte (Wert zum 31. 12. 2005)	1 523,45		1 523,45	
2. Einbuchung der Leasingverbindlichkeiten (Wert zum 31. 12. 2005)		2 004,74	– 2 004,74	
3. Bereinigung des Mietaufwands (für das Jahr 2005)				174,00
4. Verbuchung der Abschreibungen (für das Jahr 2005)				– 130,82
5. Verbuchung des Zinsaufwands (für das Jahr 2005)				– 127,21
Werte zum 31. 12. 2005 (nach Korrektur)	5 864,33	5 200,59	663,74	61,73
Kennzahlen	**vor Korrektur**		**nach Korrektur**	
Eigenkapitalquote	26,38 %		11,32 %	
Fremdkapitalquote	73,62 %		88,68 %	
Eigenkapitalrentabilität	12,73 %		9,30 %	

Weiterführende Literatur

Engel-Ciric, Dejan/ Freiberg, Jens — § 15 Leasing, in: Norbert Lüdenbach/Wolf-Dieter Hoffmann (Hrsg.), Haufe IFRS-Kommentar, 3. Aufl., Freiburg i. Br. 2005, S. 549–631

Imhoff, Eugene A./ Lipe, Robert C./ Wright, David W. — Operating Leases: Impact of Constructive Capitalization, Accounting Horizons, Vol. 5, No. 1 (1991), S. 51–63

Vater, Hendrik — Bilanzierung von Leasingverhältnissen nach IAS 17: Eldorado bilanzpolitischer Möglichkeiten, DStR, 40. Jg. (2002), S. 2094–2100

Wild, John J./ Subramanyam, K. R./ Halsey, Robert F. — Financial Statement Analysis, 9. Aufl., Boston u. a. 2007, S. 120–130

Fall 11: Rückstellungen und Eventualschulden

Sachverhalt:

Prozessrisiko:

Die Skycar Group verwendet seit Januar 2005 ein Spezialverfahren zur Lackierung von Kotflügeln. Ein amerikanischer Konkurrent reklamiert das Verfahren aufgrund eines bestehenden Patents für sich und verklagt die Skycar Group auf Unterlassung und Schadenersatz i. H. v. 2 000 Mio. Euro. Im Dezember 2005 verliert die Skycar Group den Prozess erstinstanzlich und geht daraufhin in Berufung. Der Ausgang des anhängigen Prozesses ist zum Bilanzstichtag 31. 12. 2005 offen. Im Geschäftsbericht 2005 informiert die Skycar Group über den Prozess wie folgt:

„Die Skycar Group ist als international agierender Konzern einer Vielzahl an Risiken aus Rechtsstreitigkeiten ausgesetzt. Das nachfolgend dargestellte Verfahren stellt den nach derzeitigem Wissensstand einzigen wesentlichen Rechtsstreit unseres Unternehmens dar. Ein Konkurrenzunternehmen rügt, dass die Skycar Group ein bestehendes Patent verletzt habe und hat das Unternehmen auf Schadenersatz i. H. v. 2 000 Mio. Euro verklagt. Wir gehen zum gegenwärtigen Zeitpunkt nicht von einer Verurteilung aus und haben daher auf eine bilanzielle Vorsorge für potenzielle Risiken aus diesem Rechtsstreit verzichtet."

Im Rahmen der Hauptversammlung der Skycar Group fragt ein anwesender Aktionär nach einer Risikoeinschätzung des Managements bezüglich der anhängigen Patentrechtsklage. Der Finanzvorstand erläutert daraufhin, dass nach Ansicht der beauftragten Anwaltskanzlei mit einer Wahrscheinlichkeit von 15–25 % von einer Verurteilung der Skycar Group im kommenden Jahr ausgegangen werden müsse.

Abbruchverpflichtung:

Die Skycar Group errichtete unter Zustimmung des Vermieters Fertigungshallen auf einem gepachteten Grundstück. Die Fertigungshallen wurden zum 1. 1. 2005 in Betrieb genommen. Die Skycar Group ist verpflichtet, die Hallen nach Ablauf des 15-jährigen Pachtvertrags am 31. 12. 2019 abzureißen. Teile der Hallen werden im Rahmen der Produktion mit Ölen durchtränkt und sind später als Sondermüll zu entsorgen. Die Herstellungskosten (ohne zukünftige Abbruchkosten) der Fertigungshallen beliefen sich auf 15,35 Mio. Euro. Die Skycar Group ist technisch und personell dazu in der Lage, die Abrissarbeiten selbst durchzuführen und plant dies auch zu tun. Da sie mit dieser Tätigkeit noch keine Erfahrungen sammeln konnte, schätzt das Management die damit verbundenen Material- und Lohnkosten in einer Bandbreite zwischen 19–23 Mio. Euro. Würde die Skycar Group die Entsorgung durch Dritte vornehmen lassen, müsste sie (vermutlich) mehr aufwenden. Erste vorläufige Schätzungen belaufen sich auf 21–26 Mio. Euro. Aus dem Geschäftsbericht entnehmen Sie dazu nachfolgende Angaben:

„Die ‚Sonstigen Rückstellungen' umfassen neben Gewährleistungsrückstellungen im Wesentlichen Verpflichtungen zur Entfernung von Fabrikhallen (10,45 Mio. Euro). Diese bestehen aufgrund privatrechtlicher Vereinbarungen. Sie werden wegen ihres langfristigen Charakters unter

Zugrundelegung eines laufzeitäquivalenten Zinssatzes von 4,50 % auf den Bilanzstichtag abgezinst. Die Auszahlung des hierfür zurückgestellten Betrags erfolgt voraussichtlich in 14 Jahren. Der Barwert dieser Verpflichtungen im Zeitpunkt des erstmaligen Ansatzes (10 Mio. Euro) erhöht zugleich die Herstellungskosten der entsprechenden Sachanlage. Die Bewertung erfolgt unter Berücksichtigung allgemeiner Lohn- und Preissteigerungen i. H. v. 3 % pro Jahr sowie gegenläufiger Kostensenkungen aufgrund verbesserter Technologien von 2 % pro Jahr."

Aufgabenstellung:

- Beschreiben Sie allgemein die *Bedeutung* von *Rückstellungen* und *Eventualschulden* in der Bilanzanalyse!
- Analysieren Sie die *Ansatzproblematik von Rückstellungen* und die *bilanzielle Behandlung von Eventualschulden* bei der Skycar Group am Beispiel des dargestellten Prozessrisikos! Stellen Sie die potenziellen *Auswirkungen auf die Eigenkapitalrentabilität* und die *Eigenkapitalquote* der Skycar Group vor Korrektur der Steuer im besten und im schlechtesten Fall sowie für jede der für möglich erachteten Eintrittswahrscheinlichkeiten dar, und interpretieren Sie diese!
- Analysieren und korrigieren Sie ggf. die *Bewertung von Rückstellungen* bei der Skycar Group am Beispiel der Rückstellung für bestehende Abbruchverpflichtungen! Gehen Sie dabei davon aus, dass Industrieanleihen bester Bonität mit einer Laufzeit von 14 Jahren derzeit eine Rendite von 3,60 % gewähren und dass seriöse Institute eine Quantifizierung des technologischen Fortschritts ablehnen, eine Lohn- und Preissteigerung von 3 % pro Jahr für die nächsten 14 Jahre allerdings für realistisch halten.
- Analysieren Sie die *„Sonstigen Rückstellungen"* bei der Skycar Group! Ermitteln Sie hierzu ihren *Anteil an der Bilanzsumme* und ihr *Verhältnis zu den Umsatzerlösen*, und *vergleichen* Sie diese Kennzahlen mit denen der in den nachfolgenden Abbildungen dargestellten Automobilproduzenten (IFRS-Anwender)! Stellen Sie die *Auswirkungen der* zuvor ermittelten *Anpassungen* auf die *Eigenkapitalquote* und die *Eigenkapitalrentabilität* der Skycar Group vor Korrektur der Steuer dar und gehen Sie auf die Grenzen einer derartigen Analyse ein! Die sonstigen Rückstellungen ausgewählter Automobilproduzenten stellen sich im Verhältnis zur *Bilanzsumme*[300] bzw. zu den *Umsatzerlösen*[301] wie folgt dar:

---

300 Vgl. PSA, Reference Document 2005, S. 136, 137, 178 und 179; ders., Reference Document 2004, S. 201 und 242; Renault, Registration Document 2005, S. 169 und 200; Volvo, Konzernabschluss 2005, S. 82 und 113; Fiat, Konzernabschluss 2005, S. 77 und 131; BMW, Konzernabschluss 2005, S. 64, 65 und 108; ders., Konzernabschluss 2004, S. 52, 53 und 88; VW, Konzernabschluss 2005, S. 115, 165 und 166; ders., Konzernabschluss 2004, S. 41, 94 und 95; Porsche, Konzernabschluss 2004/2005, S. 104 und 139.

301 Vgl. PSA, Reference Document 2005, S. 134, 178 und 179; ders., Reference Document 2004, S. 199 und 242; Renault, Registration Document 2005, S. 167, 169 und 200; Volvo, Konzernabschluss 2005, S. 81 und 113; Fiat, Konzernabschluss 2005, S. 76, 77 und 131; BMW, Konzernabschluss 2005, S. 63 und 108; ders., Konzernabschluss 2004, S. 51 und 52; VW, Konzernabschluss 2005, S. 114, 165 und 166; ders., Konzernabschluss 2004, S. 40 und 41; Porsche, Konzernabschluss 2004/2005, S. 104.

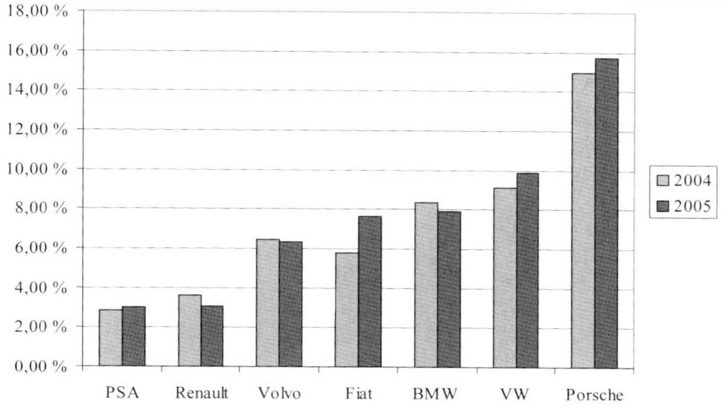

Abbildung 5: Anteil der „Sonstigen Rückstellungen“ an der Bilanzsumme bei ausgewählten Automobilproduzenten

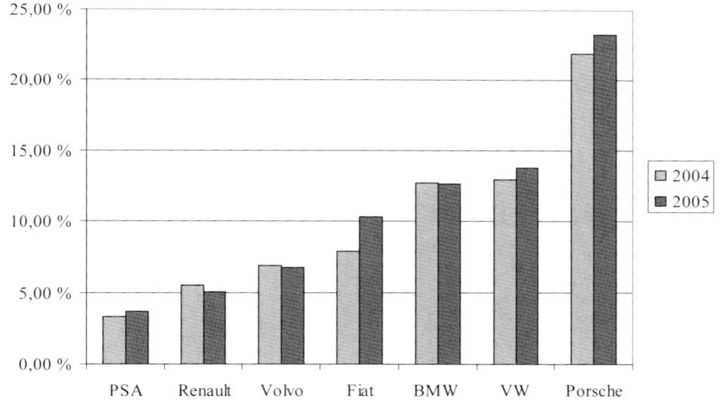

Abbildung 6: Anteil der „Sonstigen Rückstellungen“ an den Umsatzerlösen bei ausgewählten Automobilproduzenten

I. Bilanzanalytische Relevanz der Rückstellungen und Eventualschulden

Der Bilanzanalyst benötigt *Klarheit über die Existenz und die Höhe* der im Unternehmen *bestehenden Verpflichtungen*. Ihre Kenntnis soll ihm einen verbesserten Einblick in die Vermögens- und Finanzlage des Unternehmens ermöglichen und dazu beitragen, die zukünftigen Zahlungsmittelabflüsse besser abschätzen zu können. Rückstellungen spielen in diesem Zusammenhang eine herausragende Rolle, denn sie sind ihrer Höhe nach regelmäßig außerordentlich gewichtig.

Generell setzen die Rechnungslegungsvorschriften dem Bilanzanalysten *enge Grenzen bei der Analyse* der Verpflichtungen eines Unternehmens. So beschränkt nach IFRS der Grundsatz des Nichtausweises schwebender Geschäfte die bilanzielle Erfassung der existierenden Stichtagsverbindlichkeiten sehr deutlich. Zukünftige Auszahlungen (wie z.B. das Januargehalt der Mitarbeiter) werden bei einem zum 31. 12. eines Jahres bilanzierenden Unternehmen in der Bilanz ebenso wenig ausgewiesen, wie die erst im Folgemonat fällig werdenden Mieten, Pachten und Leasingzahlungen. Lediglich aus dem Anhang werden Teile der zukünftigen Belastungen offenkundig. Darüber hinaus verbietet IAS 37 u.a. die Passivierung solcher Verpflichtungen, die zum Bilanzstichtag möglich, aber nicht hinreichend wahrscheinlich sind. Die bilanziellen Schulden umfassen damit nur einen (mitunter kleinen) Ausschnitt der zum Bilanzstichtag tatsächlich bestehenden Belastungen. Der Bilanzanalyst muss daher versuchen, indirekt den Umfang der mutmaßlich bestehenden Schulden zum Bilanzstichtag abzuschätzen, indem er entsprechende *Rückschlüsse aus* dem im Jahresabschluss dokumentierten *Passivierungsverhalten* des Unternehmens zieht.

II. Bilanzpolitische und bilanzanalytische Möglichkeiten und Grenzen beim Ansatz von Rückstellungen im Jahresabschluss sowie bei der bilanziellen Behandlung von Eventualschulden

1. Ansatzproblematik

IAS 37.14 sieht eine *Passivierungspflicht für Rückstellungen* vor, sofern eine gegenwärtige rechtliche oder faktische Verpflichtung besteht, die aus einem vergangenen Ereignis resultiert, deren Erfüllung wahrscheinlich zu einem Abfluss wirtschaftlicher Ressourcen führt und deren Höhe sich verlässlich schätzen lässt.[302]

Die Ansatzkriterien von Rückstellungen erscheinen nur auf den ersten Blick klar. Tatsächlich eröffnen sie dem Bilanzierenden zahlreiche *implizite Ansatzwahlrechte*.[303] Sie ergeben sich sowohl aus der (ungewissen) Natur der Sache als auch aus

302 Vgl. im Einzelnen dazu *Morawietz/Hommel*, Ungewisse Verbindlichkeiten, in: Hommel/Wüstemann (Hrsg.), Synopse der Rechnungslegung nach HGB und IFRS (2006), S. 156–159.

303 Vgl. insb. *Rüdinger*, Regelungsschärfe bei Rückstellungen (2004), S. 55–97. Die Norminhalte des IAS 37 befinden sich derzeit in Überarbeitung. Vgl. diesbezüglich den Exposure Draft zu (möglichen) Anpassungen des IAS 37 (ED-IAS 37) sowie *Fladt/Feige*, Die Änderungsvorschläge des IASB zu IAS 37 und IAS 19 – Analyse und kritische Würdigung, WPg 2006, S. 274 (S. 274–281); *Herzig/Gellrich*, Geplante Änderungen von IAS 37 zur Passivierung ungewisser Verbindlichkeiten – Ausstrahlung auf die steuerliche Gewinnermittlung, WPg 2006,

dem auslegungsbedürftigen Wortlaut der Bilanzierungsregelungen. Von bilanzpolitischer Brisanz ist dabei insb. die Vorschrift, nach der Rückstellungen zu passivieren sind, wenn der zukünftige Ressourcenabfluss zum Bilanzstichtag „wahrscheinlich" ist (IAS 37.14 (b)).

Das *Ansatzkriterium der „Mindestwahrscheinlichkeit"* soll gewährleisten, dass die Manager fair über sämtliche Verpflichtungen berichten, mit denen sie auch ernsthaft rechnen – aber auch nur über diese. Allerdings lässt sich das Kriterium in präziser Form bestenfalls bei Verpflichtungen anwenden, die so zahlreich und homogen sind, dass der Unternehmer ihre Eintrittswahrscheinlichkeit anhand des (empirischen) Gesetzes der großen Zahl[304] beurteilen kann (z. B. bestimmte Gewährleistungsrückstellungen). Bei heterogenen Einzelrisiken (z. B. Prozessrisiken) versagt es dagegen regelmäßig und führt zu einer Scheinobjektivierung. Hier ist der Unternehmer allenfalls in der Lage, die Eintrittswahrscheinlichkeit subjektiv zu beurteilen. Seine Schätzung führt dann zu mehr oder weniger plausiblen Glaubensaussagen, die sich einer objektivierten Überprüfung entziehen.[305]

Das implizite Ansatzwahlrecht, das das Kriterium der „Wahrscheinlichkeit" für den Bilanzierenden bereithält, dürfte insb. bei *Prozessrisiken* häufig zu einer Nichtpassivierung der daraus drohenden Belastungen führen; denn eine (aufwandswirksame) Passivierung bewirkt nicht nur eine Verschlechterung zentraler Bilanzkennzahlen (z. B. der Eigenkapitalquote und der Eigenkapitalrentabilität), sie könnte zudem von Außenstehenden (insb. dem Prozessgegner) als Schuldeingeständnis (miss-)interpretiert werden.

Der Bilanzierende ist nicht dazu verpflichtet, detaillierte *Angaben* über den Ansatz bzw. Nichtansatz der einzelnen potenziellen Verpflichtung zu machen, da dies zu einer unübersichtlichen Flut von Detailinformationen führen würde, die durch den Bilanzadressaten nicht mehr sinnvoll zu interpretieren wäre. Die Erläuterungen zu den Rückstellungen erfolgen vielmehr auf einer aggregierten Ebene. Rückstellungen werden – gegliedert nach dem Verursachungsgrund – gruppenweise zusammengefasst. Anschließend muss der Bilanzierende entsprechend IAS 37.85 (a) für jede dieser Gruppen die Art der darin enthaltenen Verpflichtungen kurz beschreiben und ihren voraussichtlichen Fälligkeitstermin angeben, damit der Bilanzleser Informationen über die Finanzlage des Unterneh-

S. 505 (S. 505–515); *Kühne/Nerlich*, Vorschläge für eine geänderte Rückstellungsbilanzierung nach IAS 37: Darstellung und kritische Würdigung, BB 2005, S. 1839 (S. 1839–1844); *Wüstemann*, BB 2005, Heft 34, Die erste Seite.

304 Vgl. dazu *Albrecht*, Gesetze der großen Zahlen und Ausgleich im Kollektiv – Bemerkungen zu Grundlagen der Versicherungsproduktion, ZVersWiss 1982, S. 501 (S. 501–538).

305 Vgl dazu *Leffson*, Die Grundsätze ordnungsmäßiger Buchführung (1987), S. 470–472, 475–477.

mens erhält. Darüber hinaus ist der Unternehmer dazu verpflichtet, nähere Angaben über bestehende Unsicherheiten bezüglich der Verpflichtungshöhe und des Fälligkeitstermins zu machen und über damit zusammenhängende erwartete Erstattungen zu informieren.[306] Es ist aber nicht erforderlich, die Wahrscheinlichkeitsverteilungen offen zu legen. Qualitative Angaben können der Informationspflicht genügen.

Beträgt die Eintrittswahrscheinlichkeit nicht mehr als 50 %, so gilt die Verpflichtung als nicht wahrscheinlich und darf nicht passiviert werden.[307] Es liegt in diesem Fall eine Eventualschuld vor. Der Unternehmer ist dann lediglich dazu verpflichtet, über diese (potenzielle) Schuld im Anhang zu berichten.[308] Dabei hat der Bilanzierende gemäß IAS 37.86 die *Eventualschuld* knapp zu beschreiben und – falls dies praktikabel ist – die damit verbundenen (möglichen, aber nicht wahrscheinlichen) finanziellen (Netto-) Belastungen zu schätzen sowie Angaben über die bestehenden Unsicherheiten hinsichtlich des Betrags und der Fälligkeiten vorzunehmen. Die Berichtspflicht im Anhang besteht aber nur insoweit und solange die Gefahr einer späteren Inanspruchnahme nicht als vernachlässigbar gering (remote) eingeschätzt wird (IAS 37.28), wobei IAS 37 nicht quantifiziert, ab welchem Wahrscheinlichkeitsgrad hiervon auszugehen ist (z. B. bei einer Eintrittswahrscheinlichkeit von unter 5 % oder etwa von unter 10 %). Dies eröffnet bilanzpolitische Spielräume.[309]

Beeinträchtigen bei einem bestehenden Rechtsstreit die nach IAS 37 geforderten *Anhangangaben* über den Gegenstand der Rückstellung oder der Eventualschuld ernsthaft „die Lage des Unternehmens“[310], braucht der Bilanzierende die entsprechenden Informationen nicht zu geben. Er muss dann allerdings „den allgemeinen Charakter des Rechtsstreites“ darlegen, „sowie die Tatsache, dass gewisse Angaben nicht gemacht wurden und die Gründe dafür“.[311]

Die Nichtbilanzierung eines bestehenden Risikos führt zu einer *unvollständigen Darstellung der Vermögenslage*. Will man die Vermögenslage (im Sinne der Informationsfunktion) richtig darstellen, so sind grundsätzlich sämtliche Stichtagsbelastungen zu erfassen. Würde das Unternehmen als Ganzes oder anteilsmäßig verkauft, berücksichtigte der Käufer bestehende Prozessrisiken kaufpreismindernd. Ausgangspunkt für den Kaufpreisabschlag wären die mit einem Prozessverlust verbundenen finanziellen Belastungen. Der Erwerber würde sie mit der Eintrittswahrscheinlichkeit gewichten, den so ermittelten Erwartungswert – je nach individueller Risikoneigung – um einen entsprechenden Risikozuschlag erhöhen und

306 Vgl. IAS 37.85 (b) und IAS 37.85 (c).
307 Vgl. IAS 37.14 (b) und IAS 37.23.
308 Vgl. IAS 37.28 und IAS 37.86.
309 Vgl. *Wagenhofer*, Internationale Rechnungslegungsstandards – IAS/IFRS (2005), S. 256–261.
310 IAS 37.92.
311 IAS 37.92 (beide Zitate).

den erhöhten Wert anschließend diskontieren.[312] Die gleichen Überlegungen gelten, wenn das Unternehmen beabsichtigt, ein bestehendes Risiko aus einem anhängigen Rechtsstreit isoliert an einen unabhängigen Dritten zu übertragen. Der Dritte würde als Übernahmepreis den Barwert des Erwartungswerts des finanziellen Prozessrisikos verlangen und ihn um einen angemessenen Sicherheits- und Gewinnzuschlag erhöhen.

Der Bilanzanalyst hat regelmäßig zu wenig Insiderwissen, um den Erwartungswert zu ermitteln. Er kann aber, sofern das Unternehmen das maximale Prozessrisiko quantifiziert, eine *Wirkungsanalyse* durchführen, indem er die bei negativem Prozessausgang zu erwartende finanzielle Belastung mit unterschiedlichen Wahrscheinlichkeiten innerhalb der erwarteten Bandbreite gewichtet und die daraus resultierenden Einflüsse auf die relevanten Kennzahlen vergleichend gegenüberstellt. Zudem erscheint es sinnvoll, die möglichen Auswirkungen im Fall des besten (Prozessgewinn) und des schlechtesten Prozessausgangs (Prozessverlust) zu analysieren.

2. Anwendung auf den Fall: bilanzpolitische Ansatzmöglichkeiten bei der Skycar Group im Falle des Prozessrisikos

Unter der Annahme, dass die Manager die Wahrscheinlichkeit des Prozessverlusts richtig einschätzen, hat die Unternehmensleitung auf die Passivierung einer Rückstellung (zu Recht) verzichtet. Das Management nahm deshalb einen entsprechenden Hinweis auf den anhängigen Prozess in den Anhang auf.

Wendet man die oben dargestellte Wirkungsanalyse auf den Fall der Skycar Group an und interpretiert den Erfolg des Geschäftsjahrs als Vermögensdifferenz (d. h. als Differenz des Eigenkapitals zum Ende und zum Beginn des Geschäftsjahrs), so führt die Passivklage in Höhe des Erwartungswerts auch zu einer Verminderung des Geschäftsjahreserfolgs. Die Eigenkapitalrentabilität würde sich dann in Abhängigkeit von der Eintrittswahrscheinlichkeit wie in Tabelle 97 (auf S. 232) verändern.

312 Bei risikofreudiger Einstellung wäre entsprechend ein Risikoabschlag vorzunehmen.

Tabelle 97: Potenzielle Auswirkung der anhängigen Patentrechtsklage auf die Eigenkapitalrentabilität der Skycar Group am 31. 12. 2005

Prozess-risiko (in Mio. €)	Eintritts-wahrschein-lichkeit (in %)	Jahres-überschuss (lt. GuV) (in Mio. €)	EK (lt. Bilanz) (in Mio. €)	Erwartungswert des Prozessrisikos (in Mio. €)	Jahres-überschuss (korrigiert) (in Mio. €)	EK (korrigiert) (in Mio. €)	EK-Rentabilität (in %)
2 000,00	**0,00**	**145,76**	**1 145,03**	**0,00**	**145,76**	**1 145,03**	**12,73**
2 000,00	15,00	145,76	1 145,03	300,00	– 154,24	845,03	– 18,25
2 000,00	16,00	145,76	1 145,03	320,00	– 174,24	825,03	– 21,12
2 000,00	17,00	145,76	1 145,03	340,00	– 194,24	805,03	– 24,13
2 000,00	18,00	145,76	1 145,03	360,00	– 214,24	785,03	– 27,29
2 000,00	19,00	145,76	1 145,03	380,00	– 234,24	765,03	– 30,62
2 000,00	**20,00**	145,76	1 145,03	**400,00**	– 254,24	745,03	– 34,12
2 000,00	21,00	145,76	1 145,03	420,00	– 274,24	725,03	– 37,82
2 000,00	22,00	145,76	1 145,03	440,00	– 294,24	705,03	– 41,73
2 000,00	23,00	145,76	1 145,03	460,00	– 314,24	685,03	– 45,87
2 000,00	24,00	145,76	1 145,03	480,00	– 334,24	665,03	– 50,26
2 000,00	25,00	145,76	1 145,03	500,00	– 354,24	645,03	– 54,92
2 000,00	**100,00**	**145,76**	**1 145,03**	**2 000,00**	**–1 854,24**	**– 854,97**	**n. a.**

Zur Ermittlung der Eigenkapitalquote muss nun im Anschluss zunächst das Fremdkapital um den jeweiligen Erwartungswert des Prozessrisikos erhöht werden. Im Anschluss daran ist der korrigierte Eigenkapitalbestand durch den korrigierten Gesamtkapitalbestand (korrigiertes Eigenkapital + korrigiertes Fremdkapital) zu dividieren:

Tabelle 98: Potenzielle Auswirkung der anhängigen Patentrechtsklage auf die Eigenkapitalquote der Skycar Group

Prozess-risiko (in Mio. €)	Eintritts-wahrschein-lichkeit (in %)	EK (lt. Bilanz) (in Mio. €)	FK (lt. Bilanz) (in Mio. €)	Erwartungswert des Prozessrisikos (in Mio. €)	EK (korrigiert) (in Mio. €)	FK (korrigiert) (in Mio. €)	EK-Quote (EK/GK) (in %)
2 000,00	**0,00**	**1 145,03**	**3 195,85**	**0,00**	**1 145,03**	**3 195,85**	**26,38**
2 000,00	15,00	1 145,03	3 195,85	300,00	845,03	3 495,85	19,47
2 000,00	16,00	1 145,03	3 195,85	320,00	825,03	3 515,85	19,01
2 000,00	17,00	1 145,03	3 195,85	340,00	805,03	3 535,85	18,55
2 000,00	18,00	1 145,03	3 195,85	360,00	785,03	3 555,85	18,08
2 000,00	19,00	1 145,03	3 195,85	380,00	765,03	3 575,85	17,62
2 000,00	**20,00**	1 145,03	3 195,85	**400,00**	745,03	3 595,85	17,16
2 000,00	21,00	1 145,03	3 195,85	420,00	725,03	3 615,85	16,70
2 000,00	22,00	1 145,03	3 195,85	440,00	705,03	3 635,85	16,24
2 000,00	23,00	1 145,03	3 195,85	460,00	685,03	3 655,85	15,78
2 000,00	24,00	1 145,03	3 195,85	480,00	665,03	3 675,85	15,32
2 000,00	25,00	1 145,03	3 195,85	500,00	645,03	3 695,85	14,86
2 000,00	**100,00**	**1 145,03**	**3 195,85**	**2 000,00**	**– 854,97**	**5 195,85**	**– 19,70**

Die Worst-Case-Überlegung verdeutlicht, dass ein negativer Richterspruch im vorliegenden Fall existenzgefährdende Folgen für die Skycar Group mit sich bringen würde, da das vorhandene Eigenkapital dann nicht mehr ausreicht, um die bestehende Verpflichtung zu erfüllen. Dieses gravierende Risiko, das im Mittel immerhin eine Eintrittswahrscheinlichkeit von 20 % aufweist, wird bilanziell nicht erfasst. Es führt aber dazu, dass eine Investition in die Skycar Group zu einer hoch risikobehafteten Geldanlage wird. Vertraut der Bilanzanalyst aber darauf, dass es sich bei der Einschätzung der Anwaltskanzlei, wonach der Prozessverlust mit einer Wahrscheinlichkeit von 15–25 % zu erwarten ist, um eine seriöse Beurteilung der Situation handelt, so könnte er zur Korrektur der Vermögens- und Ertragslage bspw. die Werte zu Grunde legen, die sich bei einer Verlustwahrscheinlichkeit von 20 % ergeben.

Der Aussagegehalt einer solchen Wirkungsanalyse ist jedoch *begrenzt*. Sie kann dem Analysten primär dazu dienen, Bilanzkennzahlen zu relativieren und sich für die mit einem Prozess verbundenen Risiken zu sensibilisieren. Tatsächlich ist der Erwartungswert eine rechnerische Größe, die sich in der Realität selten einstellt. Unter den vorstehenden Annahmen rechnet die Skycar Group bspw. mit einer (mittleren) Wahrscheinlichkeit von 20 % mit einem finanziellen Mittelabfluss bei Prozessende i. H.v. 2 000 Mio. Euro und mit einer Wahrscheinlichkeit von 80 % mit einer finanziellen Belastung von null Euro. Der Erwartungswert von 400 Mio. Euro besitzt selbst jedoch eine Eintrittswahrscheinlichkeit von 0 %. Legt der Bilanzanalyst den Erwartungswert der Auszahlungen im Falle des Prozessverlustes seinen Überlegungen zu Grunde, so erfasst er zwar das damit verbundene Stichtagsrisiko richtig; die damit zum Ausdruck kommende Vermögensbelastung wird sich aber zukünftig niemals einstellen und kann deshalb auch nicht dazu dienen, die zukünftige Finanzlage (Zahlungsströme) der Skycar Group zu evaluieren. Hinzu tritt das Problem, dass der Bilanzanalyst über viel zu wenig fundierte Informationen verfügt, um die Einschätzungen des Managements der Skycar Group über die Verlustwahrscheinlichkeit – so sie denn überhaupt publiziert werden – auf ihre Stichhaltigkeit hin zu überprüfen und angemessene Risikozuschläge zu definieren. Die ökonomischen Sachverhalte, die sich hinter einem Prozessrisiko verbergen, sind zumeist ebenso komplex wie die juristischen Rahmenbedingungen, die letztendlich den Ausgang des Prozesses beeinflussen. Sie lassen sich nicht durch einwertige Zahlen abbilden. Hinzu tritt, dass die Richter häufig noch Wertungsspielräume haben, deren Ausübung sich einer zuverlässigen Prognose entzieht. Die bilanzanalytische Aufbereitung der Rückstellungen muss vor dem Hintergrund der mannigfaltigen Ungewissheiten naturgemäß Stückwerk bleiben.

III. Bilanzpolitische und bilanzanalytische Möglichkeiten und Grenzen bei der Bewertung von Rückstellungen

1. Erläuterung

a) Geschätzter Erfüllungsbetrag

Rückstellungen sind nach IAS 37.36 mit dem Betrag anzusetzen, der „die bestmögliche Schätzung der Ausgabe dar[stellt], die zur Erfüllung der gegenwärtigen

Verpflichtung am Bilanzstichtag erforderlich ist". Einzelverpflichtungen sind gemäß IAS 37.40 mit dem Wert mit der höchsten Eintrittswahrscheinlichkeit anzusetzen. Bei Massenrisiken ist nach IAS 37.39 der *Erwartungswert* als maßgeblicher Bewertungsmaßstab heranzuziehen. Es hat hier mithin also eine Sammel- oder Pauschalbewertung zu erfolgen.[313] Dies bedeutet, dass sämtliche in Erwägung zu ziehenden Erfüllungsbeträge mit der ihnen beizumessenden Wahrscheinlichkeit zu gewichten sind. Rechnet das Unternehmen bei Einzelrisiken mit mehreren gleichwahrscheinlichen Erfüllungsbeträgen, ist gemäß IAS 37.39 das arithmetische Mittel aus der Bandbreite zu berücksichtigen.[314] Auslegungsbedürftig ist, welche Voraussetzungen notwendig sind, damit von „gleichartigen" bzw. „ähnlichen" Verpflichtungen gesprochen werden darf und ab welcher Anzahl gleichartiger bzw. ähnlicher Risiken das Tatbestandsmerkmal der „großen Anzahl" vorliegt.

Rückstellungen sind nach IAS 37.36 grundsätzlich mit *dem zur Erfüllung der gegenwärtigen Verpflichtung erforderlichen Betrag* anzusetzen. Dies „ist der Betrag, den das Unternehmen bei vernünftiger Betrachtung zur Erfüllung der Verpflichtung zum Bilanzstichtag oder zur Übertragung der Verpflichtung auf einen Dritten zu diesem Termin zahlen müsste"[315]. Der Bilanzierende kann somit wählen, ob er die Verpflichtung mit den geschätzten internen Kosten bewertet oder die Rückstellung in Höhe ihres „Entpflichtungspreises" bei einer (fiktiven) Übertragung an Dritte passiviert.[316]

Entscheidet sich das Unternehmen für die Bewertung mit den *internen Erfüllungskosten*, sind unternehmensspezifische Kostenvorteile rückstellungsmindernd zu berücksichtigen. Die Schätzung der eigenen Erfüllungskosten eröffnet Ermessensspielräume. IAS 37 schränkt sie nur in geringem Maße ein. So verpflichtet IAS 37.38 das Unternehmen lediglich dazu, Erfahrungen aus vergleichbaren Transaktionen zu berücksichtigen und „gelegentlich"[317] Bewertungsgutachten unabhängiger Sachverständiger einzuholen, ohne dies jedoch verpflichtend vorzuschreiben.

Führt der Bilanzierende die Bewertung marktorientiert in Höhe des *Entpflichtungsbetrags* durch, so muss er neben (zumeist notwendigerweise willkürlich) „normierten" marktkonformen Kosten konsequenterweise auch eine Gewinnmar-

---

313 Vgl. dazu auch die Erläuterungen von *Hoffmann*, in: Lüdenbach/Hoffmann (Hrsg.), Haufe IFRS-Kommentar (2006), § 21 Rückstellungen, Verbindlichkeiten, Rn. 93.

314 Vgl. *Adler/Düring/Schmaltz*, Rechnungslegung nach Internationalen Standards (2005), Abschn. 18: Rückstellungen, Eventualschulden und Eventualvermögenswerte (Provisions, Contingent Liabilities and Contingent Assets), Rn. 75.

315 IAS 37.37.

316 Vgl. *Hoffmann*, in: Lüdenbach/Hoffmann (Hrsg.), Haufe IFRS-Kommentar (2006), § 21 Rückstellungen, Verbindlichkeiten, Rn. 88. Signifikante Abweichungen zwischen internen und externen Kosten dürften insb. bei Sachleistungsverpflichtungen des Öfteren gegeben sein. Vgl. *Hommel*, Rückstellung für Abbruchkosten nach HGB, IAS/IFRS und US-GAAP, DK 2003, S. 746 (S. 750 f.).

317 IAS 37.38.

ge sowie eine ggf. höhere Risikoprämie einkalkulieren.[318] Insb. wenn es sich bei der Erfüllungsleistung des Dritten um eine nicht normierte Leistung handelt, sich ihr Umfang nach den Gegebenheiten des Einzelfalls richtet und ihr endgültiges Ausmaß noch von zukünftigen Entwicklungen abhängt, ergeben sich hier Ermessensspielräume. Dies zeigt sich bereits im Kleinen: A ist Eigentümer eines defekten PC. Er möchte ihn zur Reparatur geben und holt mehrere Kostenvoranschläge ein. Es ist zu erwarten, dass diese eine erhebliche Bandbreite aufweisen werden. Für Jahre (u. U. gar Jahrzehnte) später zu erbringende Leistungen etwa für den Abbruch von Gebäuden kann nichts anderes gelten. Die damit verbundenen, geschätzten Fremdvergabekosten werden sich je nach beauftragtem Unternehmen erheblich unterscheiden. Dadurch ergeben sich deutliche *Schätzspielräume*, die das Unternehmen durch die geschickte Auswahl eines – sofern er denn hinzugezogen wird – konservativ oder progressiv schätzenden Gutachters für sich nutzen kann. Die mit der Rückstellungsbewertung verbundenen Beurteilungsspielräume werden nach IFRS noch dadurch erhöht, dass der Bilanzierende eigenständig schätzen darf, wie hoch die ihm in Rechung zu stellenden Kosten zukünftig sein werden – ohne zuvor entsprechende Kostenvoranschläge einholen zu müssen (IAS 37.38).

Für welchen Bewertungsmaßstab sich der Bilanzierende letztlich entscheidet, hängt von der *bilanzpolitischen Zielsetzung* ab, die er verfolgt. Wird die Rückstellung im Ausgangszeitpunkt erfolgswirksam erfasst und strebt der Unternehmer zugunsten zukünftiger Gewinnsteigerungen oder im Interesse gegenwärtiger Gewinnglättungen im abgelaufenen Wirtschaftsjahr einen tendenziell höheren Fremdkapitalbestand bei niedrigerem Jahresüberschuss an, so wird er – auch wenn er die Selbsterfüllung plant – die Rückstellungen mit den (hier höheren) externen Erfüllungskosten passivieren und die Graubereiche, die sich ihm bei der Beurteilung der mutmaßlichen Preiskalkulation des die Verpflichtung übernehmenden Geschäftspartners eröffnen, schulderhöhend ausnutzen. Ist der Bilanzierende dagegen an einem relativ niedrigen Fremdkapitalausweis und einem relativ hohen Jahresüberschuss interessiert, bewertet er die Rückstellungen in Höhe der eigenen (möglichst knapp geschätzten) Erfüllungskosten. Die (anspruchsvolle) Herausforderung des Bilanzanalysten besteht folglich darin, die Zielsetzung des Bilanzierenden zu identifizieren und entsprechend zu bewerten. Das Unternehmen ist allerdings nicht dazu verpflichtet, die von ihm gewählte *Bewertungsmethode im Anhang anzugeben*. Dadurch kann der Bilanzanalyst das damit verbundene (und ggf. ausgeschöpfte) bilanzpolitische Potenzial nur bedingt kritisch einschätzen.

---

318 Vgl. zu dieser Vorgehensweise auch den US-amerikanischen Rechnungslegungsstandard zur Bilanzierung von Abbruch-, Rückbau- und ähnlichen Verpflichtungen SFAS No. 143 sowie *Hommel/Wich*, Die Bilanzierung von Entfernungsverpflichtungen gemäß HGB und SFAS 143 in der kritischen Betrachtung, KoR 2004, S. 16 (S. 27 f.); *Hoffmann*, in: Lüdenbach/Hoffmann (Hrsg.), Haufe IFRS-Kommentar (2006), § 21 Rückstellungen, Verbindlichkeiten, Rn. 88.

b) Zinseffekt

Hat der *Zinseffekt* „eine wesentliche Wirkung", ist die Rückstellung gemäß IAS 37.45 in Höhe ihres *Barwerts* zu passivieren – anderenfalls erfolgt ihr Ausweis in Höhe ihres undiskontierten Erfüllungsbetrags. Als Basis-Diskontierungsfaktor ist ein an die entsprechende (Rest-[319])Laufzeit der Verpflichtung angepasster *risikoloser Zinssatz vor Steuern* zu wählen, wobei die aktuelle, laufzeitäquivalente Marktrendite erstklassiger Industrieanleihen als Orientierungspunkt gilt.[320] Abgezinste Rückstellungen sind in den Folgeperioden aufzuzinsen, um im Erfüllungszeitpunkt den vollen Erfüllungsbetrag zu erreichen.[321]

Die Bewertungsnorm schafft bilanzpolitische Spielräume, da sie offen lässt, ab wann eine als „wesentlich" zu bezeichnende Wirkung der Abzinsung vorliegt und auf welchen Maßstab (z. B. Höhe des Eigenkapitals, Höhe des Jahresüberschusses oder Höhe des Erfüllungsbetrags) der Zinseffekt eine wesentliche Wirkung entfalten muss. Auch lässt IAS 37.47 die Frage unbeantwortet, in welcher konkreten Höhe der Abzinsungssatz zu bestimmen ist, so dass sich hieraus weitere bilanzpolitische Spielräume ergeben.

c) Berücksichtigung von zukünftigen Ereignissen

Ein weiterer bilanzpolitischer Korridor eröffnet sich dadurch, dass das Unternehmen dazu verpflichtet ist, *zukünftige Ereignisse*, die sich auf den zur Erfüllung notwendigen Betrag auswirken, zu berücksichtigen, sofern „ausreichende objektive substanzielle Hinweise auf deren Eintritt"[322] vorliegen.

In Ermangelung eines geeigneten Kontrollinstrumentariums muss es der Bilanzadressat häufig dabei bewenden lassen, in die Arbeit des externen Abschlussprüfers zu vertrauen – der allerdings regelmäßig mit den sachverhaltsrelevanten Bewertungsgrundlagen in geringerem Umfang vertraut ist als der Bilanzierende selbst.

d) Spezialfall: Abbruch-, Rückbau- und Entfernungsverpflichtungen

Für Rückstellungen aus *Abbruch-, Rückbau- und ähnlichen Verpflichtungen* besteht die Besonderheit, dass sie nach IAS 16.16 (c) i. V. m. IAS 37 *erfolgsneutral*

---

319 Vgl. hierzu *Adler/Düring/Schmaltz*, Rechnungslegung nach Internationalen Standards (2005), Abschn. 18: Rückstellungen, Eventualschulden und Eventualvermögenswerte (Provisions, Contingent Liabilities and Contingent Assets), Rn. 82.

320 Vgl. *Adler/Düring/Schmaltz*, Rechnungslegung nach Internationalen Standards (2005), Abschn. 18: Rückstellungen, Eventualschulden und Eventualvermögenswerte (Provisions, Contingent Liabilities and Contingent Assets), Rn. 83.

321 Hierbei ist der anfallende Aufwand unter der GuV-Position „Finanzaufwendungen" zu zeigen. Vgl. IAS 37.60 sowie IFRIC 1. 8.

322 IAS 37.48.

zu bilden sind.[323] Das Unternehmen bewertet im Zugangszeitpunkt die Verpflichtung in Höhe ihres Barwerts und erfasst den Rückstellungsbetrag zeitgleich als Bestandteil der Anschaffungs- bzw. Herstellungskosten eines mit der betreffenden Verpflichtung in Zusammenhang stehenden Sachanlagegegenstands. Damit wird die passivierte Rückstellung nicht unmittelbar aufwandswirksam, sondern erst über die erhöhten Abschreibungen des Sachanlagegegenstands und die Aufzinsung des Rückstellungsbarwerts. Ändern sich im Zeitablauf die Schätzungen hinsichtlich des Erfüllungsbetrags, des Erfüllungszeitpunkts oder die Höhe des Diskontierungszinses, so sind die damit verbundenen Wertänderungen der Rückstellungen bei Anwendung des Cost Model (IAS 16.30) nach IFRIC 1 üblicherweise[324] erfolgsneutral durch Anpassung des Sachanlagegegenstands zu erfassen.[325]

2. Anwendung auf den Fall: bilanzpolitische Bewertungsmöglichkeiten der Rückstellung für Abbruchverpflichtungen bei der Skycar Group

a) Rückstellungsbetrag im Jahresabschluss

Aufgrund der bestehenden vertraglichen Regelungen zum Abriss der angemieteten Fabrikgebäude passivierte die Gesellschaft zum 1. 1. 2005 eine Rückstellung i. H. v. 10 Mio. Euro erfolgsneutral durch zeitgleiche Aktivierung des abgezinsten Rückstellungsbetrags als Bestandteil der Herstellungskosten der Fabrikgebäude (IAS 16.16 (c)). Zum 31. 12. 2005 beläuft sich der Buchwert der aktivierten Kosten aufgrund der Abschreibung auf lediglich noch 9,33 Mio. Euro.

Aus dem Jahresabschluss wird nicht ersichtlich, ob es sich bei dem Rückstellungsbetrag um den Barwert der internen oder der externen Erfüllungskosten handelt. Da die entsprechenden Kosten erst in 14 Jahren anfallen werden (31. 12. 2019), lassen sie sich heute noch nicht exakt bestimmen. Die Manager der Skycar Group können die zukünftigen Ausgaben seriöserweise nur innerhalb mehr oder weniger grober Bandbreiten angeben. Der Anhang der Skycar Group enthält aber keine Angaben über die Bandbreite möglicher Erfüllungsbeträge, die Wahrscheinlichkeiten, mit denen das Management Erfüllungsbeträge gewichtete und das Verfahren, mit dem es die mehrwertigen Kostenschätzungen auf einen Wert, nämlich den Barwert zum 1. 1. 2005 i. H. v. 10 Mio. Euro, verdichtete. Der Bilanzanalyst ist daher

---

323 Sofern das Sachanlagegut nicht zur Produktion von Vorräten genutzt wurde. Vgl. IAS 16.16(c).

324 Zu einer erfolgswirksamen Erfassung kommt es lediglich in jenen Fällen, in denen die Verminderung des Rückstellungsansatzes den verbleibenden Buchwert des Sachanlagegegenstands übersteigen würde oder durch die Erhöhung des Rückstellungsbetrags nicht werthaltige Bestandteile aktiviert würden. Vgl. IFRIC 1.5 (b) bzw. 1.5 (c).

325 Bei Anwendung des Revaluation Model nach IAS 16.31 ist eine hiervon abweichende Vorgehensweise vorgeschrieben. Vgl. diesbezüglich IFRIC 1.6.

gezwungen, auf die Richtigkeit des Wertansatzes zu vertrauen und ist aufgrund fehlender Informationen nur bedingt dazu in der Lage, sie ggf. durch bessere Erkenntnisse zu ersetzen.

b) Bereinigung der Rückstellung für Abbruchverpflichtungen

Ansatzpunkte zur Korrektur bieten sich lediglich hinsichtlich der im Anhang offen gelegten Bewertungsparameter. Aus ihnen wird ersichtlich, dass die erwartete jährliche Preis- und Kostensteigerung von 3 % aufgrund erwarteter technologischer Fortschritte mit einem jährlichen Bewertungsabschlag von 2 % bedacht wurde. Der auf diese Weise ermittelte Erfüllungsbetrag wurde im Anschluss mit einem Zinssatz von 4,50 % diskontiert. Aufgrund der aus der Aufgabenstellung ersichtlichen Informationen lassen die Wertangaben auf eine tendenziell zu geringe Dotierung der Rückstellung schließen. Vertraut der Bilanzanalyst eher auf die ihm zugänglichen Schätzungen von Marktinstituten und Marktdaten, so wird er die zukünftigen Erfüllungskosten ermitteln, indem er den geschätzten Erfüllungsbetrag im Zugangszeitpunkt (1. 1. 2005) bis zum voraussichtlichen Erfüllungszeitpunkt mit 3 % (statt wie die Skycar Group mit netto 1 %) inflationiert und den so ermittelten Erfüllungsbetrag mit dem *laufzeitkongruenten Zinssatz für Industrieanleihen* i. H. v. 3,60 % (statt wie die Skycar Group mit 4,50 %) abzinst.

Um die Bereinigung vornehmen zu können, hat der Analyst zunächst den zukünftigen, undiskontierten Erfüllungsbetrag der Rückstellung (incl. erwarteter Kosteneinsparungen) zu ermitteln, indem er den Buchwert der Rückstellung im Zugangszeitpunkt[326] mit dem vom Unternehmen verwendeten Zinssatz von 4,50 % wie folgt aufzinst:

$$10 \times (1 + 0{,}045)^{15} = 19{,}35\,\text{Mio. Euro.}$$

Der so ermittelte (geschätzte) Erfüllungsbetrag wird im Anschluss zunächst um die eingerechneten Preis- und Kostensteigerungen i. H. v. 1 % pro Jahr bis zum Zeitpunkt des Verpflichtungszugangs wie folgt bereinigt:

$$\frac{19{,}35}{(1 + 0{,}01)^{15}} = 16{,}67\ \text{Mio. Euro.}$$

Hätte die Skycar Group den Abbruch der Lagerhallen im Zeitpunkt des Verpflichtungszugangs (am 1. 1. 2005) vorgenommen, so wäre folglich ein (geschätzter) Betrag von 16,67 Mio. Euro aufzuwenden gewesen. Da sie den Abbruch aber erst am 31. 12. 2019, also 15 Jahre später plant, werden sich die Abbruchkosten zwischenzeitlich inflationsbedingt erhöhen. Rechnet man (im Einklang mit den in der

326 Alternativ hätte der Bilanzanalyst auch vom Buchwert der Rückstellung zum 31. 12. 2005 (10,55 Mio. Euro) über 14 Perioden aufzinsen können.

Aufgabenstellung genannten Instituten) mit einer jährlichen Kostensteigerung von 3 %, so gelangt man zu einem voraussichtlichen Erfüllungsbetrag am Ende des Jahres 2019 i. H. v.:

$$16{,}67 \times (1 + 0{,}03)^{15} = 25{,}97 \text{ Mio. Euro.}$$

Dieser Betrag wird abschließend nun noch mit dem aktualisierten Zinssatz von 3,60 % auf den Bilanzstichtag 31. 12. 2005 diskontiert:

$$\frac{25{,}97}{(1 + 0{,}036)^{14}} = 15{,}83 \text{ Mio. Euro.}$$

Zusammengefasst stellen sich die vorgenommenen Korrekturen wie folgt dar:

Tabelle 99: Ermittlung des Rückstellungsbarwerts auf Basis des korrigierten Zinssatzes und ohne Berücksichtigung von Kosteneinsparungen

(in Mio. €)	Aufzinsung mit Zinssatz 4,5 %	Eliminierung des zu niedrigen Preisanstiegs (1 %)	Neuermittlung mit korrigiertem Preisanstieg (3 %)	Abzinsung mit Zinssatz 3,6 %
01. 01. 2005	**10,00**	16,67	16,67	15,28
31. 12. 2005	10,45	16,84	17,17	**15,83**
31. 12. 2006	10,92	17,00	17,68	16,40
31. 12. 2007	11,41	17,17	18,22	16,99
31. 12. 2008	11,93	17,35	18,76	17,60
31. 12. 2009	12,46	17,52	19,32	18,23
31. 12. 2010	13,02	17,70	19,90	18,89
31. 12. 2011	13,61	17,87	20,50	19,57
31. 12. 2012	14,22	18,05	21,12	20,28
31. 12. 2013	14,86	18,23	21,75	21,01
31. 12. 2014	15,53	18,41	22,40	21,76
31. 12. 2015	16,23	18,60	23,07	22,54
31. 12. 2016	16,96	18,78	23,77	23,36
31. 12. 2017	17,72	18,97	24,48	24,20
31. 12. 2018	18,52	19,16	25,21	25,07
31. 12. 2019	19,35	19,35	25,97	25,97

Die Korrektur der Rückstellung i. H. v. 5,38 Mio. Euro (15,83 Mio. Euro – 10,45 Mio. Euro) hat zunächst keine unmittelbare Auswirkung auf den Jahresüberschuss, da sie entsprechend IFRIC 1.5 (bei Anwendung des Cost-Models nach IAS 16) erfolgsneutral mit dem Buchwert der korrespondierenden Sachanlage (hier: Fabrikgebäude) zu verrechnen ist und der Mehraufwand prospektiv über die kommenden Perioden verteilt werden muss. Die Anpassung erhöht damit zunächst nur die Fremdkapitalquote und entwickelt erst im Jahr 2006 eine erste GuV-Wirkung. Zum einen erhöhen sich die jährlichen Abschreibungen über die verbleibende Restnutzungsdauer der Fabrik um 0,38 Mio. Euro (5,38 Mio. Euro ÷ 14 Jahre). Zum anderen steigt die Summe der zukünftig vorzunehmenden jährlichen Aufzinsungen der Rückstellung aufgrund der erhöhten Rückstellungsbasis (trotz des gesunkenen Zinssatzes) von 8,90 Mio. Euro (19,35 Mio. Euro – 10,45 Mio. Euro) auf 10,14 Mio. Euro (25,97 Mio. Euro – 15,83 Mio. Euro) an.

IV. Bilanzanalytische Gesamtbeurteilung der „Sonstigen Rückstellungen" bei der Skycar Group

1. Konzeptionelle Vorgehensweise

Die Rückstellungsbilanzierung eröffnet *erhebliche implizite Ansatz- und Bewertungswahlrechte*, die in der (ungewissen) Natur der Sache liegen. Ein Rechnungslegungssystem ist regelmäßig nicht dazu in der Lage, die damit verbundenen Spielräume sinnvoll einzuschränken. Eine starke Objektivierung und Typisierung der Bewertungs- und Schätzparameter führt zwar zu einer Begrenzung der bilanzpolitischen Spielräume. Je mehr die Ansatz- und Bewertungsanweisungen jedoch formalisiert werden, desto mehr verhindern sie eine individuelle, dem Einzelfall gerecht werdende Berichterstattung. Normierte Informationen sind insofern für den Bilanzanalysten aussagelos. Verzichtet man dagegen – wie tendenziell die IFRS – auf eine strenge Objektivierung des Ansatzes und der Bewertung, so schafft dies die Grundlage für erhebliche bilanzpolitische Maßnahmen. Der Bilanzanalyst muss dann versuchen zu erkennen, ob der Bilanzierende die bestehenden Bilanzierungsfreiräume bewusst dazu nutzte, sich reich oder arm zu rechnen. Er kann den Versuch unternehmen, diese Erkenntnisse durch einen *Branchenvergleich* zu gewinnen. Im Rahmen der Analyse sind hierbei ausschließlich die „Sonstigen Rückstellungen" der Skycar Group zu betrachten. Diese umfassen sämtliche Rückstellungen mit Ausnahme der Pensions- sowie der Steuerrückstellungen.[327]

Die Arbeitshypothese lautet, dass vergleichbare Unternehmen eine *vergleichbare Bilanz- und GuV-Struktur* aufweisen. Vergleichbare Unternehmen haben typischerweise ein ähnliches Common Size Statement.[328] Bei ihnen besteht z. B. ein relativ festes Verhältnis zwischen Materialaufwand und den Umsatzerlösen sowie dem Eigenkapital und dem Fremdkapital. Sie sind letztlich ähnlichen Risiken (z. B. Gewährleistungen) ausgesetzt, die zu ähnlichen Belastungen führen. Würden die Manager vergleichbarer Unternehmen diese Risiken auf die gleiche Art und Weise beurteilen, so müssten sie auch in etwa zu relativ gleichen Rückstellungen gelangen.

Der Branchenvergleich kann entweder Bilanz-orientiert oder Bilanz-GuV-orientiert vorgenommen werden. Im ersten Fall greift die Überlegung, dass die (unge-

327 Pensionsrückstellungen werden ausführlich in Fall 12 behandelt.
328 Vgl. diesbezüglich Fall 1.

wissen) Verbindlichkeiten – ähnlich dem Working Capital eines Unternehmens – systematisch mit seiner Größe wachsen und damit in einem relativ festen Verhältnis zur Bilanzsumme stehen. Im zweiten Fall gilt die Vermutung, dass das Risiko mit wachsenden Umsätzen steigt, so dass die Umsatzerlöse und die Rückstellungen eine feste Relation bilden.

2. Anwendung auf den Fall: bilanzanalytische Beurteilung der „Sonstigen Rückstellungen" bei der Skycar Group

a) Anteil der „Sonstigen Rückstellungen" an der Bilanzsumme

Die „Sonstigen Rückstellungen" der Skycar Group belaufen sich zum 31. 12. 2005 auf 2,31 % der Bilanzsumme (100,24 Mio. Euro ÷ 4 340,88 Mio. Euro). In 2004 betrug ihr Anteil noch 4,52 %. Unter Hinzuziehung der in der Aufgabenstellung bereitgestellten Branchenvergleichszahlen fügt sich die Kennzahl der Skycar Group wie folgt in das Bild ein:[329]

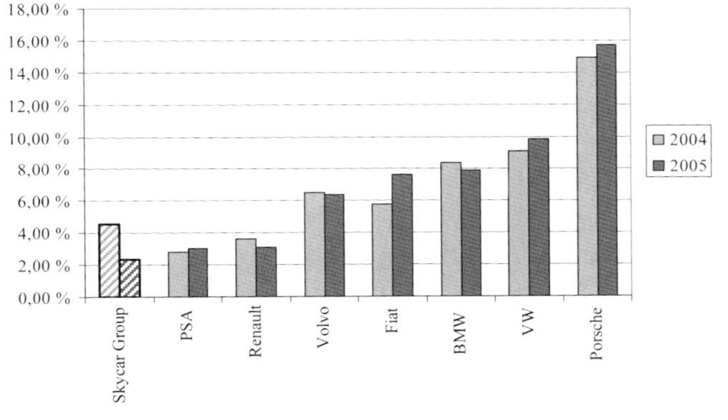

Abbildung 7: Anteil der „Sonstigen Rückstellungen" an der Bilanzsumme bei der Skycar Group und weiteren Automobilproduzenten

b) Anteil der „Sonstigen Rückstellungen" an den Umsatzerlösen

Die von der Skycar Group gebildeten „Sonstigen Rückstellungen" entsprechen in 2005 2,10 % der Umsatzerlöse. Im Geschäftsjahr 2004 betrug dieser Anteil

329 Vgl. PSA, Reference Document 2005, S. 136, 137, 178, 179; ders., Reference Document 2004, S. 201, 242; Renault, Registration Document 2005, S. 169, 200; Volvo, Konzernabschluss 2005, S. 82, 113; Fiat, Konzernabschluss 2005, S. 77, 131; BMW, Konzernabschluss 2005, S. 64, 65, 108; ders., Konzernabschluss 2004, S. 52, 53, 88; VW, Konzernabschluss 2005, S. 115, 165, 166; ders., Konzernabschluss 2004, S. 41, 94, 95; Porsche, Konzernabschluss 2004/2005, S. 104, 139.

4,50 %. Bei Vergleichsunternehmen fällt der Anteil der „Sonstigen Rückstellungen" an den Umsatzerlösen zum Teil signifikant höher aus, wie im nachfolgend dargestellten Branchenvergleich deutlich wird:[330]

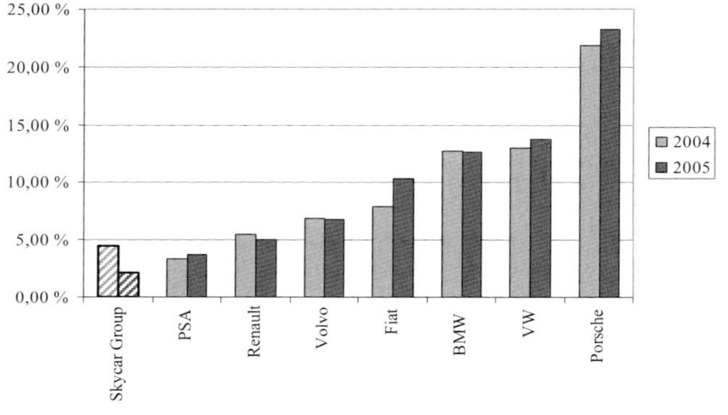

Abbildung 8: Anteil der „Sonstigen Rückstellungen" an den Umsatzerlösen bei der Skycar Group und weiteren Automobilproduzenten

c) Analyse der Ergebnisse bei der Skycar Group

Aus den vorgenommenen Analysen lässt sich die These ableiten, dass die Manager der Skycar Group Bilanzpolitik betreiben und die „Sonstigen Rückstellungen" (im Branchenvergleich) zu gering bemessen haben, um eine verbesserte *Eigenkapitalquote* und *Eigenkapitalrentabilität* zu erzielen. In der Konsequenz müssten die „Sonstigen Rückstellungen" daher entsprechend erhöht werden. Geht man bspw. davon aus, dass sich die sonstigen Rückstellungen im Branchendurchschnitt auf ca. 10 % der Umsatzerlöse belaufen und eine derartige Relation ebenfalls bei der Skycar Group gelten würde, so veränderte sich der Rückstellungsansatz zum 31. 12. 2004 von 203,08 Mio. Euro auf ca. 450 Mio. Euro. Zum 31. 12. 2005 wäre die Rückstellung von 100,24 Mio. Euro auf ca. 480 Mio. Euro zu korrigieren. Unterstellt man ferner, dass die zwischen den beiden Bilanzstichtagen eingetretenen Rückstellungsveränderungen i. H. v. etwa 30 Mio. Euro auf Anpassungen entfallen, die gewinnwirksam zu erfassen sind, so wäre der Jahresüberschuss des aktuellen Jahres entsprechend zu korrigieren.

---

330 Vgl. PSA, Reference Document 2005, S. 134, 178 und 179; ders., Reference Document 2004, S. 199, 242; Renault, Registration Document 2005, S. 167, 169 und 200; Volvo, Konzernabschluss 2005, S. 81 und 113; Fiat, Konzernabschluss 2005, S. 76, 77 und 131; BMW, Konzernabschluss 2005, S. 63 und 108; ders., Konzernabschluss 2004, S. 51 und 52; VW, Konzernabschluss 2005, S. 114, 165 und 166; ders., Konzernabschluss 2004, S. 40 und 41; Porsche, Konzernabschluss 2004/2005, S. 104.

d) Auswirkungen der Anpassungen auf die Eigenkapitalquote und die Eigenkapitalrendite bei der Skycar Group

Eine derartige pauschale Vorgehensweise kann allerdings nur sehr bedingt überzeugen. Es erscheint zweckmäßiger, stattdessen die in den vorherigen Abschnitten identifizierten Anpassungserfordernisse umzusetzen. Würde man zum einen die drohende Inanspruchnahme aus der *anhängigen Patentrechtsklage* passivisch berücksichtigen und zum anderen die Bewertungskorrekturen der Abbruchverpflichtung vornehmen, so ergäben sich daraus nachfolgende Auswirkungen auf die *Eigenkapitalquote* und die *Eigenkapitalrentabilität* der Skycar Group:

Tabelle 100: Auswirkung der Anpassungen auf die Eigenkapitalquote und Eigenkapitalrentabilität der Skycar Group

(in Mio. €)	Aktiva	Fremdkapital	Eigenkapital (ohne JÜ)	JÜ
Werte zum 31. 12. 2005	4 340,88	3 195,85	999,27	145,76
1. Erfolgsneutrale Neubewertung der Rückstellung für den Abbruch der Fabrikhallen	5,38	5,38	0,00	0,00
2. Einbuchung einer Rückstellung für eine drohende Inanspruchnahme aus der anhängigen Patentrechtsklage	0,00	400,00	0,00	– 400,00
Werte zum 31. 12. 2005 nach Korrektur	4 346,26	3 601,23	999,27	– 254,24
Eigenkapital vor Korrektur (einschl. JÜ)	(= 999,27 + 145,76)			1 145,03
Eigenkapital nach Korrektur (einschl. JÜ)	(= 999,27 – 254,24)			745,03
Bilanzsumme nach Korrektur (einschl. JÜ)				4 346,26
Kennzahlen	vor Korrektur		nach Korrektur	
Eigenkapitalquote	26,38 %		17,14 %	
Eigenkapitalrentabilität	12,73 %		– 34,12 %	

Der *(bilanzanalytische) Aussagegehalt* einer derartigen Anpassung darf allerdings ebenso wenig überschätzt werden, wie jener bei pauschalen Korrekturen (z. B. die oben dargestellte Erhöhung der „Sonstigen Rückstellungen" auf 10 % der Umsatzerlöse); schließlich ist die Höhe der „Sonstigen Rückstellungen" abhängig von einer Vielzahl an Faktoren. So können etwa landesspezifische Gegebenheiten dazu führen, dass auf Unternehmen, die in Land A tätig sind, stärkere Umweltverpflichtungen lasten, als auf Unternehmen, die in Land B ihre Produktionsstandorte unterhalten. Auch kann es sein, dass ein Unternehmen eine diversifiziertere Unternehmensstruktur aufweist als ein anderes Unternehmen, so dass sich hieraus natürliche Auswirkungen auf die Zusammensetzung der sonstigen Rückstellungen und ihre Höhe ergeben. Bspw. wird ein Automobilunternehmen mit integrierter Bank (zur Abwicklung von Finanzierungskäufen) regelmäßig mehr Verpflichtungsarten ausgesetzt sein als ein Automobilunternehmen, das seine Finanzierungsgeschäfte über Dritte abwickelt.

Der Vergleich von Verhältniszahlen kann daher lediglich dazu dienen, einen *groben Überblick* über das zu untersuchende Unternehmen zu erhalten. Zwingende Rückschlüsse auf eine (im Fall der Skycar Group) ausgeprägt progressive oder gar falsche Bilanzierung lassen sich hieraus jedoch nicht ziehen. Hierzu bedarf es einer tiefer gehenden Analyse, die die Art und Weise der Ausübung bestehender Gestaltungsspielräume innerhalb eines Rechnungslegungssystems mit einbezieht. Die hierfür notwendigen Informationen erschließen sich allerdings regelmäßig nicht aus dem Jahresabschluss selbst.

Weiterführende Literatur

Adler, Hans/ Düring, Walther/ Schmaltz, Kurt — Rückstellungen, Eventualschulden und Eventualvermögenswerte (Provisions, Contingent Liabilities and Contingent Assets), in: Rechnungslegung nach Internationalen Standards, Stuttgart 2005 (Loseblatt), Abschn. 18

Euler, Roland/ Engel-Ciric, Dejan — Rückstellungskriterien im Vergleich – HGB versus IFRS, in: WPg-Sonderheft, 57. Jg. (2004), S. 139–154

Hoffmann, Wolf-Dieter — § 21 Rückstellungen, Verbindlichkeiten, in: Norbert Lüdenbach/Wolf-Dieter Hoffmann (Hrsg.), Haufe IFRS-Kommentar, 4. Aufl., Freiburg i. Br. 2006

Hommel, Michael — Kommentierung zu § 249 HGB, in: Jörg Baetge/ Hans-Jürgen Kirsch/Stefan Thiele (Hrsg.), Bilanzrecht: Handelsrecht mit Steuerrecht und den Regelungen des IASB, Bonn/Berlin 2002

Moxter, Adolf — Rückstellungen nach IAS – Abweichungen vom geltenden deutschen Bilanzrecht, in: BB, 54. Jg. (1999), S. 519–524

Moxter, Adolf — Neue Ansatzregeln für Verbindlichkeitsrückstellungen?, in: DStR, 42. Jg. (2004), S. 1057–1060 und S. 1098–1102

Rüdinger, Andreas — Regelungsschärfe bei Rückstellungen – Normkonkretisierung und Anwendungsermessen nach GoB, IAS/ IFRS und US-GAAP, Wiesbaden 2004

Fall 12: Pensionsverpflichtungen

Sachverhalt:

Aus dem Geschäftsbericht der Skycar Group entnehmen Sie, dass im Fremdkapital Pensionsrückstellungen i. H. v. 375,21 Mio. Euro ausgewiesen sind. Ferner enthält der Anhang der Skycar Group folgende Angaben zur Bilanzierung von Pensionsverpflichtungen:

„Für die Mitarbeiter der Skycar Group bestehen betriebliche Altersversorgungszusagen. Nach IAS 19 sind diese Zusagen als leistungsorientierte Pensionsverpflichtungen einzustufen und unter Anwendung des Verfahrens der laufenden Einmalprämie jährlich zu bewerten. Die künftigen Rentenzahlungen werden extern über den Skycar Pension Trust e. V. finanziert. Da die treuhänderisch verwalteten Fondsanteile die Voraussetzungen von IAS 19 als Vermögenswerte (Plan Assets) erfüllen, erfolgt eine Saldierung mit den Pensionsrückstellungen. Versicherungsmathematische Gewinne und Verluste werden gemäß der Korridormethode über die Restdienstzeit der Mitarbeiter verteilt.

Die Berechnung der Pensionsverpflichtungen basiert auf versicherungsmathematischen Methoden. Diese beinhalten Annahmen über zukünftige Lohn- und Gehaltstrends sowie Rententrends. Die Skycar Group schätzt die jeweiligen Berechnungsparameter jährlich neu. Dem Berichtsjahr und dem Vergleichsjahr lagen folgende Annahmen zu Grunde:

Tabelle 101: Versicherungsmathematische Annahmen

(in %)	2005	2004
Abzinsungssatz	5,00	5,25
Zukünftiger Gehaltstrend	3,50	3,50
Rententrend	1,75	1,75
Erwarteter Ertrag des externen Planvermögens	6,00	6,75

Die Pensionsverpflichtungen der ausländischen Gesellschaften sind insgesamt von untergeordneter Bedeutung.

Aufgrund dieser Schätzungen ergeben sich nachfolgende Nettoverpflichtungen:

Tabelle 102: Überleitung zur Nettoverpflichtung

(in Mio. €)	2005	2004
Anwartschaftsbarwert	3 239,21	3 070,68
Marktwert des Planvermögens	– 2 456,00	– 2 345,00
Noch nicht erfasste versicherungsmathematische Verluste	– 408,00	– 250,00
Pensionsrückstellung lt. Bilanz	375,21	475,68

Der Anwartschaftsbarwert der Pensionsrückstellungen und der Marktwert des Fondsvermögens entwickelten sich wie in Tabelle 103 (auf S. 246) dargestellt.

Tabelle 103: Entwicklung des Anwartschaftsbarwerts und des Fondsvermögens

(in Mio. €)	2005	2004
Anwartschaftsbarwert zum 1. 1.	3 070,68	2 870,00
Laufender Dienstzeitaufwand	111,00	100,00
Zinsaufwand auf die Verpflichtung	153,53	150,68
Versicherungsmathematische Verluste	120,00	90,00
Geleistete Rentenzahlungen	– 216,00	– 140,00
Anwartschaftsbarwert zum 31. 12.	3 239,21	3 070,68
Marktwert der Fondsvermögen zum 1. 1.	2 345,00	2 250,00
Erwarteter Ertrag des externen Planvermögens	141,00	152,00
Versicherungsmathematische Verluste	– 52,00	– 63,00
Zuwendungen des Arbeitgebers	65,00	45,00
Pensionszahlungen der Fonds	– 43,00	– 39,00
Marktwert der Fondsvermögen zum 31. 12.	2 456,00	2 345,00

Die in der GuV ausgewiesenen Pensionsaufwendungen setzen sich wie folgt zusammen:

Tabelle 104: Zusammensetzung der Pensionsaufwendungen

(in Mio. €)	2005	2004
Laufender Dienstzeitaufwand	111,00	100,00
Amortisierte versicherungsmathematische Verluste/Gewinne	14,00	10,00
Zinsaufwand auf die Verpflichtung	153,53	150,68
Erwarteter Ertrag des externen Planvermögens	– 141,00	– 152,00
Pensionsaufwand	137,53	108,68

Der Pensionsaufwand wird unter den Personalaufwendungen ausgewiesen.“

Aufgabenstellung:

- Welche *bilanzanalytische Relevanz* hat die Bilanzierung von Pensionsrückstellungen in der Praxis?
- Verdeutlichen Sie die *bilanzpolitischen Möglichkeiten und Grenzen* bei der Bilanzierung von Pensionsverpflichtungen nach IAS 19!
- Verdeutlichen Sie die *bilanzanalytischen Möglichkeiten und Grenzen*, die sich bei der Bilanzierung von Pensionsverpflichtungen ergeben!
  - Gehen Sie hierbei insb. auf die Darstellung der *versicherungsmathematischen Gewinne und Verluste* und des *Planvermögens* sowie auf den *Ausweis der Pensionsaufwendungen* ein! Welche *Auswirkungen* ergeben sich hieraus im Einzelnen für die wesentlichen *Bilanzkennzahlen* (vor Korrektur der Steuer) der Skycar Group?
  - Welche *Aussagegrenzen* ergeben sich im Rahmen der Bilanzanalyse in Bezug auf die Bilanzierung von Pensionsrückstellungen nach IAS 19?

I. Bilanzanalytische Relevanz der Pensionsverpflichtungen

In der Unternehmenspraxis ist die Finanzierung der betrieblichen Altersvorsorge von großer Relevanz. Dies spiegelt sich auch in den Jahresabschlüssen der Unternehmen wider. In vielen Bilanzen bilden die Pensionsrückstellungen die betragsmäßig *größte Fremdkapitalposition* – Tendenz steigend. Zugleich eröffnen die IFRS den Unternehmen ein umfangreiches bilanzpolitisches Gestaltungspotenzial bei der Erfassung und der Bewertung von Pensionsrückstellungen. Sie werden dadurch zu einem wichtigen Element der Bilanzpolitik und Bilanzanalyse.[331]

Durch die Pensionszusage entsteht dem Unternehmen eine Verpflichtung mit regelmäßig *unsicherer Höhe, unsicherem Eintritt und unsicherem Fälligkeitszeitpunkt*,[332] so dass versicherungsmathematische Annahmen (z. B. zur Gehalts- und Rentenentwicklung) zu treffen sind. Die damit verbundenen notwendigen Schätzungen und Prognosen sind erheblich. Obwohl IAS 19.73 den Bilanzierenden dazu verpflichtet, bei der Bewertung der Pensionen den Grundsatz der bestmöglichen Schätzung (*best estimate*) zu befolgen, verbleibt ihm eine große Palette zulässiger Bewertungsverfahren und eine erhebliche Bandbreite bei der Konkretisierung der Rechnungsgrundlagen. Umso bedeutender ist eine sachgerechte Würdigung allein der hiermit betriebenen Bilanzpolitik, um Fehleinschätzungen über die wirtschaftliche Lage des analysierten Unternehmens zu verhindern.

II. Bilanzpolitische Möglichkeiten und Grenzen bei der Bilanzierung von Pensionsverpflichtungen

1. Erläuterung

a) Arten von Versorgungsverpflichtungen

IAS 19.25 differenziert bei der Bilanzierung von Pensionsverpflichtungen zwischen beitragsorientierten und leistungsorientierten Pensionsplänen. Bei den *beitragsorientierten Pensionsplänen* (*defined contribution plans*) verpflichtet sich das Unternehmen dazu, Beiträge in der vereinbarten Höhe an einen externen Versorgungsträger (z. B. Pensionsfonds) zu entrichten. Nach ihrer Entrichtung enden die Leistungsverpflichtungen für das Unternehmen. Die Beitragszahlungen an die Versorgungsträger werden nach IAS 19.44 unabhängig von ihrer Fälligkeit in der Periode, in der die entsprechende Arbeitsleistung des Arbeitnehmers erbracht

331 Vgl. *Küting/Strickmann*, Die betriebliche Altersvorsorge im Spannungsfeld von Bilanzpolitik und Bilanzanalyse, BB 1997, S. 1 (S. 3).

332 Vgl. *Pellens/Fülbier/Sellhorn*, Bilanzierung leistungsorientierter Pensionspläne bei deutschen und US-amerikanischen Unternehmen, DBW 2004, S. 133 (S. 134).

wird, als laufender Aufwand erfasst. Bilanzielle Bewertungsfragen treten dabei grundsätzlich nicht auf. Die Abbildung beitragsorientierter Pensionszusagen ist daher sowohl aus bilanzpolitischer als auch bilanzanalytischer Sicht von untergeordneter Bedeutung.

Von bilanzpolitischer Relevanz sind dagegen die *leistungsorientierten Pensionszusagen* (*defined benefit plans*). Mit ihnen verpflichtet sich das Unternehmen gegenüber den Pensionsberechtigten zur Zahlung einer Pension in einer bestimmten Höhe.[333] Das Unternehmen kann die Pensionszahlungen im eigenen Unternehmen intern durch Bildung von Pensionsrückstellungen oder – wie insb. in den USA üblich – über einen externen Versorgungsträger ansparen. Reichen später die angesparten Mittel nicht aus, den Pensionsverpflichtungen nachzukommen, so ist das Unternehmen unabhängig von der gewählten Finanzierungsform verpflichtet, für den Fehlbetrag einzustehen.

b) Bewertung der leistungsorientierten Pensionsverpflichtungen

aa) Berechnung des Endlohns und der Rentenzahlungen

Kalkuliert der Arbeitgeber die Höhe der zukünftigen (meist erst Jahrzehnte später fällig werdenden) Pensionszahlungen im Zusagezeitpunkt, so muss er mehrere Annahmen treffen. Dies lässt sich an einem einfachen Beispiel verdeutlichen:

Ein 30-jähriger Arbeitnehmer hat einen aktuellen Jahresverdienst von 40 000 Euro und erhält am 1. 1. 2006 eine Pensionszusage. Der Pensionsanspruch wird unverfallbar, wenn der Arbeitnehmer dem Unternehmen noch zehn Jahre angehört. Das Unternehmen zahlt ihm dann bei Erreichen des Pensionsalters mit 65 Jahren, also im Jahre 2041, eine lebenslängliche, jährliche Rente von 10 % des letzten Jahresgehalts. Die Rente erhöht sich jedes Jahr um die aktuelle Inflationsrate.

Bei der Ermittlung der Höhe der Pensionsrückstellung zum jeweiligen Bilanzstichtag hat der Arbeitgeber *drei Berechnungen* vorzunehmen: In einem ersten Schritt muss er die Summe der zukünftigen Pensionszahlungen (ab Rentenbeginn bis zum Ende der Rente, d. h. regelmäßig bis zum Todestag des Arbeitnehmers) schätzen. Die einzelnen Rentenzahlungen werden dann in einem zweiten Schritt auf den Tag des Ausscheidens des Arbeitnehmers aus dem Unternehmen diskontiert. Der auf diese Weise ermittelte Verpflichtungsbarwert (sog. Anwartschaftsbarwert) ist dann in einem dritten Schritt auf die aktive Tätigkeitszeit des Arbeitnehmers im Unternehmen aufwandswirksam zu verteilen. Die Verteilung erfolgt nach Maßgabe eines individuell festgelegten Verteilungsplans (benefit formula).

Will der Arbeitgeber – bei der *Umsetzung des ersten Berechnungsschritts* – die mutmaßlich zu zahlenden, jährlichen Pensionen kalkulieren, so muss er zunächst den *Endlohn ermitteln*, den der Arbeitnehmer voraussichtlich im Jahr seines Ausscheidens (im Beispiel zum 31. 12. 2041) erhält. In die Berechnung fließen sowohl

333 Vgl. IAS 19.27 (a) i. V. m. IAS 19.49.

tarifvertragliche Lohnerhöhungen als auch individuelle, gehaltssteigernde Beförderungen ein. Insb. die individuellen Gehaltserhöhungen entziehen sich einer objektivierten Schätzgrundlage. Im Jahresabschluss werden hierzu keine Aussagen getroffen. Aber auch hinsichtlich der Erwartung der allgemeinen Lohnerhöhungen variieren naturgemäß die Schätzungen. Je höher die Lohnsteigerungen veranschlagt werden, desto höher ist c.p. die Pensionsrückstellung bei gleichem Sachverhalt. Es sei angenommen, dass der Arbeitgeber ganz allgemein von zukünftigen Lohnsteigerungen von 3,50 % ausgeht und er den Endlohn des Arbeitnehmers im konkreten Fall auf 80 000 Euro taxiert.

Hängt die spätere Auszahlung der Rente auch von einer zukünftigen Mindestzugehörigkeit zum Unternehmen ab, sind auch Kalkulationen erforderlich, mit welcher Wahrscheinlichkeit der Arbeitnehmer tatsächlich in den Genuss des Rentenanspruchs kommt.

Zusätzlich müssen Überlegungen hinsichtlich der *biometrischen Annahmen* (z.B. Sterblichkeitswahrscheinlichkeit, Fluktuationsraten, Invalidität, Frühpensionierung und Hinterbliebenensituation) des Arbeitnehmers getroffen werden. Für Deutschland können die Heubeck'schen Richttafeln Anhaltspunkte gewähren. Sind Arbeitnehmer in statistisch weniger gut erforschten Regionen beschäftigt, ist das Unternehmen ggf. auf eigene Schätzungen angewiesen. Es sei unterstellt, dass der Arbeitgeber für das Ausgangsbeispiel damit rechnet, dass die Rentenbezugsdauer 20 Jahre beträgt und von 2042–2062 läuft.

Besteht (vermeintliche) Klarheit über die Höhe der Rente und ihre Laufzeit, so ist zu kalkulieren, auf welche Weise sich die *Inflation*, die während der Rentenbezugszeit (1. 1. 2042–31. 12. 2062) eintritt, auf die Höhe der Pension auswirkt. Auch hier sind Schätzungen erforderlich. Die in der Vergangenheit beobachteten Inflationsraten können wichtige Anhaltspunkte bieten, sie sind aber keineswegs verbindlich. Selbst wenn sich der Unternehmer bei seiner Schätzung sehr stark an der Vergangenheitsinflation orientiert, so ist offen, wie lange der vergangene Referenzzeitraum zu wählen ist und auf welche Weise die in ihm beobachteten, jährlich variierenden Inflationsraten auf einen Durchschnittswert zu verdichten sind. Nach Abschluss der Überlegungen kann der Arbeitgeber einen voraussichtlichen Auszahlungsplan für die Rente erstellen.

bb) Berechnung des Rentenbarwerts

Im zweiten Berechnungsschritt sind die Rentenzahlungen auf den Stichtag des altersbedingten Ausscheidens des Arbeitnehmers zu diskontieren. Der *Diskontierungszins* ist so zu wählen, dass der aus seiner Anwendung resultierende Rentenbarwert dazu ausreicht, die zukünftigen Rentenzahlungen zu bestreiten, wenn er in Höhe des Diskontierungszinses angelegt wird.

In dem Ausgangsbeispiel müsste der Arbeitgeber das Zinsniveau für die Jahre 2042–2062 schätzen. Je niedriger ein Unternehmen den Diskontierungszins wählt, umso höher ist c. p. der Barwert der Rentenverpflichtung und umgekehrt. Als Kalkulationszinssatz ist gemäß IAS 19.78 die Rendite erstrangiger, festverzinslicher Industrieanleihen mit äquivalenter Laufzeit heranzuziehen. Diese Restriktion ist trügerisch. Sie begrenzt die bilanzpolitischen Spielräume des Arbeitgebers keineswegs. Im Sachverhalt müsste der Arbeitgeber den Zinssatz einer Industrieanleihe wählen, bei der sich der Schuldner schon heute dazu verpflichtet, am 1. 1. 2042 eine Anleihe zu platzieren, die 20 Jahre läuft, entsprechend dem Tilgungsverlauf der Pensionsrückstellung zurückzuzahlen ist und am 31. 12. 2062 ausläuft. Natürlich müsste der Emittent schon heute für die gesamte Laufzeit einen Festzins garantieren.

cc) Verteilung des Rentenbarwerts auf die Dienstzeit

In einem dritten Schritt ist der Rentenbarwert planmäßig auf die aktive Dienstzeit des Arbeitnehmers zu verteilen. Der Barwert, den der Pensionsanspruch bei seinem Ausscheiden erreicht hat, setzt sich aus zwei Leistungskomponenten zusammen: Zum einen fließt in die Pensionsrückstellung die Zusatzvergütung (*Dienstzeitaufwand*) ein, die der Arbeitnehmer als Lohnbestandteil jedes Jahr erdient, die er aber erst nach seinem Ausscheiden in Form der Rente ausgezahlt erhält. Zum anderen enthält der Rentenbarwert einen *Zinsanteil*, da der Arbeitnehmer auf eine zeitnahe Auszahlung dieses Lohnanspruchs verzichtet und dieser zwischenzeitlich zu verzinsen ist. Die Pensionsrückstellung beträgt daher im Zusagezeitpunkt Null und erhöht sich bei planmäßigem Verlauf jedes Jahr um die Verzinsung des Anfangsbestands sowie um den während des Geschäftsjahrs verdienten Dienstzeitaufwand.

Liegt die Höhe der Pensionsverpflichtung zum Ausscheidezeitpunkt des Arbeitnehmers fest, so konkretisieren sich Zinsanteil und Dienstzeitaufwand ihrer Höhe nach wechselseitig. Zwar berechnet sich der Zinsanteil „automatisch" durch eine jährliche (Effektiv-)Verzinsung des zu Beginn des Geschäftsjahrs bereits verdienten Rentenbarwerts. Der Zinssatz beeinflusst aber indirekt den Dienstzeitaufwand; denn je höher der Zinssatz gewählt wird, umso höher ist der Zinsaufwand und umso kleiner der als Dienstzeitaufwand verteilbare Betrag.

IAS 19 ermittelt die leistungsorientierten Pensionszusagen nach der *Methode der laufenden Einmalprämien*.[334] Die Zuordnung des Pensionsaufwands zu den Perioden erfolgt nach Maßgabe einer individuell festgelegten *Rentenformel* (IAS 19.67). Mit ihr legt der Arbeitgeber fest, in welchem Umfang die zukünftige (Gesamt-)Pension, den einzelnen Perioden zuzuordnen ist. Sie eröffnet dem Bilanzierenden großen bilanzpolitischen Spielraum. Erbringt der Arbeitnehmer über seine aktive Tätigkeitszeit hinweg eine gleichbleibende Arbeitsleistung, so bietet es sich an, auch die von ihm verdiente Zusatzvergütung gleichmäßig anzusammeln. Leistet der Arbeitnehmer aber – z. B. aufgrund seiner physischen Konstitution – in jüngeren Jah-

334 Vgl. *Feld*, Die Bilanzierung von Pensionsrückstellungen nach HGB und IAS – Überblick über die wesentlichen Regelungen und Unterschiede unter Berücksichtigung von Abweichungen zwischen IAS und US-GAAP (Teil 1), WPg 2003, S. 573 (S. 581).

ren mehr als in älteren Dienstjahren, so liegt es nahe, auch den Dienstzeitaufwand degressiv über die Gesamtarbeitszeit zu verteilen (*frontloading*). Im umgekehrten Fall, in dem der Arbeitnehmer für das Unternehmen aufgrund seiner Erfahrungen immer wertvoller wird, entsprächen progressive Dienstzeitaufwendungen den wirtschaftlichen Gegebenheiten am besten (*backloading*). Die Methode der laufenden Einmalprämien ermöglicht es dem Unternehmen geradezu idealtypisch, für jeden Arbeitnehmer den im Geschäftsjahr zu verdienenden Dienstzeitaufwand zu Beginn der Pensionszusage individuell festzulegen.[335] Aus den Anhangangaben ist i. d. R. nicht ersichtlich, wie die Planformel des jeweiligen Arbeitnehmers gestaltet ist. Somit bleibt dem Bilanzleser eine wichtige Information verborgen.

c) Bewertung des Planvermögens

Wenn das Unternehmen die Pensionsverpflichtungen in einem *externen Pensionsfonds* ansammelt, ist das ausgegliederte Fondsvermögen (Planvermögen) *separat zu bewerten*. Der Arbeitgeber kalkuliert den Wert des Pensionsfonds, der dazu dienen soll, die zukünftigen Verpflichtungen aus den Rentenzusagen zu erfüllen. Bei planmäßigem Verlauf erhöht sich der Wert des Pensionsfonds um die Einzahlungen, die der Arbeitgeber erbringt und vermindert sich um die Pensionszahlungen, die der Fonds im Auftrag des Arbeitgebers unmittelbar an die begünstigten Arbeitnehmer vornimmt. Zusätzlich erhöht sich der Wert des Fonds um die Rendite, die er aus dem Fondsvermögen jährlich erzielt. Sind die Voraussetzungen gemäß IAS 19 für die Qualifizierung als Planvermögen (plan asset) gegeben,[336] so erfolgt eine Saldierung mit der Pensionsverpflichtung (IAS 19.102).

Ist danach der Fondswert höher als der Wert der Pensionsrückstellungen, weist das Unternehmen in seiner Bilanz keine Pensionsrückstellungen mehr aus und aktiviert stattdessen den Betrag, um den das Planvermögen die Pensionsverpflichtung zum Bilanzstichtag übersteigt, als Fondsguthaben.[337] Ist aber der Zeitwert des Fonds geringer als die korrespondierenden Pensionsverpflichtungen, so passiviert der Bilanzierende den fehlenden Finanzierungsbetrag netto unter den Pensionsrückstellungen. Der vollständige Zeitwert von Planvermögen und Pensionsverpflichtung wird für den Bilanzanalysten nur aus den Anhangangaben ersichtlich.

---

335 Vgl. *Wollmert u. a.*, in: Baetge u. a. (Hrsg.), Rechnungslegung nach International Accounting Standards (2002), IAS 19, Rn. 100.

336 Für eine Saldierung ist die Qualifizierung der Vermögenswerte als Planvermögen zwingend. Gemäß IAS 19.7 ist es erforderlich, dass der ausgegliederte Fonds (Planvermögen) vom zusagenden Unternehmen rechtlich unabhängig ist und ausschließlich besteht, um Leistungen gegenüber Arbeitnehmern zu zahlen und zu finanzieren. Deshalb darf das Planvermögen auch im Insolvenzfall des Unternehmens nicht dem Zugriff der Gläubiger unterliegen. Zur weiteren definitorischen Abgrenzung vgl. IAS 19. 7.

337 Die Höhe des zu aktivierenden Fondsvermögens kann jedoch durch das sog. Asset Ceiling beschränkt werden (IAS 19.58 (a), (b)). Vgl. ausführlich *Schruff/Zeimes*, Leistungen an Arbeitnehmer, in: Ballwieser u. a. (Hrsg.), Wiley-Kommentar zur Internationalen Rechnungslegung nach IFRS, 2006, Abschn. 16, Rn. 77–86.

d) Behandlung versicherungsmathematischer Gewinne und Verluste

aa) Entstehung versicherungsmathematischer Gewinne und Verluste

Die Kalkulation der Pensionsverpflichtungen beruht – wie gesehen – auf zahlreichen versicherungsmathematischen Annahmen. Dazu zählen sowohl *biometrische Annahmen* als auch *ökonomische Annahmen* (Diskontierungszins, künftiges Gehalts- und Versorgungsniveau sowie erwartete Rendite des Planvermögens). Diese Annahmen müssen nach objektiven Grundsätzen bestimmt werden und untereinander konsistent sein (IAS 19.72 f.). Es ist sehr wahrscheinlich, dass sich einige dieser Parameter im Zeitablauf verändern und zu einer revidierten Berechnung der Pensionsverpflichtungen und des Planvermögens führen.

Beim *Fair Value Approach*, der den IFRS (in jüngerer Zeit) zu Grunde liegt, erwartet der Bilanzanalyst, dass die Pensionsverpflichtungen und die Pensionsfonds zu jedem Bilanzstichtag in Höhe ihres Zeitwerts bilanziert und die Wertänderungen im Entstehungszeitpunkt vollständig in der GuV antizipiert werden.

Tatsächlich folgt *IAS 19* einem vom *Fair Value Approach abweichenden Lösungsansatz*: Die *versicherungsmathematischen Rechnungsgrundlagen* sind als *bestmögliche Schätzung* zu Beginn der Rechnungsperiode zu bestimmen (IAS 19.73). Der Pensionsaufwand bemisst sich ebenso wie die Fondsrendite nach den am Jahresanfang erwarteten Werten (z. B. Gehalts- und Rentenentwicklung, Lebenserwartung usw.), so dass grundsätzlich nur die Schätzungen zum Jahresanfang erfolgswirksam gebucht werden. Weichen die bisherigen Schätzwerte am Bewertungsstichtag von den aktuellen Werten ab (z. B. weil sich der Marktzinssatz oder die Sterblichkeitsrate im Zeitablauf verändert), so entstehen hieraus versicherungsmathematische Gewinne und Verluste (IAS 19.7).[338] Zumeist resultieren – so die Logik des IAS 19 – diese Abweichungen aus zufälligen Wertveränderungen, die nicht prognosefähig sind. Ihre gewinnwirksame Erfassung würde daher einen extrem volatilen Jahresüberschuss bewirken und die Analyse des Geschäftsjahresergebnisses erheblich erschweren. Um dies zu vermeiden, darf der Bilanzierende die aufgetretenen Wertänderungen durch Verteilungswahlrechte über einen großzügig bemessenen zukünftigen Zeitraum verteilen. Diese eröffnen dem Bilanzierenden die drei nachfolgend dargestellten Möglichkeiten:

bb) Verrechnungsmethoden

Gemäß der *Korridormethode* bleiben versicherungsmathematische Gewinne und Verluste innerhalb eines bestimmten Korridors unberücksichtigt.[339] Überschreitet der Saldo der kumulierten versicherungsmathematischen Gewinne und Verluste

---

338 Vgl. hierzu auch *Gohdes*, Bilanzierung versicherungsmathematischer Gewinne und Verluste: neue Ära in der internationalen Rechnungslegung für Pensionen: neue Ära in der internationalen Rechnungslegung für Pensionen, BB 2006, S. 990 (S. 990–996).

339 Vgl. dazu auch *Wolf/Hommel*, Pensionsrückstellungen, in: Hommel/Wüstemann (Hrsg.), Synopse der Rechnungslegung nach HGB und IFRS (2006), S. 175 f.

den höheren Betrag von 10 % des Zeitwerts der Pensionsverpflichtung (vor Abzug des Planvermögens) bzw. 10 % des beizulegenden Zeitwerts eines etwaigen Planvermögens, ist der Differenzbetrag, der den Korridor übersteigt, in dem darauf folgenden Wirtschaftsjahr planmäßig auf die verbleibende Restdienstzeit der aktiven Mitarbeiter zu verteilen (sog. Dienstzeitverteilung gemäß IAS 19.92 f.).

IAS 19.93 (a) ermöglicht aber auch eine *sofortige erfolgsneutrale Verrechnung* des gesamten Differenzbetrags mit den *Gewinnrücklagen.*

Alternativ kann das Unternehmen eine *schnellere ergebniswirksame Erfassung* der versicherungsmathematischen Gewinne und Verluste wählen. So dürfen z. B. auch Beträge, die innerhalb des Korridors liegen, in der GuV erfasst oder die versicherungsmathematischen Gewinne und Verluste über einen kürzeren Zeitraum GuV-wirksam amortisiert werden.[340]

cc) Auswirkungen auf die Vermögens- und Ertragslage

Die Korridormethode erscheint auf den ersten Blick geeignet zu sein, einen aussagefähigen Prognosegewinn abzubilden. In der Hoffnung, dass sich die versicherungsmathematischen Gewinne und Verluste in den Folgeperioden wieder ausgleichen, wird das Ergebnis der Entstehungsperiode nicht mit ihnen belastet und ein stark schwankender Gewinnausweis vermieden. Ihre aufwandswirksame Verbuchung erfolgt vielmehr gleichmäßig über einen sehr langen Zeitraum. Der Gewinn im Zeitablauf wird (vermeintlich) prognosefähiger. Der Korridoransatz entspricht damit einer dynamischen Gewinnkonzeption, die darauf zielt, den auf die jeweiligen Perioden entfallenden Aufwand aus den übernommenen Pensionsverpflichtungen möglichst zutreffend und vergleichbar darzustellen. Das Ziel der richtigen Erfolgsermittlung *geht jedoch zu Lasten einer richtigen Darstellung der Vermögenslage*, da die Anwendung der Korridormethode grundsätzlich zu einem unvollständigen Ausweis der Pensionsverpflichtung führt. Weiterhin ist *fraglich, welchen Informationsgehalt* ein Ergebnisausweis hat, der auf einer Mindestgrenze von 10 % beruht, deren Festlegung sich einer wirtschaftlichen Begründung entzieht. Auch führt die zeitverzögerte Erfassung von Gewinnen und Verlusten zu periodenfremden Belastungen in den Folgeperioden und verdeckt damit das Ausmaß der tatsächlichen Gewinnveränderung. Die Problematik der periodenverschobenen Erfolgserfassung zeigte sich insb. in jüngerer Vergangenheit anhand der hohen Renditeeinbußen der Fondsvermögen aufgrund des Börsenkursverfalls. Diese aufgelaufenen Fehlbeträge stellen künftige Belastungen dar, die zukünftig entweder durch Einzahlungen in das Fondsvermögen oder über die rechnerisch bisher erwarteten Kurssteigerungen und Erträge des Planvermögens hinausgehende Zuwächse kompensiert werden müssen, um die Pensionsverpflichtungen abdecken zu kön-

340 Vgl. hierzu ausführlich *Hasenburg/Böckem*, Änderungsvorschläge zu IAS 19 „Actuarial Gains and Losses, Group Plans and Disclosures“ sowie IFRIC D6 „Multi-employer Plans“, WPg 2004, S. 855 (S. 857 f.); *Rhiel*, Pensionsverpflichtungen im IFRS-Abschluss – Die Neuerungen in IAS 19 vom Dezember 2004, DB 2004, S. 293 (S. 293 f.).

nen.[341] Für die Bilanzanalyse ist es daher zweckmäßig, die stillen Lasten vollständig aufzudecken. Der Wert der noch nicht verrechneten versicherungsmathematischen Gewinne und Verluste kann ebenfalls dem Anhang entnommen werden.

Die *sofortige erfolgsneutrale Verrechnung* der versicherungsmathematischen Gewinne und Verluste scheint zweifach *vorteilhaft*: Zum einen wird zu jedem Bilanzstichtag das Nettovermögen „richtig" ausgewiesen, zum anderen fließen keine nicht prognosefähigen Elemente in den Jahresüberschuss. Dadurch werden aber Teile des Gewinns oder Verlusts für immer aus der GuV ferngehalten. Es besteht zudem die Gefahr, dass das Unternehmen dieses Wahlrecht für bilanzpolitische Zwecke missbraucht. So können bilanzpolitische Anreize für einen Wechsel von der Korridormethode zur erfolgsneutralen Verrechnung darin bestehen, das operative Ergebnis zu „schönen", indem die Erträge aus dem Planvermögen zu Jahresbeginn möglichst hoch und die biometrischen Variablen bei der Berechnung der Pensionsverpflichtung einschließlich des Zinssatzes möglichst günstig (d. h. i. d. R. niedrig) geschätzt und am Jahresende auf ein „realistisches" Maß korrigiert werden. In der GuV schlagen sich dann ausschließlich die Schätzwerte nieder. Die Korrektur dieser zu optimistischen Schätzung erfolgt dagegen nur ergebnisneutral, d. h. indem der aus der (Fehl-)Kalkulation resultierende Differenzbetrag unmittelbar (unter Umgehung der GuV) mit dem Eigenkapital verrechnet wird. Die IFRS versuchen den bilanzpolitischen Spielraum einzuschränken oder zumindest transparent zu machen, indem sie das Unternehmen dazu zwingen, im Anhang über die Abweichung von Ist- und Sollwerten zu informieren (IAS 19.120A (f) bzw. (g)). Der aufmerksame Bilanzanalyst kann dann bilanzpolitische Manipulationen des Unternehmens aufspüren und ggf. korrigieren.

Den mit der Methode der sofortigen erfolgsneutralen Verrechnung verbundenen Nachteil vermeidet die Methode der sofortigen vollständigen gewinnwirksamen Verrechnung der versicherungsmathematischen Gewinne und Verluste. Der daraus resultierende Jahresüberschuss ist dann zwar nicht mehr prognosefähig, er kann dann aber insofern als Vermögenszuwachs (d. h. als Zeitwertveränderung des Eigenkapitals) interpretiert werden.

Die Wahlrechte zur Erfassung versicherungsmathematischer Gewinne und Verluste bewirken jeweils verschiedene Darstellungen der Ertrags- und Vermögenslage und *schränken* damit die *Vergleichbarkeit der Jahresabschlüsse deutlich ein*. Das *Gebot der Stetigkeit* begrenzt den bilanzpolitischen Spielraum insoweit, als nicht nach Belieben zwischen den einzelnen Methoden gewechselt werden darf.[342] Ebenso schließt IAS 19.93 eine imparitätische Behandlung aus, d. h. es ist z. B. unzulässig, versicherungsmathematische Gewinne sofort erfolgswirksam zu vereinnahmen, während die Erfassung von Verlusten zeitlich gestreckt wird.

---

341 Vgl. *Lachnit/Müller*, Bilanzanalytische Behandlung von Pensionsverpflichtungen, DB 2004, S. 497 (S. 500).

342 Vgl. IAS 19.93 und IAS 19.95.

2. Anwendung auf den Fall: Bilanzierung von Pensionsverpflichtungen bei der Skycar Group

Die betriebliche Altersvorsorge erfolgt bei der Skycar Group überwiegend auf Basis von *Leistungszusagen*. Die Pensionsrückstellungen werden gemäß IAS 19 nach der Methode der laufenden Einmalprämien ermittelt. Am 31. 12. 2005 bestehen Pensionsrückstellungen bei der Skycar Group i. H. v. 3 239,21 Mio. Euro, die durch Fondsvermögen i. H. v. 2 456 Mio. Euro gedeckt sind. Da die treuhänderisch verwalteten *Fondsanteile* die *Voraussetzungen* von IAS 19 als *Planvermögen erfüllen*, erfolgt eine Verrechnung mit dem Anwartschaftsbarwert.

Veränderungen der Schätzannahmen sowie Abweichungen zu den tatsächlichen Jahreseffekten sind in den versicherungsmathematischen Gewinnen und Verlusten abgebildet, die bei der Skycar Group nach der *Korridormethode* über die Restdienstzeit der Anspruchsberechtigten ratierlich über die GuV amortisiert werden. Die nicht erfassten versicherungsmathematischen Verluste betragen 408 Mio. Euro. Dies führt zu einer Nettoverpflichtung i. H. v. 375,21 Mio. Euro.

Der *Rückgang der Nettoverpflichtung* im Vergleich zum Vorjahr (475,68 Mio. Euro) korrespondiert u. a. mit einem *Anstieg der noch nicht amortisierten versicherungsmathematischen Verluste*. Die hohen versicherungsmathematischen Verluste könnten hierbei Indiz für eine progressive (rückstellungsbegrenzende) Bilanzierungspolitik der Skycar Group bei der Wahl der Schätzparameter sein.[343]

III. Bilanzanalytische Möglichkeiten und Grenzen bei der Beurteilung von Pensionsverpflichtungen

1. Bilanzanalytische Möglichkeiten: konzeptionelle Vorgehensweise

a) Erläuterung

aa) Korrektur der versicherungsmathematischen Gewinne und Verluste

Ausgangspunkt für die Untersuchung der Pensionsverpflichtungen im Rahmen der Jahresabschlussanalyse ist der in der Bilanz dargestellte Wert der Pensionsrückstellung. Die bilanzierte Pensionsrückstellung stellt eine *Saldogröße* dar, die in ihrer Aussagekraft für den Bilanzleser eingeschränkt ist. Denn in der Bilanz ist lediglich der Nettobetrag abgebildet, der sich aus der Saldierung des Barwerts der Pensionsverpflichtung mit dem Marktwert des Planvermögens ergibt. Beide Größen entsprechen aber nicht zwingend dem aktuellen Zeitwert. Die Diskrepanzen zwischen dem bilanziellen und dem tatsächlichen Verpflichtungsumfang werden

343 Vgl. Abschn. III. 2.b).

aber aus dem Anhang ersichtlich. Der Bilanzanalyst kann sie daher im Rahmen der Bilanzanalyse aufdecken und korrigieren.

bb) Korrektur des Nettoausweises

Die vollständige Ausfinanzierung der Pensionsverpflichtungen über einen externen Pensionsfonds ermöglicht eine Saldierung des Fondsvermögens und des Barwerts der Pensionsverpflichtung im Abschluss der Skycar Group. Während die Bilanz nur den Saldo aus dem Fondsvermögen und der Pensionsverpflichtung ausweist, führt der Anhang die unsaldierten Beträge für diese beiden Bilanzpositionen auf. Mit diesen Zusatzinformationen kann der Bilanzanalyst die Saldierung rückgängig machen, indem er auf der Aktivseite den Fonds in Höhe des Anhangswerts einbucht und den Wert der Pensionsrückstellung um den Fair Value des Planvermögens erhöht.[344] Die dadurch unterstellte Innenfinanzierung der Pensionsverpflichtungen bewirkt einen höheren Fremdkapitalausweis. Infolgedessen stellt sich insb. die Eigenkapitalquote niedriger dar.[345]

cc) Korrektur des Ausweises der Pensionsaufwendungen

Der Barwert der Pensionsverpflichtung vermindert sich im Zeitablauf regelmäßig um die vom Unternehmen oder dem Fonds erbrachten Auszahlungen sowie die Wertsteigerungen des Fonds und erhöht sich planmäßig um den Zinsanteil (Aufzinsung des Vorjahresbetrags) und den Wert des in der jeweiligen Periode erdienten Pensionsanspruchs (laufender Dienstzeitaufwand). IAS 19 lässt offen, wie die Bestandteile der Pensionsaufwendungen in der GuV zu erfassen sind: Pensionsaufwendungen können einerseits undifferenziert unter den *Personalaufwendungen* erfasst werden; andererseits ist es zulässig, den Teil des Pensionsaufwands, der auf die Verzinsung des zu Beginn der Periode bestehenden Barwerts der leistungsorientierten Verpflichtung entfällt, im *Zinsergebnis* auszuweisen. Da die Bilanzanalysten in den letzten Jahren vermehrt auf die Kennzahl des Earnings before Interest and Taxes (EBIT) schauen, wird der Unternehmer darum bemüht sein, diese Kennzahl, in die zwar die Personalaufwendungen einfließen, nicht aber das Zinsergebnis, möglichst attraktiv erscheinen zu lassen. Es liegt daher nahe, die Verzins-

---

344 Welche Vermögenspositionen auf der Aktivseite erhöht werden, ergibt sich aus dem Anhang, der eine Zusammenstellung des Fondsvermögens enthält. Entsprechend der Aufteilung kann eine Aufstockung der Vermögenspositionen erfolgen. Die Zuordnung erfordert jedoch eine Entscheidung des Analysten darüber, ob bspw. die Wertpapiere dem Umlauf- oder Anlagevermögen zuzurechnen sind. In der Analyse-Praxis zeigt sich die Problematik von einer anderen Seite. Da eine externe Finanzierung international eher üblich ist, wird bei Unternehmen mit „ungedeckten" Pensionsverpflichtungen eine Ausfinanzierung unterstellt, um eine Vergleichbarkeit mit den internationalen Unternehmensabschlüssen herzustellen. Zur Vorgehensweise verschiedener Kredit-Rating-Agenturen vgl. *Heubeck/Seeger*, „Ungedeckte" Pensionsverpflichtungen im Rating von Unternehmen, DB 2004, S. 993 (S. 993–998).

345 Vgl. *Gohdes/Meier*, Pensionsverpflichtungen im Unternehmensrating: Fremdkapital besonderer Art, BB 2003, S. 1375 (S. 1375).

ung der Pensionsrückstellung dem Finanzergebnis anzulasten, sofern die Verzinsung der Pensionsrückstellung (Zinsaufwand) die Verzinsung des Fonds (Zinsertrag) übersteigt.

Andererseits fließt in die Kennzahl der Gesamtkapitalrentabilität nur der Netto-Zinsaufwand verbessernd ein, während die Personalaufwendungen keine direkten Einflüsse auf die Höhe der Gesamtkapitalrentabilität haben. Legt das Unternehmen daher Wert auf eine gute Gesamtkapitalrentabilität, so wird es den Netto-Zinsaufwand zu Gunsten des EBIT unter dem Zinsergebnis verbuchen. Die vorstehenden Überlegungen ändern sich, wenn der Unternehmer erwartet, dass die Fondsrendite den Zinsaufwand übersteigt; denn in diesem Fall wird das Zinsergebnis, das auf die Pensionsrückstellungen per Saldo entfällt, positiv. Dann wird der Unternehmer das Zuordnungswahlrecht unter Beachtung der oben genannten Argumente gegenläufig ausüben.

Jenseits der Bilanzpolitik erscheint die *Zuordnung des Zinsanteils im Zinsergebnis* sachgerechter; denn der im Zuführungsbetrag enthaltene Zinsanteil stellt kein zusätzliches Arbeitsentgelt sondern eine Überlassungsvergütung für Fremdkapital dar.

b) Anwendung auf den Fall: bilanzanalytische Beurteilung der Pensionsverpflichtungen bei der Skycar Group

Aus den Anhangangaben der Skycar Group erfährt der Bilanzanalyst, dass noch nicht realisierte Gewinne oder Verluste nach dem Korridoransatz bestehen. Die Nicht-Verrechnung der versicherungsmathematischen Verluste i. H. v. 408 Mio. Euro bewirkt, zusammen mit der Saldierung des Planvermögens (2 456 Mio. Euro), dass in der Bilanz zum 31 .12. 2005 eine Pensionsrückstellung (375,21 Mio. Euro) ausgewiesen wird, deren Wert deutlich unter dem tatsächlichen Anwartschaftsbarwert (3 239,21 Mio. Euro) liegt. Der hieraus resultierende Differenzbetrag ist für einen Kennzahlenvergleich dem Buchwert-Fremdkapital zuzuschlagen (vgl. Tabelle 102 auf S. 245).

Des Weiteren erfährt der Bilanzanalyst aus dem Anhang, welche versicherungsmathematischen Gewinne und Verluste zu Beginn des Geschäftsjahrs und an dessen Ende vorhanden sind. Bei einer Zeitwertbilanzierung wäre dieser Differenzbetrag sofort im Entstehungszeitpunkt als Ertrag oder Aufwand erfasst worden. Seine willkürliche Verteilung auf nachfolgende Perioden informiert den Bilanzanalysten dagegen fehlerhaft, denn die nachfolgenden Perioden werden dadurch mit Erfolgsbeiträgen belastet, die ihre Ursache nicht in der aktuellen Entwicklung haben. Deshalb ist der aktuelle Jahresüberschuss zweifach zu korrigieren:

In einem ersten Schritt sind die im Geschäftsjahr amortisierten versicherungsmathematischen Gewinne oder Verluste i. H. v. 14 Mio. Euro vollständig aus der GuV zu eliminieren, um diese dadurch von periodenfremden Einflüssen zu befreien. Interpretiert der Bilanzanalyst den Geschäftsjahreserfolg als Veränderung des Eigenkapitals, so ermittelt er in einem zweiten Schritt den Differenzbetrag zwischen den versicherungsmathematischen Gewinnen und Verlusten zu Beginn des Geschäftsjahrs (250 Mio. Euro) und den (korrigierten) Werten zum Geschäftsjahresende (422 Mio Euro = 408 Mio. Euro + 14 Mio. Euro) und weist den Betrag (172 Mio. Euro) in voller Höhe der GuV zu. Die noch verbleibenden versicherungsmathematischen Gewinne und Verluste (250 Mio. Euro), die den Vorjahren zuzurechnen sind, mindern nachträglich die Gewinnrücklagen.

Hätte der Bilanzierende dagegen von dem Wahlrecht Gebrauch gemacht, die im Geschäftsjahr entstandenen versicherungsmathematischen Gewinne und Verluste sofort mit dem Eigenkapital zu verrechnen, so würde der erste Korrekturschritt entfallen; denn das Nettovermögen ist insoweit richtig ausgewiesen. Der Bilanzanalyst müsste dann nur noch die Zeitwertveränderungen in der GuV erfassen.

Aufgrund der zuvor beschriebenen Anpassungen ergeben sich zusammenfassend folgende Auswirkungen auf die einschlägigen Bilanzkennzahlen einschl. der Korrektur des Buchwerts der Pensionsrückstellung um die noch nicht erfassten versicherungsmathematischen Gewinne und Verluste und den Anpassungen der GuV (vgl. Tabelle 105):

Tabelle 105: Zusammenfassung der Korrekturen und Berechnung der Bilanzkennzahlen

(in Mio. €)	Aktiva	Fremdkapital	Eigenkapital (ohne JÜ)	JÜ
Werte zum 31. 12. 2005	4 340,88	3 195,85	999,27	145,76
1. Entsaldierung der Netto-Rückstellung	2 456,00	2 456,00	0,00	0,00
2. Buchwertkorrektur der Pensionsrückstellung in Höhe der noch nicht erfassten versicherungsmathematischen Verluste	0,00	408,00	– 250,00	0,00
3. Storno des in 2005 amortisierten versicherungsmathematischen Verlusts	0,00	0,00	0,00	14,00
4. Erfolgswirksame Erfassung der Zeitwertveränderungen in 2005	0,00	0,00	0,00	– 172,00
Werte zum 31. 12. 2005 nach Korrektur	6 796,88	6 059,85	749,27	– 12,24
Eigenkapital vor Korrektur (einschl. JÜ)	(= 999,27 + 145,76)			1 145,03
Eigenkapital nach Korrektur (einschl. JÜ)	(= 749,27 – 12,24)			737,03
Bilanzsumme nach Korrektur (einschl. JÜ)				6 796,88
Kennzahlen	vor Korrektur		nach Korrektur	
Eigenkapitalquote	26,38 %		10,84 %	
Eigenkapitalrentabilität	12,73 %		– 1,66 %	

Die Pensionsaufwendungen der Skycar Group werden vollständig im Personalaufwand verbucht. Für Analysezwecke sollten die Aufzinsungen sowie die erwarteten Vermögenserträge des Planvermögens als Zinsaufwand klassifiziert werden. Hierdurch vermindert sich der Personalaufwand mit der Folge eines verbesserten operativen Ergebnisses und einer verbesserten Gesamtkapitalrentabilität.

2. Bilanzanalytische Grenzen: Auswirkungen von Schätzparametern

a) Erläuterung

Die der Berechnung der Pensionsrückstellungen zu Grunde liegenden versicherungsmathematischen Annahmen sind im Anhang offengelegt. Der *Einfluss der gewählten Rechnungsgrundlagen* auf die Höhe der Pensionsrückstellung ist im Rahmen der Bilanzanalyse jedoch *nicht exakt quantifizierbar*. Zwar kann qualitativ festgestellt werden, dass eine Rückstellungsbewertung, die einen hohen Diskontierungsfaktor, eine niedrige Inflationsrate und niedrige Gehaltssteigerungen sowie hohe Fondsrenditen zu Grunde legt, zu einem niedrigeren Barwert der zukünftigen Zahlungsverpflichtung führt und umgekehrt. Über die Bewertung der Pensionsrückstellungen gibt der Jahresabschluss in aller Regel keinen Aufschluss.[346] Hält der Bilanzanalyst die gewählten Parameter für zu hoch (oder zu niedrig), so ist er aber – trotz ihrer Offenlegung – nicht dazu in der Lage, die Pensionsrückstellungen auf die von ihm für fair und richtig erwartete Höhe umzubewerten. So bleiben dem externen Bilanzleser Informationen über wichtige Rechengrößen verborgen, die eine retrospektive Berechnung der Pensionsrückstellungen ermöglichen würden. Aus dem Jahresabschluss erschließt sich bspw. nicht, wie hoch der Anteil der Aktiven und der Pensionäre ist. Somit bleibt unklar, wann der Leistungsfall eintritt und über welchen Zeitraum mögliche Rentenzahlungen anfallen, um das Ausmaß von Parameteränderungen zu quantifizieren. Auch besagt die Angabe einer Prozentzahl noch wenig über die ökonomischen Gegebenheiten.

Teilt das Unternehmen z.B. im Anhang mit, dass es mit einem zukünftigen Rententrend von 5 % rechnet, so scheint das im Hinblick auf die deutschen Preisverhältnisse übervorsichtig geschätzt und insofern unrealistisch. Sind die durch die Rentenzusage begünstigten Arbeitnehmer aber in einem Hochinflationsland beschäftigt, in dem Preissteigerungen von über 10 % jährlich auf der Tagesordnung stehen, so stellt sich die Schätzung von 5 % als wagemutig dar. Gleiches gilt für die Schätzung der Fondsrenditen. Eine Fondsrendite von 4 % erscheint (langfristig) konservativ gerechnet. Investiert der Fonds aber in niedrig verzinsliche, aber risikoarme Wertpapiere, so kann auch dieser Renditesatz viel zu optimistisch geschätzt sein. In den Anhangangaben internationaler Konzerne findet sich teilweise eine differenzierte Darstellung der Rechnungsparameter entsprechend der ausländischen Gesellschaften. Hierdurch ist eine bessere Einschätzung der gewählten Schätzgrößen möglich.

---

346 Vgl. *Küting/Strickmann*, Die betriebliche Altersvorsorge im Spannungsfeld von Bilanzpolitik und Bilanzanalyse, BB 1997, S. 1 (S. 14).

b) Anwendung auf den Fall: Beurteilung der Auswirkungen von Schätzparametern bei der Skycar Group

In Tabelle 106 werden die von der Skycar Group offen gelegten Parameter mit denen von Branchenunternehmen verglichen:[347]

Tabelle 106: Schätzparameter bei verschiedenen Unternehmen der Automobilbranche

(in %)	Skycar	Volvo*	BMW	VW	Porsche	Fiat*
Abzinsungssatz	5,00	4,00–5,75	4,25	4,25	4,00	1,00–5,50
Zukünftiger Gehaltstrend	3,50	3,00–4,00	3,25	1,50–2,25	3,50	2,25–3,50
Rententrend	1,75	k. A.	1,75	1,00–1,50	1,75	2,00–2,75
Erwarteter Ertrag des externen Planvermögens	6,00	5,20–7,65	k. A.	5,00	k. A.	6,88–8,25
* Die angegebenen Bandbreiten umfassen Schätzgrößen für ausländische Gesellschaften.						

Die Gegenüberstellung gibt gewisse Anhaltspunkte, die jedoch aufgrund der zuvor genannten Einwände kritisch zu sehen sind. Sie zeigt, dass die von der Skycar Group gewählten Berechnungsparameter – mit Ausnahme des Diskontierungsfaktors – in der Bandbreite der von den Konkurrenzunternehmen gewählten Parameter liegen. Da der Abzinsungsfaktor den Durchschnittswert überschreitet, liegt die Hypothese einer progressiven (rückstellungsbegrenzenden) Bilanzierungspolitik der Skycar Group nahe. Aufgrund der bestehenden Informationsdefizite im Jahresabschluss entziehen sich die damit verbundenen Auswirkungen aber weitestgehend einer präzisen quantitativen Aufbereitung. Deshalb kommen lediglich Bereinigungsmaßnahmen unter Zugrundelegung bestimmter Prämissen und aus empirischen Ergebnissen abgeleiteter Schätzgrößen in Betracht, die zumindest tendenzielle Rückschlüsse auf die tatsächliche Höhe der Pensionsverpflichtung ermöglichen. So geht die Literatur als Faustregel davon aus, dass eine Verringerung des Diskontierungssatzes um einen Prozentpunkt eine Erhöhung der Pensionsverpflichtung um etwa 20 % zur Folge hat.[348]

Würde man die Pensionsverpflichtungen der Skycar Group mit einem Abzinsungssatz von 4 % statt 5 % diskontieren, ergäbe sich ein Anpassungsbedarf der Pensionsrückstellung von 647,04 Mio. Euro ($0{,}2 \times 3\,239{,}21$ Mio. Euro). Die Aufdeckung dieser stillen Lasten schlügen sich in einer verschlechterten Eigenkapitalquote und Eigenkapitalrentabilität nieder.

---

347 Vgl. BMW, Konzernabschluss 2005, S. 102; Fiat, Konzernabschluss 2005, S. 116; Porsche, Konzernabschluss 2004, S. 137; Volvo, Konzernabschluss 2005, S. 110; VW, Konzernabschluss 2005, S. 112.

348 Vgl. *Lachnit/Müller*, Bilanzanalytische Behandlung von Pensionsverpflichtungen, DB 2004, S. 497 (S. 497).

Weiterführende Literatur

Heuser, Paul J./ Theile, Carsten/ Pawelzik, Kai Udo	IAS/IFRS Handbuch, 2. Aufl., Köln 2005, S. 404–437
Rhiel, Raimund	§ 22 Leistungen an Arbeitnehmer, Altersversorgung, in: Norbert Lüdenbach/Wolf-Dieter Hoffmann (Hrsg.), Haufe IFRS-Kommentar, 4. Aufl., Freiburg i. Br. 2006, S. 877–927
Rhiel, Raimund	Pensionsverpflichtungen im IFRS-Abschluss – Die Neuerungen in IAS 19 vom Dezember 2004, DB, 58. Jg. (2005), S. 293–297
Schildbach, Thomas	Pensionsverpflichtungen nach US-GAAP/IAS versus HGB/GoB und die Informationsfunktion des Jahresabschlusses, ZfB, 69. Jg. (1999), S. 957–977
Schruff, Lothar/ Zeimes, Markus	Leistungen an Arbeitnehmer, in: Wolfgang Ballwieser u. a. (Hrsg.), Wiley-Kommentar zur Internationalen Rechnungslegung nach IFRS, Weinheim 2006, Abschn. 16, S. 733–786
Wollmert, Peter u. a.	Kommentierung zu IAS 19, in: Jörg Baetge u. a. (Hrsg.), Rechnungslegung nach International Accounting Standards (IAS), 2. Aufl., Stuttgart 2002 (Loseblatt), S. 1– 54

Fall 13: Fertigungsaufträge

Sachverhalt:

Die Skycar Group hat im Geschäftsjahr 2002 von einem privaten Firmenkonsortium den Auftrag zum Bau eines universell einsetzbaren Mondfahrzeugs erhalten. Von der Entwicklung des Projekts Victory verspricht man sich einen erheblichen Prestigegewinn sowie einen im konventionellen Massenfahrzeugbau nutzbaren Innovationsvorsprung. Zur bilanziellen Abbildung des Victory-Projekts lassen sich aus dem Geschäftsbericht für 2005 folgende Angaben entnehmen:

„Das Victory-Projekt wird als kundenspezifischer Fertigungsauftrag nach dem Fertigungsfortschritt (Percentage-of-Completion-Methode; PoCM) bilanziert. Der Ausweis der erbrachten Leistungen einschließlich des anteiligen Ergebnisses erfolgt entsprechend dem Fertigstellungsgrad unter den Umsatzerlösen. Zur Ermittlung des anzusetzenden Fertigstellungsgrads dient das Verhältnis der angefallenen zu den geschätzten Gesamtaufwendungen (Cost-to-Cost-Methode). Der Ausweis des Projekts erfolgt aktivisch unter den Forderungen aus PoC, da die kumulierte Leistung einschließlich des anteiligen Ergebnisses die gestellten Teilabrechnungen um 250,39 Mio. Euro (Vorjahr: 175,27 Mio. Euro) übersteigt.

Die Umsatzerlöse i. H. v. 4 773,29 Mio. Euro (Vorjahr: 4 512,86 Mio. Euro) beinhalten realisierte Auftragswerte aus der Anwendung der Percentage-of-Completion-Methode i. H. v. 115,93 Mio. Euro (Vorjahr: 163,51 Mio. Euro)."

Die Forderungen aus Lieferungen und Leistungen haben sich wie folgt entwickelt:

Tabelle 107: Forderungen aus Lieferungen und Leistungen der Skycar Group

(in Mio. €)	**2005**	**2004**	**2003**	**2002**
Forderungen aus Lieferungen und Leistungen				
Auftragskosten einschließlich Gewinnanteile	398,12	282,19	118,68	61,22
eingeforderte Teilabrechnungen	147,73	106,92	43,57	23,66
Forderungen aus PoC	250,39	175,27	75,11	37,56
Übrige Forderungen	14,97	18,72	18,00	17,82
Forderungen aus Lieferungen und Leistungen	265,36	193,99	93,11	55,38

Da die Skycar Group das Victory-Projekt als eigenständiges Berichtssegment Spezialfahrzeuge definiert, lassen sich aus dem Segmentbericht nach IAS 14 die folgenden Informationen gewinnen:

Tabelle 108: Informationen aus dem Segmentbericht der Skycar Group

(in Mio. €)	**2005**	**2004**	**2003**	**2002**
Umsatzerlöse mit Dritten	115,93	163,51	57,46	61,22
Aufwendungen	96,61	136,26	47,88	51,02
Ergebnis nach Steuern	19,32	27,25	9,58	10,20

Der internen Kalkulation der Skycar Group für das Victory-Projekt zum 31. 12. 2005 sind die folgenden (für einen Bilanzanalysten nicht erhältlichen) Ist-Werte für 2002–2005 und Planwerte für 2006–2008 zu entnehmen. Hierbei haben sich die Erwartungen in 2005 gegenüber denen in 2004 nicht verändert. Für das gesamte Auftragsergebnis wird von 116,11 Mio. Euro ausgegangen. Die geschätzten Auftragskosten für 2006–2008 verteilen sich wie folgt über die Jahre: 2006: 81,30 Mio. Euro; 2007: 82,93 Mio. Euro; 2008: 84,59 Mio. Euro. In diese Werte ist eine geschätzte jährliche Kostensteigerungsrate von 2 % einkalkuliert.

Tabelle 109: Ist- und Planwerte für zentrale Größen des Victory-Projekts

	Planwerte		Istwerte			
	Gesamt	2006–2008	2005	2004	2003	2002
Auftragskosten (in Mio. €)	580,59	248,82	96,61	136,26	47,88	51,02
Auftragswert (in Mio. €)	696,70	404,09	104,51	104,51	48,77	34,82
Einsatz von Leichtbaustoffen (in Tonnen)	100,00	60,00	17,00	13,00	7,00	3,00
Einsatz von Arbeitsstunden (in Stunden)	115 000,00	24 805,50	21 229,00	22 609,00	24 115,50	22 241,00

Aufgabenstellung:

- Erläutern Sie die *Bedeutung* und die *bilanzielle Behandlung kundenspezifischer Fertigungsaufträge* nach IFRS! Gehen Sie insb. auf die Gewinnvereinnahmung nach der PoCM ein.
- Die Abbildung von Fertigungsaufträgen nach der PoCM eröffnet der Skycar Group erhebliche bilanzpolitische Potenziale.
  - Welche Interpretationsspielräume besitzt die Skycar Group aufgrund der *Anwendungsvoraussetzungen* für die PoCM nach IAS 11?
  - Zeigen Sie auf, wie im Rahmen der *Ermittlung der Auftragserlöse und Auftragskosten* der Gewinnausweis nach der PoCM im Konzernabschluss der Skycar Group gesteuert werden kann! Wie hätten sich die bis einschließlich 2005 vereinnahmten Teilgewinne und der in 2005 vereinnahmte Teilgewinn verändert, wenn zum 31. 12. 2005 für die jährliche *Kostensteigerungsrate* in 2006–2008 nicht von 2 %, sondern von 0 %, 4 % bzw. 8 % ausgegangen worden wäre?
  - Welche bilanzpolitischen Möglichkeiten bieten sich der Skycar Group bei der Ermittlung des *Fertigstellungsgrads*? Zeigen Sie auf, wie sich im Konzernabschluss der Skycar Group die bis einschließlich 2005 vereinnahmten Teilgewinne und der in 2005 vereinnahmte Teilgewinn verändert hätten, wenn über den gesamten Fertigungszeitraum anstelle der *Cost-to-Cost-Methode* der Auftragswert, die verbauten Leichtbaustoffe bzw. die eingesetzten Arbeitsstunden als Maßstab für den Fertigstellungsgrad herangezogen worden wären!
  - Welche Spielräume bestehen für die Skycar Group beim *Ausweis* des Fertigungsauftrags, und wie hat sie diese genutzt?
- Die bilanzanalytische Beurteilung von Fertigungsaufträgen ist mit besonderen Problemen verbunden.

> – Was spricht für eine *Bereinigung* der Effekte der PoCM auf das Abschlussbild in der Bilanzanalyse? Inwiefern sind solche Bereinigungen von einem Bilanzanalysten überhaupt durchführbar? Welche Informationen können aus der Höhe der *Teilabrechnungen* gewonnen werden?
> – Bereinigen Sie den Konzernabschluss der Skycar Group für 2005 um alle *unrealisierten Komponenten* aus der Anwendung der PoCM auf das Victory-Projekt! Gliedern Sie die Teilabrechnungen entsprechend ihrem wirtschaftlichen Charakter um!
> – Wie verändern sich durch die Anpassungsmaßnahmen die *Eigenkapitalquote* sowie die *Eigenkapital- und Umsatzrentabilität*?

I. Bilanzanalytische Relevanz kundenspezifischer Fertigungsaufträge

Nach IFRS besteht der primäre Abschlusszweck in der Vermittlung entscheidungsnützlicher Informationen an Investoren. Hierbei wird der Gewinn als Indikator interpretiert, der es erlauben soll, die Leistungsfähigkeit des Unternehmens bzw. Managements zu beurteilen (F. 69).[349]

In Anlehnung an dieses Gewinnkonzept verfolgt das IASB bei kundenspezifischen Fertigungsaufträgen ebenso wie bei Dienstleistungen einen *Accretion Approach*, der eine stetige Erfassung des Gewinns während des Prozesses der Leistungserbringung fordert. Hierbei werden die zugehörigen Auftragserlöse bzw. Auftragskosten unabhängig von Zahlung, Auslieferung oder Abnahme des Werks nach Maßgabe des *Fertigstellungsgrads* als Umsatzerlöse bzw. Aufwendungen in der GuV erfasst (*Percentage-of-Completion-Methode; PoCM*).[350] Parallel dazu werden die bislang angefallenen Auftragskosten und vereinnahmten Teilgewinne aktiviert und infolge fehlender eindeutiger Vorgaben im Standard und in der Literatur[351] entweder als Forderungen aus Fertigungsaufträgen oder als unfertige Erzeugnisse bzw. gesonderter Posten ausgewiesen.

Voraussetzung für die Anwendung der PoCM ist, dass das Ergebnis des Fertigungsauftrags verlässlich geschätzt werden kann (IAS 11.22). Bei Verletzung dieser Bedingung kommt eine Teilgewinnvereinnahmung nicht in Frage. Hier beschränkt sich der Ertragsausweis auf die in der Periode angefallenen und als Aufwendungen

---

349 Vgl. *Moxter,* Gewinnrealisierung nach den IAS/IFRS: Erosion des HGB-Realisationsprinzips, ZVglRWiss 2004, S. 268 (S. 278).

350 Alternativ auch Stage-of-Completion-Methode genannt. Vgl. *Bonham u. a.*, International GAAP (2005), S. 1460 f.

351 Vgl. *Lüdenbach*, § 18 Fertigungsaufträge, in: Lüdenbach/Hoffmann (Hrsg.), Haufe IFRS-Kommentar (2006), Rn. 70.

erfassten Auftragskosten, sofern ein entsprechender Zahlungseingang wahrscheinlich ist (*Zero-Profit-Margin-Methode* bzw. *modifizierte Completed-Contract-Methode*; IAS 11.32). Hierdurch kann zumindest der Ausweis von Zwischenverlusten während der Vertragsabwicklung vermieden werden.

Folgendes einfaches Beispiel möge das unterschiedliche Vorgehen nach der PoCM und der Zero-Profit-Margin-Methode veranschaulichen (siehe Tabelle 110):

Hierbei wird von einem Fertigungsauftrag über drei Jahre, einem Festpreis von 150 Mio. Euro, geschätzten gesamten Auftragskosten von 120 Mio. Euro und entsprechend einem geschätzten Auftragsergebnis von 30 Mio. Euro ausgegangen. Von Anzahlungen des Auftraggebers wird abgesehen. Überdies werden konstante Erwartungen über die Zeit unterstellt.

Tabelle 110: Beispiel zur Bilanzierung von Fertigungsaufträgen nach der PoCM und der Zero-Profit-Margin-Methode

(in Mio. €)		01	02	03	kumuliert
	(1) geschätzte Auftragskosten	60,00	40,00	20,00	120,00
	(2) Fertigstellungsgrad (in %)	50,00	83,33	100,00	
Percentage-of-Completion-Methode	(3) Umsatzerlöse	75,00	**50,00**	25,00	150,00
	(4) Gewinn	15,00	**10,00**	5,00	30,00
	(5) Forderungen aus Fertigungsaufträgen	**75,00**	**125,00**	0,00	
	(6) Forderungen aus Lieferungen und Leistungen	0,00	0,00	150,00	
Zero-Profit-Margin-Methode	(7) Umsatzerlöse	60,00	**40,00**	50,00	150,00
	(8) Gewinn	0,00	0,00	30,00	30,00
	(9) Forderungen aus Fertigungsaufträgen	60,00	100,00	0,00	
	(10) Forderungen aus Lieferungen und Leistungen	0,00	0,00	150,00	

Zieht man als Maßstab für den Fertigstellungsgrad das Verhältnis der bereits angefallenen Kosten zu den geschätzten Gesamtkosten heran (Cost-to-Cost-Methode), lässt sich für die drei Perioden jeweils der Fertigstellungsgrad bestimmen. Dieser bildet nach der PoCM die Grundlage für die Erfassung der Umsatzerlöse und Teilgewinne. Hierbei ergeben sich die kumulierten Umsatzerlöse (bzw. Teilgewinne) am Ende einer Periode durch Multiplikation der gesamten Auftragserlöse (bzw. des Auftragsergebnisses) mit dem jeweiligen Fertigstellungsgrad. Korrigiert man diesen Betrag um die in Vorperioden bereits erfassten Umsatzerlöse (bzw. Teilgewinne), erhält man die in der laufenden Periode zu erfassenden Umsatzerlöse (bzw. Teilgewinne). So ergeben sich die in Periode 02 zu erfassenden Umsatzerlöse von 50 Mio. Euro aus den kumulierten Umsatzerlösen von 125 Mio. Euro abzüglich der bereits in Periode 01 erfassten Umsatzerlöse von 75 Mio. Euro. Die Forderungen aus Fertigungsaufträgen werden jeweils um den Betrag der in einer Periode zu erfassenden Umsatzerlöse aufgestockt. Abschließend werden die Forderungen aus Fertigungsaufträgen auf Forderungen aus Lieferungen und Leistungen umgebucht.

Nach der Zero-Profit-Margin-Methode sind die in einer Periode zu erfassenden Umsatzerlöse der Höhe nach auf die in der Periode angefallenen Auftragskosten gedeckelt.

Hier wird das gesamte Auftragsergebnis von 30 Mio. Euro in der letzten Periode ausgewiesen.

Das IASB verspricht sich von der PoCM einen besseren Einblick in die Ertragslage des Unternehmens. Insb. wenn ein Unternehmen nicht regelmäßig Fertigungsaufträge in vergleichbarem Umfang abwickelt, treten bei Anwendung der Zero-Profit-Margin-Methode zum Teil erhebliche Gewinnschwankungen auf, die bei Ausweis von Teilgewinnen geglättet werden können.

Wird aus einem Fertigungsauftrag ein Gesamtverlust erwartet, ist dieser unmittelbar in voller Höhe in der GuV zu berücksichtigen (IAS 11.22 i. V. m. 11.36); eine Verteilung gemäß dem Leistungsfortschritt ist unzulässig, obgleich die Aussagekraft der Gewinnziffer als Indikator für die Ertragsentwicklung u. U. erhöht würde.[352]

Bei Unternehmen im Bereich der Auftragsfertigung machen allgemein die nach der PoCM erfassten Umsatzerlöse einen wesentlichen Teil der gesamten Umsatzerlöse aus. Einen beispielhaften Eindruck vermittelt Tabelle 111 für ausgewählte Unternehmen. Als Datengrundlage wurden jeweils die Konzernabschlüsse nach IFRS zum 31. 12. 2005 herangezogen.[353]

Tabelle 111: Umsatzerlöse aus Fertigungsaufträgen bei ausgewählten Unternehmen

Unternehmen	**Branche**	**gesamte Umsatzerlöse**	**davon nach der PoCM vereinnahmt**	
		(in Mio. €)	**(in Mio. €)**	**(in %)**
HOCHTIEF	Bauwirtschaft	13 653,20	11 497,97	84,21
Bilfinger Berger	Bauwirtschaft	6 205,90	4 684,40	75,48
GEA Group	Anlagenbau	4 497,64	3 350,02	74,48
EADS	Flugzeugbau	34 206,00	4 706,00	13,76

Gleichwohl geht die Möglichkeit zur Berücksichtigung von Teilgewinnen nach IAS 11 weit über die klassischen Anwendungsgebiete hinaus.[354] Zu denken ist an die kundenspezifische Herstellung von immateriellen Vermögenswerten wie in der Software- oder Filmindustrie. So wurden z. B. rund 98 % der in der GuV des Odeon Film-Konzerns ausgewiesenen Umsatzerlöse nach der PoCM ermittelt.[355]

352 Vgl. *Bischof*, Anwendbarkeit der percentage of completion – Methode nach IAS und US-GAAP im internen Rechnungswesen, krp 1998, S. 8 (S. 13 f.).

353 Vgl. Hochtief, Konzernabschluss 2005, S. 100; Bilfinger Berger, Konzernabschluss 2005, S. 72 und 85; GEA, Konzernabschluss 2005, S. 40 und 92; EADS, Konzernabschluss 2005, S. 48 und 69.

354 Vgl. *Lüdenbach*, § 18 Fertigungsaufträge, in: Lüdenbach/Hoffmann (Hrsg.), Haufe IFRS-Kommentar (2006), Rn. 8 f.

355 Vgl. Odeon-Film, Konzernabschluss 2005, S. 50.

II. Bilanzierung und bilanzpolitische Möglichkeiten bei der Abbildung von Fertigungsaufträgen

1. Anwendungsvoraussetzungen der PoCM

a) Erläuterung

Eine Teilgewinnrealisierung ist nach IAS 11 immer dann vorzunehmen, wenn es sich bei dem zu Grunde liegenden Projekt um einen *kundenspezifischen Fertigungsauftrag* handelt, dessen *Ergebnis verlässlich geschätzt* werden kann.[356] Hiernach besteht bei Erfüllung der Anwendungsvoraussetzungen eine Pflicht zur Anwendung der PoCM. Ungeachtet dessen ist die Auslegung der vagen Kriterien im Einzelfall stark ermessensabhängig, so dass davon auszugehen ist, dass ein Unternehmen de facto zwischen PoCM und Zero-Profit-Margin-Methode wählen kann.

Bereits bei Einordnung eines Fertigungsauftrags als kundenspezifisch (construction contract) können Zweifelsfragen auftreten. Wesentliches Merkmal ist die individuelle Vereinbarung mit dem Kunden (*specifically negotiated*) über die spezifische Beschaffenheit signifikanter Bestandteile der Leistung. Erfolgt die geschuldete Leistung in standardisierter Form oder kann der Käufer lediglich Merkmale aus einem vorgegebenen Menü auswählen, sind die Anforderungen an einen *Construction Contract* nicht erfüllt.[357]

Über die Einordnung als kundenspezifischer Fertigungsauftrag hinaus stellt die *verlässliche Schätzung des Auftragsergebnisses* ein stark auslegungsbedürftiges Kriterium dar. Hierfür ist der zu Grunde liegende Vertragstyp von Bedeutung, da abhängig von diesem in IAS 11 unterschiedliche Anforderungen an den Umfang der zu schätzenden Auftragsparameter gestellt werden.[358] Trotz der Bedeutung des Vertragstyps verlangt IAS 11 darüber keine Angaben. Dies stellt aus externer Sicht ein gravierendes Informationsdefizit dar, da der Umfang der Schätzrisiken und zusätzlich die Verhandlungsstärke des Unternehmens nicht sichtbar werden.

Gemäß IAS 11 sind *Festpreisverträge* (fixed price contracts) von *Kostenzuschlagsverträgen* (cost plus contracts) zu unterscheiden. Bei letzteren wird nicht ein fester Preis vereinbart, vielmehr werden abrechenbare oder anderweitig festgelegte Kos-

---

356 Vgl. *Pottgießer/Velte/Weber*, Die langfristige Auftragsfertigung nach IAS 11, KoR 2005, S. 310 (S. 315).

357 Vgl. *Lüdenbach*, § 18 Fertigungsaufträge, in: Lüdenbach/Hoffmann (Hrsg.), Haufe IFRS-Kommentar (2006), Rn. 11 f.; bei permissiver Auslegung der deutschen Übersetzung des Originalstandards a. A. *Dobler*, Ertragsvereinnahmung bei Fertigungsaufträgen nach IAS 11 und den Vorschlägen des Projekts Revenue Recognition – Vergleich und kritische Würdigung, KoR 2006, S. 160 (S. 161).

358 Vgl. *Dobler*, Ertragsvereinnahmung bei Fertigungsaufträgen nach IAS 11 und den Vorschlägen des Projekts Revenue Recognition – Vergleich und kritische Würdigung, KoR 2006, S. 160 (S. 162).

ten zuzüglich eines festen Prozentsatzes oder festen Entgelts vergütet. Da die Schätzrisiken bei Festpreisverträgen naturgemäß größer als bei Kostenzuschlagsverträgen sind, ergeben sich für *Festpreisverträge* aus dem Kriterium der verlässlichen Schätzung des Auftragsergebnisses *höhere Anforderungen*. Während bei Kostenzuschlagsverträgen die verlässliche Ermittlung der Auftragskosten und ein wahrscheinlicher Nutzenzufluss ausreichen, ist bei Festpreisverträgen zusätzlich die verlässliche Ermittlung der Auftragserlöse, der bis zur Fertigstellung noch anfallenden Kosten und des Fertigstellungsgrads gefordert.[359] Im Ergebnis ist bei Festpreisverträgen eine Teilgewinnvereinnahmung aufgrund des größeren Umfangs der erforderlichen Schätzungen schwerer begründbar, was deren ohnehin geringe Attraktivität in der Praxis weiter vermindert.[360] Häufig finden Kombinationen aus beiden Vertragsarten Anwendung, z. B. in Form eines Kostenzuschlagsvertrags mit Höchstpreisvereinbarung oder Preisgleitklausel. Obgleich bei solchen Verträgen die Schätzrisiken niedriger ausfallen, müssen dieselben Anforderungen wie für Festpreisverträge erfüllt werden.[361]

b) Anwendung auf den Fall: Anwendungsvoraussetzungen der PoCM bei der Skycar Group

Trotz Unschärfe der Definition in IAS 11 ist beim Victory-Projekt die Qualifikation als kundenspezifischer Fertigungsauftrag eindeutig. Hierfür sprechen die Einzigartigkeit des hergestellten Vermögenswerts, dessen Komplexität, die Exklusivität des Abnehmerkreises, der zu erwartende Kostenanteil der individuellen Kundenanforderungen an den voraussichtlichen Gesamtkosten sowie der Umfang der notwendigen Planung und Entwicklung.[362] Insofern ergab sich für die Skycar Group hinsichtlich der Einordnung des Victory-Projekts kein bilanzpolitischer Spielraum.

Umgekehrt verhält es sich mit der Verlässlichkeit der Schätzung des Auftragsergebnisses: Stellt man allein auf den Charakter des Victory-Projekts ab, ist zu vermuten, dass eine verlässliche Schätzung kaum möglich ist und der Auslegungsspielraum für dieses Kriterium großzügig ausgenutzt wurde. Mit dem Victory-Projekt ist die Skycar Group in ein Marktsegment vorgedrungen, in dem sie bisher

359 Vgl. *Lüdenbach*, § 18 Fertigungsaufträge, in: Lüdenbach/Hoffmann (Hrsg.), Haufe IFRS-Kommentar (2006), Rn. 26.

360 Vgl. *Adler/Düring/Schmaltz*, Rechnungslegung nach Internationalen Standards (2005), Abschn. 16: Fertigungsaufträge, Rn. 45; *Ruhnke*, Rechnungslegung nach IFRS und HGB (2005), S. 590.

361 Vgl. *Adler/Düring/Schmaltz*, Rechnungslegung nach Internationalen Standards (2005), Abschn. 16: Fertigungsaufträge, Rn. 19.

362 Zu diesen Kriterien vgl. IDW (Hrsg.), IDW Stellungnahme zur Rechnungslegung: Einzelfragen zur Anwendung von IFRS (IDW RS HFA 2), WPg 2005, S. 1402 (S. 1403, Rn. 1); *Adler/Düring/Schmaltz*, Rechnungslegung nach Internationalen Standards (2005), Abschn. 16: Fertigungsaufträge, Rn. 8 f.

praktisch keine Erfahrungen gesammelt hat. Die Entwicklung und Fertigung eines Spezialfahrzeugs für die Raumfahrt stellen keine Kernkompetenzen des Konzerns dar und dürften mit im Zeitpunkt des Vertragsabschlusses unübersehbaren Risiken verbunden sein.

Relativierend ist indes in Betracht zu ziehen, dass die Skycar Group sich gegen wesentliche Projektrisiken vertraglich durch entsprechende Klauseln abgesichert hat. In Frage kommen z. B. Preisgleitklauseln, mit denen das Risiko von künftigen Material- oder Personalkostenänderungen ganz oder teilweise auf den Auftraggeber abgewälzt werden kann. Da die Vertragsinhalte einem Außenstehenden aber nicht zugänglich sind, bleiben evtl. vorhandene Sicherungsmaßnahmen der Skycar Group unerkannt.

Selbst bei Vorliegen von vertraglichen Absicherungen hätte es der Skycar Group im gegebenen Einzelfall vermutlich leicht fallen müssen, das Kriterium der Verlässlichkeit der Schätzung zu widerlegen. Bei der Entscheidung für die Anwendung der PoCM mag eine Rolle gespielt haben, dass mit der Vereinnahmung von unrealisierten Teilgewinnen aus dem Victory-Projekt das *Gesamtkonzernergebnis* kurzfristig verbessert werden konnte. Überdies erleichtert die Methode auf längere Sicht eine Politik der Gewinnglättung (*income smoothing*). Als nachteilig kann es sich jedoch erweisen, dass durch den frühen Gewinnausweis die *Ausschüttungsansprüche* der Aktionäre der Skycar Group steigen, auch wenn der IFRS-Konzernabschluss keine unmittelbare Zahlungsbemessungsgrundlage darstellt.[363]

2. Ermittlung der Auftragserlöse und -kosten

a) Erläuterung

Um Teilgewinne bereits vor Beendigung eines Fertigungsauftrags erfassen zu können, müssen die gesamten Auftragserlöse sowie die gesamten bzw. die noch anfallenden Auftragskosten geschätzt werden. Entsprechend werden nach der PoCM keine realisierten, sondern *geschätzte Gewinne ausgewiesen*. Hieraus resultieren *Spielräume*, die der Bilanzierende dazu nutzen kann, um die Höhe des Gewinnausweises bilanzpolitisch zu beeinflussen.

Die Ermittlung der Auftragserlöse ist insb. dann mit Unschärfen verbunden, wenn der *ursprünglich vereinbarte Kaufpreis* im Fall des Eintretens bestimmter Ereignisse nachträglich *anzupassen* ist. Auslöser können entweder einvernehmliche Änderungen hinsichtlich Umfang oder Ausgestaltung des Fertigungsauftrags (variations; IAS 11.13) oder Kompensationsansprüche (claims; IAS 11.14) gegen den Kunden bzw. Dritte sein. Überdies sehen Verträge verschiedentlich an das Erreichen bestimmter Leistungsziele gekoppelte Prämien an den Auftragnehmer (in-

363 Vgl. *Pottgießer/Velte/Weber*, Die langfristige Auftragsfertigung nach IAS 11, KoR 2005, S. 310 (S. 313).

centive payments; IAS 11.15) oder Preisgleitklauseln (IAS 11.12 (b)) vor. Da sich solche Erlöskomponenten in einem frühen Auftragsstadium nur schwer schätzen lassen, hat der Bilanzierende relativ große Freiheiten in Bezug auf Zeitpunkt und Höhe ihrer Erfassung.[364]

Bei der Ermittlung der Auftragskosten bestehen in zweifacher Hinsicht Ansatzpunkte für Bilanzpolitik:

Zum einen ergeben sich *Spielräume bei der Schätzung der noch anfallenden Auftragskosten*, in die sowohl technische als auch wirtschaftliche Risiken wie z.B. Preiserhöhungen bei Produktionsfaktoren einzubeziehen sind. Hierbei liegt es bereits in dem von IAS 11 geforderten Kriterium der Einzigartigkeit eines Fertigungsauftrags begründet, dass es an ausreichenden Erfahrungswerten fehlt und im Allgemeinen lediglich Bandbreiten angegeben werden können.[365] Entsprechend groß ist die Gefahr, dass durch unerwartet auftretende Kosten die geplanten Werte überstiegen werden und früher bereits vereinnahmte Teilgewinne wieder rückgängig gemacht werden müssen.[366]

Zum anderen ergeben sich *Spielräume bei der Zuordnung von Gemeinkosten zu einzelnen Fertigungsaufträgen*. Die Auftragskosten umfassen neben den direkt (IAS 11.16 (a)) auch sämtliche indirekt einem Fertigungsauftrag zurechenbaren Kosten (IAS 11.16 (b)) sowie alle weiteren Kosten, wie z.B. allgemeine Verwaltungs- und Entwicklungskosten, die dem Kunden vertragsgemäß gesondert in Rechnung gestellt werden können (IAS 11.16 (c)). Die Schlüsselung solcher Kosten birgt die Gefahr in sich, dass die Gestaltungsspielräume in der Kostenrechnung unbeobachtet in das externe Rechnungswesen übernommen werden.[367]

b) Anwendung auf den Fall: Ermittlung der Auftragserlöse und -kosten bei der Skycar Group

Zur Bilanzierung des Victory-Projekts nach der PoCM hat die Skycar Group Ende 2005 die gesamten Auftragserlöse und die in den folgenden drei Geschäftsjahren noch anfallenden Auftragskosten zu schätzen. Hierbei haben sich die Schätzunsicherheiten und entsprechend der bilanzpolitische Spielraum bereits insoweit abgebaut, wie mehr als die Hälfte der geplanten Projektdauer vergangen ist. Zu bedenken ist allerdings, dass das für den Gesamterfolg des Projekts ausschlaggebende *Gesamtfunktionsrisiko* erst mit Fertigstellung und Abnahme des Mondfahrzeugs beseitigt ist.

---

364 Vgl. *Bischof*, Anwendbarkeit der percentage of completion – Methode nach IAS und US-GAAP im internen Rechnungswesen, krp 1998, S. 8 (S. 12).

365 Vgl. *Pottgießer/Velte/Weber*, Die langfristige Auftragsfertigung nach IAS 11, KoR 2005, S. 310 (S. 314).

366 Vgl. *Küting/Wohlgemuth*, Möglichkeiten und Grenzen der internationalen Bilanzanalyse, DStR 2004, Beihefter zu Heft 48, S. 14.

367 Vgl. *Kieso/Weygandt/Warfield*, Intermediate Accounting (2005), S. 909.

Für die Auftragserlöse ist anzunehmen, dass infolge der großen Projektrisiken für beide Vertragsparteien ereignisabhängige nachträgliche Anpassungen des Vertragspreises, wie Preisgleitklauseln oder Vertragsstrafen bei Verzug vereinbart wurden. Je nachdem, wie solche unsicheren Anpassungen von der Skycar Group zeitlich und betragsmäßig erfasst werden, ergeben sich unterschiedliche Schätzwerte für die Auftragserlöse.

Bei den noch anfallenden Auftragskosten dürften die Unerfahrenheit der Skycar Group in der Entwicklung eines Spezialfahrzeugs für die Raumfahrt und die ungewöhnlich lange Laufzeit des Projekts die Unsicherheiten verschärfen. Zu denken ist insb. an Verzögerungen bei Entwicklungsleistungen oder Kostensteigerungen bei den eingesetzten Leichtbaustoffen und Bauelementen.

Die bilanzpolitischen Möglichkeiten, die sich für die Skycar Group bei der Schätzung der noch anfallenden Auftragskosten ergeben, lassen sich am Beispiel der Kalkulation der künftigen Kostensteigerungen illustrieren (siehe Tabelle 112). Hierbei prognostiziert die Skycar Group Ende 2005 die bis zum Abschluss des Victory-Projekts noch anfallenden Kosten auf 248,82 Mio. Euro. In diesem Betrag enthalten ist eine geschätzte jährliche Kostensteigerungsrate von 2 %. Hiernach betragen die bis einschließlich 2005 vereinnahmten Teilgewinne 66,35 Mio. Euro und der in 2005 vereinnahmte Teilgewinn 19,32 Mio. Euro.

Würde man die geschätzte jährliche Kostensteigerungsrate von 2 % auf 8 % erhöhen, würden die geschätzten gesamten Kosten von 248,82 Mio. Euro auf 279,47 Mio. Euro[368] steigen. Hieraus ergäben sich zwei negative Effekte auf den Ergebnisausweis im Konzernabschluss: Zum einen würde der nach der Cost-to-Cost-Methode ermittelte Fertigstellungsgrad von 57,14 % auf 54,28 %[369] abnehmen, und zum anderen würde das geschätzte Gesamtergebnis des Fertigungsauftrags von 116,11 Mio. Euro auf 85,46 Mio. Euro[370] sinken. Hierdurch gingen die bis einschließlich 2005 vereinnahmten Teilgewinne von 66,35 Mio. Euro auf 46,39 Mio. Euro[371] zurück, und der in 2005 vereinnahmte Teilgewinn von 19,32 Mio. Euro würde in einen Verlust von – 0,64 Mio. Euro[372] umschlagen. Umgekehrt würde es sich bei einer geschätzten jährlichen Kostensteigerungsrate von 0 % verhalten. Hier würden die bis einschließlich 2005 vereinnahmten Teilgewinne von 66,35 Mio. Euro auf 73,11 Mio. Euro und der in 2005 vereinnahmte Teilgewinn von 19,32 Mio. Euro auf 26,08 Mio. Euro steigen. Dies veranschaulicht, wie stark der Gewinnausweis mit den Annahmen über die noch anfallenden Auftragskosten variiert.

---

368 Berechnung: (81,30 Mio. Euro ÷ 1,02 × 1,08) + (82,93 Mio. Euro ÷ $1{,}02^2 \times 1{,}08^2$) + (84,59 Mio. Euro ÷ $1{,}02^3 \times 1{,}08^3$).

369 Berechnung: 331,77 Mio. Euro ÷ 611,24 Mio. Euro.

370 Berechnung: 696,70 Mio. Euro – 611,24 Mio. Euro.

371 Berechnung: 85,46 Mio. Euro × 54,28 %.

372 Berechnung: 46,39 Mio. Euro – 47,03 Mio. Euro.

Tabelle 112: Vereinnahmte Teilgewinne bei unterschiedlichen Kostensteigerungsraten

(in Mio. €)	**geschätzte Kostensteigerungsrate**			
	2,00 %	**0,00 %**	**4,00 %**	**8,00 %**
geschätzte Auftragskosten 2006–2008	**248,82**	239,13	258,78	**279,47**
angefallene Auftragskosten 2002–2005	331,77	331,77	331,77	331,77
angefallene Auftragskosten 2002–2004	235,16	235,16	235,16	235,16
geschätzte gesamte Auftragskosten	580,59	570,90	590,55	611,24
geschätzte gesamte Auftragserlöse	696,70	696,70	696,70	696,70
Fertigstellungsgrad zum 31. 12. 2005	**57,14 %**	58,11 %	56,18 %	**54,28 %**
Fertigstellungsgrad zum 31. 12. 2004	40,50 %	41,19 %	39,82 %	38,47 %
erfasste Teilgewinne 2002–2005	**66,35**	**73,11**	59,64	**46,39**
erfasste Teilgewinne 2002–2004	47,03	47,03	47,03	47,03
erfasster Teilgewinn 2005	**19,32**	**26,08**	12,61	**– 0,64**

Schließlich dürfte die Skycar Group erhebliche Spielräume bei der Zuordnung von Kosten zum Victory-Projekt besitzen. Diese ergeben sich insb. bei der Schlüsselung von Gemeinkosten, die gleichzeitig für den Massenfahrzeugbau und den Bau des Mondfahrzeugs anfallen. Zu denken ist an gemeinsam genutzte Einrichtungen in den Bereichen Forschung und Entwicklung, Materialeinkauf, Gebäude sowie Verwaltung. Hier besteht für die Skycar Group die Möglichkeit, die weiten Spielräume einer Kostenrechnung zu nutzen, um die Auftragskosten und entsprechend das Auftragsergebnis des Victory-Projekts um bestimmte Gemeinkostenanteile zu entlasten. Hierdurch können die im Jahresabschluss vereinnahmten Teilgewinne für Außenstehende unsichtbar gesteigert werden.

3. Ermittlung des Fertigstellungsgrads

a) Erläuterung

Zu den zentralen Problemen der PoCM gehört die Bestimmung eines verlässlichen Maßstabs für den Fertigstellungsgrad. Hierzu enthält IAS 11.30 eine *unvollständige Liste möglicher Methoden*, aus der der Bilanzierende die nach seiner Einschätzung verlässlichste auswählen kann, was ihm einen *erheblichen Spielraum* lässt. Dieser ist umso größer, als IAS 11 die Methodenwahl für einzelne Fertigungsaufträge nicht einschränkt. Zudem ist nach Auffassung der Literatur eine stetige Beibehaltung der einmal gewählten Methode im Zeitablauf sowie bei gleichartigen neuen Fertigungsaufträgen lediglich dann erforderlich, wenn nicht ein anderes Verfahren eine verlässlichere Messung gewährleistet.[373]

Zur Messung des Fertigstellungsgrads kann zum Bilanzstichtag entweder der Umfang der bisher verbrauchten Mittel zu den insgesamt benötigten Mitteln (*input-*

373 Vgl. IDW (Hrsg.), IDW Stellungnahme zur Rechnungslegung: Einzelfragen zur Anwendung von IFRS (IDW RS HFA 2), WPg 2005, S. 1402 (S. 1405, Rn. 15).

orientierte Verfahren) oder die bereits erbrachte Leistung zur Gesamtleistung (*outputorientierte Verfahren*) in Beziehung gesetzt werden. In beiden Fällen können wertmäßige Größen (bspw. Umfang der angefallenen Kosten oder Marktwert der erbrachten Leistung) oder mengenmäßige Größen (bspw. verbrauchte Leichtbaustoffe in Tonnen oder eingesetzte Arbeitsstunden) für die Berechnung herangezogen werden. In der Praxis erfolgt üblicherweise die Bestimmung des Leistungsfortschritts durch inputorientierte Verfahren, wie z. B. auf Basis des Verhältnisses von bis zum Bilanzstichtag angefallenen tatsächlichen Kosten zu geplanten Gesamtkosten (cost to cost method).[374]

Während bei inputorientierten Verfahren dem *Vorteil* der einfachen Handhabung der *Nachteil* der indirekten Messung des Fertigstellungsgrads über die Einsatzfaktoren gegenübersteht, ist es bei outputorientierten Verfahren genau umgekehrt. Letztere erlauben zwar eine direkte Messung des Fertigstellungsgrads, sind aber wegen des Problems der verlässlichen Ermittlung des Outputs wenig praxistauglich. Dies wird besonders deutlich, wenn in die Schätzung Projektverantwortliche eingebunden sind, deren Vergütung gleichzeitig an den Fertigstellungsgrad geknüpft ist. Diese werden in aller Regel eine zu optimistische Prognose des Fertigstellungsgrads abgeben und entsprechend den Gewinnausweis unzulässig nach oben schleusen. In der Praxis ist dieses Phänomen als 90 %-Syndrom bekannt, da eine Vielzahl von Projekten über einen langen Zeitraum als nahezu fertig gestellt eingestuft wird.[375] Die vom IASB geforderten neutralen Gutachten stellen allenfalls theoretisch eine Lösung dar, da sie in den meisten Fällen aus Kostengründen nicht eingeholt werden.

b) Anwendung auf den Fall: Ermittlung des Fertigstellungsgrads bei der Skycar Group

Der Skycar Group steht bei der Messung des Fertigstellungsgrads ebenfalls das faktische Methodenwahlrecht aus IAS 11 zur Verfügung. Dem Geschäftsbericht zufolge wird die in der Praxis weit verbreitete Cost-to-Cost-Methode angewandt. Theoretisch wäre es denkbar, die Methode in der Zukunft mit dem Argument einer verlässlicheren Schätzung zu wechseln.

Welches erhebliche bilanzpolitische Potenzial sich der Skycar Group bei der Festlegung des Fertigstellungsgrads eröffnet, zeigt ein Blick auf die Kalkulation des Victory-Projekts. Hiernach ergibt sich bei der angewandten Cost-to-Cost-Methode ein Fertigstellungsgrad in 2005 von 57,14 %[376] und in 2004 von 40,50 %. In der

374 Vgl. *v. Keitz/Schmieszek*, Ertragserfassung – Anforderungen nach den Vorschriften des IASB und deren praktische Umsetzung, KoR 2004, S. 118 (S. 126).

375 Vgl. *Kirsch*, Bewertung von Fertigungsaufträgen nach der Percentage-of-Completion-Methode, KoR 2006, S. 52 (S. 53).

376 Anteil der angefallenen Auftragskosten 2002–2005 an den geschätzten gesamten Auftragskosten. Berechnung: 331,77 Mio. Euro ÷ 580,59 Mio. Euro.

Folge betragen die bis einschließlich 2005 vereinnahmten Teilgewinne 66,35 Mio. Euro und der in 2005 vereinnahmte Teilgewinn 19,32 Mio. Euro.

Hätte die Skycar Group andere Maßstäbe für den Fertigstellungsgrad gewählt, wäre der Gewinnausweis zum Teil ganz unterschiedlich ausgefallen. Bei einem Wechsel zum Auftragswert als Maßstab wäre z. B. der geschätzte Fertigstellungsgrad in 2005 von 57,14 % auf 42 % und in 2004 von 40,50 % auf 27 % gesunken. Hierdurch wären die bis einschließlich 2005 vereinnahmten Teilgewinne von 66,35 Mio. Euro auf 48,77 Mio. Euro und der in 2005 vereinnahmte Teilgewinn von 19,32 Mio. Euro auf 17,42 Mio. Euro zurückgegangen. Umgekehrt hätte eine Verwendung der eingesetzten Arbeitsstunden als Maßstab zu einem deutlich günstigeren Gewinnausweis geführt. Hier hätten sich in 2005 mit 78,43 %[377] und in 2004 mit 59,97 % wesentlich höhere Fertigstellungsgrade ergeben, so dass die bis einschließlich 2005 vereinnahmten Teilgewinne auf 91,06 Mio. Euro und der in 2005 vereinnahmte Teilgewinn auf 21,43 Mio. Euro gestiegen wären.

Tabelle 113: Vereinnahmte Teilgewinne bei alternativen Maßstäben für den Fertigstellungsgrad

(in Mio. €)	**alternative Maßstäbe für den Fertigstellungsgrad**			
	Auftragskosten	**Auftragswert**	**Leichtbaustoffe**	**Arbeitsstunden**
Fertigstellungsgrad zum 31. 12. 2005 (in %)	**57,14**	**42,00**	40,00	**78,43**
Fertigstellungsgrad zum 31. 12. 2004 (in %)	**40,50**	**27,00**	23,00	**59,97**
erfasste Auftragskosten 2002–2005	331,77	243,85	232,24	455,36
erfasste Auftragskosten 2002–2004	235,16	156,76	133,54	348,18
erfasste Auftragskosten 2005	**96,61**	**87,09**	98,70	107,18
geschätzes gesamtes Auftragsergebnis	116,11	116,11	116,11	116,11
erfasste Teilgewinne 2002–2005	**66,35**	**48,77**	46,44	**91,06**
erfasste Teilgewinne 2002–2004	**47,03**	31,35	26,70	69,63
erfasster Teilgewinn 2005	**19,32**	**17,42**	19,74	**21,43**

Die von der Skycar Group gewählte Cost-to-Cost-Methode ist mit dem rein buchungstechnischen Vorteil verbunden, dass die in einem Geschäftsjahr auszuweisenden Auftragskosten mit den tatsächlich angefallenen Kosten des Geschäftsjahrs übereinstimmen. Hierdurch werden Abgrenzungsposten in der Bilanz vermieden,

377 Anteil der angefallenen Arbeitsstunden 2002–2005 an den geschätzten gesamten Arbeitsstunden. Berechnung: 90 194,50 Stunden ÷ 115 000,00 Stunden.

die schwer zu interpretieren sind. Hätte man z. B. den Auftragswert zur Messung des Fertigstellungsgrads herangezogen, wären 2005 Auftragskosten von 87,09 Mio. Euro auszuweisen gewesen, obwohl tatsächlich Auftragskosten von 96,61 Mio. Euro angefallen sind. Entsprechend hätte in Höhe der Differenz ein aktiver Abgrenzungsposten gebildet werden müssen.

Implizit wird bei der Cost-to-Cost-Methode eine konstante Relation zwischen Kosten und Leistungen über alle Arbeitsschritte hinweg unterstellt. Hiervon kann bei umfänglichen Neuentwicklungsleistungen, die gerade beim Victory-Projekt eine zentrale Rolle spielen, kaum ausgegangen werden. Liegt eine variable Relation vor, wie es beim Victory-Projekt wegen der geringen Erfahrungen in diesem Fertigungssegment wahrscheinlich ist, wird mit der Cost-to-Cost-Methode der Fertigstellungsgrad verzerrt wiedergegeben. Ineffizienzen in Form von unerwarteten Kostensteigerungen gehen mit einem höheren Fertigstellungsgrad einher und werden in der Folge systematisch mit einem höheren Gewinnausweis „belohnt".

4. Ausweis von Fertigungsaufträgen

a) Erläuterung

Fertigungsaufträge, die noch nicht vollständig abgerechnet wurden und aus denen insgesamt kein Verlust droht, sind als Vermögenswerte anzusehen und als solche in der Bilanz auszuweisen.[378] Mangels konkreter Ausweisvorschriften ergibt sich für den Bilanzierenden ein faktisches Ausweiswahlrecht. Hiernach kann er wählen zwischen dem von der überwiegenden Literaturmeinung befürworteten Ausweis als Forderungen aus Fertigungsaufträgen bzw. aus PoC und dem ebenfalls in der Praxis anzutreffenden Ausweis unter dem Vorratsvermögen bzw. als separater Posten.[379]

Für den Ausweis von erhaltenen Anzahlungen ist zwischen *Progress Billings* (*Teilabrechnungen*) und *Advances Received* zu unterscheiden:[380]

Unter *Teilabrechnungen* versteht der Standardsetter fakturierte Beträge für bereits erstellte Teilleistungen, die von einem Zufluss liquider Mittel oder einer Abnahme im rechtlichen Sinn unabhängig sind. Die Teilabrechnungen dürfen von den für Fertigungsaufträge aktivierten Beträgen offen abgesetzt werden, wobei ein positiver Saldo als Forderungen aus Fertigungsaufträgen bzw. aus PoC und ein negativer Saldo als Verbindlichkeiten aus Fertigungsaufträgen bzw. aus PoC ausgewiesen wird.

378 Vgl. *Adler/Düring/Schmaltz*, Rechnungslegung nach Internationalen Standards (2005), Abschn. 16: Fertigungsaufträge, Rn. 150.

379 Vgl. *Riese*, in: Bohl/Riese/Schlüter (Hrsg.), Beck'sches IFRS-Handbuch (2006), § 9 Fertigungsaufträge, Rn. 85; *v. Keitz/Schmieszek*, Ertragserfassung – Anforderungen nach den Vorschriften des IASB und deren praktische Umsetzung, KoR 2004, S. 118 (S. 123 sowie S. 126).

380 Vgl. *Hüttche*, Typologische Bilanzanalyse: Qualitative Auswertung von IFRS-Abschlüssen, KoR 2005, S. 318 (S. 319).

Mit der offenen Absetzung der Teilabrechnungen kann die Bilanz verkürzt und entsprechend die Eigenkapitalquote verbessert werden. Sind die Teilabrechnungen nicht vollständig durch Anzahlungen gedeckt, werden die „offenen Rechnungsbeträge" unter den Forderungen aus Lieferungen und Leistungen ausgewiesen.

Unter *Advances Received* subsumiert der Standardsetter solche Anzahlungen, die auf noch nicht erstellte Teilleistungen entfallen. Advances Received stellen ein Finanzinstrument dar und sind in einem eigenen Posten auf der Passivseite auszuweisen.[381] Eine Saldierung mit den für Fertigungsaufträge aktivierten Beträgen kommt nicht in Betracht. Gleichwohl besteht die Gefahr, dass der Bilanzierende Anzahlungen, die an sich noch nicht erstellte Teilleistungen betreffen, unerkannt als Anzahlungen auf bereits erstellte Teilleistungen klassifiziert und in den Saldo der Forderungen aus Fertigungsaufträgen bzw. aus PoC einbezieht. Mit dieser Zuordnung kann der passive Ausweis der Anzahlungen vermieden werden, was wiederum zu einer Verbesserung der Eigenkapitalquote führt.

Die *Beispiele* in Tabelle 114 sollen den Ausweis von Fertigungsaufträgen bei Anwendung der PoCM und offener Absetzung von Teilabrechnungen veranschaulichen. Hierbei werden zwei Fälle unterschieden: Während im ersten Fall die aktivierten Auftragskosten einschließlich Gewinnanteilen die Teilabrechnungen übersteigen, ist es im zweiten Fall genau umgekehrt. Gleichzeitig werden für jeweils beide Fälle verschiedene Annahmen über die Anzahlungen getroffen. Hierbei wird unterschieden, ob überhaupt Anzahlungen geleistet werden und wenn ja, ob und in welchem Umfang die Anzahlungen bereits erstellte oder noch nicht erstellte Teilleistungen betreffen.

Tabelle 114: Beispiele zum Ausweis von Fertigungsaufträgen

(in Mio. €)	Fall 1	Fall 2
Auftragskosten einschließlich Gewinnanteile	100,00	100,00
eingeforderte Teilabrechnungen (progress billings)	40,00	120,00
Forderungen aus PoC	60,00	
Verbindlichkeiten aus PoC		20,00
Annahme 1: Keine Anzahlung		
Forderungen aus Lieferungen und Leistungen	40,00	120,00
Annahme 2: Anzahlung von 40,00 entfällt zu 100 % auf eingeforderte Teilabrechnungen		
Forderungen aus Lieferungen und Leistungen	0,00	80,00
Annahme 3: Anzahlung von 40,00 entfällt zu 50 % auf eingeforderte Teilabrechnungen		
Forderungen aus Lieferungen und Leistungen	20,00	100,00
Erhaltene Anzahlungen (advances received)	20,00	20,00
Annahme 4: Anzahlung von 40,00 entfällt zu 0 % auf eingeforderte Teilabrechnungen		
Forderungen aus Lieferungen und Leistungen	40,00	120,00
Erhaltene Anzahlungen (advances received)	40,00	40,00

381 Vgl. *Adler/Düring/Schmaltz*, Rechnungslegung nach Internationalen Standards (2005), Abschn. 16: Fertigungsaufträge, Rn. 151.

Die in einem Geschäftsjahr erfassten Auftragserlöse werden in der GuV nicht unter Bestandserhöhungen, sondern unter Umsatzerlösen ausgewiesen. Der entsprechende Betrag ist im Anhang anzugeben. Im Unterschied dazu müssen die vereinnahmten Teilgewinne nicht offen gelegt werden. Diese sind weder in Bilanz und GuV gesondert auszuweisen noch im Anhang anzugeben. Hierdurch werden dem Bilanzanalysten zentrale Informationen vorenthalten.

b) Anwendung auf den Fall: Ausweis des Fertigungsauftrags bei der Skycar Group

Die Skycar Group weist das Victory-Projekt als Forderungen aus PoC innerhalb der Forderungen aus Lieferungen und Leistungen aus, was der in Theorie und Praxis bevorzugten Methode entspricht. Alternativ dazu wäre insb. eine Zuordnung zu den Vorräten möglich gewesen. Letztere Ausweismethode wäre abgesehen von ihrer geringeren Verbreitung für die Skycar Group aus bilanzpolitischen Gründen unattraktiver gewesen, weil Vorräte gegenüber Forderungen einen geringeren Fortschritt im Umsatzprozess und eine geringere Nähe zur Liquidität signalisieren.

Die Forderungen aus PoC werden als Saldo aus den Auftragskosten einschließlich Gewinnanteilen und den Teilabrechnungen dargestellt. Insofern hat die Skycar Group das faktische Ausweiswahlrecht genutzt, die Teilabrechnungen offen von den für den Fertigungsauftrag aktivierten Beträgen abzusetzen. Hierfür dürfte das Ziel der Verbesserung der Eigenkapitalquote ausschlaggebend gewesen sein. Falls Teilabrechnungen noch nicht zu Anzahlungen geführt haben, müssten die Differenzbeträge im Unterposten übrige Forderungen enthalten sein. Da dieser Posten bei der Skycar Group auch Forderungen aus dem Automobilgeschäft enthalten kann und zudem einen niedrigen Wert aufweist, ist davon auszugehen, dass die Teilabrechnungen weitgehend zu Mittelzuflüssen geführt haben.

Erhaltene Anzahlungen (advances received) sind bei der Skycar Group auf der Passivseite nicht zu finden. Dies weist auf fehlende Anzahlungen auf noch nicht erstellte Teilleistungen hin. Da in der Praxis aber solche Anzahlungen zum Teil nicht sauber abgegrenzt werden, ist bei der Skycar Group ebenfalls nicht auszuschließen, dass unzulässigerweise Advances Received nicht passiviert, sondern in den aktiven Saldo des Fertigungsauftrags einbezogen wurden.

III. Bilanzanalyse von Fertigungsaufträgen

1. Erläuterung

a) Ziele der Analyse

Der mit IAS 11 angestrebte verbesserte Einblick in die Ertragslage bei Fertigungsaufträgen ist zwar an sich zu begrüßen, bleibt in der Umsetzung aber weit hinter den Erwartungen zurück.[382] Kritisch ist vor allem zu sehen, dass die PoCM als bevorzugte Methode schon ab Beginn eines Fertigungsauftrags eine sukzessive Vereinnahmung des geschätzten Auftragsergebnisses vorsieht, wodurch im Regelfall größere Schätzunsicherheiten in den Abschluss Eingang finden. Überdies zeichnet sich die PoCM durch ein hohes Maß an methodischer Unbestimmtheit aus, wie z. B. bei der Ermittlung der Auftragserlöse und -kosten sowie der Festlegung des Fertigstellungsgrads. Hieraus resultiert eine Vielzahl von faktischen Wahlrechten, die der Beurteilung von Fertigungsaufträgen in der Bilanzanalyse enge Grenzen setzen.[383] Insb. besteht die Gefahr, dass der Bilanzierende diese Wahlrechte bewusst dazu nutzt, den Vermögens- und Gewinnausweis zu seinen Gunsten zu verzerren. Selbst wenn ein solches Eigeninteresse fehlt und die Schätzungen nach bestem Wissen und Gewissen durchgeführt werden, bleiben regelmäßig größere Prognoseunsicherheiten über das Ergebnis eines Fertigungsauftrags.

Vor diesem Hintergrund steht in der Analyse von Fertigungsaufträgen *die Identifizierung und ggf. Bereinigung von bilanzpolitischen Einflüssen und Schätzunsicherheiten* im Vordergrund. Hierbei ist als erstes zu prüfen, ob ein Fertigungsauftrag nach der Zero-Profit-Margin-Methode oder der PoCM bilanziert wird, wobei letztere die Standardmethode in der Praxis darstellt. Wird ausnahmsweise die Zero-Profit-Margin-Methode angewandt, kommen zwei Ursachen in Betracht. Einerseits kann dies ein Indiz für eine konservative Bilanzpolitik sein, d. h. das Unternehmen verzichtet freiwillig auf die Anwendung der PoCM, obwohl es die vagen Anwendungsvoraussetzungen, insb. die Verlässlichkeit der Schätzung des Auftragsergebnisses hätte nachweisen können. Anderseits ist es denkbar, dass die Auftragsrisiken derart hoch sind, dass selbst bei extensiver Auslegung der vagen Anwendungsvoraussetzungen die PoCM nicht hätte angewendet werden können.

b) Maßnahmen der Analyse

Bei Anwendung der PoCM interessieren in der Analyse der Vermögens- und Ertragslage in erster Linie die unrealisierten Komponenten, die sich aus der frühzeitigen Umsatz- und Gewinnvereinnahmung ergeben. Hierbei liegt das Hauptaugenmerk auf den vereinnahmten Teilgewinnen, die als unrealisierte Gewinne ggf. noch erhebliche Risiken in sich bergen und bilanzpolitisch stark beeinflussbar sind. Durch eine Eliminierung dieser Gewinne können die entsprechenden Unsicherheiten und Einflüsse aus dem Abschluss beseitigt werden. Überdies wird die Vergleichbarkeit mit anderen Abschlüssen verbessert, in denen die PoCM grundsätzlich oder wegen fehlender Erfüllung der Voraussetzungen nicht angewendet werden darf. Die Eliminierung scheitert in der Analysepraxis allerdings regelmäßig daran, dass die nach IAS 11 bestehenden Angabepflichten keine Informationen

382 Vgl. *Peemöller*, Bilanzanalyse und Bilanzpolitik (2003), S. 318 f.

383 Vgl. *Küting/Wohlgemuth*, Möglichkeiten und Grenzen der internationalen Bilanzanalyse, DStR 2004, Beihefter zu Heft 48, S. 14 f.

über die vereinnahmten Teilgewinne vorsehen. Entsprechend ist der Analyst darauf angewiesen, dass die Auftragskosten und Gewinnanteile nicht in einer Summe, sondern freiwillig getrennt ausgewiesen werden.[384]

Im Unterschied dazu sind die Forderungen und Umsatzerlöse aus Fertigungsaufträgen aus dem Abschluss zu erkennen. Da die Umsatzerlöse als unrealisierte Erträge nicht auf einer Markttransaktion im herkömmlichen Sinn beruhen und unter Manipulations- und Unsicherheitsaspekten ebenfalls als problematisch anzusehen sind, empfiehlt sich eine Umgliederung auf Bestandserhöhungen (bei Anwendung des Gesamtkostenverfahrens) oder eine Verrechnung gegen Aufwendungen (bei Anwendung des Umsatzkostenverfahrens). Hierdurch wird das Jahresergebnis zwar nicht in seiner Höhe, aber in seiner Zusammensetzung korrigiert.

Bei Forderungen aus Fertigungsaufträgen bzw. aus PoC ist zu berücksichtigen, dass es sich bei diesen nicht um Forderungen im rechtlichen Sinn handelt. Der endgültige Anspruch auf die Gegenleistung entsteht erst mit Beendigung des Fertigungsauftrags und Gefahrenübergang. Unter diesem Aspekt sind Forderungen aus Fertigungsaufträgen bzw. aus PoC in der Bilanzanalyse nicht als Forderungen zu behandeln, sondern auf unfertige Erzeugnisse umzugliedern.

Neben den unrealisierten Komponenten spielen auch Teilabrechnungen bzw. erhaltene Anzahlungen eine zentrale Rolle. Hierbei geht es zum einen um deren sachgerechte Zuordnung in der Bilanz und zum anderen um die Analyse des Verhältnisses zwischen den Teilabrechnungen und den für einen Fertigungsauftrag aktivierten Beträgen.

Bei den Teilabrechnungen besteht das Problem, dass der Umfang der Mittelzuflüsse nicht erkennbar ist. Wird mangels besserer Informationen davon ausgegangen, dass die in Rechnung gestellten Beträge in vollem Umfang bezahlt wurden, sind Teilabrechnungen ins Fremdkapital umzugliedern. Sofern diese nicht mit Anzahlungen unterlegt sind, kommt es durch die Umgliederung zu einem ungerechtfertigten Ausweis als Fremdkapital. Hier wäre es anstelle einer Bilanzverlängerung an sich richtig, die Forderungen aus Lieferungen und Leistungen zu kürzen.

Für einen Bilanzanalysten von Interesse ist die Frage, zu welchem Teil die für einen Fertigungsauftrag aktivierten Beträge durch Anzahlungen gedeckt sind. Hat der Auftraggeber einen großen Teil der bisher angefallenen Auftragskosten vorfinanziert, darf von einer reibungslosen Abwicklung des Fertigungsauftrags ausgegangen werden. Zudem spricht dies für eine gewisse Verhandlungsmacht des Auftragnehmers und eine gute Bonität des Auftraggebers.

Solche Rückschlüsse lassen die Ausweisregelungen der IFRS kaum zu. Hiernach werden den für einen Fertigungsauftrag aktivierten Beträgen nicht Anzahlungen, sondern Teilabrechnungen gegenübergestellt. Da letztere lediglich fakturierte und

384 Vgl. *Küting/Wohlgemuth*, Möglichkeiten und Grenzen der internationalen Bilanzanalyse, DStR 2004, Beihefter zu Heft 48, S. 14 f.

nicht zugeflossene Beträge darstellen, besteht die Gefahr, dass aus rein bilanzpolitischen Gründen Teilabrechnungen ohne ausreichende rechtliche Grundlage gestellt werden. Entsprechend gering ist der Aussagewert des Verhältnisses zwischen den Teilabrechnungen und den für einen Fertigungsauftrag aktivierten Beträgen. Dieser reduziert sich auf die Anzeige einer planmäßigen Fakturierung.[385]

2. Anwendung auf den Fall: Bilanzanalyse des Fertigungsauftrags bei der Skycar Group

a) Ausgangssituation

Laut Geschäftsbericht bilanziert die Skycar Group das Victory-Projekt nach der PoCM, d.h. es kommt die in der Praxis gängige Bilanzierungsmethode zum Einsatz. Auffallend wäre es, wenn Wettbewerber bei ähnlichen Projekten die Zero-Profit-Margin-Methode anwenden würden. Hier läge der Verdacht einer progressiven Bilanzpolitik der Skycar Group nahe. Umgekehrt könnte dies ein Hinweis darauf sein, dass die Skycar Group im Vergleich zu ihren Konkurrenten ihre Projektrisiken vertraglich besser abgesichert hat.

Da sich bei der PoCM erhebliche bilanzpolitische Möglichkeiten und Schätzunsicherheiten ergeben, empfiehlt es sich, den Konzernabschluss der Skycar Group für 2005 um die unrealisierten Komponenten aus der PoCM zu bereinigen. Eine Teilgewinneliminierung ist trotz fehlender freiwilliger Angaben im Konzernabschluss möglich, weil die Skycar Group das Victory-Projekt im Segmentbericht als eigenständiges Berichtssegment behandelt, zu dem detaillierte Angaben gemacht werden. Hierdurch liegen Informationen über die in 2005 und den Vorjahren ausgewiesenen Auftragserlöse, Auftragskosten und Auftragsergebnisse (= vereinnahmte Teilgewinne) vor. Überdies sollten die in den Saldo des Fertigungsauftrags einbezogenen *Teilabrechnungen* entsprechend ihrem wirtschaftlichen Charakter umgegliedert werden.

b) Bereinigungen

Im Einzelnen werden folgende Anpassungsmaßnahmen durchgeführt (siehe Tabelle 115): Als erstes werden die von den aktivierten Auftragskosten einschließlich Gewinnanteilen abgesetzten Teilabrechnungen von 147,73 Mio. Euro der Saldogröße Forderungen aus PoC bzw. den Forderungen aus Lieferungen und Leistungen zugeschlagen und passivisch als erhaltene Anzahlungen im Fremdkapital erfasst (siehe Bereinigung (1)).

385 Vgl. *Hüttche*, Typologische Bilanzanalyse: Qualitative Auswertung von IFRS-Abschlüssen, KoR 2005, S. 318 (S. 319).

Tabelle 115: Bereinigung der Effekte aus der PoCM in Bilanz und GuV

(in Mio. €)	Forderungen aus Lieferungen und Leistungen	Vorräte	Erhaltene Anzahlungen	Gewinn-rücklagen	Bestands-erhöhungen	Umsatzerlöse	JÜ
ursprüngliche Werte	**265,36**	**952,27**	**0,00**	**431,30**	**4 939,77**	**4 773,29**	**145,76**
Bereinigungen							
(1) Teilabrechnungen	147,73		147,73				
(2) Teilgewinn 2005	– 19,32					– 19,32	– 19,32
(3) Teilgewinne 2002-2004	– 47,03			– 47,03			
(4) Forderungen aus PoC	– 331,77	331,77					
(5) Umsatzerlöse					96,61	– 96,61	
bereinigte Werte	**14,97**	**1 284,04**	**147,73**	**384,27**	**5 036,38**	**4 657,36**	**126,44**

Im nächsten Schritt werden die vereinnahmten Teilgewinne eliminiert. Der in 2005 vereinnahmte Teilgewinn, der dem Segmentergebnis in 2005 von 19,32 Mio. Euro entspricht, ist gegen die Forderungen aus PoC bzw. die Forderungen aus Lieferungen und Leistungen sowie die Umsatzerlöse und den Jahresüberschuss zu verrechnen (siehe Bereinigung (2)). Hiervon abweichend sind die in 2002–2004 vereinnahmten Teilgewinne von 47,03 Mio. Euro gegen die Forderungen aus PoC bzw. die Forderungen aus Lieferungen und Leistungen und die Gewinnrücklagen zu verrechnen (siehe Bereinigung (3)).

Überdies ist der verbleibende Betrag der Forderungen aus PoC von 331,77 Mio. Euro, der den in 2002–2005 angefallenen Auftragskosten ohne Gewinnanteile entspricht, auf die unfertigen Erzeugnisse umzugliedern (siehe Bereinigung (4)).

Schließlich sind die bereits um ihren Gewinnanteil bereinigten Umsatzerlöse von 96,61 Mio. Euro vollständig zu eliminieren. Diese werden entsprechend dem von der Skycar Group angewandten Gesamtkostenverfahren auf Bestandserhöhungen umgegliedert. Bei Anwendung des Umsatzkostenverfahrens wäre eine Verrechnung gegen die Aufwendungen erforderlich gewesen (siehe Bereinigung (5)).

c) Auswirkungen auf Kennzahlen

Die Anpassungsmaßnahmen haben erhebliche Auswirkungen auf zentrale Kennziffern, die in Tabelle 116 wiedergegeben werden.[386]

Tabelle 116: Auswirkungen der Anpassungsmaßnahmen auf zentrale Kennzahlen

(in %)	vor Korrektur	nach Korrektur
Eigenkapitalquote	26,38	24,39
Eigenkapitalrentabilität	12,73	11,72
Umsatzrentabilität	3,05	2,71

386 Vgl. für die Bestimmung der Eigenkapitalquote Fall 2, Abschn. I. 2.

Die Bereinigung des Victory-Projekts um Effekte aus der Anwendung der PoCM führt größtenteils zu einer Verschlechterung der Kennziffern zur Kapitalstruktur und Rentabilität des Unternehmens.

Die Abnahme der Eigenkapitalquote von 26,38 % auf 24,39 % beruht auf der Eliminierung der vereinnahmten Teilgewinne zu Lasten von Jahresüberschuss und Gewinnrücklagen sowie der Umgliederung der Teilabrechnungen auf erhaltene Anzahlungen im Fremdkapital. In dem gesunkenen Wert kommt zum Ausdruck, dass die eliminierten Teilgewinne kein vollwertiges Eigenkapital darstellen und die Anzahlungen vergleichbar mit anderen Schulden wie Bankverbindlichkeiten die Kapitalstruktur belasten.

Für die Veränderung der Eigenkapitalrentabilität spielen zwei gegenläufige Effekte eine Rolle. Einerseits sinkt der Zähler wegen der Kürzung des Jahresüberschusses um die in 2005 vereinnahmten Teilgewinne, und andererseits vermindert sich der Nenner wegen der Kürzung des Eigenkapitals um die in 2002–2005 vereinnahmten Teilgewinne. Je nach dem relativen Gewicht der Effekte steigt oder sinkt die Eigenkapitalrentabilität. Bei der Skycar Group ergibt sich per Saldo eine Verringerung der Eigenkapitalrentabilität um 1,01 %-Punkte auf 11,72 %.

In der Veränderung der Umsatzrentabilität kommen ebenfalls zwei gegenläufige Effekte zum Tragen. Hier wird der Zähler um den in 2005 vereinnahmten Teilgewinn und der Nenner um die in 2005 vereinnahmten Umsatzerlöse bereinigt. Da der Zähler stärker als der Nenner abnimmt, sinkt die Umsatzrentabilität um 0,34 %-Punkte auf 2,71 %. Dies verdeutlicht, dass die auf Teilgewinnbasis kalkulierte Umsatzrentabilität des Victory-Projekts im Konzernvergleich weit überdurchschnittlich ausfällt. Entsprechend sinkt die Gesamtumsatzrentabilität, wenn das Victory-Projekt aus dem Konzernabschluss herausgerechnet wird.

d) Analyse der Teilabrechnungen

Über obige Anpassungsmaßnahmen hinaus gibt eine gesonderte Analyse der Teilabrechnungen interessante Aufschlüsse. Hier fällt der niedrige Anteil der Teilabrechnungen an den aktivierten Auftragskosten einschließlich Gewinnanteilen auf. Dieser beträgt in 2005 nicht mehr als 37,11 %, was ebenso für die Vorjahre repräsentativ ist. Selbst unter der Voraussetzung, dass die Teilabrechnungen in vollem Umfang zu Anzahlungen geführt haben, ist der niedrige Wert skeptisch zu beurteilen. Als Ursache kommt in Betracht, dass die Skycar Group Teilabrechnungen zurückhalten muss, weil die Abwicklung des Victory-Projekts nicht planmäßig verläuft. Ebenso ist es denkbar, dass der Auftraggeber nur in geringem Umfang dazu bereit oder fähig ist, das Projekt durch Anzahlungen vorzufinanzieren. Letztlich ist auch eine Überbewertung des Victory-Projekts im Konzernabschluss der Skycar Group nicht auszuschließen.

Weiterführende Literatur

Adler, Hans/ Düring, Walther/ Schmaltz, Kurt – Rechnungslegung nach Internationalen Standards, Stuttgart 2002 (Stand Dezember 2005), Abschnitt 16: Fertigungsaufträge

Grau, Andreas – Gewinnrealisierung nach International Accounting Standards. Zur Konzeption und Zieladäquanz der Gewinnrealisierungsgrundsätze des IASC, Wiesbaden 2002, S. 43–196

v. Keitz, Isabel/ Schmieszek, Oliver – Ertragserfassung – Anforderungen nach den Vorschriften des IASB und deren praktische Umsetzung, KoR, 4. Jg. (2004), S. 118–127

Moxter, Adolf – Gewinnrealisierung nach IAS/IFRS: Erosion des HGB-Realisationsprinzips, ZVglRWiss, 103. Jg. (2004), S. 268–280

Pottgießer, Gaby/ Velte, Patrick/ Weber, Stefan – Die langfristige Auftragsfertigung nach IAS 11 – Ausgewählte bilanzpolitische Gestaltungsspielräume, Auswirkungen auf den Grundsatz der Verlässlichkeit nach IAS/IFRS und Berücksichtigung des aktuellen Arbeitsprojekts des IASB/FASB zur Ertragsrealisation (Revenue Recognition), KoR, 5. Jg. (2005), S. 310–318

Seeberg, Thomas – Kommentierung zu IAS 11: Fertigungsaufträge, in: Baetge, Jörg u. a. (Hrsg.), Rechnungslegung nach International Accounting Standards. Kommentar auf Grundlage des deutschen Bilanzrechts, 2. Aufl., Stuttgart 2003

Fall 14: Latente Steuern

Sachverhalt:

Im Anhang der Skycar Group finden Sie folgende Angaben zu den latenten Steuern:

Tabelle 117: Latente Steueransprüche und -verbindlichkeiten der Skycar Group

(in Mio. €)	Aktive latente Steuern		Passive latente Steuern	
	31. 12. 2005	31. 12. 2004	31. 12. 2005	31. 12. 2004
Langfristige Vermögenswerte	92,40	72,27	220,53	204,52
Kurzfristige Vermögenswerte	68,25	49,43	275,66	255,65
Langfristige Schulden	2,20	2,07	4,51	4,18
Kurzfristige Schulden	87,83	83,04	0,50	0,47
Saldierungen	– 124,11	– 117,33	– 124,11	– 117,33
Verlustvorträge	49,40	35,47		
Summe	**175,97**	**124,95**	**377,09**	**347,49**

„Der Markt hat die von unserer Tochtergesellschaft in Südamerika produzierten Motoren bisher zögerlich angenommen, so dass in 2005 die Produktionskapazitäten lediglich zu 60 % ausgelastet waren. Um die Attraktivität unseres Angebots zu verbessern, haben wir uns entschlossen, die Produktpalette zu modifizieren. Die aufgrund dieser Maßnahme zu erwartende positive Ertragsentwicklung hat uns dazu veranlasst, die in den Vorperioden entstandenen zeitlich unbegrenzt vortragsfähigen steuerlichen Verlustvorträge unserer südamerikanischen Tochtergesellschaft i. H. v. umgerechnet 100 Mio. Euro vollständig in die Ermittlung der latenten Steuern einzubeziehen. Es ist davon auszugehen, dass die Verlustvorträge gleichmäßig über einen Zeitraum von 20 Jahren aufgezehrt werden. Da ein Wahlsieg der linksgerichteten Opposition in 2006 nicht unwahrscheinlich erscheint, wurde abweichend vom derzeit gültigen Steuersatz von 25 % ein Steuersatz von 40 % in die Berechnung einbezogen. Der Fortbestand der Verlustvorträge ist unseres Erachtens völlig ungefährdet.

Die verbleibenden 9,40 Mio. Euro aktive latente Steuern auf ungenutzte steuerliche Verlustvorträge entfallen auf mehrere deutsche Kapitalgesellschaften."

Bei der Lektüre des Lageberichts finden Sie außerdem folgende Hinweise:

„Um der wachsenden Bedeutung unseres Deutschlandgeschäfts Rechnung zu tragen, hat die Konzernleitung beschlossen, die auf diverse einzelne Gesellschaften verteilten Aktivitäten zusammenzufassen. Zu diesem Zweck sind für die kommenden Jahre umfangreiche Umstrukturierungen geplant."

Aufgabenstellung:

– Erläutern Sie die *Grundidee* der Abbildung latenter Steuern nach *IAS 12*! Gehen Sie dabei insb. auf den Sonderfall *aktiver latenter Steuern* auf *ungenutzte steuer-*

liche Verlustvorträge ein! Stellen Sie die Bedeutung latenter Steuern in der *Bilanzanalyse* dar!

- Im Rahmen der Abbildung latenter Steuern besitzt die Skycar Group zahlreiche *bilanzpolitische Möglichkeiten:*
  - Welche Spielräume bestehen für die Skycar Group beim Nachweis von künftigem steuerpflichtigen Einkommen als *Voraussetzung* für die Bildung von aktiven latenten Steuern?
  - Welche Spielräume bestehen für die Skycar Group bei der Berücksichtigung der *geplanten Restrukturierung* des Konzerns?
  - Welche Spielräume bestehen für die Skycar Group bei der *Festlegung des relevanten Steuersatzes* und des *Planungshorizonts*? Zeigen Sie am Beispiel der aktiven Steuerlatenzen für die ungenutzten steuerlichen Verlustvorträge der südamerikanischen Tochtergesellschaft die Konsequenzen einer *Veränderung des Steuersatzes* auf 25 % bzw. einer Verkürzung des *Planungshorizonts* auf fünf Jahre auf!
  - Welche Spielräume bestehen für die Skycar Group bei der *Saldierung* latenter Steuern?
- Latente Steuern besitzen in der Bilanzanalyse eine *Indikatorfunktion*:
  - Welche Rückschlüsse lassen sich aus den Steuerlatenzen auf das *steuerliche Eigenkapital* und *Ergebnis* sowie auf Richtung und Umfang der Bilanzpolitik der Skycar Group ziehen?
  - Gibt die Aktivierung latenter Steuern durch die Skycar Group einen Hinweis auf deren Einschätzung der *künftigen Ertragslage*?
- Aus den in den Fällen 6 bis 13 diskutierten *Aufbereitungsmaßnahmen* ergeben sich unmittelbare Konsequenzen für die latenten Steuern. Führen Sie für folgende Beispiele die erforderlichen *Folgekorrekturen der latenten Steuern* durch! Der relevante Ertragsteuersatz betrage 40 %.

  (1) Die in 2005 neu aktivierten Entwicklungskosten von 124,59 Mio. Euro werden um 24,47 Mio. Euro gekürzt. Nach Steuerrecht ist der Ansatz von Entwicklungskosten untersagt.

  (2) Die in 2005 in der Neubewertungsrücklage erfasste Wertsteigerung von *Available-for-Sale*-Wertpapieren von 0,30 Mio. Euro wird abweichend vom Vorgehen in Fall 9 nicht über die GuV gezogen, sondern vollständig eliminiert. Das Steuerrecht sieht eine Bewertung von Finanzinstrumenten mit Anschaffungskosten vor. Unterstellen Sie, dass die Wertpapiererträge in voller Höhe steuerpflichtiges Einkommen darstellen!

  (3) Der in 2005 aktivierte Konsolidierungsgoodwill von 80 Mio. Euro wird gegen das Eigenkapital verrechnet.

- Wie sind die nach diesen Korrekturen verbleibenden Steuerlatenzen nach Ihrer Meinung in der Bilanzanalyse zu behandeln? Zeigen Sie am Beispiel der aktiven latenten Steuern für die in Südamerika entstandenen Verlustvorträge die Folgen einer Diskontierung auf! Die relevante Vorsteuerrendite betrage 15 % und der relevante Ertragsteuersatz wiederum 40 %.

I. Bilanzierung und bilanzpolitische Relevanz latenter Steuern

1. Bilanzorientierte Abgrenzung latenter Steuern nach IFRS

Die Regelungen des IAS 12 folgen im Grundsatz der Idee einer *bilanzorientierten Steuerabgrenzung*.[387] Im Vordergrund steht die zutreffende Darstellung der Vermögenslage des Unternehmens.[388] Dafür wird eine Entwertung des Jahresergebnisses als Indikator zur Prognose der künftigen Ertragsentwicklung hingenommen.

Ursache und Maßstab einer Steuerlatenz ist nach diesem Verständnis eine zwischen IFRS-Bilanz und Steuerbilanz auftretende Abweichung hinsichtlich Ansatz oder Bewertung eines Vermögenswerts oder einer Schuld, die in späteren Perioden das IFRS- bzw. Steuerbilanzergebnis beeinflusst (*temporary concept*).[389] Übersteigt (unterschreitet) der Buchwert eines Vermögenswerts (einer Schuld) nach IFRS den Steuerbilanzwert (tax base; IAS 12.7), sind passive latente Steuern anzusetzen (*taxable temporary differences*; IAS 12.15). Bei umgekehrtem Vorzeichen besteht analog die Pflicht zur Bilanzierung aktiver latenter Steuern (*deductible temporary differences*), sofern zusätzlich mit ausreichender Wahrscheinlichkeit die Verrechnung der Differenzen mit künftigen zu versteuernden Ergebnissen unterstellt werden kann (IAS 12.24). Insofern liegt eine imparitätische Behandlung vor.[390]

Neben sog. *Timing Differences*, die bereits zum Zeitpunkt der Entstehung ihren Niederschlag in der GuV finden, umfasst das Temporary Concept auch *ergebnisunwirksam entstandene Differenzen* (IAS 12.18). So führt z. B. die erfolgsneutrale Neubewertung von Sachanlagevermögen oder von als Available for Sale klassifizierten Finanzinstrumenten ebenso wie die Aufdeckung stiller Reserven bei der Kapitalkonsolidierung zur Bildung von Steuerabgrenzungsposten. Hier werden die latenten Steuern entsprechend den zu Grunde liegenden Geschäftsvorfällen unter Umgehung der GuV erfolgsneutral erfasst (IAS 12.61). Die Dauer der Umkehrungsperiode hat keinen Einfluss auf die Beurteilung einer Differenz.[391] Quasi-permanente Differenzen, die sich erst nach langer Zeit oder bei Liquidation des Unter-

---

387 Vgl. *Euler*, Latente Steuern, in: Ballwieser/Coenenberg/v. Wysocki (Hrsg.), Handwörterbuch der Rechnungslegung und Prüfung (2002), Sp. 1462 (Sp. 1472).

388 Vgl. *Ballwieser*, Rechnungsabgrenzung, Steuerlatenz und Bilanztheorie, in: Bertl u. a. (Hrsg.), Erfolgsabgrenzungen in Handels- und Steuerbilanz (2001), S. 13 (S. 19).

389 Vgl. *Schäffeler*, Latente Steuern nach US-GAAP für deutsche Unternehmen (2000), S. 46.

390 Vgl. *Lüdenbach/Hoffmann*, § 1 Rahmenkonzept, in: Lüdenbach/Hoffmann (Hrsg.), Haufe IFRS-Kommentar (2006), Rn. 22.

391 Vgl. *Hoffmann*, § 26 Steuern vom Einkommen, in: Lüdenbach/Hoffmann (Hrsg.), Haufe IFRS-Kommentar (2006), Rn. 20.

nehmens auflösen, begründen im Gegensatz zu den Vorgaben des HGB ebenfalls latente Steueransprüche respektive latente Steuerschulden.[392]

Im Unterschied zum Ansatz ist die *Bewertung* von Steuerlatenzen nach IFRS stark von *Objektivierungserwägungen* geprägt. Zwar sind gemäß IAS 12.47 die mutmaßlich in der Periode der Realisierung der latenten Steuern geltenden Steuersätze anzuwenden, jedoch wird diese Vorgabe aus Objektivierungsgründen durch die Bezugnahme auf die aktuellen respektive angekündigten Steuersätze relativiert (IAS 12.48). Ferner ist eine Diskontierung von latenten Steuern untersagt (IAS 12.53).

Zu jedem Bilanzstichtag sind die *Bewertungsparameter*, insb. die hinreichende Wahrscheinlichkeit künftiger Steuerentlastungen, neu zu prüfen (IAS 12.56). Betroffen sind nicht nur die in der laufenden Periode entstandenen, sondern auch bereits in Vorperioden bilanzierte sowie nicht erfasste Differenzen (IAS 12.37). Infolgedessen eröffnet sich dem Bilanzaufsteller die Möglichkeit, bestehende Ermessens- und Schätzspielräume in jedem Jahr neu sowie unter Umständen abweichend auszuüben.[393] Der Grundsatz der Bewertungsmethodenstetigkeit stellt keine ernstzunehmende Hürde dar.[394] So kann im Einzelfall bereits durch relativ kleine Änderungen starker Einfluss auf zentrale Abschlusskennzahlen genommen werden.

2. Sonderfall: aktive latente Steuern auf steuerliche Verlustvorträge

Für *künftige potenzielle Steuerentlastungen* aus ungenutzten steuerlichen Verlustvorträgen sieht IAS 12 die Aktivierung von latenten Steuern vor. Hierbei gelten grundsätzlich dieselben Regelungen wie für andere aktive latente Steuern, d. h. es muss wahrscheinlich sein, dass in Zukunft ausreichende zu versteuernde Ergebnisse zur Nutzung der Verlustvorträge verfügbar sein werden (IAS 12.34). Gleichwohl bedarf es wegen der Eigenart von Verlustvorträgen einer besonderen Prüfung, ob diese Bedingung erfüllt ist.

Die Aktivierung von latenten Steuern für ungenutzte steuerliche Verlustvorträge hat gravierende *Auswirkungen* auf die Darstellung der Vermögens- und Ertragslage gerade in *Unternehmenskrisen*. So ermöglicht eine Aktivierung, gegenwärtige

392 Vgl. kritisch *Schildbach*, Latente Steuern auf permanente Differenzen und andere Kuriositäten – Ein Blick in das gelobte Land jenseits der Maßgeblichkeit, WPg 1998, S. 939 (S. 944 f.).

393 Vgl. *Rammert*, Steuerlatenz im IFRS-Abschluss, StuB 2005, PIR, StuB-Beilage zur IFRS-Bilanzierung Nr. 1, S. 7 (S. 10).

394 Vgl. *Küting/Zwirner*, Zunehmende Bedeutung und Indikationsfunktion latenter Steuern in der Unternehmenspraxis, BB 2005, S. 1553 (S. 1556); *Engel-Ciric*, Einschränkung der Aussagekraft des Jahresabschlusses nach IAS durch bilanzpolitische Spielräume, DStR 2002, S. 780 (S. 782).

Verluste zu verringern und eine sich anbahnende Schieflage ggf. zu verschleiern. Tritt allerdings die erwartete Kehrtwende in der Zukunft nicht oder zu langsam ein, können erforderliche Wertberichtigungen auf früher aktivierte latente Steuern eine zusätzliche Belastung der Ergebnisse und eine weitere Verschärfung der Krise zur Folge haben.[395]

3. Relevanz latenter Steuern im Abschluss

Während die Maßgeblichkeit der handelsrechtlichen GoB den Jahresabschluss mit der Steuerbilanz verknüpft und Unterschiede zwischen den Rechenwerken vergleichsweise wenig auftreten, nimmt mit der Umstellung der Rechnungslegung auf IFRS das Gewicht der latenten Steuern signifikant zu. Gleichzeitig steigt die Bedeutung bilanzpolitisch motivierter Gestaltungen.[396] Dies gilt vor allem für die aktiven latenten Steuern.

Einen Eindruck von der großen Praxisrelevanz der latenten Steuern nach internationalen Grundsätzen vermitteln empirische Ergebnisse zu den Unternehmen des DAX 30.[397] Letztere wiesen zum 31. 12. 2004 im Durchschnitt aktive latente Steuern nach Wertberichtigung und vor Saldierung von rund 4 639 Mio. Euro aus. Dies entspricht bezogen auf das Eigenkapital ohne Minderheiten im Mittel einem Anteil von 29 %. Durchschnittlich ca. 20 % der latenten Steueransprüche wurden auf Grund von ungenutzten steuerlichen Verlustvorträgen gebildet. Gleichzeitig haben die nach IFRS bilanzierenden Unternehmen im Schnitt auf 42 % der Verlustvorträge keine Steuerabgrenzung vorgenommen.[398] Ebenso auffallend ist der starke Einfluss, den latente Steuererträge auf das Jahresergebnis ausüben.[399] So entfielen bei den Unternehmen des DAX 30 in 2001 durchschnittlich 56 % der ausgewiesenen Jahresergebnisse auf die erfolgswirksame Verbuchung latenter Steuererträge.[400]

---

395 Vgl. *Schildbach*, Latente Steuern auf permanente Differenzen und andere Kuriositäten – Ein Blick in das gelobte Land jenseits der Maßgeblichkeit, WPg 1998, S. 939 (S. 945).

396 Vgl. *Küting/Zwirner*, Latente Steuern in der Unternehmenspraxis: Bedeutung für Bilanzpolitik und Unternehmensanalyse, WPg 2003, S. 301 (S. 308).

397 Vgl. *Küting/Zwirner*, Zunehmende Bedeutung und Indikationsfunktion latenter Steuern in der Unternehmenspraxis, BB 2005, S. 1553 (S. 1556–1562). Die Studie umfasst 28 der zum 31. 12. 2004 im DAX 30 vertretenen Unternehmen.

398 Erfolgte die Rechnungslegung nach US-GAAP, betrug die Quote 29 %. Vgl. für die Daten *ebd.*, S. 1557 f.

399 Vgl. *Küting/Zwirner*, Latente Steuern in der Unternehmenspraxis: Bedeutung für Bilanzpolitik und Unternehmensanalyse, WPg 2003, S. 301 (S. 309). Vgl. ebenso *Rammert*, § 51 Bilanzpolitik und Bilanzanalyse, in: Lüdenbach/Hoffmann (Hrsg.), Haufe IFRS-Kommentar (2006), Rn. 78.

400 Vgl. *Küting/Zwirner*, Latente Steuern in der Unternehmenspraxis: Bedeutung für Bilanzpolitik und Unternehmensanalyse, WPg 2003, S. 301 (S. 308). Betrachtet wurden die auf einen Abschlussstichtag in 2001 aufgestellten Konzernabschlüsse der zum 31. 10. 2002 im DAX 30 gelisteten Unternehmen.

II. Bilanzpolitische Möglichkeiten bei der Steuerabgrenzung

1. Künftiges steuerpflichtiges Einkommen

a) Erläuterung

Die Bilanzierung aktiver latenter Steuern setzt neben dem Vorliegen temporärer Differenzen oder ungenutzter steuerlicher Verlustvorträge zusätzlich den Nachweis voraus, dass in Zukunft wahrscheinlich ausreichende zu versteuernde Ergebnisse anfallen werden, die die Verwendung der Differenzen oder Verlustvorträge ermöglichen (IAS 12.24). Für den Nachweis sieht IAS 12 drei alternative Begründungen vor, die dem Bilanzaufsteller erhebliche Spielräume bieten:

(1) Vom Vorliegen der Aktivierungsvoraussetzung darf immer ausgegangen werden, wenn den aktiven *genügend passive Steuerlatenzen* gegenüberstehen, die sich auf dieselbe Steuerbehörde beziehen und zeitkongruent anfallen (IAS 12.28). Mithin hängt der Umfang der aktivierbaren latenten Steuern vom Umfang der zu passivierenden latenten Steuern ab. Dieser Zusammenhang ist von erheblicher bilanzpolitischer Bedeutung. Im Zuge einer progressiven Bilanzpolitik entstehen im Allgemeinen zusätzliche passive latente Steuern, die wiederum Grundlage für die Bilanzierung von weiteren aktiven latenten Steuern sein können. Hierdurch werden ggf. die passiven latenten Steuern durch aktive latente Steuern neutralisiert, so dass eine progressive Bilanzpolitik ungebremst auf Eigenkapital und Ergebnis durchschlagen kann.[401]

(2) Sind nicht genügend passive latente Steuern vorhanden, ist zur Begründung der Aktivierung von Steuerlatenzen auf *die wahrscheinliche Verfügbarkeit von künftigen zu versteuernden Ergebnissen* abzustellen. Eine solche Argumentation bietet diverse Ansatzpunkte für Manipulation. So wird der Prognosespielraum, der ohnehin aus der Unsicherheit der Abschätzung künftiger (singulärer) Ereignisse resultiert, durch eine in IAS 12 vage formulierte Wahrscheinlichkeitsschwelle (probable) erweitert. Diese ist in Anlehnung an die Vorgabe der US-GAAP (more likely than not; SFAS 109.17 (e)) wohl mit 50 % zu quantifizieren.[402] Vereinzelt wird auch 75–80 % für erforderlich gehalten.[403]

---

401 Vgl. *Hoffmann*, § 26 Steuern vom Einkommen, in: Lüdenbach/Hoffmann (Hrsg.), Haufe IFRS-Kommentar (2006), Rn. 40.

402 Vgl. *Küting/Zwirner*, Zunehmende Bedeutung und Indikationsfunktion latenter Steuern in der Unternehmenspraxis, BB 2005, S. 1553 (S. 1554); IDW (Hrsg.), WP-Handbuch, Bd. I (2006), Abschn. N, Rn. 433.

403 Vgl. *Loitz*, Latente Steuern und steuerliche Überleitungsrechnung. Unterschiede zwischen IAS/IFRS und US-GAAP, WPg 2004, S. 1177 (S. 1179).

Überdies ist der in die Beurteilung einzubeziehende *Planungshorizont* variierbar.[404] Die h. M. sieht eine Orientierung an der internen Planungsrechnung vor, wobei ein Zeitraum von fünf Jahren in Anlehnung an IAS 36.33 (b) nicht überschritten werden sollte.[405] Enthalten die aktiven Steuerlatenzen ungenutzte steuerliche Verlustvorträge, bildet die in einzelnen Steuersystemen vorgesehene zeitliche Beschränkung der Verrechnung eine weitere Begrenzung. Verschiedentlich wird aus einer fehlenden Befristung im Umkehrschluss eine generelle Aktivierungspflicht abgeleitet. Obwohl in der Literatur von einer Minderheit vertreten, erfreut sich diese Sicht in der Praxis durchaus einer gewissen Beliebtheit.[406]

(3) Schließlich kommen *Möglichkeiten der Steuergestaltung* zur Erzeugung künftiger zu versteuernder Ergebnisse als Grundlage für die Aktivierung von latenten Steuern in Betracht (sog. tax planning opportunities; IAS 12.29 (b)). Hierbei ist insb. die Hebung stiller Reserven von Bedeutung (IAS 12.30 (c)). Andere Strategien wären z. B. der Forderungsverzicht von Gesellschaftern oder die gezielte Umqualifizierung von Zinsaufwendungen in steuerpflichtige Gewinne im Sinne von § 8a KStG.[407]

b) Anwendung auf den Fall: künftiges steuerpflichtiges Einkommen bei der Skycar Group

Bei der Skycar Group legt der unter Vernachlässigung der aktiven latenten Steuern auf ungenutzte steuerliche Verlustvorträge festzustellende deutliche Überhang der passiven latenten Steuern die Vermutung nahe, dass die Existenz passiver latenter Steuern gleichzeitig als Rechtfertigung zum Ansatz aktiver latenter Steuern herangezogen werden konnte. Hierbei ist es möglich, dass die passiven latenten Steuern aus einer progressiven Bilanzpolitik der Skycar Group resultieren.

Dies sei am Beispiel der Entwicklungskosten erläutert. Letztere hat die Skycar Group laut Konzernbilanz zum 31. 12. 2005 i. H. v. 244,76 Mio. Euro aktiviert. Da das Steuerrecht zwingend deren sofortige ergebniswirksame Erfassung vorsieht, entsteht eine zu versteuernde temporäre Differenz, für die bei einem angenommenen Ertragsteuersatz von 40 % latente Steuern von 97,90 Mio. Euro zu passivieren sind. Hierdurch wird die anfängliche Eigenkapitalverbesserung aus der Aktivierung der Entwicklungskosten zunächst von 244,76 Mio. Euro auf 146,86 Mio.

---

404 Vgl. *Kirsch*, Einfluss unternehmerischer Prognosen und Planungen auf den IAS-Jahresabschluss, StuB 2003, S. 241 (S. 243).

405 Vgl. *Langenbucher*, Latente Steuern – ein wesentliches Problem bei der Umstellung auf und Anwendung der IFRS, BB Beilage 3/2005, S. 23 (S. 26).

406 Vgl. *Kirsch*, Änderungen des deutschen Unternehmenssteuerrechts 2003 und deren Auswirkung auf die steuerliche Berichterstattung im IAS-Jahresabschluss, DStR 2003, S. 128 (S. 130).

407 Vgl. *Wahle/Gens*, Latente Steuern nach IAS 12 unter Berücksichtigung des deutschen Ertragsteuerrechts, in: Ballwieser u. a. (Hrsg.), Wiley-Kommentar zur internationalen Rechnungslegung nach IAS/IFRS (2004), Abschn. 15, Appendix B, Rn. 116.

Euro reduziert. Dieser dämpfende Effekt wird jedoch insoweit abgeschwächt, wie die Skycar Group die zusätzlichen passiven latenten Steuern als Begründung für die Bilanzierung von weiteren aktiven latenten Steuern heranziehen kann. Im günstigsten Fall gelingt der Skycar Group eine vollständige Kompensation der passiven Steuerlatenzen, mit der Folge, dass das Eigenkapital genau um den Betrag der aktivierten Entwicklungskosten steigt.

Die Aktivierung latenter Steuern für die ungenutzten steuerlichen Verlustvorträge ihrer südamerikanischen Tochtergesellschaft rechtfertigt die Skycar Group mit dem Hinweis auf wahrscheinlich eintretende gewinnbringende Geschäftsvorfälle, die noch keine bilanzielle Berücksichtigung gefunden haben. Unter Betonung der fehlenden zeitlichen Befristung der Verlustverrechnung wird als Planungshorizont der voraussichtliche Zeitraum des vollständigen Verbrauchs von 20 Jahren zu Grunde gelegt. Würde der Planungshorizont auf fünf Jahre verkürzt, wäre selbst bei einer zutreffenden Prognose (das Gegenteil kann auf Grundlage der Daten des Konzernabschlusses nicht nachgewiesen werden) eine Reduktion der aktiven latenten Steuern um 30 Mio. Euro[408] die Folge. Entsprechend würde z. B. die Eigenkapitalquote von 26,38 % auf 25,87 % sinken.[409]

Informationen über weitergehende *potenzielle Steuergestaltungen*, die als Indiz für die wahrscheinliche Realisierung der latenten Steueransprüche dienen könnten, sind dem Konzernabschluss der Skycar Group nicht zu entnehmen.

2. Restrukturierung des Konzerns

a) Erläuterung

Mit der Restrukturierung eines Konzerns kann eine Gefährdung von ungenutzten steuerlichen Verlustvorträgen von einzelnen Tochtergesellschaften und der Werthaltigkeit der korrespondierenden aktiven Steuerlatenzen einhergehen.[410] Ist vom *Verlust der wirtschaftlichen Identität* der von einer Umstrukturierung betroffenen Gesellschaft im Sinne des Steuerrechts auszugehen, so ist die Umstrukturierung als steuerschädlich einzustufen, was zum Wegfall der ungenutzten steuerlichen Verlustvorträge führt. Problematisch kann in Deutschland bspw. neben einer Verschmelzung (§ 12 Abs. 3 Satz 2 UmwStG) und Spaltung (§ 15 Abs. 4 UmwStG) bereits die Übertragung einer Mehrheitsbeteiligung an einer Kapitalgesellschaft sein, die mit der Zuführung von „überwiegend neuem Betriebsvermögen" einhergeht und nicht „allein der Sanierung des Geschäftsbetriebs dient" (§ 8 Abs. 4 KStG).

408 Berechnung: (100 Mio. Euro × 40 %) ÷ 20 × 15 Jahre.

409 Vgl. für die Bestimmung der Eigenkapitalquote Fall 2, Abschn. I. 2.

410 Vgl. *Kirsch*, B 235 Latente Steuern, in: Castan u. a. (Hrsg.), Beck'sches Handbuch der Rechnungslegung (2003), Rn. 122; *Schulz-Danso*, § 25 Laufende und latente Ertragsteuern, in: Bohl/Riese/Schlüter (Hrsg.), Beck'sches IFRS-Handbuch (2006), Rn. 59.

b) Anwendung auf den Fall: Restrukturierung des Konzerns bei der Skycar Group

Eine Gefährdung der ungenutzten steuerlichen Verlustvorträge durch Restrukturierung kann auch bei der Skycar Group eine Rolle spielen, die im Lagebericht über eine geplante Neuausrichtung der Aktivitäten in Deutschland informiert. Hierbei bestehen Ermessensspielräume zum einen aus der Prognose der künftigen Konzernstruktur und zum anderen aus der Notwendigkeit, die steuerrechtliche Würdigung von künftigen Transaktionen zu antizipieren.

3. Relevanter Steuersatz

a) Erläuterung

Unterliegen die künftigen steuerpflichtigen Gewinne unterschiedlichen Steuertarifen, gewährt die Bestimmung des Steuersatzes dem Management erhebliche Spielräume. Zumindest aus Wesentlichkeitsgründen gilt es in diesen Fällen als zulässig, an Stelle einer komplexen Zuordnung der einzelnen Differenzen zu dem jeweils relevanten Steuersatz einen Konzernmischsteuersatz zu bilden.[411] Vereinzelt findet sich die Überlegung, ausschließlich den Steuersatz des Mutterunternehmens zu verwenden.[412] Durch die *Auswahl eines geeigneten Verteilungsschlüssels* ist ein Unternehmen zumindest innerhalb einer Bandbreite in der Lage, den Wertansatz der latenten Steuern in seinem Sinne zu beeinflussen. Hierbei besteht der Anreiz, im Fall überwiegender aktiver latenter Steuern einen möglichst hohen Steuersatz zu wählen et vice versa.[413]

Geplante Änderungen des Steuersatzes sind bei der Bewertung von latenten Steuern zu berücksichtigen, sofern diese „substantively enacted" sind (IAS 12.47). Die Auslegung dieser abstrakten Formulierung ist von der Einschätzung des Bilanzierenden und dessen bilanzpolitischen Intentionen abhängig.[414]

---

411 Vgl. *Coenenberg/Hille*, in: Baetge u. a. (Hrsg.), Rechnungslegung nach International Accounting Standards (IAS) (2003), IAS 12, Rn. 102; kritisch *Küting/Wirth*, Latente Steuern und Kapitalkonsolidierung nach IAS/IFRS, BB 2003, S. 623 (S. 624).

412 Vgl. *Hoffmann*, § 26 Steuern vom Einkommen, in: Lüdenbach/Hoffmann (Hrsg.), Haufe IFRS-Kommentar (2006), Rn. 76.

413 Vgl. *Krawitz*, Latente Steuern als Problem der Konzernabschlussanalyse, in: Lachnit/Freidank (Hrsg.), Investororientierte Unternehmenspublizität (2000), S. 699 (S. 727).

414 Vgl. *Hahn*, Die neuen Stellschrauben der Bilanzpolitik – Bilanzpolitische Weichenstellungen in der IAS/IFRS-Eröffnungsbilanz, B&C 2003, S. 245 (S. 248).

b) Anwendung auf den Fall: Relevanter Steuersatz bei der Skycar Group

Ob bzw. in welchem Umfang die Skycar Group die Spielräume bei der Wahl des Steuersatzes ausgenutzt hat, kann auf Grund des Konzernabschlusses nicht beurteilt werden. Auffällig ist jedoch, dass bei der Bewertung der aktiven latenten Steuern für die in Südamerika angehäuften steuerlichen Verlustvorträge der Steuersatz von 25 auf 40 % erhöht und auf diese Weise ein zusätzlicher Steuerertrag von 15 Mio. Euro[415] erzielt wurde. Die Neubewertung wurde mit dem Hinweis auf anstehende Wahlen und die zu erwartende Heraufsetzung des Steuersatzes bei einem Wahlsieg der sozialistischen Partei begründet. Ob ein solch vages Ereignis eine Neubewertung rechtfertigt, erscheint zweifelhaft. Dies gilt umso mehr, als die Werthaltigkeit des Verlustvortrags an sich bisher nicht in Frage gestellt wurde.

4. Saldierung latenter Steuern

a) Erläuterung

Eine Saldierung aktiver und passiver latenter Steuern ist zulässig, sofern sich diese auf eine identische Steuerbehörde beziehen und die gleiche Fälligkeit aufweisen. Zusätzlich muss das Steuersubjekt über das Recht verfügen, Steueransprüche und Steuerschulden gegeneinander aufzurechnen. Die sich aus dem Fristigkeitskriterium ergebenden Ermessensspielräume werden häufig gezielt genutzt, um durch eine Verrechnung die Bilanzsumme zu senken und damit die Eigenkapitalquote zu erhöhen.[416]

b) Anwendung auf den Fall: Saldierung latenter Steuern bei der Skycar Group

Bei der Skycar Group ist dem Konzernabschluss nicht zu entnehmen, inwieweit die vorgenommenen Saldierungen gerechtfertigt sind. Bei einem konsequenten Bruttoausweis würden sich die passiven latenten Steuern um 124,11 Mio. Euro erhöhen, und in der Folge würde die Eigenkapitalquote von 26,38 % auf 25,64 % sinken.

---

415 Berechnung: (100 Mio. Euro × 40 %) – (100 Mio. Euro × 25 %).

416 Vgl. *Hahn*, Die neuen Stellschrauben der Bilanzpolitik – Bilanzpolitische Weichenstellungen in der IAS/IFRS-Eröffnungsbilanz, B&C 2003, S. 245 (S. 249).

III. Indikatorfunktion von latenten Steuern in der Bilanzanalyse

1. Latente Steuern als Indikator für die Abweichung des IFRS-Abschlusses von der Steuerbilanz

a) Erläuterung

Latente Steuern resultieren aus temporären Abweichungen der Buchwerte nach IFRS von den dazugehörigen Steuerwerten. Hiervon ausgenommen sind aktive Steuerlatenzen auf ungenutzte steuerliche Verlustvorträge. Ihrer Entstehung entsprechend bilden latente Steuern eine *Brücke zwischen IFRS- und Steuerbilanz*, mit deren Hilfe es möglich ist, sich ein Bild von der allgemein nicht verfügbaren Steuerbilanz zu machen. Für viele Bilanzanalysten sind solche Informationen deshalb von Interesse, weil den steuerrechtlichen Daten allgemein ein höheres Maß an Verlässlichkeit und Vorsicht zugesprochen wird als den IFRS-Daten.[417]

Latente Steuern nach IFRS erlauben sowohl auf Bilanz- als auch auf GuV-Ebene *Rückschlüsse auf die steuerlichen Verhältnisse*, wobei aktive latente Steuern auf ungenutzte steuerliche Verlustvorträge jeweils bereinigt werden müssen:

- *Aktive (passive) Steuerlatenzen* sind ein Indiz dafür, dass Aktiva nach IFRS niedriger (höher) als nach Steuerrecht und Passiva nach IFRS höher (niedriger) als nach Steuerrecht bewertet werden. Entsprechendes gilt für den Saldo aus aktiven und passiven latenten Steuern: Übersteigen (unterschreiten) die aktiven die passiven latenten Steuern, lässt dies vermuten, dass das Eigenkapital nach IFRS kleiner (größer) als nach Steuerrecht ist. Hieran anknüpfend kann ein positiver (negativer) Saldo aus aktiven und passiven latenten Steuern als Anhaltspunkt für eine *konservative (progressive) Bilanzpolitik* im IFRS-Abschluss gesehen werden.[418] Letzteres birgt allerdings die Gefahr von Fehlschlüssen in sich. Sieht z. B. das jeweilige Steuerrecht großzügige Abschreibungsregelungen vor, können hohe auf das Sachanlagevermögen entfallende passive latente Steuern auf eine hohe Investitionstätigkeit und nicht auf eine progressive Bilanzpolitik zurückzuführen sein.[419]
- Ein *latenter Steueraufwand (Steuerertrag)* ist ein Indiz dafür, dass der Jahresüberschuss vor Steuern nach IFRS den zu versteuernden Gewinn übersteigt (unterschreitet).[420] Entsprechend lässt ein latenter Steueraufwand (Steuerertrag) eine *progressive (konservative) Bilanzpolitik* im IFRS-Abschluss vermuten.

---

417 Vgl. *Kuhner*, Das Spannungsverhältnis zwischen Einzelfallgerechtigkeit und Willkürfreiheit – im Recht und in der Rechnungslegung, BFuP 2001, S. 523 (S. 529 f.).

418 Vgl. *Rammert*, Steuerlatenz im IFRS-Abschluss, StuB 2005, PIR, StuB-Beilage zur IFRS-Bilanzierung Nr. 1, S. 7 (S. 11); *Küting/Weber*, Die Bilanzanalyse (2006), S. 90.

419 Vgl. *White/Sondhi/Fried*, The Analysis and Use of Financial Statements (2003), S. 314.

420 Vgl. *ebd.*, S. 312.

Diese Hypothese liegt der *Earnings Conservatism Ratio* zu Grunde, die als Quotient aus dem Jahresüberschuss vor Steuern und dem zu versteuernden Gewinn definiert ist. Ein Wert über (unter) 1,0 wird als Zeichen einer progressiven (konservativen) Bilanzpolitik verstanden.[421]

b) Anwendung auf den Fall: Rückschlüsse auf steuerliches Eigenkapital und Ergebnis der Skycar Group

In der Konzernbilanz der Skycar Group zum 31. 12. 2005 werden saldierte passive latente Steuern von 201,12 Mio. Euro ausgewiesen. Korrigiert man diesen Betrag um die aktiven latenten Steuern auf ungenutzte steuerliche Verlustvorträge von 49,40 Mio. Euro, verbleibt ein Saldo von 250,52 Mio. Euro. In dem negativen Saldo ist ein Hinweis darauf zu sehen, dass das Eigenkapital nach IFRS größer als nach Steuerrecht ist. Bei einem angenommenen Steuersatz von 40 % lässt sich der Unterschiedsbetrag mit 375,78 Mio. Euro näherungsweise quantifizieren.[422] Zieht man diesen Betrag vom Eigenkapital nach IFRS von 1 145,03 Mio. Euro ab, ergibt sich ein geschätztes Eigenkapital nach Steuerrecht von 769,25 Mio. Euro. Dass das Eigenkapital nach IFRS deutlich höher als nach Steuerrecht ausfällt, lässt eine progressive Bilanzpolitik der Skycar Group im IFRS-Abschluss vermuten.

In der Konzern-GuV der Skycar Group für 2005 wird ein Steueraufwand von 90,21 Mio. Euro ausgewiesen, der laut Anhang einen latenten Steueraufwand von 10,46 Mio. Euro enthält. Letzterer Betrag ist um die latenten Steuererträge von 13,93 Mio. Euro aus der Veränderung der aktiven latenten Steuern für ungenutzte steuerliche Verlustvorträge im abgelaufenen Geschäftsjahr zu korrigieren. Hieraus resultiert ein bereinigter latenter Steueraufwand von 24,39 Mio. Euro, der auf eine positive Differenz zwischen dem Jahresüberschuss vor Steuern nach IFRS und dem zu versteuernden Gewinn hinweist. Bei einem angenommenen Ertragsteuersatz von 40 % ergeben sich als Schätzwerte für den Unterschiedsbetrag 36,59 Mio. Euro[423] und für den zu versteuernden Gewinn 199,38 Mio. Euro. Mithin beträgt die Earnings Conservatism Ratio 1,18[424], was mit einem Wert über 1,0 ebenfalls auf eine progressive Bilanzpolitik der Skycar Group im IFRS-Abschluss schließen lässt.

---

421 Vgl. *Schroeder/Clark/Cathey*, Financial Accounting Theory and Analysis (2005), S. 407 f.

422 Berechnung: (250,52 Mio. Euro ÷ 0,4) × (1 – 0,4).

423 Berechnung: (24,39 Mio. Euro ÷ 0,4) × (1 – 0,4).

424 Berechnung: 235,97 Mio. Euro ÷ 199,38 Mio. Euro.

2. Aktive latente Steuern als Indikator für die künftige Ertragslage

a) Erläuterung

Mit der Bilanzierung von aktiven latenten Steuern für ungenutzte steuerliche Verlustvorträge wird dem Management die Möglichkeit gegeben, seine Erwartungen über künftige zu versteuernde Ergebnisse an Dritte zu kommunizieren.[425] Unter der Annahme, dass die bilanzielle Abbildung die Einschätzungen des Managements zutreffend wiedergibt, erlaubt die Entwicklung der aktiven Steuerlatenzen im Zeitverlauf ein Urteil über die *Verlässlichkeit der internen Planungsrechnungen*.[426]

Selbstverständlich darf auf eine wahrheitsgemäße Darstellung nicht naiv vertraut werden. *Unterbleibt* eine *aktive Steuerabgrenzung*, liegt die Vermutung nahe, dass das Management entweder selbst wesentliche Zweifel am künftigen Aufschwung des Unternehmens hegt[427] oder zum Zweck der Gewinnglättung gezielt stille Reserven bildet.[428] Beide Schlussfolgerungen sollten Anlass für eine intensivere Analyse geben. Insb. sollten Ertragsprognosen in anderen Verlautbarungen des Unternehmens, wie bspw. in einem Emissionsprospekt, auf mögliche Inkonsistenzen mit der Behandlung von ungenutzten steuerlichen Verlustvorträgen im IFRS-Abschluss überprüft werden.[429]

Umgekehrt kann aus der *Existenz aktiver Steuerlatenzen* nicht ohne Vorbehalt auf eine positive Ertragserwartung des Managements geschlossen werden. Skepsis ist vor allem deshalb angebracht, weil eine bewusste Fehlinformation des Kapitalmarkts durch missbräuchliche Aktivierung von Steuerlatenzen für ungenutzte steuerliche Verlustvorträge lediglich bei Fortführung des Unternehmens langfristig höhere Kapitalkosten verursacht.[430]

---

425 Vgl. *Wagenhofer*, Internationale Rechnungslegungsstandards – IAS/IFRS (2005), S. 587.

426 Vgl. *Küting/Zwirner*, Zunehmende Bedeutung und Indikationsfunktion latenter Steuern in der Unternehmenspraxis, BB 2005, S. 1553 (S. 1556).

427 Vgl. *Rammert*, Steuerlatenz im IFRS-Abschluss, StuB 2005, PIR, StuB-Beilage zur IFRS-Bilanzierung Nr. 1, S. 7 (S. 11); *Küting/Zwirner*, Zunehmende Bedeutung und Indikationsfunktion latenter Steuern in der Unternehmenspraxis, BB 2005, S. 1553 (S. 1561).

428 Vgl. *Hahn*, Die neuen Stellschrauben der Bilanzpolitik – Bilanzpolitische Weichenstellungen in der IAS/IFRS-Eröffnungsbilanz, B&C 2003, S. 245 (S. 246 f.); *Küting/Zwirner*, Latente Steuern in der Unternehmenspraxis: Bedeutung für Bilanzpolitik und Unternehmensanalyse, WPg 2003, S. 301 (S. 312).

429 Vgl. *Rammert*, § 51 Bilanzpolitik und Bilanzanalyse, in: Lüdenbach/Hoffmann (Hrsg.), Haufe IFRS-Kommentar (2006), Rn. 80.

430 Vgl. *Rammert*, Steuerlatenz im IFRS-Abschluss, StuB 2005, PIR, StuB-Beilage zur IFRS-Bilanzierung Nr. 1, S. 7 (S. 11).

b) Anwendung auf den Fall: Rückschlüsse auf die künftige Ertragslage der Skycar Group

Die Skycar Group hat für die ungenutzten steuerlichen Verlustvorträge ihrer südamerikanischen Tochtergesellschaft von 100 Mio. Euro im Konzernabschluss zum 31. 12. 2005 in vollem Umfang aktive latente Steuern gebildet. Entsprechend wird das Signal gegeben, dass man einen Erfolg der bei der Tochtergesellschaft eingeleiteten Restrukturierungsmaßnahmen für wahrscheinlich hält. Hiermit setzt sich die Skycar Group bewusst der Gefahr aus, dass der Kapitalmarkt im Fall einer nachträglichen Wertberichtigung der Steuerlatenzen die Fehlinformation durch eine höhere Risikoprämie bestraft.

Aus Perspektive des Bilanzanalysten lässt das Verhalten der Skycar Group zwei mögliche Interpretationen zu: Zum einen wäre es denkbar, dass das Management aufgrund besserer Informationen von einer positiven Entwicklung der Ertragslage überzeugt ist und die Wahrscheinlichkeit einer künftigen Wertberichtigung als gering einschätzt. Zum anderen ist nicht auszuschließen, dass das Management ohnehin auf mittlere Frist mit einer Insolvenz rechnet, die durch bilanzpolitische Maßnahmen hinausgezögert werden soll. Hier wäre das Sanktionspotenzial des Kapitalmarkts aus Sicht der Skycar Group unbeachtlich.

IV. Anpassung von latenten Steuern in der Bilanzanalyse

1. Korrektur von latenten Steuern als Folge der Anpassung von anderen Bilanzposten

a) Erläuterung

Wie in den Fällen 6 bis 13 erläutert, kann es zweckmäßig sein, im Vorfeld einer Kennzahlenanalyse bestimmte Bilanzposten bzw. ihre Buchwerte anzupassen. Hierdurch verändern sich zwangsläufig deren Abweichungen von den Steuerwerten und in der Folge die Höhe der latenten Steueransprüche respektive -schulden. Unter Berücksichtigung dessen ist es notwendig, bei Anpassungen der Ursprungsbilanz die korrespondierenden latenten Steuern zu korrigieren. Unterlässt ein Bilanzanalyst solche ergänzenden Korrekturen von Steuerlatenzen, werden die Effekte aus bilanziellen Bereinigungen systematisch überschätzt.[431]

Ob und wie Folgekorrekturen von latenten Steuern durchzuführen sind, ist von den Steuerwirkungen der bereinigten Posten der Ursprungsbilanz abhängig. Hiernach sind drei Typen von Folgekorrekturen von latenten Steuern zu unterscheiden:[432]

431 Vgl. *Küting/Wohlgemuth*, Möglichkeiten und Grenzen der internationalen Bilanzanalyse, DStR 2004, Beihefter zu Heft 48, S. 16 f.

432 Vgl. *Rammert*, Steuerlatenz im IFRS-Abschluss, StuB 2005, PIR, StuB-Beilage zur IFRS-Bilanzierung Nr. 1, S. 7 (S. 12).

(1) Korrektur erfolgswirksam gebildeter latenter Steuern

Latente Steuern werden *erfolgswirksam* gebildet, wenn bei einem Bilanzposten eine temporäre Differenz zwischen Buchwert nach IFRS und Steuerwert entsteht, die zugleich zu einem *Ergebnisunterschied* zwischen beiden Rechenwerken führt. Wird in der Bilanzanalyse ein solcher Bilanzposten bereinigt, ist die dazugehörige Steuerlatenz erfolgswirksam zu korrigieren. Hiervon abweichend hat eine erfolgsneutrale Korrektur über die Gewinnrücklagen zu erfolgen, wenn die dem bereinigten Bilanzposten zu Grunde liegende temporäre Differenz und die dazugehörige Steuerlatenz ihren Ursprung nicht erst im abgelaufenen, sondern bereits in einem früheren Geschäftsjahr haben.[433]

(2) Korrektur erfolgsneutral gebildeter latenter Steuern

Latente Steuern werden erfolgsneutral gebildet, wenn bei einem Bilanzposten eine *temporäre Differenz* zwischen Buchwert nach IFRS und Steuerwert entsteht, ohne dass sich ein *Ergebnisunterschied* zwischen beiden Rechenwerken ergibt. Wird in der Bilanzanalyse ein solcher Bilanzposten bereinigt, ist die dazugehörige Steuerlatenz erfolgsneutral zu korrigieren.

(3) Keine Korrektur von latenten Steuern

In Einzelfällen dürfen latente Steuern nicht gebildet werden, obwohl bei einem Bilanzposten eine temporäre Differenz zwischen Buchwert nach IFRS und Steuerwert entstanden ist. Wird in der Bilanzanalyse ein solcher Bilanzposten bereinigt, bedarf es keiner Korrektur von latenten Steuern.

b) Anwendung auf den Fall: Korrektur von latenten Steuern bei der Skycar Group

aa) Korrektur erfolgswirksam gebildeter latenter Steuern

Von der Korrektur erfolgswirksam gebildeter latenter Steuern sind u. a. betroffen

- die Aktivierung von selbst erstellten immateriellen Anlagewerten, insb. von Entwicklungskosten (→ Fall 6),
- die (erfolgswirksame) Bewertung von Investment Properties oder Finanzinstrumenten zum Fair Value (→ Fall 8 und 9),
- die unterschiedliche Dotierung von Rückstellungen (→ Fall 11 und 12) sowie
- der frühzeitige Gewinnausweis bei Fertigungsaufträgen (→ Fall 13).

Das Vorgehen sei am Beispiel der Anpassung der *aktivierten Entwicklungskosten* erläutert. In der Analyse der Skycar Group wurden die in 2005 neu aktivierten Entwicklungskosten von 124,59 Mio. Euro um 24,47 Mio. Euro auf 100,12 Mio. Euro

433 Vgl. *Küting/Wohlgemuth*, Möglichkeiten und Grenzen der internationalen Bilanzanalyse, DStR 2004, Beihefter zu Heft 48, S. 16.

reduziert.[434] Da sich die Kürzung vollständig auf den Nettozugang der Periode 2005 bezieht, erfolgte die Verrechnung gegen den Jahresüberschuss.

Bei der Anpassung gilt es zu bedenken, dass durch die neu aktivierten Entwicklungskosten temporäre Bilanzdifferenzen entstanden sind, die zu Ergebnisdifferenzen zwischen IFRS-Abschluss und Steuerbilanz und zur erfolgswirksamen Bildung von passiven latenten Steuern geführt haben. Entsprechend sind für den Korrekturbetrag von 24,47 Mio. Euro bei einem angenommenen Ertragsteuersatz von 40 % die passiven latenten Steuern um 9,79 Mio. Euro zu Gunsten des Jahresüberschusses zu vermindern. Per saldo reduziert sich der Jahresüberschuss nur um 14,68 Mio. Euro.

bb) Korrektur erfolgsneutral gebildeter latenter Steuern

Von der Korrektur erfolgsneutral gebildeter latenter Steuern sind u. a. betroffen

- die erfolgsneutrale Fair-Value-Bewertung von als Available for Sale klassifizierten Wertpapieren (→ Fall 9) sowie
- die erfolgsneutrale Fair-Value-Bewertung von Derivaten für Cash Flow Hedges (→ Fall 9).

Das Vorgehen sei am Beispiel der Anpassung der Neubewertungsrücklage für *Available-for-Sale-Wertpapiere* erläutert. Abweichend vom Vorgehen in Fall 9 sei angenommen, dass die in 2005 in der Neubewertungsrücklage erfasste Wertsteigerung von *Available-for-Sale-Wertpapieren* von 0,30 Mio. Euro vollständig eliminiert wird. Hierbei gilt es zu bedenken, dass durch die erfolgsneutrale Fair-Value-Bewertung der *Available-for-Sale-Wertpapiere* temporäre Bilanzdifferenzen entstanden sind, die unter der Annahme der uneingeschränkten Steuerpflicht für Kursdifferenzen zur erfolgsneutralen Bildung von passiven latenten Steuern geführt haben. Entsprechend ist bei der Anpassung wie folgt vorzugehen: Parallel zur Eliminierung der Neubewertungsrücklage von 0,18 Mio. Euro sind bei einem angenommenen Ertragsteuersatz von 40 % die passiven latenten Steuern um 0,12 Mio. Euro zu kürzen. Zugleich sind die finanziellen Vermögenswerte um 0,30 Mio. Euro zu vermindern.

cc) Keine Korrektur von latenten Steuern

Keine Korrektur von latenten Steuern erfolgt u. a. für den Konsolidierungsgoodwill (→ Fall 7), der als Residualgröße grundsätzlich nicht die Bildung latenter Steuern nach sich zieht (IAS 12.15 (a)).

In der Analyse der Skycar Group wurde der in 2005 aktivierte *Konsolidierungsgoodwill* von 80 Mio. Euro vollständig eliminiert. Eine ergänzende Korrektur von latenten Steuern ist nicht erforderlich, weil die Aktivierung des Konsolidierungsgoodwill zu keiner Steuerabgrenzung geführt hat.

434 Vgl. Fall 6, Abschn. III. 2.

dd) Zusammenfassung der Korrekturen und Auswirkungen auf Kennzahlen

In Tabelle 118 wird zusammenfassend dargestellt, zu welchen Folgekorrekturen von latenten Steuern die in den Fällen 6 bis 13 diskutierten Anpassungsmaßnahmen bei einem angenommenen Steuersatz von 40 % führen.

Tabelle 118: Folgekorrekturen von latenten Steuern aus den bilanzanalytischen Anpassungsmaßnahmen

(in Mio. €)	Fall	Auswirkungen der Folgekorrekturen latenter Steuern auf ...					Anm.
		aktive latente Steuern	passive latente Steuern	Jahresüberschuss	Neubewertungsrücklagen	(übriges) Eigenkapital	
Ausgangswerte lt. Bilanz		175,97	377,09	145,76	− 46,65	1 045,92	
Summe der vorangegangenen Anpassungen ohne Berücksichtigung latenter Steuern				− 795,46	79,70	− 615,63	
Zwischensumme		175,97	377,09	− 649,70	33,05	430,29	
Kürzung der in 2005 aktivierten Entwicklungskosten	6		− 9,79	9,79			
Eliminierung des Konsolidierungsgoodwill	7	keine Auswirkungen					
Erfolgsneutrale Zuschreibung der Investment Properties	8		65,51			− 65,51	
Storno der in 2005 planmäßig erfassten Abschreibungen auf die Investment Properties	8		1,08	− 1,08			
Außerplanmäßige Abschreibung der Investment Properties zum 31.12.2005	8		− 17,68	17,68			
Erfolgswirksame Erfassung der Wertsteigerung von Available-for-Sale-Wertpapieren	9			− 0,12	0,12		
Auflösung des Cash Flow Hedge	9			32,00	− 32,00		
Ansatz der Finanzinstrumente der Kategorie Kredite und Forderungen zum Fair Value	9		2,60	− 1,30		− 1,30	
Ansatz der Finanzinstrumente der Kategorie sonstige Verbindlichkeiten zum Fair Value	9	0,03		− 3,32		3,35	
Einordnung der Leasingverträge als Finance Lease	10	keine Auswirkungen					(1)
Bildung der Schadenersatzrückstellung	11	160,00		160,00			(2)
Neubewertung der Abbruchverpflichtung	11	keine Auswirkungen					(3)
Erfassung der versicherungsmathematischen Verluste innerhalb der Pensionsrückstellungen	12	163,20		63,20		100,00	(4)
Entsaldierung der Pensionsrückstellungen	12	keine Auswirkungen					(5)
Entsaldierung der Forderungen aus PoC	13	keine Auswirkungen					(5)
Eliminierung der Teilgewinne aus Auftragsfertigung	13		− 26,54	7,73		18,81	
Summe		499,20	392,27	− 365,12	1,17	485,64	

Anmerkungen:

(1) Durch die Neuklassifizierung der Leasingverhältnisse als Finance Lease können temporäre Differenzen entstehen, sofern der Saldo aus aktivierten Leasinggegenständen und passivierten Leasingverbindlichkeiten mit seinem Pendant in der Steuerbilanz nicht übereinstimmt. Da diese Differenzen zwischen IFRS-Abschluss und Steuerbilanz allerdings das Ergebnis einer abweichenden (erfolgsneutralen) Zugangsbewertung sind und nicht im Zusammenhang mit einem Unternehmenserwerb stehen, ist auf die Korrektur latenter Steuern zu verzichten.[435]

(2) Es wird unterstellt, dass eine Rückstellungsbildung steuerrechtlich unzulässig ist.

(3) Die von der Steuerbilanz abweichende Periodisierung zukünftiger Abbruchkosten im IFRS-Abschluss führt zum Entstehen temporärer Differenzen. Da der Rückstellungsbildung eine korrespondierende Erhöhung der Anschaffungskosten gegenübersteht, liegt auch hier eine Differenz vor, die ihre Ursache in einer unterschiedlichen (erfolgsneutralen) Zugangsbewertung von Bilanzposten hat und nicht im Zusammenhang mit einem Unternehmenserwerb steht, so dass eine Korrektur latenter Steuern unterbleibt.

(4) Es wird unterstellt, dass die Pensionsrückstellungen (ohne Berücksichtigung der Saldierung) im IFRS-Abschluss bereits vor der Korrektur den Steuerbilanzwert überstiegen haben. Durch die Anpassung wird damit eine bestehende Differenz vergrößert.

(5) Da Vermögenswerte und Schulden in gleichem Umfang erhöht werden, gleichen sich mögliche temporäre Differenzen unmittelbar aus.

Tabelle 119 verdeutlicht, wie sich wesentliche Bilanzkennzahlen verändern, wenn neben den Anpassungsmaßnahmen selbst auch die Folgekorrekturen von latenten Steuern durchgeführt werden.[436]

435 Vgl. allgemein IAS 12.15 (b) sowie IAS 12.24 für den Zugangszeitpunkt bzw. IAS 12.22 (c) für Folgeperioden. Bezogen auf die Behandlung von Leasingverträgen: *Schulz–Danso*, § 25 Laufende und latente Ertragsteuern, in: Bohl/Riese/Schlüter (Hrsg.), Beck'sches IFRS-Handbuch (2006), Rn. 85 (k); a. A. *Engel-Ciric/Freiberg*, § 15 Leasing, in: Lüdenbach/Hoffmann (Hrsg.), Haufe IFRS-Kommentar, Rn. 113.

436 Eine differenzierte Herleitung der Bilanzsumme findet sich in Fall 15.

Tabelle 119: Veränderungen der Bilanzkennzahlen durch die Folgekorrekturen von latenten Steuern

(in Mio. €)	Ausgangs-bilanz	Werte nach Aufbereitung	
		ohne Berücksichtigung latenter Steuern	mit Berücksichtigung latenter Steuern
Jahresüberschuss	145,76	– 649,70	– 365,12
(übriges) Eigenkapital	999,27	463,34	486,81
Bilanzsumme	4 340,88	8 431,41	8 754,64
Eigenkapitalrentabilität	12,73 %	348,63 %	– 300,04 %
Eigenkapitalquote	26,38 %	– 2,21 %	1,39 %

2. Behandlung der verbleibenden latenten Steuern

a) Erläuterung

Während die eben dargestellten Korrekturen lediglich die Folge der Bereinigung von anderen Bilanzposten sind, ist in einem weiteren Schritt zu überlegen, wie die verbleibenden latenten Steuern in der Bilanzanalyse zu behandeln sind. Hierzu gibt es zwei divergierende Standpunkte:

Einerseits wird eine *vollständige Eliminierung* der aktiven und passiven latenten Steuern befürwortet. Aktive latente Steuern stellen weder eine direkte Forderung gegen die Finanzverwaltung dar, noch können sie isoliert auf Dritte übertragen werden. Die Werthaltigkeit hängt einzig vom Fortbestehen des Unternehmens ab. Soll in der Bilanzanalyse das Vermögen erfasst werden, auf das die Kapitalgeber weitgehend sicher zugreifen können, sind die aktiven latenten Steuern zu eliminieren.[437] Hierdurch würden gleichzeitig die großen bilanzpolitischen Einflüsse bei der Aktivierung von latenten Steuern beseitigt und die Vergleichbarkeit von IFRS-Abschlüssen verbessert.[438] Mit gleichen Argumenten wären die passiven latenten Steuern zu eliminieren.[439] Auch die latenten Steuerschulden führen im Fall des Scheiterns des Unternehmens zu keiner Vermögensbelastung. Überdies sind passive latente Steuern ebenfalls – wenngleich in geringerem Umfang als aktive latente Steuern – bilanzpolitisch beeinflussbar. Allerdings wird in der Praxis, insb. in der Kreditanalyse bei Banken, häufig aus Vorsichtsgründen auf die Eliminierung der passiven latenten Steuern verzichtet.[440]

---

437 Vgl. *Küting/Wohlgemuth*, Möglichkeiten und Grenzen der internationalen Bilanzanalyse, DStR 2004, Beihefter zu Heft 48, S. 14.

438 Vgl. *Rammert*, § 51 Bilanzpolitik und Bilanzanalyse, in: Lüdenbach/Hoffmann (Hrsg.), Haufe IFRS-Kommentar (2006), Rn. 78.

439 Vgl. *Küting/Weber*, Die Bilanzanalyse (2006), S. 89.

440 Vgl. *Rammert*, Steuerlatenz im IFRS-Abschluss, StuB 2005, PiR, StuB-Beilage zur IFRS-Bilanzierung Nr. 1, S. 7 (S. 11).

Andererseits gibt es Gründe für eine *Beibehaltung der aktiven und passiven latenten Steuern*, wobei ggf. eine *Wertanpassung* angeraten sein kann. Für dieses Vorgehen spricht das Verständnis von Vermögen als Barwert künftiger Zahlungen. Hiernach stellen aktive (passive) latente Steuern potenzielle künftige Steuerentlastungen (Steuerbelastungen) dar und sind infolgedessen in der Bilanzanalyse als positive (negative) Barwertbeiträge zu berücksichtigen.[441]

Unabhängig davon sollten die Wertansätze der latenten Steuern kritisch hinterfragt und ggf. modifiziert werden. Hierbei sollte insb. auf

- die fehlende Diskontierung,
- den angewandten Steuersatz und
- bei ungenutzten steuerlichen Verlustvorträgen den zu Grunde gelegten Planungshorizont

geachtet werden.

Übereinstimmend mit der Interpretation der Steuerlatenzen als Barwertbeiträge erscheint eine *Diskontierung* der in der Bilanz nicht abgezinsten Beträge sinnvoll.[442] Unter der Annahme, dass das „Verwertungsrisiko" bereits vollständig im Bilanzwert berücksichtigt wurde, bietet sich als Zinssatz die Nachsteuerrendite einer laufzeitkongruenten Staatsanleihe an.[443] Im Regelfall scheitert jedoch die Diskontierung durch den Bilanzanalysten an den fehlenden Informationen über den Zeitpunkt der voraussichtlichen Zahlungswirksamkeit der Steuerlatenzen. Ähnliches gilt für die Prüfung der Angemessenheit des angewandten Steuersatzes und des zu Grunde gelegten Planungshorizonts. Auch hier ist der Bilanzanalyst auf freiwillige Anhangangaben des Unternehmens angewiesen.

b) Anwendung auf den Fall: Behandlung der verbleibenden latenten Steuern bei der Skycar Group

Welche Folgen die Eliminierung der latenten Steuern bei der Skycar Group hat, zeigt Tabelle 120 auf S. 304.[444] Hierbei wird deutlich, dass das in der Praxis bevorzugte asymmetrische Vorgehen zu einer erheblichen Belastung von Eigenkapital und Eigenkapitalquote führt. Vereinfachend wird unterstellt, dass die Veränderungen der latenten Steuern der Skycar Group in 2005 vollständig erfolgswirksam erfasst wurden.

---

441 Vgl. *Küting/Wohlgemuth*, Möglichkeiten und Grenzen der internationalen Bilanzanalyse, DStR 2004, Beihefter zu Heft 48, S. 14, die lediglich bei aktiven latenten Steuern auf ungenutzte steuerliche Verlustvorträge Zweifel haben.

442 Vgl. *White/Sondhi/Fried*, The Analysis and Use of Financial Statements (2003), S. 304.

443 Diesen Ansatz wählen auch die UK-GAAP (FRS 19.52), die im Gegensatz zu den meisten übrigen Rechnungslegungssystemen unter bestimmten Voraussetzungen zumindest optional eine Diskontierung latenter Steuern zulassen (FRS 19.42).

444 Eine differenzierte Herleitung der Aktiva sowie des Fremdkapitals findet sich in Fall 15.

Tabelle 120: Folgen der Eliminierung der latenten Steuern bei der Skycar Group

(in Mio. €)	Aktiva	Fremdkapital	JÜ	(übriges) Eigenkapital
Ausgangswerte (nach Berücksichtigung der Fälle 6 bis 13)	8 754,64	8 632,95	– 365,12	486,81
Eliminierung der (verbleibenden) aktiven latenten Steuern	– 499,20		– 270,90	– 228,30
Summe	8 255,44	8 632,95	– 636,02	258,51
Zusätzliche Eliminierung der (verbleibenden) passiven latenten Steuern		– 392,27	– 3,22	395,49
Summe	8 255,44	8 240,68	– 639,24	654,00

	vor Korrektur	nach Eliminierung der aktiven latenten Steuern	nach Eliminierung aller latenten Steuern
Eigenkapitalquote	1,39 %	– 4,57 %	0,18 %
Eigenkapitalrentabilität	– 300,04 %	168,48 %	– 4330,89 %

Zumindest für die aktiven latenten Steuern auf die in Südamerika angehäuften Verlustvorträge lassen die Anhangangaben alternativ zur pauschalen Kürzung eine genauere Analyse zu. Unter Berücksichtigung des angegebenen Planungshorizonts von 20 Jahren und unter Annahme einer Vorsteuerrendite von 15 % – dies entspricht bei einem angenommenen Ertragsteuersatz von 40 % einer Nachsteuerrendite von 9 % – ergibt sich folgender Barwert für die aktiven Steuerlatenzen:

$$\sum_{t=1}^{20} \frac{2}{[((1-0{,}4)\times 0{,}15)+1]^t} = 2 \times \frac{1{,}09^{20}-1}{1{,}09^{20}\times 0{,}09} = 18{,}26 \text{ Mio. Euro.}$$

Dass der Barwert von 18,26 Mio. Euro gegenüber dem ursprünglich angesetzten Betrag von 40 Mio. Euro deutlich niedriger ausfällt, ist insb. auf den langen geplanten Nutzungszeitraum für die Verlustvorträge und das hohe Zinsniveau in Südamerika zurückzuführen.

Überdies kann analysiert werden, wie sich der Wertansatz verändert, wenn neben der Diskontierung aus Vorsichts- und Objektivierungsgründen auch der Planungshorizont von bisher 20 auf fünf Jahre und der angewandte Steuersatz von 40 % auf 25 % reduziert wird. Erstere Variation ist insofern von Interesse, als eine detaillierte Planung über fünf Jahre hinaus kaum möglich ist und nach diesem Zeitraum die

Unsicherheit so weit zunimmt, dass schon deshalb die Erfüllung des Wahrscheinlichkeitskriteriums für die Aktivierung von latenten Steuern zweifelhaft ist. Letztere Variation erscheint sinnvoll, weil die von der Skycar Group erwartete Steuersatzerhöhung von 25 % auf 40 % als zu vage angesehen werden kann.

Lässt man obige Überlegungen zusätzlich in die Bewertung einfließen, so verbleibt von dem ursprünglich angesetzten Betrag von 40 Mio. Euro ein Rest von

$$\sum_{t=1}^{5} \frac{1{,}25}{[((1-0{,}25)\times 0{,}15)+1]^{t}} = 1{,}25 \times \frac{1{,}1125^{5}-1}{1{,}1125^{5}\times 0{,}1125} = 4{,}59 \text{ Mio. Euro.}$$

Dies unterstreicht die hohen Wertrisiken, die in den aktiven latenten Steuern für die ungenutzten steuerlichen Verlustvorträge der südamerikanischen Tochtergesellschaft enthalten sind. Kürzt man die aktiven Steuerlatenzen auf den bereinigten Betrag, so fällt die Eigenkapitalquote von 26,38 % auf 25,77 %.

Weiterführende Literatur

Hoffmann, Wolf-Dieter — § 26 Steuern vom Einkommen, in: Norbert Lüdenbach/Wolf-Dieter Hoffmann (Hrsg.), Haufe IFRS-Kommentar, 4. Aufl., Freiburg i. Br. 2006, S. 1089–1147

Küting, Karlheinz/ Wohlgemuth, Frank — Möglichkeiten und Grenzen der internationalen Bilanzanalyse. Erkenntnisfortschritte durch eine internationale Strukturbilanz?, DStR, 42. Jg. (2004), Beihefter zu Heft 48

Küting, Karlheinz/ Zwirner, Christian — Latente Steuern in der Unternehmenspraxis: Bedeutung für Bilanzpolitik und Unternehmensanalyse. Grundlagen sowie empirischer Befund in 300 Konzernabschlüssen von in Deutschland börsennotierten Unternehmen, WPg, 56. Jg. (2003), S. 301–316

Rammert, Stefan — Steuerlatenz im IFRS-Abschluss. Gestaltung und Analyse, StuB, 7. Jg. (2005), PIR, StuB-Beilage zur IFRS-Bilanzierung Nr. 1, S. 7–13.

Schäffeler, Ursula — Latente Steuern nach US-GAAP für deutsche Unternehmen, Frankfurt a. M. u. a. 2000, S. 6–102

Schildbach, Thomas — Latente Steuern auf permanente Differenzen und andere Kuriositäten – Ein Blick in das gelobte Land jenseits der Maßgeblichkeit, WPg, 51. Jg. (1998), S. 939–947

Fall 15: Gesamturteilsbildung

Sachverhalt:

Der Bilanzanalyst fasst die Anpassungsmaßnahmen der Fälle 6 bis 14 und seine Ergebnisse der Analyse der Bilanzpolitik wie folgt zusammen:

Tabelle 121: Anpassungsmaßnahmen der Fälle 6 bis 14

(in Mio. €)	Fall	Änderungen der Bilanzpositionen			
		Aktiva	**Fremdkapital**	**Jahresüberschuss**	**(übriges) Eigenkapital**
Werte laut Bilanz		4 340,88	3 195,85	145,76	999,27
Kürzung der aktivierten Entwicklungskosten	6	– 24,47		– 24,47	
Eliminierung des Konsolidierungsgoodwill	7	– 80,00			– 80,00
Bewertung der Investment Properties zum Fair Value	8	122,29		– 41,49	163,78
Erfolgswirksame Erfassung der Wertsteigerungen von Available-for-Sale-Wertpapieren	9			0,30	– 0,30
Auflösung der Hedgebeziehung (Cash Flow Hedge)	9			– 80,00	80,00
Bewertung der Finanzinstrumente der Kategorien Kredite und Forderungen sowie sonstige Verbindlichkeiten zum Fair Value	9	6,50	0,07	11,55	– 5,12
Einordnung der Leasingverträge als Finance Lease	10	1 523,45	2 004,74	– 84,03	– 397,26
Bildung der Schadenersatzrückstellung	11		400,00	– 400,00	
Neubewertung der Abbruchverpflichtung	11	5,38	5,38		
Erfolgswirksame Erfassung der versicherungsmathematischen Verluste	12		408,00	– 158,00	– 250,00
Entsaldierung der Pensionsrückstellungen	12	2 456,00	2 456,00		
Entsaldierung der Forderungen aus PoC	13	147,73	147,73		
Eliminierung der Teilgewinne aus Fertigungsaufträgen	13	– 66,35		– 19,32	– 47,03
Zwischensumme I		**8 431,41**	**8 617,77**	**– 649,70**	**463,34**
Folgekorrekturen latenter Steuern	14	323,23	15,18	284,58	23,47
Zwischensumme II		**8 754,64**	**8 632,95**	**– 365,12**	**486,81**
Eliminierung der (verbleibenden) aktiven latenten Steuern	14	– 499,20		– 270,90	– 228,30
Eliminierung der (verbleibenden) passiven latenten Steuern	14		– 392,27	– 3,22	395,49
Summe		**8 255,44**	**8 240,68**	**– 639,24**	**654,00**

Tabelle 122: Sachverhaltsgestaltungen der Skycar Group

Fall	Maßnahme
(4) Operativer Zyklus	– Durchführung einer ABS-Transaktion
(10) Leasingverhältnisse	– Gestaltung von Leasingverträgen als Operating Lease
(12) Pensionsrückstellungen	– Einrichtung eines Pensionsfonds

Tabelle 123: Ausübung von Wahlrechten durch die Skycar Group

Fall	Wesentliche Wahlrechte	
	Möglichkeiten	**Ausübung durch die Skycar Group (soweit erkennbar)**
(2) Kapital- und Bilanzstrukturanalyse	→ Folgebewertung des Vorratsvermögens nach dem – Fifo-Verfahren – Durchschnittspreisverfahren	→ Anwendung des Fifo-Verfahrens
(6) Immaterielle Vermögenswerte	→ Berücksichtigung der Finanzierungskosten – als Aufwand in der Periode des Anfalls oder – durch Aktivierung im Rahmen der Herstellungskosten	→ Unmittelbare Erfassung als Aufwand
(8) Sachanlagen	→ Berücksichtigung der Finanzierungskosten – als Aufwand in der Periode des Anfalls oder – durch Aktivierung im Rahmen der Herstellungskosten → Folgebewertung von Sachanlagen nach IAS 16 auf Basis der – (fortgeführten) Anschaffungs- bzw. Herstellungskosten oder – Neubewertung → Folgebewertung von Investment Properties mit – (fortgeführten) Anschaffungs- bzw. Herstellungskosten oder – dem beizulegenden Zeitwert	→ Aktivierung im Rahmen der Herstellungskosten → Bewertung mit fortgeführten Anschaffungs- bzw. Herstellungskosten → Bewertung mit fortgeführten Anschaffungs- bzw. Herstellungskosten
(9) Finanzinstrumente	→ Klassifizierung von finanziellen Vermögenswerten und Verbindlichkeiten – als Financial Asset or Liability at Fair Value through Profit or Loss (eingeschränkt) oder – entsprechend den tatsächlichen Eigenschaften	→ Verzicht auf die Anwendung der Fair Value Option
(11) Rückstellungen	→ Bestimmung des Erfüllungsbetrags auf Basis – geschätzter interner Kosten – der Kosten einer Übertragung an Dritte	
(12) Pensionsrückstellungen	→ Verrechnung von versicherungsmathematischen Gewinnen und Verlusten – durch erfolgsneutrale Erfassung im Eigenkapital oder – auf Basis der Korridormethode (maximal 10 % Korridor und ergebniswirksame Verteilung über die durchschnittliche Restdienstzeit) oder – durch alternative Verfahren, die zu einer schnelleren ergebniswirksamen Erfassung führen	→ Anwendung der Korridormethode

Tabelle 124: Ausübung von Ermessensspielräumen durch die Skycar Group

Fall	Wesentliche Ermessensspielräume	
	Möglichkeiten	**Ausübung durch die Skycar Group (soweit erkennbar)**
(6) Immaterielle Vermögenswerte	– Abgrenzung F&E-Kosten – Zeitpunkt der erstmaligen Aktivierung von Entwicklungskosten – Schlüsselung der Gemeinkosten – Bestimmung der wesentlichen Abschreibungsparameter	– (im Branchenvergleich) überdurchschnittliche Aktivierung von Entwicklungskosten – lineare Abschreibung über fünf Jahre
(7) Goodwill	– Ansatz und Bewertung einzelner Vermögenswerte, Schulden und Eventualschulden im Rahmen der Kaufpreisallokation – Aufteilung des Goodwill auf CGU oder Gruppen von CGU – Ermittlung des erzielbaren Betrags bei der Durchführung des Impairment Tests	– Verzicht auf die separate Erfassung von Arbeitsverträgen respektive Know-how – Erfassung auf Segmentebene
(8) Sachanlagen	– Bestimmung der wesentlichen Abschreibungsparameter – Durchführung des Impairment Tests – Behandlung von Instandhaltungskosten	– Verwendung der linearen Abschreibungsmethode; Annahme von im Branchenvergleich langen Nutzungsdauern – Durchführung auf Segmentebene – generelle Erfassung als Aufwand
(9) Finanzinstrumente	– Zuordnung von Finanzinstrumenten zu den Kategorien für die Folgebewertung – Beurteilung der Voraussetzungen eines Sicherungsgeschäfts – Ermittlung des beizulegenden Zeitwerts	– Klassifizierung eines Derivats als Hedge-Instrument im Rahmen eines Cash Flow Hedge, obwohl die geplante Transaktion nicht hochgradig wahrscheinlich ist
(10) Leasingverhältnisse	– Klassifizierung von Leasingverträgen	– Klassifizierung als Operating Lease
(11) Rückstellungen	– Wahrscheinlichkeit des Abflusses wirtschaftlicher Ressourcen – Schätzung der Bewertungsparameter	– Schadenersatzklage (Streitwert = 2 000 Mio. Euro) wird wegen geringer Wahrscheinlichkeit der Inanspruchnahme nicht berücksichtigt; im Branchenvergleich geringer Anteil „Sonstiger Rückstellungen" – Diskontierung einer Gewährleistungsverpflichtung mit 4,50 %; Berücksichtigung zukünftiger Kostensteigerungen im Saldo mit 1 %
(12) Pensionsrückstellungen	– Festlegung der versicherungsmathematischen Annahmen – Klassifizierung des Fondsvermögens – Zuordnung des Pensionsaufwands auf einzelne Perioden nach einer individuell festgelegten Rentenformel	– Verwendung weitgehend branchenüblicher Bewertungsparameter; der Diskontierungsfaktor liegt aber über dem Durchschnitt – Klassifizierung als Plan Assets
(13) Fertigungsaufträge	– Methode der Gewinnrealisierung – Schätzung der Auftragserlöse und Auftragskosten – Ermittlung des Fertigstellungsgrads – Ausweis des aktivierten Fertigungsauftrags – Ausweis der Teilabrechnungen	– Anwendung der PoCM – Anwendung der Cost-to-Cost-Methode – Ausweis unter „Forderungen aus Lieferungen und Leistungen" – Saldierung mit dem aktivierten Fertigungsauftrag
(14) Latente Steuern	– Ansatz aktiver latenter Steuern – Bewertung latenter Steuern – Saldierung latenter Steuern	– Ansatz sowohl für temporäre Differenzen als auch für ungenutzte steuerliche Verlustvorträge – Antizipation erwarteter Steuererhöhungen bei der Bewertung der Verlustvorträge – (in eingeschränktem Umfang) vorgenommen

Der Bilanzanalyst möchte sich nun ein abschließendes Urteil über die Vermögens-, Finanz- und Ertragslage der Skycar Group bilden.

Aufgabenstellung:

Bilanzpolitik in der Gesamtschau:

- Welche *Ziele* und *Instrumente* der Bilanzpolitik stehen in einem IFRS-Abschluss im Vordergrund?
- Erläutern Sie die in den Fällen 6 bis 14 vorgenommenen *Bereinigungen* von bilanzpolitischen Maßnahmen der Skycar Group! In welche *Richtung* gehen die Bereinigungen, und wie lässt sich dies begründen?
- Beurteilen Sie die *Bilanzpolitik* der Skycar Group!

Bilanzanalyse in der Gesamtschau:

- Welche *Möglichkeiten* hat der Bilanzanalyst, um seine Ergebnisse zu einer aussagekräftigen *Gesamtkennzahl* zu verdichten?
- Ermitteln Sie „*Altman's Z-Score*" für die Skycar Group!
- Welche realistischen *Möglichkeiten* und *Grenzen* bestehen bei der Auswertung der gewonnenen bilanzanalytischen Ergebnisse?
- Welche *Empfehlungen* geben Sie einem (potenziellen) Investor hinsichtlich seines *finanziellen Engagements* bei der Skycar Group?

I. Bilanzpolitik in der Gesamtschau

1. Grundlagen

a) Ziele der Bilanzpolitik

Kennzeichen von Bilanzpolitik ist es, dass der Bilanzaufsteller durch Nutzung von Spielräumen das Bilanzbild beeinflusst, um bestimmte Ziele zu erreichen.[445] Da die Kompetenz der Bilanzaufstellung beim Management liegt, ist die Bilanzpolitik stark von dessen Zielen getrieben. Hierbei muss insb. bei Fehlen von wirksamen Anreizsystemen von *divergenten Zielen von Management und Eigentümern* ausgegangen werden. So besteht z. B. die Gefahr, dass das Management im Falle einer erfolgsabhängigen Vergütung, die an bestimmte Jahresabschlussgrößen wie Umsatzerlöse oder Jahresüberschuss anknüpft, das Bilanzbild zur Steigerung seiner Prämien schönt. Gleiches ist zu befürchten, wenn die erfolgsabhängige Vergütung in Aktienoptionen besteht. Hier besitzt das Management den Anreiz, vor der Aus-

445 Vgl. *Wagenhofer/Ewert*, Externe Unternehmensrechnung (2003), S. 197.

übung der Optionen deren Wert zu steigern, indem durch positiv gefärbte Abschlussinformationen der Aktienkurs nach oben getrieben wird.

Übereinstimmend mit den unterschiedlichen Zwecken von Abschlüssen wird mit Bilanzpolitik Ausschüttungspolitik, Steuerpolitik und Informationspolitik betrieben.[446] Da der IFRS-Konzernabschluss in Deutschland weder eine gesetzliche Ausschüttungsbemessungsfunktion erfüllt, noch für die Besteuerung maßgeblich ist, konzentriert sich die *Bilanzpolitik unter IFRS* auf die *Informationspolitik*, d.h. die Verhaltensbeeinflussung der Abschlussadressaten durch gezielte Gestaltung von Informationen. Die Abkopplung des IFRS-Konzernabschlusses von Ausschüttung und Besteuerung hat aus Sicht des Bilanzierenden den Vorteil, dass die Bilanzpolitik weitgehend ohne Rücksichtnahme auf diese Funktionen betrieben werden kann. Unter Berücksichtigung dessen muss sich der Bilanzanalyst im IFRS-Konzernabschluss auf eine tendenziell progressive Bilanzpolitik einstellen, die zumindest in den Anfangsjahren zu einem höheren Vermögens- und Gewinnausweis führt.[447]

Gleichwohl kann von dem faktischen Einfluss des IFRS-Konzernabschlusses auf die Höhe der Ausschüttungen eine *bremsende Wirkung auf die Bilanzpolitik* ausgehen. Orientieren sich die Eigentümer bei der Bildung ihrer Ausschüttungsansprüche stark an dem im IFRS-Konzernabschluss ausgewiesenen Jahresergebnis, so hat dies zur Folge, dass mit einer ergebniserhöhenden Bilanzpolitik unvermeidlich die Ausschüttungsansprüche gesteigert werden, was u. U. den Interessen des Bilanzierenden zuwiderläuft.

b) Instrumente der Bilanzpolitik

Bei den Instrumenten der Bilanzpolitik wird zwischen Bilanzpolitik vor und Bilanzpolitik nach dem Abschlussstichtag unterschieden.[448]

Die *Bilanzpolitik vor dem Abschlussstichtag* setzt an der Konzeption der abzubildenden Geschäftsvorfälle an, weshalb von *Sachverhaltsgestaltungen* gesprochen wird. Diese haben zum Ziel, das Bilanzbild durch Unterlassen oder Durchführung von Geschäften sowie durch geeignete Wahl von Zeitpunkt und Form der Durchführung zu beeinflussen. Das Jahresergebnis lässt sich z.B. steigern, indem Forschungs- oder Werbeaufwendungen auf spätere Geschäftsjahre verschoben oder zusätzliche Umsatzerlöse durch Vorverlagerung von Lieferungen und Leistungen erzielt werden. Weit verbreitet sind Off-Balance-Transaktionen wie Operating Lease oder Asset-Backed-Securities-Transaktionen, die zur Entlastung der Bilanz und zur Verbesserung der Kapitalstruktur beitragen. So kann Operating Lease anstelle von fremdfinanziertem Kauf von Anlagevermögen den zusätzlichen Aus-

446 Vgl. *Bieg/Kußmaul*, Externes Rechnungswesen (2003), S. 201–221.

447 Vgl. *Rammert*, § 51 Bilanzpolitik und Bilanzanalyse, in: Lüdenbach/Hoffmann (Hrsg.), Haufe IFRS-Kommentar (2006), Rn. 6.

448 Vgl. dazu ausführlich *Bieg/Kußmaul*, Externes Rechnungswesen (2003), S. 221–278.

weis von Anlagevermögen und Fremdkapital vermeiden helfen, was eine geringere Anlagenintensität und eine höhere Eigenkapitalquote zur Folge hat.

Bilanzpolitik nach dem Abschlussstichtag setzt an der Abbildung der Geschäftsvorfälle an. Hierzu können Wahlrechte und Ermessensspielräume genutzt werden. *Wahlrechte* liegen dann vor, wenn die Bilanzierungsregeln mindestens zwei Abbildungsalternativen für einen Geschäftsvorfall explizit vorgeben. Hierbei ist zu trennen zwischen formellen und materiellen Wahlrechten.[449] Im Unterschied zu formellen Wahlrechten, die die bloße Darstellung von Informationen in Bilanz, GuV und Anhang betreffen, ist es mit materiellen Wahlrechten möglich, die Höhe des ausgewiesenen Vermögens und Gewinns zu beeinflussen. Inhalt materieller Wahlrechte kann sein, dass bestimmte Aktiva bzw. Passiva angesetzt oder weggelassen werden dürfen (*Ansatzwahlrechte*) oder zwischen verschiedenen Wertansätzen gewählt werden darf (*Bewertungswahlrechte*).

Im Unterschied zu Wahlrechten haben *Ermessensspielräume* ihre Ursachen in auslegungsbedürftigen Bilanzierungsregeln und in der Unsicherheit der Schätzung zukunftsbezogener Abschlussgrößen, wie z. B. voraussichtlicher wirtschaftlicher Nutzungsdauern oder Rückstellungen. Mithin bestehen für den Bilanzierenden Auslegungs- und Schätzspielräume. Ermessensspielräume weisen gegenüber Wahlrechten die Besonderheit auf, dass ihre Ausübung kaum oder nicht für den Außenstehenden zu erkennen ist. Während die Ausübung von Wahlrechten im Regelfall durch Anhangangaben leicht nachvollzogen werden kann, bleiben bilanzpolitische Maßnahmen bei Ermessensspielräumen selbst bei Vorliegen von Anhangangaben allgemein intransparent. So kann z. B. die Angemessenheit des Wertansatzes einer Rückstellung für Prozessrisiken von einem Bilanzanalysten nicht verlässlich beurteilt werden.

c) Bilanzpolitik unter IFRS

In den IFRS spielen Wahlrechte gegenüber Ermessensspielräumen eine untergeordnete Rolle.[450] So sind den IFRS Ansatzwahlrechte gänzlich fremd. *Bewertungswahlrechte* werden insb. im Rahmen des Mixed-Fair-Value-Konzepts gewährt.[451] Zu nennen ist bei den finanziellen Vermögenswerten das Wahlrecht, Finanzinstrumente im Zugangszeitpunkt als Available for Sale zu designieren und in der Folgezeit erfolgsneutral zum Fair Value zu bewerten. Im Bereich der sächlichen Vermögenswerte ist das Wahlrecht zur erfolgswirksamen Fair-Value-Bewertung von Investment Properties sowie zur erfolgsneutralen Neubewertung von Sachanlagen von Bedeutung.

449 Vgl. *Küting/Weber*, Die Bilanzanalyse (2006), S. 401 f.

450 Vgl. *Rammert*, Bilanzpolitik unter IFRS: Neue Potenziale der Abschlussgestaltung, Accounting 4/2005, S. 8 (S. 8–10).

451 Vgl. zu einem umfassenden Überblick *Wagenhofer*, Internationale Rechnungslegungsstandards – IAS/IFRS (2005), S. 554–558.

Weite *Ermessensspielräume* resultieren in den IFRS insb. aus Regelungslücken, wie z. B. in der Versicherungsbilanzierung, unscharfen Begriffen, wie z. B. den Wahrscheinlichkeitsbegriffen probable, possible und remote bei der Rückstellungsbilanzierung, sowie aus prognoseabhängigen Wertmaßstäben, wie z. B. dem Value in Use, der mit Zukunftserfolgsverfahren ermittelt werden muss. Da sich die Bilanzpolitik unter IFRS vorwiegend auf der Ebene der Ermessensspielräume bewegt, sind bilanzpolitische Maßnahmen für den Bilanzanalysten relativ schwer durchschaubar. Dieses Problem wird durch die umfassenden Offenlegungspflichten nach IFRS nicht hinreichend geheilt.[452]

2. Bereinigung der Bilanzpolitik

a) Erläuterung

Bilanzpolitik hat aus Sicht des Bilanzanalysten einen *ambivalenten Charakter*. Hierbei spielt die Unterscheidung zwischen nicht erkennbarer und erkennbarer Bilanzpolitik eine zentrale Rolle.[453]

Nicht erkennbare Bilanzpolitik verursacht „Rauschen" in den Abschlussinformationen und stellt für den Bilanzanalysten einen unbestimmten Störfaktor dar, der die Glaubwürdigkeit und den Nutzen der Informationen grundlegend beeinträchtigt. Entsprechend schätzen Bilanzskeptiker den Aussagewert von Bilanzdaten als gering bzw. als nicht gegeben ein.

Anders verhält es sich mit der *erkennbaren Bilanzpolitik*: Diese lässt sich in der Bilanzanalyse unter bestimmten Voraussetzungen bereinigen. Überdies ist erkennbare Bilanzpolitik selbst Träger von Informationen über die wirtschaftliche Lage eines Unternehmens, die in der Bilanzanalyse zur Urteilsbildung herangezogen werden können. Erkennbare Bilanzpolitik kann auf einer Vorstufe der Kennzahlenanalyse bereinigt werden, wenn nicht nur die Durchführung von bilanzpolitischen Maßnahmen, sondern auch deren Auswirkungen auf das Zahlenwerk nachvollziehbar sind. Letzteres ist gerade bei Ausübung von Ermessensspielräumen selten möglich. So ist z. B. bei der Bilanzierung von Fertigungsaufträgen nach IAS 11 zwar anzugeben, ob die Percentage-of-Completion-Methode oder die Zero-Profit-Margin-Methode angewandt wurde. Bei Anwendung der Percentage-of-Completion-Methode sind aber die vereinnahmten Teilgewinne nicht gesondert auszuweisen, so dass die Auswirkungen dieser Methode auf Vermögen und Gewinn im Dunkeln bleiben und eine evtl. gewünschte Rückrechnung der Fertigungsaufträge auf die Zero-Profit-Margin-Methode nicht möglich ist.

---

452 Vgl. *Kirsch*, Beurteilung des bilanzpolitischen Instrumentariums der IFRS-Rechnungslegung, BB 2006, S. 1266 (S. 1270).

453 Vgl. *Küting/Weber*, Die Bilanzanalyse (2006), S. 44–49.

Über die Quantifizierung hinaus stellt sich bei der Bereinigung das Problem, zwischen *erwünschter* und *unerwünschter* Bilanzpolitik zu trennen.[454] So darf bei der Beurteilung von bilanzpolitischen Spielräumen nicht einseitig die Gefahr des Missbrauchs durch das Management gesehen werden (*opportunistic accrual management hypothesis*). Vielmehr stellen solche Spielräume für das Management die Voraussetzung dar, wertrelevante Informationen, insb. seine Erwartungen über die zukünftige Entwicklung des Unternehmens an die Abschlussadressaten weiterzugeben (*performance measure hypothesis*). Gleichwohl steht der Bilanzanalyst vor dem Dilemma, dass er das Motiv für die Nutzung von bilanzpolitischen Spielräumen nicht identifizieren kann. Mithin besteht die Gefahr, dass in der Bilanzanalyse durch Bereinigung wertvolle Informationen vernichtet oder durch Nichtbereinigung verzerrte Informationen übernommen werden. Dies sei am Beispiel der Aktivierung von Entwicklungskosten veranschaulicht:

So möge ein Bilanzanalyst bei einem Unternehmen eine Aktivierungsquote für Entwicklungskosten von 60 % feststellen, wobei der Branchendurchschnitt bei 40 % liegt. Hierin kann sich einerseits die *Einschätzung* des Managements widerspiegeln, dass im Vergleich zu den Wettbewerbern die eigenen Entwicklungsprojekte einen höheren Reifegrad und ein größeres Erfolgspotenzial aufweisen. In diesem Fall würde eine Herabstufung der Entwicklungskosten auf den Branchendurchschnitt in der Bilanzanalyse zu einem wesentlichen Informationsverlust führen. Andererseits kann die hohe Aktivierungsquote rein *manipulativen* Charakter besitzen. Hier hätte eine Nichtbereinigung eine *Entwertung* der Analyseergebnisse zur Folge.

Generell stellt sich die Frage, in welche Richtung die Bereinigungen vorgenommen werden sollen. Die Bilanzierung nach IFRS basiert auf einem *Mixed Model*. Dieses bildet die Lebenssachverhalte einerseits nach einem vergangenheitsorientierten Anschaffungskostenprinzip ab und folgt andererseits einem *Fair Value Approach*. Hierdurch ergibt sich eine methodische Durchmischung bei der Abbildung der Vermögens- und Ertragslage des Unternehmens, so dass das resultierende Wertekonglomerat nicht mehr sinnvoll interpretierbar ist. Um ein konsistentes Bild in der Bilanzanalyse zu erzeugen, erscheint es sinnvoll, sich mit den *Anpassungsmaßnahmen* einem *Full Fair Value Approach* anzunähern. Da die neueren Entwicklungen der IFRS ebenfalls dieses Konzept verfolgen, minimieren sich insofern die erforderlichen Bereinigungen. Eine Anpassung in Richtung Full Fair Value Approach setzt allerdings voraus, dass der Bilanzanalyst den Fair Value plausibilisieren kann. Die Plausibilisierung findet spätestens beim derivativen Goodwill ihre Grenzen, so dass ihn der Bilanzanalyst mangels besserer Erkenntnisse gegen das Eigenkapital verrechnen sollte.[455]

---

454 Vgl. *Wagenhofer/Ewert*, Externe Unternehmensrechnung (2003), S. 209–210.

455 Vgl. *Rammert*, § 51 Bilanzpolitik und Bilanzanalyse, in: Lüdenbach/Hoffmann (Hrsg.), Haufe IFRS-Kommentar (2006), Rn. 72 f.

b) Anwendung auf den Fall: Bereinigung der Bilanzpolitik bei der Skycar Group

Um eine möglichst einheitliche Bewertungsbasis in der Bilanzanalyse herzustellen, wurden bei der Skycar Car Group die Bereinigungen so weit wie möglich in Richtung Full Fair Value Approach vorgenommen. Entsprechend wurden die Investment Properties und die Finanzinstrumente der Kategorien Kredite und Forderungen und sonstige Verbindlichkeiten auf den beizulegenden Zeitwert umbewertet sowie die Wertsteigerungen der Available-for-Sale-Wertpapiere und die versicherungsmathematischen Verluste bei Pensionsrückstellungen erfolgswirksam erfasst. Ferner erfolgte eine Vervollständigung des Abschlusses, indem die Off-Balance-Transaktionen im Bereich Leasing und Pensionsrückstellungen als bilanzwirksame Transaktionen rekonstruiert und Bilanz und GuV entsprechend ergänzt wurden. Zudem wurde die mögliche Verpflichtung aus der Schadenersatzklage mit ihrem Erwartungswert als Rückstellung nachgebucht.

Hiervon abweichend wurden ein Teil der Entwicklungskosten, der Konsolidierungsgoodwill und die nach der Percentage-of-Completion-Methode vereinnahmten Teilgewinne eliminiert. Für die teilweise Korrektur der Entwicklungskosten spricht, dass die Aktivierungsquote abweichend von früheren Geschäftsjahren in 2005 ohne erkennbaren Grund über den Branchendurchschnitt anstieg und insofern eine entsprechende Anpassung sinnvoll erscheint. Die Verrechnung des Konsolidierungsgoodwill gegen Eigenkapital lässt sich damit begründen, dass dessen Wert und Wertentwicklung auch im vorliegenden Fall nicht bzw. nur schwer nachvollzogen werden können. Die nach der Percentage-of-Completion-Methode vereinnahmten Teilgewinne wurden eliminiert, weil der Erfolg aus dem Bau des Mondfahrzeugs Victory dem Anschein nach erheblichen Restrisiken unterliegt.

3. Analyse der Bilanzpolitik

a) Erläuterung

Erkennbare Bilanzpolitik besitzt zwei Aspekte: Zum einen löst sie Anpassungsmaßnahmen in der Bilanzanalyse aus, und zum anderen ist sie selbst Gegenstand der Bilanzanalyse. So wird als Teil der qualitativen Bilanzanalyse versucht, jenseits des Zahlenwerks aus dem Bilanzierungsverhalten des Unternehmens, insb. aus der Ausübung von Wahlrechten, Rückschlüsse auf dessen wirtschaftliche Lage zu ziehen.[456] Neben den Daten im Abschluss als Kerninformationen wird die praktizierte Bilanzpolitik als Zusatzinformation, sozusagen als Körpersprache des Unternehmens, in dessen Beurteilung einbezogen. Hierzu bedarf es zunächst der Erstellung eines *bilanzpolitischen Profils*, wobei zwischen einer tendenziell ergebniserhöhenden (*progressiven*) und einer tendenziell ergebnismindernden (*konservativen*) *Bi-*

456 Vgl. *Küting/Weber*, Die Bilanzanalyse (2006), S. 31–49, 399–402.

lanzpolitik unterschieden wird. Im Extremfall wird ein Unternehmen alle Wahlrechte in eine Richtung ausüben, was sogar zu einer Umkehrung des Jahresergebnisses führen kann.[457]

Anschließend ist die praktizierte Bilanzpolitik auf ihre *Ursachen* zu hinterfragen. Hierbei wird allgemein von der Hypothese ausgegangen, dass die wirtschaftliche Lage von solchen Unternehmen, die eine progressive Bilanzpolitik betreiben, tatsächlich schlechter ist, als sie im Abschluss abgebildet wird, und die wirtschaftliche Lage von solchen Unternehmen, die eine konservative Bilanzpolitik betreiben, tatsächlich besser ist, als sie im Abschluss abgebildet wird. Dies entspricht der Praktikerregel, nach der eine gute Bilanz meist besser und eine schlechte Bilanz meist schlechter ist, als sie auf den ersten Blick aussieht.[458]

Problematisch stellt sich eine qualitative Bilanzanalyse dar, wenn *Ermessensspielräume* im Vergleich zu Wahlrechten in der Bilanzpolitik dominieren, wie es in den IFRS der Fall ist. Bei Ermessensspielräumen fällt es schwer, die Bilanzpolitik, sofern für einen Außenstehenden überhaupt erkennbar, in Bezug auf Richtung und Umfang zu charakterisieren. Gleichwohl kann es hilfreich sein, die Üblichkeit und Angemessenheit der Ausübung von Ermessensspielräumen zu analysieren, indem das Bilanzierungsverhalten eines Unternehmens dem vergleichbarer Unternehmen (peer group), insb. aus derselben Branche gegenübergestellt wird.[459] So liegt es z. B. nahe, in der Analyse des Bilanzierungsverhaltens eines Unternehmens im Bereich der Entwicklungskosten auch zu untersuchen, ob und in welchem Umfang Entwicklungskosten von den Konkurrenzunternehmen aktiviert werden. Würde sich hierbei z. B. herausstellen, dass das Unternehmen Entwicklungskosten aktiviert, obwohl in der Branche eine Aktivierung unüblich ist, so wären die Ursachen zu hinterfragen. Denkbar wäre es, dass das Unternehmen eine progressive Bilanzpolitik betreibt, so dass der Bilanzanalyst entsprechende Korrekturen vornehmen muss. In Betracht zu ziehen wäre aber auch, dass die vom Branchendurchschnitt abweichenden aktivierten Entwicklungskosten darauf zurückzuführen sind, dass die Entwicklungsprojekte des Unternehmens nicht mit denen der Wettbewerber vergleichbar sind. In diesem Fall wäre eine Angleichung an den Branchendurchschnitt nicht nur unnötig, sondern sogar fehlerhaft.

---

457 Hier stellt sich allerdings die Frage, ob eine solche Bilanzpolitik überhaupt mit der Fair Presentation als Generalnorm der IFRS zu vereinbaren ist. Vgl. *Rammert*, § 51 Bilanzpolitik und Bilanzanalyse, in: Lüdenbach/Hoffmann (Hrsg.), Haufe IFRS-Kommentar (2006), Rn. 36.

458 Vgl. *Clemm*, Bilanzpolitik und Ehrlichkeits-Gebot („true and fair view"), WPg 1989, S. 357 (S. 360).

459 Vgl. *Hüttche*, Typologische Bilanzanalyse: Qualitative Auswertung von IFRS-Abschlüssen, KoR 2005, S. 318 (S. 321).

b) Anwendung auf den Fall: Analyse der Bilanzpolitik bei der Skycar Group

Bei der Skycar Group sind Maßnahmen der Bilanzpolitik vor und nach dem Abschlussstichtag erkennbar. Als Sachverhaltsgestaltungen hat die Skycar Group mehrere Off-Balance-Transaktionen durchgeführt, und zwar wurden Immobilien und maschinelle Anlagen auf Basis eines Operating Lease beschafft, ein Teil der Forderungen aus Finanzdienstleistungen im Rahmen einer ABS-Transaktion an eine Zweckgesellschaft veräußert und die Pensionsverpflichtungen auf einen Pensionsfonds ausgelagert. Diese Maßnahmen haben zu einer wesentlichen Verbesserung des Bilanzbilds, insb. der Kapitalstruktur geführt. Ungeachtet dessen darf diese Bilanzkosmetik nicht als Schwäche des Unternehmens gedeutet werden, weil es sich durchweg um Transaktionen handelt, die gängige Praxis sind. Würde die Skycar Group in einem falsch verstandenen Konservatismus solche Transaktionen nicht durchführen, könnte dies empfindliche Folgen für das Rating des Konzerns haben, wenn die Rating-Agenturen die Beurteilung anhand von unbereinigten Bilanz- und GuV-Daten vornehmen.

Die Ausübung der Wahlrechte durch die Skycar Group ergibt kein einheitliches Bild: Hier fällt als konservative Bilanzpolitik z. B. der Verzicht auf die erfolgswirksame Bewertung von Investment Properties zum Fair Value auf, zumal sich anfangs wegen des gestiegenen Fair Value zusätzliche Gewinne ergeben hätten. Im Gegensatz dazu weisen z. B. die Aktivierung von Finanzierungskosten bei Sachanlagen und die Anwendung der Korridormethode bei der Verrechnung der versicherungsmathematischen Verluste bei den Pensionsrückstellungen auf eine progressive Bilanzpolitik hin.

Bei der Ausübung der Ermessensspielräume legt die Skycar Group in mehreren Fällen ein branchenuntypisches Verhalten an den Tag. So ist insb. festzustellen, dass abweichend von früheren Geschäftsjahren in 2005 die Aktivierungsquote für Entwicklungskosten wesentlich über dem Branchendurchschnitt liegt, was ggf. auf den Versuch hindeutet, einer tatsächlichen Ertragsschwäche des Unternehmens bilanzpolitisch entgegenzusteuern. Ebenso kritisch zu sehen sind im Branchenvergleich die langen Nutzungsdauern für Sachanlagen, die niedrigen sonstigen Rückstellungen und der hohe Diskontierungsfaktor für Pensionsrückstellungen.

Im Ergebnis ist die Bilanzpolitik der Skycar Group bei Sachverhaltsgestaltungen und Wahlrechten als unauffällig zu charakterisieren. Im Unterschied dazu ist bei den Ermessensspielräumen vielfach ein für die Branche unübliches und zum Teil unangemessenes Bilanzierungsverhalten zu beobachten, was den Verdacht einer schönfärbenden Bilanzpolitik der Skycar Group nährt.

II. Bilanzanalyse in der Gesamtschau

1. Gesamturteilsbildung

a) Erläuterung

So wie nach einem bekannten Sprichwort der Erfolg eines Menschen viele Väter hat, werden auch der Erfolg und der Misserfolg eines Unternehmens durch zahlreiche Einflussfaktoren bestimmt. Deshalb lässt sich die Unternehmenslage regelmäßig auch nicht mit einer einzigen Kennziffer zutreffend beschreiben. Der Jahresabschluss trägt diesem Umstand Rechnung. Aufgrund der Komplexität des Unternehmens stellt er dem Bilanzleser eine Fülle von Daten über die Vermögens-, Finanz- und Ertragslage des Unternehmens bereit (IAS 1.5), mit denen dieser entscheidungsnützliche Informationen erlangen soll. Die Aufgabe des Bilanzlesers besteht nun darin, die jeweiligen Informationen kritisch zu würdigen und zu einem Gesamtbild zusammenzufügen. Die Gewinnung eines einheitlichen Bilds ist nicht leicht. *Häufig signalisieren* die *Kennzahlen* des Unternehmens *keine gleichgerichtete Entwicklung*. Manchmal widersprechen sie sich sogar. Dies liegt in der Natur der Sache. Stärkt z. B. das Unternehmen seine Eigenkapitaldecke durch eine Kapitalerhöhung, so schlägt sich diese Maßnahme sowohl in einem besseren Verschuldungsgrad als auch (aufgrund des Leverage-Effekts) tendenziell in einer schlechteren Eigenkapitalrentabilität nieder. Der Bilanzanalyst muss dann abwägen, wie er die Entwicklung der einzelnen Kennzahlen gewichtet.

Die nachfolgende Abbildung verdeutlicht das Dilemma: Sie enthält den Verschuldungsgrad und die Eigenkapitalrentabilität von zwanzig fiktiven Unternehmen für

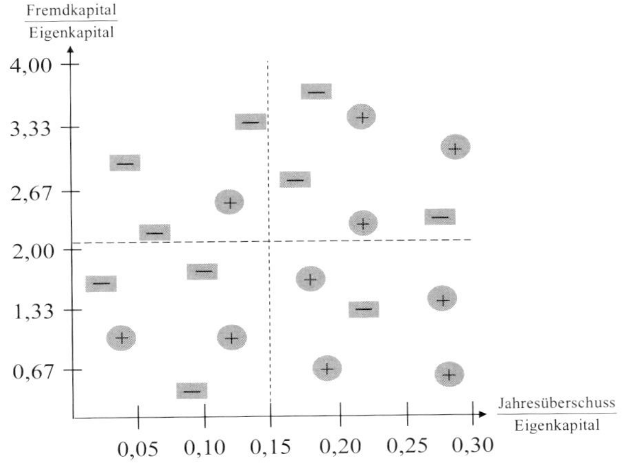

Abbildung 9: Verschuldungsgrade und Eigenkapitalrentabilitäten ausgewählter Unternehmen

einen bestimmten Referenzzeitpunkt. Die zehn mit einem Minus gekennzeichneten Unternehmen mussten kurze Zeit nach der Datenerhebung Insolvenz beantragen. Die übrigen zehn mit einem Plus markierten Unternehmen konnten sich bis heute am Markt behaupten.

Die Verteilung der Unternehmen in der Abbildung berücksichtigt den Erfahrungswert, dass die Kombination eines hohen Verschuldungsgrads und einer geringen Eigenkapitalrentabilität häufiger bei „schlechten" als bei „guten" Unternehmen anzutreffen ist, während sich „gute" Unternehmen viel häufiger durch die Kombination eines niedrigen Verschuldungsgrads und einer hohen Eigenkapitalrentabilität auszeichnen als „schlechte". Das Problem liegt aber darin, dass sich für zahlreiche Unternehmen eine solche einfache Klassifizierung nicht vornehmen lässt. Bei diesen „diffusen" Unternehmen geht ein relativ hoher (niedriger) Verschuldungsgrad mit einer relativ hohen (niedrigen) Eigenkapitalrentabilität einher, so dass es unklar ist, wie der Bilanzanalyst diese *widersprüchlichen Eindrücke* zu einer einheitlichen Tendenzaussage über das Unternehmen zusammenfassen soll.

Die *Diskriminanzanalyse* bietet Lösungen für dieses Problem. Vereinfachend dargestellt untersucht sie in einem ersten Schritt, welche Kennziffern überhaupt darüber informieren, ob es sich um ein „gutes" oder ein „schlechtes" Unternehmen im Sinne des Untersuchungsgegenstands (z. B. Insolvenzgefahr) handelt, und legt anschließend einen kritischen Kennzahlenwert (Diskriminanzwert oder Cut off Point) fest, der die einzelnen Unternehmen möglichst trennscharf in „gute" und „schlechte" unterscheidet. Je nachdem wie viele Einzelkennzahlen in die Berechnung des Diskriminanzwerts einfließen, unterscheidet man zwischen univariater und multivariater Diskriminanzanalyse.

Bei der *univariaten Diskriminanzanalyse* erfolgt die Klassifizierung letztlich mit einer einzigen Kennzahl. Im Vorfeld ihrer Anwendung untersucht der Bilanzanalyst die potenziell in Frage kommenden Kennzahlen isoliert hinsichtlich ihrer Trennfähigkeit. Die Kennzahl, die zum besten Trennergebnis führt, dient anschließend der Klassifizierung der Unternehmen. Hält der Bilanzanalyst die Eigenkapitalrentabilität am Besten dafür geeignet, insolvenzgefährdete Unternehmen zu identifizieren, und definiert er im Beispielssachverhalt den Cut off Point mit 15 %, so stuft er alle Unternehmen, die rechts neben der senkrechten gestrichelten Linie liegen, als positiv und alle links daneben liegenden als negativ ein. Sein Urteil enthält dann allerdings für die im rechten oberen Quadranten angesiedelten Unternehmen eine hohe Fehlerquote, denn er vernachlässigt, dass eine hohe Eigenkapitalrentabilität auch (vorübergehend) durch einen hohen Verschuldungsgrad erreicht werden kann. Wählt der Bilanzanalyst dagegen den Verschuldungsgrad als trennendes Merkmal und bestimmt er den Diskriminanzwert mit 2,0, so bescheinigt er allen unter der gestrichelten horizontalen Linie liegenden Unternehmen eine positive und allen darüber liegenden Unternehmen eine negative Entwicklung. Durch diese Entscheidung ist die Gefahr hoch, dass im linken unteren Quadranten verzeichnete Unternehmen falsch klassifiziert werden, denn sie zeichnen sich auch durch eine niedrige Eigenkapitalrentabilität aus. Der Bilanzanalyst kann zwar versuchen, beide Ergebnisse zu einer Gesamtaussage zusammenzufassen, doch stößt er damit bei der Beurteilung zahlreicher Unternehmen rasch an seine Grenzen. So wären die im linken unteren Quadranten abgetragenen Unternehmen aus Sicht der Rentabilitätskennzahl negativ und aus Sicht des Verschuldungsgrads positiv zu beurteilen. Für die Unternehmen des rechten oberen Quadranten gilt das Umgekehrte.

Die *multivariate Diskriminanzanalyse* vermeidet dieses Dilemma, indem sie mehrere Kennzahlen simultan analysiert. Dazu legt sie eine Klassifikationsregel fest, die mindestens zwei Kennzahlen verbindet. Wie der Bilanzanalyst die Kennzahlenwerte miteinander verknüpft, um zu einer Gesamtkennzahl zu gelangen, steht ihm frei. Das von ihm angewandte Verfahren kann insb. verteilungsabhängig oder verteilungsunabhängig und/oder parametrisch oder nonparametrisch sein.[460] In der Praxis ist nicht nur wegen ihrer einfachen Handhabbarkeit die lineare Diskriminanzanalyse weit verbreitet. Sie verdichtet die einzelnen gewichteten Kennzahlen linear (additiv oder subtraktiv) zu einer Gesamtkennzahl und lautet in ihrer allgemeinen Form:

$$D = -b_0 + a_1 \times x_1 + a_2 \times x_2 + \cdots + a_m \times x_m.$$

In der Formel bezeichnet D den Diskriminanzwert, x_1 bis x_m benennen die in die Berechnung des Diskriminanzwerts einfließenden Einzelkennzahlen, und a_1 bis a_m geben das Gewicht an, mit dem diese Kennzahlen in die Berechnung des Gesamtscores einfließen. B_0 fungiert als absolutes Glied.[461]

Im Beispiel liegen mit dem Verschuldungsgrad und der Eigenkapitalrentabilität nur zwei Kennzahlen vor. Der Bilanzanalyst kann sie zusammenführen, indem er eine Gleichung sucht, in der beide Kennzahlen so gewichtet werden, dass es mit ihrer Hilfe gelingt, möglichst viele Unternehmen richtig zu klassifizieren. Die Gerade könnte das Aussehen wie in Abbildung 10 (auf S. 320) haben.

Danach wären alle Unternehmen, die (links) oberhalb der Geraden liegen, negativ und alle (rechts) unterhalb von ihr befindlichen Unternehmen positiv zu beurteilen. Das Beispiel zeigt, dass die multivariate Diskriminanzanalyse bei einer entsprechenden Kennzahlenkombination zu deutlich besseren Klassifikationsergebnissen führt als die univariate Diskriminanzanalyse.

Edward I. Altman entwickelte 1968 eines der ersten weltweit beachteten Modelle der multivariaten Diskriminanzanalyse. Es bestimmt den Diskriminanzwert anhand sechs unterschiedlich gewichteter Einzelkennzahlen, die linear miteinander verknüpft sind.[462] Die Gesamtkennzahl ist als *Altman's Z-Score* bekannt. Mit ihr

460 Vgl. *Küting/Weber*, Die Bilanzanalyse (2006), S. 357.

461 Vgl. *Küting/Weber*, Die Bilanzanalyse (2006), S. 357 f.

462 *Altman*, Financial Ratios, Discriminant Analysis, and the Prediction of Corporate Bankruptcy, Journal of Finance 1968, S. 589–609.

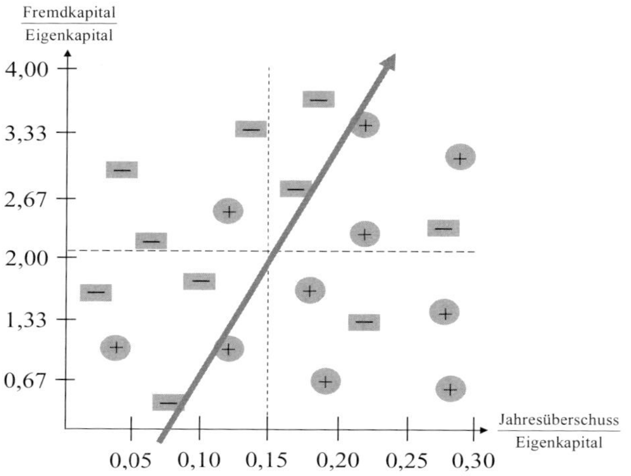

Abbildung 10: Diskriminanzwerte ausgewählter Unternehmen

gelang es *Altman* in einer Untersuchung, insolvent gegangene Unternehmen ein Jahr vor der Insolvenz mit einer Trefferquote von 95 % und zwei Jahre davor mit einer Quote von 72 % zutreffend zu identifizieren.[463] Seine Kennziffer setzt sich wie folgt zusammen:[464]

$$Z = 1{,}2 \times \frac{\text{Working Capital}}{\text{Summe Aktiva}} + 1{,}4 \times \frac{\text{Gewinnrücklagen}}{\text{Summe Aktiva}} + 3{,}3 \times \frac{\text{EBIT}}{\text{Summe Aktiva}}$$

$$+ 0{,}6 \times \frac{\text{Börsenkapitalisierung}}{\text{Buchwert} - \text{Fremdkapital}} + 1{,}0 \times \frac{\text{Umsatzerlöse}}{\text{Summe Aktiva}}.$$

Im Jahr 1983 verallgemeinerte Altman seine Formel, indem er die Börsenkapitalisierung durch das Buchwerteigenkapital ersetzte und die einzelnen Kennziffern wie folgt umgewichtete:[465]

$$Z = 0{,}717 \times \frac{\text{Working Capital}}{\text{Summe Aktiva}} + 0{,}847 \times \frac{\text{Gewinnücklagen}}{\text{Summe Aktiva}} + 3{,}107 \times \frac{\text{EBIT}}{\text{Summe Aktiva}}$$

$$+ 0{,}420 \times \frac{\text{Eigenkapital}}{\text{Fremdkapital}} + 0{,}998 \times \frac{\text{Umsatzerlöse}}{\text{Summe Aktiva}}.$$

463 Vgl. auch *Coenenberg*, Jahresabschluss und Jahresabschlussanalyse (2005), S. 582.

464 Vgl. *Revsine/Collins/Johnson*, Financial Reporting and Analysis (2005), S. 252.

465 Vgl. *Altman*, Corporate Financial Distress (1983), S. 120–124; *Wild/Subramanyam/Halsey*, Financial Statement Analysis (2007), S. 560.

Während die erste Kennzahl über die Liquidität des Unternehmens informiert, bezieht die zweite die kumulierten vergangenen Erträge und damit mittelbar das Alter des Unternehmens in die Betrachtung mit ein. Gegenstand der dritten Kennzahl ist seine gegenwärtige Ertragskraft. Die vierte Kennziffer reflektiert die finanzielle Struktur und die fünfte die Umschlagshäufigkeit der Aktiva des Unternehmens. Beträgt die Gesamtkennzahl (z) weniger als 1,20, besteht eine hohe Insolvenzgefahr; übersteigt die Gesamtkennzahl den Wert von 2,90, ist das Unternehmen nur einer sehr geringen Insolvenzwahrscheinlichkeit ausgesetzt. Liegt die Gesamtkennzahl zwischen 1,20 und 2,90, lässt sich keine eindeutige Aussage mehr treffen.[466] Ein potenzieller Kreditgeber sollte sich hier entsprechende Kreditsicherheiten einräumen lassen.[467]

Die *multivariate Diskriminanzanalyse* ermöglicht es dem Bilanzanalysten, sich anhand zahlreicher Einzelkennzahlen ein intersubjektiv nachprüfbares Gesamturteil zu bilden. Die Auswahl und Gewichtung der Einzelkennzahlen erfolgt aber zumeist anhand der subjektiven (und ggf. unzureichenden) Erfahrungen des Analysten oder durch Analyse einer sehr überschaubaren Anzahl von Unternehmen. In beiden Fällen steht bestenfalls ein empirisch gewonnener Sollwert für leistungsgestörte Unternehmen in der Vergangenheit zur Verfügung, der nicht mehr als eine Symptombeschreibung der Unternehmenskrise darstellt, ohne verallgemeinerungsfähig zu sein.[468]

Neuere Systeme der Bilanzanalyse versuchen, diese Störanfälligkeit des Gesamtscores zu reduzieren, indem sie eine Vielzahl von Unternehmen anhand *neuronaler Netze* auswerten und den Diskriminanzwert sowie die Kennzahlenauswahl und -gewichtung dem Computerprogramm selbst überlassen. Dieses generiert unter Anwendung der Trial-and-Error-Methode solange Kennzahlenkombinationen, bis sich eine Kombination als besonders trennscharf erweist. Aufgrund der Leistungsfähigkeit der Computer ist es möglich, innerhalb kürzester Zeit eine überwältigende Anzahl von Kennzahlenkombinationen auf ihre Trennschärfe hin zu testen. Das von *Baetge* entwickelte BP-14-System basiert auf diesem Verfahren.[469] Nachteilig an dieser Methode ist jedoch seine Intransparenz. Der Bilanzanalyst erkennt nicht, aus welchen Gründen das Computerprogramm die endgültige Kennzahlenkombination auswählte und warum es andere verwarf. Damit kann der Bilanzanalyst keinen eigenen Lerneffekt erzielen.[470]

---

466 Vgl. *Altman*, Corporate Financial Distress (1983), S. 120–124; *Wild/Subramanyam/Halsey*, Financial Statement Analysis (2007), S. 560.

467 Vgl. auch *Revsine/Collins/Johnson*, Financial Reporting and Analysis (2004), S. 251.

468 Vgl. *Coenenberg*, Jahresabschluss und Jahresabschlussanalyse (2005), S. 979.

469 Das Verfahren wurde später in BBR Baetge-Bilanz-Rating (BBR) umbenannt. Vgl. *Baetge/Kirsch/Thiele*, Bilanzanalyse (2004), S. 558–580.

470 Vgl. *Coenenberg*, Jahresabschluss und Jahresabschlussanalyse (2005), S. 979.

b) Anwendung auf den Fall: „Altman's Z-Score" bei der Skycar Group

Nachfolgend wird für die Skycar Group der „Altman's Z-Score" in seiner verallgemeinerten Version berechnet. Untenstehende Tabelle fasst die dazu benötigten Grunddaten zusammen:

Tabelle 125: Grunddaten der Skycar Group für das Jahr 2005

(in Mio. €)	vor Korrektur	nach Korrektur
Working Capital	908,60	842,25
Gewinnrücklagen (incl. JÜ)	431,30	– 698,97
Summe Aktiva	4 340,88	8 255,44
Eigenkapital	1 145,03	14,76
Fremdkapital	3 195,85	8 240,68
EBIT	301,71	– 366,54
Umsatzerlöse	4 773,29	4 657,36

Basierend auf den Werten vor Korrektur ermittelt sich „Altman's Z-Score" mit:

$$Z_{\text{vor Korrektur}} = 0{,}717 \times \frac{908{,}60}{4\,340{,}88} + 0{,}847 \times \frac{431{,}30}{4\,340{,}88} + 3{,}107 \times \frac{301{,}71}{4\,340{,}88}$$

$$+ 0{,}420 \times \frac{1\,145{,}03}{3\,195{,}85} + 0{,}998 \times \frac{4\,773{,}29}{4\,340{,}88} = 1{,}70\ .$$

Fließen die in den Kapiteln 6 bis 14 vorgenommenen Anpassungen in die Kennzahlenberechnung mit ein, so resultiert aus der Formel ein Wert von:

$$Z_{\text{nach Korrektur}} = 0{,}717 \times \frac{842{,}25}{8\,255{,}44} + 0{,}847 \times \frac{-\,698{,}97}{8\,255{,}44} + 3{,}107 \times \frac{-\,366{,}54}{8\,255{,}44}$$

$$+ 0{,}420 \times \frac{14{,}76}{8\,240{,}68} + 0{,}998 \times \frac{4\,657{,}36}{8\,255{,}44} = 0{,}43\ .$$

Die Unterschiede sind frappierend. Der anhand der unkorrigierten Jahresabschlusszahlen ermittelte Score weist auf ein relativ unauffälliges Unternehmen hin. Verwendet man dagegen die Datenbasis nach den Anpassungen, so zeigt sich ein ganz anderes Bild: Die Skycar Group gilt nach der Kennzahl als äußerst insolvenzgefährdet.

2. Möglichkeiten und Grenzen der Bilanzanalyse

a) Erläuterung

Eine Bilanzanalyse kann nur so gut sein, wie die Datenbasis selbst, auf der sie beruht – und in dieser Hinsicht bestehen ernsthafte Zweifel, ob der Jahresabschluss überhaupt dazu in der Lage ist, den Bilanzanalysten mit einer ausreichenden Menge verwertbarer und analysierbarer Informationen zu versorgen; denn es besteht eine nicht zu schließende *Erwartungslücke*: Der Bilanzanalyst ist an einer nachprüfbaren (und im Zweifel gerichtsfesten) Berichterstattung über die Vermögens-, Finanz- und Ertragslage des Unternehmens interessiert. Eine solche Berichterstattung kann der Jahresabschluss aber nicht liefern.

Der Bilanzanalyst sucht verwertbare Informationen über die *zukünftige*, nicht über die *vergangene Unternehmenslage*. Nur der zukünftige Netto-Cashflow informiert darüber, ob das Unternehmen zahlungsfähig bleibt oder nicht (Finanzlage) und mit welchem ausschüttungsfähigen Gewinn seine Eigentümer rechnen können (Ertragslage). Letztlich ist auch die ökonomische Vermögenslage nichts anderes als der Wert der diskontierten Zahlungsströme des Unternehmens.

Informationen über die Zukunft sind naturgemäß mehrwertig und subjektiv und nur selten gerichtsfest, denn der Bilanzanalyst kann den Manager kaum dafür belangen, dass dieser (in gutem Glauben) die Unternehmensentwicklung anders prognostizierte, als sie später eingetreten ist. Er wird deshalb den zukunftsorientierten Anhangangaben (schon von Berufs wegen) misstrauen. Justitiabel und überprüfbar sind zumeist nur vergangene Ereignisse und der vergangene Cashflow – doch sind diese Informationen für sich gesehen nicht zukunftsrelevant. Der Jahresabschluss steht daher im unlösbaren Spannungsverhältnis von *Relevance* und *Reliability*. Aus Gründen der Verlässlichkeit (Reliability) basiert er auf überwiegend vergangenheitsorientierten und (damit) objektivierten Rechnungslegungsprinzipien. Das damit generierte Buchwerteigenkapital bildet dabei ebenso wenig die (zukünftige) Vermögenslage des Unternehmens ab, wie der mitunter stark bilanzpolitisch geprägte Jahresüberschuss des Unternehmens über dessen zukünftige Ertragslage informiert. Auch die auf ausschließlich vergangenen Zahlen beruhende Kapitalflussrechnung gewährt keinen Einblick in die zukünftige Finanzlage des Unternehmens.

Trotz dieser zweifelhaften Ausgangslage lohnt sich die Bilanzanalyse, denn häufig hat der Bilanzanalyst keine anderen (und mithin auch keine zweckdienlicheren) Informationen über die Unternehmensentwicklung, auf die er sich stützen könnte. Eine mit starken Mängeln behaftete Information ist (zumeist) immer noch besser als gar keine – sofern sich der Bilanzanalyst zu jeder Zeit über den begrenzten Aussagegehalt der Jahresabschlussdaten im Klaren ist.

Die Vergangenheit kann ein Spiegelbild für die Zukunft sein – sie muss es aber nicht. Ob sich aus den vergangenheitsgeprägten Bilanzdaten stichhaltige *Informa-*

tionen über die zukünftige Unternehmensentwicklung gewinnen lassen, kann der Bilanzanalyst nur durch geeignete Zusatzangaben erfahren. Hier bietet die Auswertung der Anhangangaben erste Anhaltspunkte. Das Unternehmen ist im Rahmen des IFRS-Abschlusses verpflichtet, zahlreiche Angaben zu den Chancen und Risiken zu publizieren, denen es ausgesetzt ist. Sie ermöglichen es dem Bilanzanalysten im Idealfall, die Angaben der Bilanz und der GuV besser zu verstehen und ggf. zu korrigieren. Aber auch die Informationen des Anhangs sind begrenzt und unzulänglich. Sie sind darüber hinaus häufig so allgemein und so verdichtend, dass der Bilanzanalyst aus ihnen keine sinnvollen Rückschlüsse auf Einzelentwicklungen des Unternehmens ziehen kann. Nicht zuletzt lassen viele Zahlen und Fakten Raum für Interpretationen, wie das Beispiel der Forschungs- und Entwicklungskosten verdeutlicht. Der Jahresabschluss lässt offen, welche Interpretation die richtige ist. Die Kennzahlen geben keine Antwort. Aber sie werfen mitunter (gute) Fragen auf – nicht mehr und nicht weniger. Hierin liegt der Mehrwert der Bilanzanalyse. Die eigentliche Kernarbeit des Analysten endet nicht mit der Kennzahlenanalyse, sondern beginnt erst danach. Sie besteht in dem sachgerechten Beantworten der mit ihr aufgeworfenen und durch die Kennzahlenbildung strukturierten Fragen.

b) Anwendung auf den Fall: Möglichkeiten und Grenzen der Bilanzanalyse bei der Skycar Group

Die Gegenüberstellung der beiden Ausprägungen des „Altman's Z-Score" bei der Skycar Group verdeutlicht, welchen gravierenden Einfluss die Bilanzpolitik und die in Teilen starren Regelungen der IFRS auf das Ergebnis der Kennzahlenbildung haben; denn die unterschiedlichen Scorewerte sind ausschließlich das Resultat von (begründbaren) Anpassungen. Anschließend weiß der Bilanzanalyst, dass die Investition in das Unternehmen dann viel versprechend sein kann, wenn die Istzahlen der Bilanz und GuV die zukünftige Unternehmensentwicklung zutreffend widerspiegeln. Demgegenüber wäre von einer (Fortsetzung der) Investition in das Unternehmen abzuraten, wenn die Korrekturwerte zukunftsweisend sind. Doch welche Zahlen sind die richtigen?

Es ist völlig offen, ob die von dem Bilanzanalysten vorgenommen Korrekturen zu einem aussagekräftigen Ergebnis beitragen, denn er ist als Außenstehender mit dem Unternehmen weit weniger vertraut als dessen Management, das für die Bilanzerstellung verantwortlich zeichnet. Es ist daher ebenso möglich, dass die berichteten (unkorrigierten) Jahresabschlussdaten prognosetauglicher sind als die korrigierten Zahlenwerte. Letztlich setzt die Wahl des einen oder anderen Scores die Entscheidung voraus, ob der Bilanzanalyst dem Management traut oder nicht. Traut er ihm, so bedarf es keiner Anpassungen. Misstraut er dagegen der Berichterstattung, so muss er davon ausgehen, dass die vorgenommenen Korrekturen vielleicht nur die sprichwörtliche Spitze des Eisbergs sind und er eine große Anzahl bilanzpolitischer Maßnahmen gar nicht entdeckte oder aufgrund der rudimentären

Anhangangaben entdecken konnte. Jede Kennzahlenkorrektur führt dann aber zu einem entscheidungsuntauglichen Provisorium.

Die Korrekturen des Bilanzanalysten gleichen hier aber dem Versuch eines Puzzlespielers, die gelegten Puzzlestücke in einem Stadium zu korrigieren, in dem er noch nicht einmal das Gesamtbild kennt. Jede Korrektur bleibt fragwürdiges Stückwerk und steht unter dem Vorbehalt der (besseren) Zukunftserkenntnis. Wer aber dennoch naiv auf die Aussagekraft der Bilanzkennzahlen vertraut, seien sie branchenüblich oder hausgemacht, für den gilt noch heute die 1978 formulierte Kernaussage von *Adolf Moxter*: Dieser Analyst hat „die Grenze von der leichten zur groben Fahrlässigkeit (...) bereits deutlich überschritten"[471].

Weiterführende Literatur

Baetge, Jörg/ Kirsch, Hans-Jürgen/ Thiele, Stefan	Bilanzanalyse, 2. Aufl., Düsseldorf 2004, S. 535–589
Coenenberg, Adolf G.	Jahresabschluss und Jahresabschlussanalyse, 20. Aufl., Stuttgart 2005, S. 949–983
Küting, Karlheinz/ Weber, Claus-Peter	Die Bilanzanalyse, 8. Aufl., Stuttgart 2006, S. 349–371
Moxter, Adolf	Kreditwürdigkeitsprüfung und Eigenkapital, in: Die Bank 1978, o. Jg., S. 321–324
Wagenhofer, Alfred	Bilanzierung und Bilanzanalyse, 8. Aufl., Wien 2005, S. 275–300
Wagenhofer, Alfred/ Ewert, Ralf	Externes Rechnungswesen, Berlin u. a. 2003, S. 195–231

471 *Moxter*, Kreditwürdigkeitsbeurteilung und Eigenkapital, Die Bank 1978, S. 321 (S. 321).

Sachregister

Autorenprofile

Professor Dr. Michael Hommel

Jahrgang 1960. 1979–1982 Ausbildung bei der Hessischen Finanzverwaltung und Studium an der Verwaltungsfachhochschule Rotenburg/Fulda. Abschluss: Dipl.-Finanzwirt. 1982–1987 Studium der Betriebswirtschaftslehre an der Johann Wolfgang Goethe-Universität Frankfurt a. M., Abschluss: Dipl.-Kfm. 1987–1997 Wissenschaftlicher Mitarbeiter am Seminar für Treuhandwesen bei Professor *Dr. Dr. h. c. mult. Adolf Moxter*. Promotion (1991) und Habilitation (1996) ebenda. 1997–2002 Inhaber des Lehrstuhls für Allgemeine Betriebswirtschaftslehre, insb. Rechnungslegung und Wirtschaftsprüfung, an der Otto-von-Guericke Universität Magdeburg. Seit 2002 Inhaber der Professur für Betriebswirtschaftslehre, insb. Wirtschaftsprüfung und Rechnungslegung, an der Johann Wolfgang Goethe-Universität Frankfurt a. M. Ständiger Mitarbeiter des *Betriebs-Berater*.

Professor Dr. Stefan Rammert

Jahrgang 1961. 1980–1983 Studium der Volkswirtschaftslehre, 1984–1987 Studium der Betriebswirtschaftslehre an der Ludwig-Maximilians-Universität München. Abschluss: Dipl.-Kfm. 1987-1992 Wissenschaftlicher Mitarbeiter am Seminar für Wirtschaftsberatung und Revisionswesen bei Professor *Dr. Dr. h.c. Klaus v. Wysocki*. 1992 Promotion. 1992–1998 Wissenschaftlicher Mitarbeiter am Seminar für Rechnungswesen und Prüfung bei Professor *Dr. Dr. h.c. Wolfgang Ballwieser*. 1998–2000 Mitarbeiter bei der Banken- und Wirtschafts-Training GmbH. 2001 Habilitation. 2001 Vertretung einer C4-Professur in der Abteilung Finanzwirtschaft der Universität Ulm. 2001–2002 Vertretung einer C4-Professur in der Abteilung Internationales Rechnungswesen der Universität Ulm. Seit 2002 Inhaber des Lehrstuhls für BWL, insbes. Rechnungslegung und Wirtschaftsprüfung der Johannes Gutenberg-Universität Mainz.